日本資本主義と地域漁業

－三重県漁業の歴史に見る－

長谷川健二 著

はじめに

　三重県の沿岸域は、北は愛知県に接する木曽岬から南は和歌山県と接する鵜殿町に至る約1,083kmに及ぶ南北に長い海岸線を持ち、愛知県、三重県に囲まれた内湾の伊勢湾、黒潮洗う太平洋岸のリアス式海岸が連なる熊野灘という海に恵まれた県である。こうしたことから三重県は、伝統的に浦々ごとに特色ある多様な漁業が営まれてきており、とくに戦後は志摩・度会郡、南・北牟婁郡のカツオ・マグロ漁業の遠洋漁業から伊勢湾のバッチ網漁業、まき網漁業などの沖合い漁業、そして様々な沿岸漁船漁業、伊勢湾のノリ養殖、志摩の真珠養殖・真珠母貝養殖、カキ養殖業、熊野灘のハマチ養殖、マダイ養殖などの海面養殖業などが営まれてきた。

　もともと漁業は、歴史的に、それぞれの地域の前浜漁場環境と魚介類資源をうまく活用しながら特色ある発展を遂げてきた地域産業と言える。そのために漁業は、地域の持つ海の自然的、あるいは社会的な様々な特性を色濃く持ち、地域の持つこうした条件を活かしながら成立してきた産業なのである。すなわち漁業という産業は、長い期間を通じ、地域で生活を営む人間の英知と努力によって作り上げられてきたという歴史的蓄積の産物と言えよう。こうしたことから地域産業としての漁業は多様な"顔"を持つ。とくに沿岸漁業は、その特質を強固に持っている。

　地域の海の自然環境とうまく適合しながら成り立ってきたという意味では、農業と似てはいるが、基本的に海を"耕やす"ことは出来ない。歴史的に見た場合、必ずしも海の沿岸域に立地する村落であるからと言って漁業を営む漁村であるわけではなかった。それは山口和男が言うように「近世初頭統一的封建社会の成立と共に一応全国的に確立したものであろうことは大体に於いて推測されるところである。だが、この時代に於いて漁業は未だ十分に普及せず、沿岸村にして漁業に従事せぬ村は今日我々が考えるより遥かに多かったようである」[1)2)]。

現代につながる漁業と漁村の多くは、後に述べるように明治以降の日本の近代化＝資本主義化とともに形成され、国内市場の拡大と流通網の整備によって成長を遂げてきたことは間違いない。こうした日本資本主義という全体状況に深く規定されながらも、漁村は長い歴史の内に基礎づけられた伝統的共同体としての基盤を持っており、外部の社会的・経済的状況に強く影響されつつも独自な文化的諸要素を持った空間として主体的に適応・対応してきた。漁村は、"海と水産資源の在り様"という自然環境条件、および社会的歴史的条件に規定され、現在でも農業よりも小集落ごとの違いも大きく、漁村の浦々の漁業種類、あるいは養殖業などの異なった展開が見られる。したがって最初に述べた"漁業は地域産業である"という意味は、まさに今述べた意味である。換言すれば、漁業と言う産業は、自然的及び社会的環境に規定された歴史的個性を持った地域性を基盤としており、多様な姿をその特徴としているということである。したがって近代的な自然の紐帯からは一応、"自立した人工的かつ自由な工業"とは、大いに異なる。

　これまで漁業史の分野においては、通史的な各都道府県史、各市町村史など多く存在する。しかし、地域漁業の形成・確立・発展・衰退・危機という観点で現代に至るまでの商品経済と日本資本主義の規定による経済史的アプローチから貫通的に扱った漁業史は、近年、ほとんど見かけなくなった。そうした中で少し以前のものであるが、吉木武一[3]の1980年代の2つの著書である『以西底曳漁業経営史論』、『奈良尾漁業発達史』は、数少ないそうした作品のひとつであろう。また、精力的に長崎県を拠点として研究活動を行い、豊富な資料をもとに産業史的観点から著書を送り出している片岡千賀之の諸作品[4]がある。なかでも2010年に出版された片岡千賀之の『近代における地域漁業の形成と展開』は、地域漁業の成立を資本主義的地域内分業とそれを土台として水産物の商品化の産業システムとして捉え、資本制的企業を軸とした経営主体の形成が中心となっている。その他にも北洋漁業に関する著書、地域漁業史に関する著書、論文も多数存在するであろうが、とりあえず漁業経済史観点からこの2人の著書をあげておく。

　本著の視点と方法に関して述べておこう。第一に、地域漁業と言う概念を

繰り返すこととなるが、私は次のように考えている。漁業生産と漁民生活において自然条件を生かした多様な性格を持つ"場としての地域の漁業"、あるいは"地域産業（必ずしも資本制的企業を指しているものではなく）としての漁業"の展開であり、本著では近世漁業の形成から近代漁業の成長―発展―戦時体制下の危機、そして戦後の復興―成長―縮小―構造的危機という今日に至る長期間の歴史的な地域漁業のプロセスを日本資本主義の展開と国内漁業の規定性において把握するという方法をとった。第二には、地域漁業が持つ国内漁業一般からの規定性＝影響を受ける側面と地域の独自性、特殊性に焦点を当てた。こうした"一般性と特殊性"というアプローチから地域漁業の変容を考察した。とくに三重県漁業と漁村は、前述した明治以降の近代化の中で日本資本主義の工業集積・集中からの影響を強く受けた北部の伊勢湾地帯、リアス式の複雑な岩礁地帯の入り江を利用した、あま漁業の伝統的漁業、また様々な沿岸漁業も営まれ、カツオ一本釣漁業、明治以降は海外市場への輸出産業として発展を遂げた真珠養殖漁村が存在する志摩・度会地帯、かつては村落共同体的なブリ定置網、ボラ漁業、および志摩・渡会地域と同様なカツオ一本釣り漁業などの特色ある熊野灘地帯などの、次に述べる３つの漁業地帯が存在し、明治以降の近代化の過程においては、その歴史的変容が際だっている。第三は、漁業生産の中心を小規模な生業的漁民層に置いていることである。その理由は、近世の幕藩体制においては言うまでもなく、彼らが生産の主体であり、明治以降の日本の近代化＝資本主義化における資本制漁業の成立（ただし、日魯漁業、大洋漁業、日本水産などのビッグスリーは財閥系の別な系譜であり除く）の発酵母であり、現在においても経営体数の９割以上を占める漁業生産の担い手であるからである。歴史的経済的範疇として考察した場合において農業と同じく家族労働力の再生産を目的とした小生産者として性格づけることができる。

　次に、本書で具体的な対象となる漁業地帯は、明治以降の近代化の中で行政区分として確立する三重県の伊勢湾の北勢、中・南勢（度会郡の伊勢湾内海側）、志摩（答志郡・英虞郡）、そして太平洋に臨む度会外海側、熊野灘（北牟婁郡・南牟婁郡）の各漁村と漁業である。こうした３つの地帯区分は、

置かれた自然条件に規定され異なった漁業で成り立っており、また近世の幕藩体制の下で異なった藩支配を受けていたという事情、その後の国内漁業の資本主義化＝近代化という影響の受け方も異なっていたという歴史的条件も付け加わる。

　三重県漁業・漁村の歴史を全体的な日本資本主義と漁業という構造的規定性から地域漁業の発展との関係で論じた著作・論文は、私が知る限り、これまでのところ見当たらない。三重県漁業・漁村を扱った諸著作、諸論文は対象とする時期、地域を限定した個別分析がほとんどであり、社会学的・民俗学的なものが多く、経済学を土台に据えた構造分析ではない。

　これまでの三重県漁業史の研究のフォローを行っておけば、かなり綿密な実証的研究でよく知られている中田四郎の『三重県漁業史の実証的研究』[5]は、志摩半島周辺漁村が中心であり、時期的には近世から明治前期までとなっており、大正期に沿岸漁業から沖合漁業へのドラスティックな変貌を遂げた伊勢湾漁村が中心ではない。中田四郎は、他にも漁業経済学会編集『漁業経済研究』誌に「鳥羽藩の浦役銀制」[6]がある。牧野由朗『志摩漁村の構造』[7]は、愛知大学総合郷土研究所の研究叢書Ⅹであり、志摩漁村の浜島、阿児町立神真珠養殖漁村、アマ漁業の鳥羽市国崎、カツオ・マグロ漁業の南勢町（現南伊勢町）田曽浦などの、それぞれ漁村の事例の対象領域に沿って断続的に明治から昭和の期間が詳細に社会学的アプローチから考察されている。また、清水三郎・倉田正邦編の『伊勢湾漁業資料集』[8]は、江戸時代の伊勢湾（一部は志摩を含む）漁村・漁業の資料として貴重ではあるが、大正期以降の漁船動力化を契機とした本格的な伊勢湾漁業の発展と漁村の形成との連続性という点は対象外となっている。清水三郎は「江戸時代における南勢地方の漁業事情」[9]、「神領の漁業と漁政」[10]などの論文において、主に江戸時代の漁場利用をめぐる状況と紛争に関して経済史的視点から論究されている。また、近世における三重県からの俵物の大坂、江戸への流通に関して記述した「俵物の統制集荷と産地の対応－尾鷲地方と志摩の場合」[11]などもある。また、伊勢湾北部の赤須賀を対象に近世からの地域漁業史として詳細な記述がある平賀大蔵『海で生きる赤須賀　聞き書き漁業の移り変わりと熊野

行き』[12]、明治時代以降に関しての論述がみられるものとしては、松島博の『三重県漁業史』[13]がある。これは、三重県漁業協同組合連合会および三重県信用漁業協同組合連合会の20周年を記念して出版されたものである。この中には、前掲中田著の引用が多いためか、やはり志摩半島、および熊野灘周辺漁村の史料が中心であり、伊勢湾漁村に関するものは記述が少ない。第二次大戦後の三重県漁業の復興から現在（1998年頃）に至る変遷を通史的に漁業協同組合、連合会を中心に記述したものに拙稿「三重県漁業の変遷」[14]がある。近世から近代の伊勢湾漁業と専業的漁村の成立を考察したものに、同じく拙稿「伊勢湾漁村の形成と漁業」[15]がある。

　その他には、論文としては、漁業経済学会編集『漁業経済研究』誌の三重県漁業史に関する論文がある。とくに和田勉の一連の近世漁村共同体の研究は多い。和田勉「近世漁村共同体の発展過程」[16]、「志州鳥羽藩下のボラ楯切網漁業」[17]、「近世漁村共同体と地下(じげ)網漁業」[18]、「伊勢湾周辺における捕鯨」[19]、「近世漁業と漁村共同体－尾鷲市大曽根浦の場合－」[20]、「尾鷲地方の近世・近代における漁業構造」[21]、「近世における漁業権の確立と変容－伊勢湾岸の例－」[22]などである。また、河岡武春「定置網漁村の漁業生産と土地制度」[23]がある。その他にも近世から近代にかけての様々な論考があるが、一応、上にあげた著書、論文、資料集にとどめておく。

　こうした三重県全体の戦前期の漁業に関する研究状況の中で比較的豊富な内容を持つ史料としては、『伊勢湾漁撈習俗調査報告書』[24]『明治・大正期三重県漁事海運資料集』[25]、1984（昭和59）年に復刻版として出版された『三重県水産図解』[26]、『三重県水産図説』[27]、愛知県の知多市民俗資料館発行であるが、三重県の資料も多くの記述がある『打瀬船』[28]、各市町村史などがある。こうした史料にもあたりながら江戸時代後期から明治・大正・昭和の戦前期の考察を進め、戦後に関しては、三重県漁業・養殖業に関する上記以外の諸論文、諸著作、統計書、官報、新聞記事、諸報告書などにあたりながら現在の2000年代までの長期間を三重県の漁業構造が異なる3つの地域に区分して俯瞰する。

1) 山口和男著『日本漁業経済史研究』北隆館 1948 年 5 月 30 日　p 5
2) また、中世史研究で有名な網野善彦も中世においても沿岸村落は「漁村」ではなく、「海村」という規定がふさわしく漁労のみならず農耕、海運、林業など様々な業種を含む生業に従事していたことを明らかにしている。
3) 吉木武一著は、『以西底曳漁業経営史論』九州大学出版会　1980 年 2 月 25 日、もう一つは奈良尾旋網船団形成史を分析した『奈良尾漁業発達史』（奈良尾町監修）九州大学出版会　1983 年 8 月 31 日である。吉木は、前者において「1920 年代から 40 年代にかけての以西底曳漁業の生成・発展・崩壊過程を経営史的視角から分析したものである」（p i）と述べており、後者は近世から 1980 年頃までの旋網漁業の歴史を奈良尾町の地域史として資本 - 賃労働の観点から分析している。
4) 片岡千賀之著は、『南洋の日本人漁業』同文館　1991 年 9 月 30 日、『近代における地域漁業の形成と展開』九州大学出版会　2010 年 10 月 31 日、『長崎県漁業の近現代史』長崎文献社　2011 年 6 月 10 日、『西海漁業史と長崎県』長崎文献社　2015 年 5 月 20 日、『イワシと愛知の水産史』北斗書房　2019 年 11 月 30 日などがある。いずれの著書も産業史的アプローチからの分析と言える。
5) 中田四郎著『三重県漁業史の実証的研究』1987 年 12 月 10 日　中田四郎先生喜寿記念刊行会
6) 同上著者「鳥羽藩の浦役銀制」漁業経済学会編集『漁業経済研究』第 20 巻第 3・4 合併号
7) 牧野由朗著『志摩漁村の構造』愛知大学総合郷土研究所研究叢書 X　名著出版　1996 年 3 月 25 日
8) 清水三郎・倉田正邦編『伊勢湾漁業資料集』三重県郷土資料第 10 集　三重県郷土資料刊行会　1968（昭和 43）年 5 月
9) 清水三郎「江戸時代における南勢地方の漁業事情」漁業経済学会編『漁業経済研究』第 4 巻第 2 号　1955 年 10 月
10) 同上著者「神領の漁業と漁政」漁業経済学会編『漁業経済研究』第 6 巻第 3 号　1958 年 3 月

11) 同上著者「俵物の統制集荷と産地の対応－尾鷲地方と志摩の場合」漁業経済学会編『漁業経済研究』第 11 巻第 3 号　1963 年 1 月
12) 平賀大蔵著『海で生きる赤須賀　聞き書き漁業の移り変わりと熊野行き』赤須賀漁業協同組合 1998 年 8 月 31 日
13) 松島博著『三重県漁業史』三重県漁業協同組合連合会　三重県信用漁業協同組合連合会　1969 年 10 月
14) 拙著「三重県漁業の変遷」三重県漁業協同組合連合会　三重県信用漁業協同組合連合会　『三重県漁業五十年誌』所収　2000（平成 12）年 10 月
15) 同上「伊勢湾漁村の形成と漁業」三重大学生物資源学部『生物資源学部紀要』第 29 号　2002 年 11 月
16) 和田勉「近世漁村共同体の発展過程」漁業経済学会編『漁業経済研究』第 12 巻第 3 号　1963 年 12 月
17) 同上「志州鳥羽藩下のボラ楯切網漁業」漁業経済学会編『漁業経済研究』第 13 巻第 1 号　1964 年 7 月
18) 同上「近世漁村共同体と地下網漁業」漁業経済学会編『漁業経済研究』第 16 巻第 1 号　1967 年 9 月
19) 同上「伊勢湾周辺における捕鯨」漁業経済学会編『漁業経済研究』第 16 巻第 4 号　1968 年 6 月
20) 同上「近世漁業と漁村共同体－尾鷲市大曽根浦の場合－」漁業経済学会編『漁業経済研究』第 17 巻第 3・4 合併号　1969 年 12 月
21) 同上「尾鷲地方の近世・近代における漁業構造」漁業経済学会編『漁業経済研究』第 39 巻第 4 号　1995 年 3 月
22) 同上「近世における漁業権の確立と変容－伊勢湾岸の例－」漁業経済学会編『漁業経済研究』第 43 巻第 1 号　1998 年 6 月
23) 河岡武春著「定置網漁村の漁業生産と土地制度－尾鷲市九鬼浦の実態－」漁業経済学会編『漁業経済研究』第 15 巻第 3・4 合併号　1974 年 4 月
24) 三重県教育委員会　三重県文化財調査報告書　第 7 集　1966 年 3 月
25) 三重県教育委員会編『1976（昭和 51）年度　緊急民俗資料調査報告書』

[26] 財団法人東海水産科学協会・海の博物館　合冊『三重県水産図解』(明治16年復刻版)　1984年9月20日発行
[27] 財団法人東海水産科学協会・海の博物館　『三重県水産図説』(明治16年復刻版) 1985年11月22日発行
[28] 知多市民俗資料館『打瀬船』1980年3月31日

―目　次―

はじめに

第Ⅰ章　近世の三重県漁業と漁村
第1節　伊勢湾の漁村と漁業……………………………………………… 1
  1. 伊勢湾漁村の形成………1
  2. 市場形成と漁村構造………5
第2節　志摩・度会の漁村と漁業………………………………………… 8
  1. 志摩地方………8
  2. 度会地方（外海部）………13
第3節　熊野灘の漁村と漁業……………………………………………… 15
  1．北牟婁郡………15
  2．南牟婁郡………19

第Ⅱ章　漁業制度の確立と漁場紛争
第1節　漁業組合準則の公布と「旧慣尊重」………………………… 26
  1. 伊勢湾漁村………28
  2. 志摩・度会・熊野灘………30

第Ⅲ章　明治前期の三重県漁業と漁村
第1節　伊勢湾漁村と漁業………………………………………………… 38
  1. 伊勢湾の漁業と漁村………38
第2節　志摩半島（答志郡・英虞郡）・度会郡方面の漁村と漁業… 51
第3節　熊野灘方面の漁村と漁業………………………………………… 53
第4節　水産加工品の生産と販売………………………………………… 55

第Ⅳ章　明治漁業法の制定と漁場紛争の再燃

第Ⅴ章　漁民層分解の進行と漁村人口の膨張
- 第1節　伊勢湾漁業・漁村の変化……………………………………… 65
- 第2節　志摩郡・度会郡の漁業・漁村の変化………………………… 68
  1. 真珠養殖業のはじまり………69
  2. カツオ漁業………70
  3. 遠洋漁業の開始………71
- 第3節　北牟婁郡・南牟婁郡の漁業・漁村の変化…………………… 72
- 第4節　三重県水産試験場の開設と三重県漁業の振興……………… 74

第Ⅵ章　漁業生産力の飛躍的拡大と漁業労働市場の形成
- 第1節　日本漁業の構造変化…………………………………………… 77
- 第2節　漁船動力化と三重県漁業……………………………………… 81
  1. 伊勢湾の新漁法導入と漁船動力化………83
  2. 伊勢湾北勢地域のノリ養殖業の成長………86
  3. 志摩郡・度会郡のカツオ一本釣漁業………87
  4. 熊野灘（北・南牟婁郡）の漁船の大型化………88
- 第3節　漁村労働力の存在形態と出稼ぎ……………………………… 89
  1. 伊勢湾漁村の出稼ぎ………92
  2. 志摩漁村の出稼ぎ………95
  3. 度会漁村の出稼ぎ………97
  4. 南・北牟婁郡の入稼ぎ・出稼ぎ………98

第Ⅶ章　昭和恐慌期から戦時体制下の漁業・漁村
- 第1節　昭和恐慌と三重県水産業………………………………………102
- 第2節　漁村匡救事業と三重県漁村……………………………………105
- 第3節　戦時体制下の三重県水産業団体………………………………106
- 第4節　戦時体制下の漁業と漁民生活…………………………………108
- 第5節　東南海地震の被害………………………………………………111

第Ⅷ章　戦後復興期の三重県水産業
第1節　戦後直後の状況………………………………………………115
　　1. 全国的状況………115
　　2. 三重県漁業の戦争による影響………118
　　3. 主要漁業・養殖業の状況………124
　　4. 水産物"闇流通"とバッチ網漁業の規制問題………126
第2節　漁業制度改革と5ポイント計画……………………………129
　　1. 漁業制度改革………129
　　2.「5ポイント計画」と漁区の拡張………137
第3節　三重県漁業・養殖業の復興…………………………………139
　　1. 熊野灘方面のカツオ・マグロ漁業の発展と定置網漁業
　　　　………139
　　2. 伊勢湾の漁船漁業・ノリ養殖業の復興と確立………146
　　3. 志摩郡・度会郡を中心とする海面養殖業………152
第4節　漁業経営の就業構造…………………………………………157
第5節　漁業団体の設立と動き………………………………………159
第6節　伊勢湾の漁場環境問題、伊勢湾台風と漁業被害…………162
　　1. 漁場環境問題の発生………162
　　2. 伊勢湾台風来襲の被害………164

第Ⅸ章　高度経済成長下の三重県漁業
第1節　高度経済成長と漁業…………………………………………168
第2節　「漁業の基本問題と基本対策」と沿岸漁業構造改善事業……171
第3節　三重県の「答申」と構造改善事業…………………………174
　　1. 3つの地域の漁家経営の構造と政策的課題………175
　　2. 浅海養殖業の政策的課題………177
　　3. 漁業就業者問題と対策………178
第4節　三重県漁業の生産構造の変化………………………………178

　　　　1. 熊野灘（志摩・度会、南・北牟婁郡）のカツオ・マグ
　　　　　　ロ漁業の大型化の進展と経営問題………180
　　　　2. 沿岸漁業の構造変化………183
　　　　3. 沿岸漁業の就業問題と経営階層移動………192
　第5節　漁業団体の動き……………………………………………195
　第6節　自然災害の発生と漁場環境問題……………………………201
　　　　1. チリ地震津波による被害………201
　　　　2. 漁場環境問題－伊勢湾、熊野灘方面………202

第X章　低成長期の三重県漁業・養殖業
　第1節　第一次、第二次"オイルショック"と漁業………………211
　第2節　米・ソの200海里問題の影響………………………………215
　第3節　第二次沿岸漁業構造改善事業と沿岸漁場整備開発事業……218
　　　　1. 第二次沿岸漁業構造改善事業………218
　　　　2. 沿岸漁場整備開発事業………219
　第4節　海面養殖業の発展と環境問題………………………………221
　第5節　三重県漁業生産の縮小・停滞………………………………222
　　　　1. 熊野灘方面（度会郡、南北牟婁郡）のカツオ・マグロ
　　　　　　　　　　　　　　漁業の縮小化………222
　　　　2. 伊勢湾におけるバッチ網漁業………226
　　　　3. 海面養殖業の発展から停滞へ
　　　　　　－伊勢湾、志摩・渡会、熊野灘－………229
　　　　4. 就業者数の大幅減少と後継者不足の深刻化………237
　第6節　沿岸・沖合漁船漁業の資源管理型漁業への移行…………240
　　　　1. 伊勢湾地域………240
　　　　2. 鳥羽地域の資源管理………243
　第7節　漁業諸団体の動き……………………………………………246
　　　　1. 三重県漁場整備開発協会・
　　　　　　三重県水産振興事業団の設立………246

2. 三重県の栽培漁業・漁場保全・資源保護運動………248
　　　3. 三重県漁連の販売事業の推進………248
　第8節　漁場環境・保全問題…………………………………………251
　　　1. 伊勢湾の漁場環境問題………252
　　　2. 熊野灘方面の原発問題………254
　　　3. 三重県全域の赤潮問題………255

第XI章　日本漁業の縮小再編と三重県漁業

　第1節　バブル経済の崩壊と「平成不況」……………………………260
　第2節　漁業の縮小と新しい傾向……………………………………265
　　　1. 沿岸漁業経営体数の大幅な減少………265
　　　2. 漁業就業者数の減少………268
　第3節　漁業規制の新制度の導入と漁協組織の再編…………………271
　　　1. TAC制度の導入………271
　　　2. 持続的養殖生産確保法………272
　　　3. 漁業協同組合の組織再編………273
　第4節　三重県漁業の縮小と再編……………………………………274
　　　1. 漁業構造の動態………274
　　　2. 熊野灘（度会・南・北牟婁郡）の沖合・遠洋漁業………276
　　　3. 海面養殖業………279
　　　4. 小括………282
　第5節　海面のレジャー的利用の増大と漁協の対応…………………282
　　　1. 漁協の海洋レジャーへの対応………284
　第6節　漁協組織の再編成－漁協組織の統合－………………………285
　第7節　三重県漁協信用事業体－"マリンバンク　みえ"－の設立……288
　第8節　海の保全と水産資源の管理…………………………………289
　　　1. 三重県水産業振興基本計画………289
　　　2. 三重県漁連の系統運動の新たな展開………291
　　　3. 漁業者による自主管理と海の保全………291

第XII章　日本漁業の構造的危機と三重県漁業

- 第1節　日本漁業の構造的危機……………………………………295
  - 1. 2008（平成20）年の第三次石油危機と漁業経営………295
  - 2. "リーマン・ショック"と魚価の低下………301
  - 3. 漁業経営問題の発現と構造的危機………305
- 第2節　三重県漁業の動態……………………………………309
  - 1. 伊勢湾漁村の漁業の実態………311
  - 2. 熊野灘漁村の養殖業………325
- 第3節　三重県内の漁業団体の合併・吸収の進行………………333

むすび－三重県漁業の歴史的概観－………337

あとがき

第Ⅰ章　近世の三重県漁業と漁村

第1節　伊勢湾の漁村と漁業

　伊勢湾における漁業の成立は、かなり古いものと思われるが、中世以前において具体的な資料はない。しかしながら、海岸や河川において縄文遺跡や弥生遺跡の中から漁労を行ったと思われる石錘、土師器の土錘など相当数の出土品があり、桑名郡多度村の柚井貝塚などの所在から原始時代から伊勢湾周辺において漁業が行われてきたことがわかる。また、古代から水産物が伊勢神宮への貢ぎ物として献上されており、万葉集にも「伊勢の海人の朝な夕なにかつくとふ鮑の貝の片思いにして」（万葉集巻 11）と記されているように海女漁業が古くから行われていた（ただし、現在の鳥羽周辺と思われる）。

　このように伊勢湾岸においては、かなり昔から漁労が行われてきた形跡がある。こうした漁業の歴史は、北勢地域を流れる木曽川、揖斐川、長良川などの豊かな河川が伊勢湾に注ぎ、こうした河川が運ぶ豊富な栄養塩が好漁場を形成してきたこと、桑名周辺などの広大な干潟と藻場の存在が水産動植物にとって格好の幼稚子を育てる場を形成してきたこと、沖合 4 km までは水深 20m の遠浅となっていることなど，豊かな自然環境に支えられてきたものである。

1. 伊勢湾漁村の形成

　江戸時代の伊勢湾漁村（以下、江戸時代における漁村は漁業集落のこと）は、幕藩体制の下で複雑な地域的政治状況を呈していた（図 1-1 参照）。伊曽島村（現桑名郡長島町）は、美濃笠松代官が支配しており、猟師町（現赤須賀）が桑名藩、四日市市の富田、富田一色村（現富州原）、天カ須賀村、南福崎村、豊田一色村、北福崎村（現川越町）なども桑名藩であった。現在の四日市市の磯津は、四日市代官の支配する天領であり、塩浜村の分村であったが、

図 1-1 近世後期の幕藩領

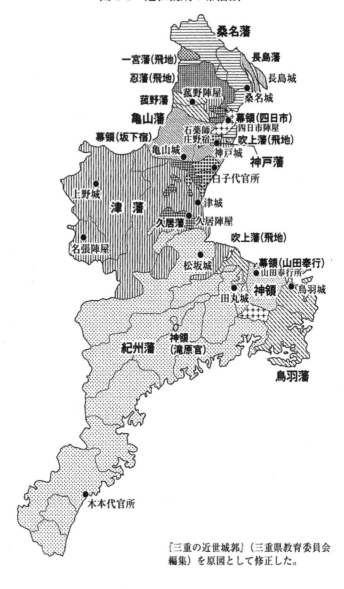

『三重の近世城郭』(三重県教育委員会編集)を原図として修正した。

出所:三重県史編さんグループ著 毎日新聞社津支局編『続 発見!三重の歴史』(新人物往来社 2008.12.15) p 240 より引用

当時の地図には記載された形跡はない。鈴鹿郡の漁村はきわめて複雑である。北長太村は、紀州領、神戸藩が入り込み、南長太村は神戸藩、箕田村は久居藩、千代崎港は亀山藩、白子村は紀州藩、白塚は紀州領津藩が入り込み、津浦浜町（現津市）、矢野村（現一志郡香良洲町）は津藩に所属していた。このようにそれぞれの漁村が細かく別々の藩領に所属していたのである。徳川御三家の一つである紀州領に属していた白子や南勢地方の猟師村（現猟師町）などの漁村が権勢を誇っていたことは想像に難くない。とくに近世においては、御三家の一つの紀州藩の藩領があちこちに点在していたことは、幕藩体制下において大きな圧力となった。こうした複雑な事情が近世において漁場紛争を頻繁に起こさせた政治的要因のひとつであった[1]。

　しかしながら当時としては、一般的に米中心の石高制の下で現物経済の自給的な農村に比較し、漁村はそれほど重要視されてこなかった。したがって伊勢湾内における本格的な漁村の発達も一部を除いて商品経済が浸透する明治以降のことであり、近代の前期の頃である。こうした中で江戸時代に成立した漁村の典型の一つは、『伊勢湾漁撈習俗調査報告書』によれば、桑名の赤須賀が挙げられる。江戸時代の古地図によれば、赤須賀という地名はなく、猟師町という名称が使われていた。この猟師という言葉は、山で獣を追う者も猟師と言われるが、海で漁労する者も猟師と呼んでいた。もともとは猟師町の赤須賀は、現在の赤須賀に所在していたわけではなく、近くの元赤須賀が猟師町であった。桑名藩の片山恒斉の著した『桑名誌』写本28巻の4によれば、「今猟師町ノ漁人ノ住セシヲ慶安年中新田ヲ築キ漁人ヲ移サレ郭トナル」とある。このことによっても明らかなように慶安年間（1648年から1651年）に現在の赤須賀に移住させられたことがわかる。しかし猟師町の民神神明社の由緒書によれば、もともとは、三河国額田郡市場村から永禄4年（1561年）に市場茂右衛門秀高という人物が家臣を引き連れ、移住してきたことが元赤須賀村の成立の嚆矢とされている。この永禄4年という年は、江戸時代以前の織田信長が今川義元を桶狭間の戦いで破った翌年である。こうしたことから記録に残されている漁村の中では、赤須賀は歴史の古い漁村のひとつとされている。1883（明治16）年の『三重縣水産図解』[2]によれ

ば、タイ、コダイ、クロダイ、コノシロ、スズキ、イワシ、ボラ、イナ、タコ、シラウオ、コチ、カレイ、ハマグリ、ウナギなどの多様な魚介類が漁獲されたことが記されている。江戸時代と明治時代において漁法的にあまり大きな変化がなかったことを考えれば、おそらく、こうした魚介類を漁獲対象とした漁業が江戸時代にも行われていたことがうかがわれるのである。

　四日市方面では、富州原の昔の呼び名が富田一色であり、この「一色」という名称が港町のなごりを示しているという。さらに富田村は東と西に分かれており、桑名領に属していた。1825（文政 8）年の桑名藩の「御領分郷村案内帖」には、「富田一色　高三百四石三斗一升五合　惣船数六十三艘内五十集船九艘　小五十集船二艘　網船三艘　小網船六艘　小船四十三艘」[3]と記されている。五十集船は加工品等の販売を行っていた船であり、漁船ではない。網船、小網船などが漁船であろう。同様に四日市の天ヶ須賀は「高五百三石三斗七升七合　五十集船二十四艘　漁船十二艘　瀬取船八艘」[4]とある。瀬取船は仲買船である。これを桑名の赤須賀と比較すると、赤須賀の場合、「船数二百九艘　内百六十七艘猟船　四十二艘買舞船高四十一石三斗五升」[5]となっており、きわめて漁村的色彩の強いことがわかる。すなわち漁船数が 167 隻、販売用の船（和船積量 41 石、1 石＝ 0.287㎥）が 42 隻となっているのである。したがって富田一色村、天ヶ須賀村は、どちらかといえば農村的、および商人的な村であった。四日市の磯津の場合、漁村の成立はおそらくは明治維新前後とされる。江戸時代には磯津の名称は地図上に存在しないからである。塩浜の七つ屋から移住してきたものと考えられている。その他、現在の鈴鹿市に属する長太浦、下箕田、南若松、白子の江島などはかなり以前の時代の中世からの漁村であったと思われるが確かな史料が存在しない。白子の江島については、『勢陽五鈴遺響』白子の項に「白子ニ紀州領主ノ邸舎アリ　代官物頭目附等在番ナリ　紀州白子領六万石ヲ掌宰ス　都テ平原海瀬ニ民居ス　四方海舶通行シ、漁獲多シ　漁人江嶋（現在の江島）ニ居ス」[6]とあることから、江戸時代には紀州藩の領地であり、漁村であった。

　津市方面では、白塚、矢野（香良洲）、津市浜町も中世以来の漁村として知

られているが、「寛永四年卯正月津松崎網掛論仕出シ津之網ヲ松崎ヘ取参候付矢野浦　曖仕候云々」[7]という文章が矢野に残されていたことから、少なくとも 1627（寛永 4）年以前には津、松崎、矢野が漁村であったことがわかる。津浦浜町は、本来漁村であったが、津市の城下町として発展し、しだいに漁村から魚商人町へと変わっていった。「津藩では、はじめ浜町の者は漁労、魚町の者は魚販売と明確に区分していたのであるが、漁労よりも、魚仲買等の方が、労少なくして利益が多いことから、有力漁民は漸次商人化していったものとみえる。これに対し、魚町の連中は、権利侵害とみなし、相争ったのである。1692（元禄 5）年両者の抗争が激化し、藩庁に訴えた。この裁断は浜町は網方であるが、既成事実を認めて半商売も許すことを許可したのであった」[8]。南勢地域の村松、有滝、土路、西條などは、伊勢神宮の外宮の御薗であり、「外宮神領目録」によれば、「御贄蛸十箇小肴百」とあり、小規模な漁村であったことがうかがわれる。

2. 市場形成と漁村構造

　江戸時代の伊勢湾沿岸地域においては、全体として、一部を除いて漁村らしい漁村（＝専業型漁村）というものはほとんどなく、農業を主体とした兼業という形態での漁村（半農半漁型漁村）が一般的であり、ようやく漁村としての形が萌芽的に整いつつあった。一方、赤須賀などの「猟師町」では、江戸時代以前から早期に漁村の形成が進んだが、こうした背景にはおそらく人為的な漁業者集団の移住の他に、農業用地がきわめて少なく、農村としての成立が困難であったこと、さらに城下町の拡充による消費市場の形成とイチバ（四日市場）の発達、魚商人の増加などの流通事情の整備・発展が関係していたと思われる。

　とくに、近世都市の形成は、都市住民の水産物消費の増大をもたらした。例えば、そうした江戸時代の四日市における消費地としての成長は、次のような人口増加によっても明らかである。1683（天和 3）年の戸数が 872 戸、人口数 4,612 人、1792（寛政 4）年の戸数が 1,478 戸、人口数 5,912 人、1847（弘化 4）年の戸数が 1,839 戸、人口数 7,461 人となり、164 年

間に戸数にして 2.1 倍の増加、人口数 1.6 倍の増加となった。また、四日市は、商業中継地としての成長も、この間見られ、とくにイワシ類を原料とする干鰯肥料の集散地としても繁栄した。四日市は、1724（享保 9）年の郡山藩領期の始めにおける当地の商業状況に関して記した『諸色明細帳』にそのことがうかがわれる。それによれば、「商家 213 件」の中に干鰯商が 52 件存在し、北は北海道からの船も入港し、イワシ類の干鰯を中心とした商人の全国的な集散地であった[9]。

江戸時代には、行政単位としての漁村はなく、漁業を主とする集落は存在したが、村は農村として把握され、明治期に入ってから農業を主とする半農半漁型漁村からしだいに専業型漁村が成長し、漁村の形成が進展してきた。当時の漁村における中心的漁業は、イワシ類を漁獲対象とした多就労型の地曳網漁業であった。しかしながら中勢地域を中心に発達した地曳網漁業は、基本的に半農半漁型漁村を崩すことはなかった[10]。江戸時代、伊勢湾では、早くからヒシコイワシ（＝カタクチイワシ）の地曳網などの大規模な網漁業が盛んであった。こうしたイワシ類は、干鰯にされ、金肥として利用され、当時の商品作物である綿花栽培などの農業生産力の向上に大きな役割を果たした。イワシ地曳網は、250 人程度の多就労型の大地曳網と 30 人程度で操業する小地曳網があり、50 人程度の中地曳網もあった。イワシは 8 月から 11 月が盛漁期であるが、これは主に大地曳網で行われ、春にはその他の魚種をねらって中・小地曳網漁業が行われた。このように地曳網の経営は、多額の資本と労働力を必要とした。こうしたことから、①少数の網主による共同あるいは個人経営タイプのもの、および②村張り共同経営（網の共同所有、共同労働）である地下網（じげ）タイプのものという 2 つのタイプが存在した。前者のタイプの漁村は、網元と網子の隷属的な関係が存在した。例えば、「享保ごろ（18 世紀前半）、津の浜町には網頭七人、一志郡矢野村には六人いたし、猟師村の文久（19 世紀半ば）ごろの網主は十二郎・甚作という二人で、網子はその網主（網元）に対して隷属的といわれるほど生活を左右されたのである。このような関係は、富田（四日市）・白塚・阿漕（あこぎ）（以上津市）、松ヶ崎（松阪市）などの漁村でもあった。そしてその網子を統轄し、代表するも

のに漁師惣代がいた」[11]。こうした網子は、農民でもあり、いわゆる水呑階層のものが多かった。水呑階層は、「高持ち百姓の田地の小作をするか、労働を提供するか、他の日雇い労働で賃稼ぎをするか、漁撈に従事するか、雑役・交通労働者としてか、生活をしていた」[12]。このような水呑階層は検地帳や宗門改帳に出てこない者がかなりの数に達しており、本百姓のように年貢の対象でもなく、役家制度（労働提供）からはずされていた。こうしたことにより、封建制度の下においては、身分的に低く見られていた。他方、地下網(じげ)は、「網主と網子の隷属関係はなく、共同の漁撈をするので、そこではむしろその網をのせたり、漁撈したりする船と労働力とが中心で漁獲物の分配をしたが、ただ船の所有者が漁撈の采配をふるったものがあった」[13]。こうした地下網(じげ)は、伊勢湾ではその所有農地のほぼ均質な本百姓層による経営が多かった。

　近世における漁業貢租は、田畑からの本年貢に対して雑租の小物成であった。これは、藩ごとで若干、異なるが狭義の小物成と浮役に分かれた。狭義の小物成というのは、海高、網役、網代役などであり、租税免状の中に定納として記されている。永久的な租税であり、一種の収益税である。浮役は、浮遊した課税源に対する租税である。これは、営業税、営業手数料であり、運上金、冥加金である。その他に労役、分１金（銀）がある。これは、当座、または臨時の収入に対するものである。こうした漁業貢租を藩主に支払っていたが、入漁者からの分１銀の徴収が伊勢湾ではたびたび漁場紛争にまで発展した[14]。

　このように漁業は、雑税であり、本百姓層の年貢の補完的な位置しか占めていなかった。こうしたことから、漁業は不安定な農作物の収穫を補完する役割を持たされた農業を主体とした半農半漁型の漁村が広汎に存在する条件として根強く生き続けたのである。しかし、他方では、農業に比較し、直接的な搾取から逃れることが可能であったため、漁業生産力の発展をもたらす可能性も同時に存在した。これには、水産物市場の発展と技術的な発展が必要であった。こうした過程は、江戸時代には存在せず、漁網が従来の麻から綿糸に転換する明治後期から開始され、大正期から昭和の初期の全国的な漁

船の動力化によって本格化する。明治の時期を通じて資本主義的商品経済の進展とともに、そのような専業型漁村の確立へのテイク・オフの条件がしだいに成熟していくのである。

第2節 志摩・度会の漁村と漁業

　志摩と度会の漁村と漁業は、近世における異なった藩の支配下にあった。志摩地方は、志摩国の領域として鳥羽藩の支配のもとにあった。度会地方の一部は幕府領、伊勢神宮領などが存在したが、沿海部一体は紀州藩の支配下におかれていた（図1-1参照）。鳥羽藩、紀州藩ともに漁業税である水主銀（かこ）＊の収納によって漁村としての浦が認められ、漁業を行う権利が与えられたことは共通していた。しかし、当時、幕藩体制下における漁業政策は、藩によって大きく異なり、より財源的に弱小な鳥羽藩では、財源確保のために漁業への依存度が高く、漁民からの収奪体制は厳しいものがあった。徳川御三家の一つであった紀州藩では、農林漁業を積極的に奨励し、漁獲高から二分口銀という二割税を納めさせた。今日で言うところの、いわば売上税である。幕藩体制下の2つの地域の漁村の社会構造は異なっていた。ここでは、幕藩体制下の異なった支配下におかれていた志摩と度会沿海部の二つの地域に区分して述べる。

　　＊水主銀（かこ）とは、もともと水主（かこ）は労役であるが、労役に代わりに金納にしたものを水主銀とした。

1. 志摩地方

　鳥羽藩は、元禄4年に志摩国を4つの行政区画に分け、それぞれ大庄屋を置き、これらの区画内の村々の行政と徴税を行わせた。4つの区画とは、鵜方組、小濱組、磯部組、国府組（安乗組）などの漁村を中心としたグループであった。例えば鵜方組は、鵜方から波切の13ヵ村（＝浦）が組み入れられた。とくに4つの行政区画は、漁場争い、陸地の村の境界をめぐる紛争などの調停や藩からの下達文書の村への伝達、山林の管理、植林などがその主な役目であった。とくに漁村に関しては、和具、布施田の大島、小島をめぐる漁場争い、片田と船越の漁場争いなどが彼らの調整に任された[15]。

鳥羽藩支配下の漁村は、農耕地が少なく、漁業が主たるものであり、海の資源に依存する度合いがきわめて大きかった。鳥羽藩の漁業からの財源としては、「浦役銀」と呼ばれる漁業税の他、藩営漁場のボラ（名吉と言う）、コノシロ、スズキ、クロダイなどの漁業を藩営漁業としていた。これらの漁業は、藩の許可なく行うことが出来ず、後述するように藩役人の監督をともなった数ヶ村（浦）による共同漁労作業であった。こうした藩営漁業であったから藩への収納も厳しく、例えば、それらの漁業の中心であった冬季のボラの大掛かりな楯網漁業では、まずは浦役銀が徴収され、その他にも請漁金や符物銀（鑑札税）といった特別税があった。そして最終的には漁獲高の二分の一を藩へ上納させた[16]。これらを差し引いた漁獲高の残りが各浦へ分配され、各浦では、役職に応じた代によってさらに配分がなされる。したがって、労役を提供した各浦の水主（労働力）には、わずかな賃金しか残らなかったものと思われる。

　藩営漁業の中心であったボラ楯網漁業に関しては、藩営漁場の鳥羽湾内は冬場のボラ漁の絶好の場所であると言われている。ボラの楯網漁は、11月頃から3月頃にかけて大群が岸に接近し、その大群を湾内に追い詰め、湾口を網で仕切って逃げられないようにし、湾内で右往左往するボラを小規模な小舟の網で漁獲するという方法である。ボラ楯網漁業の段どりは、まず、最初に魚見により、ボラの湾への接近がわかると、楯網漁業の日にちが決まる。それを郡奉行所から各浦へ伝達される。そして漁労作業には、藩役人である「郡奉行、町奉行、浦奉行、大目付、徒目付、町組、郷組中が乗船し、東西に分かれて、それぞれの船が船団としての行動がとれるよう監視した」[17]。このように藩の完全な統制支配下において行われていたことが特徴的である。また、前述した藩役人の漁が始まるまでの滞在費用は、浦の側が負担した。大楯網など大規模なボラ漁の漁業には、700艘もの舟が動員され、「鳥羽藩領の村だけでなく、津の片浜町や松坂の猟師村など、伊勢湾岸からも出漁していたようである」[18]。

　ボラ漁は、鳥羽藩領地内の多くの漁村において行われていたが、大漁の時は藩の財源を潤すだけでなく、各漁村民にとっても生活を支える大きな経済

的意義を持っていた。1837（天保8）年の小濱村の大漁では、冬季の3カ月の間に23万4,476本、総水揚金額612両余－そのうち230両が藩へ漁業税として上納されたが、通常よりもかなり多くの残りの金が村民に入った。この時は、周辺の鳥羽町（八反田浦）、安楽島、浦村（大潟浦、大吉浦）などの各漁村も同様であった[19]。このような例は、鳥羽の南部に位置する浜島村（現浜島町）でも同様で1854（嘉永6）年に、それまで20年間もボラ漁が不漁続きであったが、この年、大漁に遭遇した。浜島村200数軒の戸数であったが、1戸平均水揚げ高が5両ほどとなるが、禱屋（祈祷）、荒見（魚見）、大船、網代などのそれぞれへの費用分を差し引き、漁民に入る収入はその差し引いた残りのわずか約半両（28匁）でしかなかったが、それでも漁村民の生活資として窮乏から救った。いずれの漁村（浦）においても楯網による漁業となっており村営の地下網(じげ)であった。これらの楯網は、大網のような藩直営のものではなかった。したがって藩直営の楯網漁と比べて藩からの収奪もそれ程強くなかったものと考えられる。こうしたボラ大楯網漁の他にも藩営漁業には、小濱村阿古瀬でのタコ釣り漁があった。これは、9月下旬から10月下旬までであった。舟は小濱村から出した。

(1) クジラ突取漁

　そのほかに重要な藩営事業としてクジラ漁も「鯨1頭で7浦潤う」と言われたほど利益の多いものであり、近世初期から鳥羽藩の重要な事業であった。クジラの捕獲法は、江戸時代初期にはカツオ船との兼営船で沖を通過するクジラを銛で取る「突取法」であった。鳥羽藩領域の中でも国崎、相差、石鏡など外洋に面した小漁村だけに限られていた。これらの村は貧村であり、1707（宝永4）年の大津波によって施設が大被害をこうむった。その後、志摩国からクジラ漁は姿を消した[20]。熊野灘の紀州藩では、水主(かこ)（＝労働力）を各漁村から動員し、操船しながらクジラを網に絡ませて銛を打ち込む「掛け網銛突き法」という大規模な方法であったものと比較すると、数隻の舟でクジラを取り囲み銛を打ち込むという小規模であまり資本を必要としないものであったが、銛で打ち込んでもクジラが暴れて水主(かこ)が生命の危険にさらさ

れ、そればかりかクジラそのものも逃げ出すこともあった。このように生命の危険を伴い、捕獲が確実でなかったため、もともと貧村に適した小規模なものであったが、生命の危険を伴うことなども手伝い、村の産業として復興するには困難があった。

　以上のような比較的規模の大きな藩営漁業の他に鳥羽地域の漁業は、10名程度の漁民が乗り組む規模のカツオ一本釣り漁業、小規模な海女の採介藻漁業などがあった。

(2) カツオ一本釣り漁業

　カツオ一本釣り漁業は、江戸時代の初めごろ鳥羽地方ではクジラ捕獲船と兼営であり、クジラが現れない場合はカツオ一本釣り船となる。カツオ一本釣り漁船には、水主(=水夫)が10人程度乗り込み、沖合10里(1里=約3.9km)程度の漁場まで到着するのに約3時間もかかった。漁場に到着すると餌となる活イワシを散布し、それに引き寄せられるカツオのナムラ(大群)を一本釣りの竿を海に投げ入れて釣り上げる。水揚げされた後、『大王町史』によれば、1681(天和元)年の船越村差出帳(当時は鳥羽藩へ村の農林漁業の生産高の他、戸数・人数などの社会の規模等の具体的数値を含めた実態を報告したものであり、藩の税収の基準となるものである)では、「鰹釣舟七艘、但鰹釣申候ヘハ四五月ハ生ニ而川崎(伊勢)へ送り申候六七月ハ節ニ仕名古屋、津、川崎へ送り申候」との記述があり、釣ったカツオは鮮魚あるいはカツオ節に加工して舟で三重県内、名古屋まで販売されていた[21]。

　鳥羽地方のカツオ漁の記録として残されている漁村(浦)は、1726(享保11)年の差出帳によれば、カツオ船の所有数で波切村24艘、船越村9艘、畔名村5艘、名田村6艘[22]、また、同年、浜島村が鳥羽藩への差出帳によれば14艘となっている[23]。カツオ漁は餌となるイワシの網漁労作業も必要であり、この漁は村の占有する漁場での漁労となる。しかし、イワシは移動性の魚類であり、このことから隣接村との漁場紛争も起きた。例えば、近世初頭の1700(元禄13)年の浜島村と隣村の御座村との紛争がある。鳥羽藩奉行所への浜島村の庄屋、肝煎、惣百代の村役人からの「口上書」にその

ことが記されている。「一、浜島村かせぎ第一と仕候(つかまつり) 鰹船の儀は前々より今に壱年も油断仕たる儀も御座なく候　就いては、鰹のえさいわしの儀は浜島村御座村　あば南北と申す浮網にて、前々より両村内に入会(いりあい)互に取来り候　然処(しかるところ)当四月三日御座村より申候は　此方の領内にてえさいわし取候儀当年より曾(かつ)て無用と申越し　差当り浜島村迷惑仕候事」²⁴⁾とある。このように餌イワシ漁をめぐる漁場争いも起きていた。

（3）海女漁業

今日でも有名な海女漁業は、答志、菅島、桃取、神島、浦村、石鏡、国崎、相差が中心であり、とりわけ答志と相差が多かった。起源は古代に遡り、かなり昔から行われていたようである。海女漁はアワビ、サザエ、テングサ、トサカノリ、アラメ、ワカメ、ヒジキ、モズク、イセエビ、冬季にはナマコなどを採集する。なお、冬季に大規模な楯網によるボラ(名吉(なよし))漁がある場合、海女漁は制限される。漁労方法はカチド、フナド、ノリアイという基本的には3種類があり、カチドは舟を使わずに海岸へ歩いて数メートルの水深の浅瀬で採取する。フナドは舟に乗って出漁し、舟は男が操り、潜水での漁労作業は女がおこなうという男女1組で行う漁労方法である。ノリアイは海女7ないし8人を乗船させ、漁場では個々の場所で採取を行うという方式である²⁵⁾。フナドとノリアイは、舟を利用することからカチドに比較してより深い10mから20mの漁場の潜水漁業である。

こうした海女漁業と漁業を含む他の労働作業との漁民世帯の中での労働配分と漁村の産業に関して、森靖雄は国崎における事例を次のように略述している。「おおむね男たちは沿岸漁業と楯網漁などに従事するほか、ときに水主(かこ)としてなかば強制的に雇われていた。老人たちは、陸上での漁具の補修と、初夏には熨斗(のし)つくりの作業に従事した。そして女たちは、農業と海藻拾い、海藻干しおよび塩辛つくりなど海産物の加工に従事していた」²⁶⁾。さらに彼女たちは、漁の間に採集した水産物、および加工および販売などにも従事し、地仲買にだけでなく、山を越えて販売することもあった。したがって彼女たちは採介藻漁に従事したばかりでなく、採取した水産物の加工・販売の商品

化にも深く関わっていたのである。

2. 度会地方（外海部）

近世における度会地方（外海部）は、次に述べる熊野灘沿岸部の北牟婁郡、南牟婁郡と繋がり、漁村は浦として紀州藩の支配を受けていた。度会方面の各漁村では、前述したように紀州藩への雑税としての漁獲高から二分口銀という二割税を納める必要があった。こうした雑税を納めることにより藩から漁業を営む権利が与えられ、その村落は浦として認められたのである。

度会地方の1773（安永2）年の7ヵ村の漁業の状況を見たものが表1-1である。この表から簡単に漁業と漁村の構造について述べてみたい。まず、生産手段たる舟であるが、サッパあるいは早羽というのは、漁具を積んだり、エビを捕るに使われた比較的大きな舟である。ちょろとは、夫婦で商売をしたり、海女などが使用したりする小舟である。いさばとは、磯などへ海女などを乗せてゆく舟である。名吉（なよし）とは、前述したようにボラのことであり、このボラを捕る楯網を張る、あるいはボラを楯網で追い込んだ後に使用する舟である。集団的漁労作業であるので比較的大きな舟である。さらに鰹舟はカツオ一本釣り漁業の際に水主（かこ）が4〜10人乗り組む大型の舟である。

この表を参照すれば明らかなように宿、田曽、相賀浦、さざらの各浦が網数、漁船数も多く、これらの村では、大掛かりなボラ漁、カツオ一本釣り漁業も行われていたことがわかる。これらの漁村で漁獲されていたものは、ボ

表1-1 1773年（安永2）の度会地方漁村の状況

村名	戸数	漁舟	内訳	網数
五ヶ所浦	79	16艘	サッパ 13艘 ちょろ 3艘	10
中津浜	25	9	サッパ	35
宿	97	35	名吉（ボラ）1 鰹? 6 早羽 25 いさば 2	140
田曽	102	25	荷足 2 早羽 23 名吉 1	203
相賀浦	79	26	早羽（廿四）鰹? 2	193
さざら	53	29	早羽 廿九 名吉 1 いさば 1	127
迫間		53	いさば 1 ちょろ 48 丸木 4	70

出所：南勢町誌編纂委員会『南勢町誌（上巻）』2004年12月20日 pp268-269より一部引用

ラ、カツオ、ハエ、イナダ、コノシロ、イワシ、トビウオ、サエラ、エビ等であった。迫間浦ではちょろ舟が48艘と多く、これは海女業が盛んなことを裏付けている。また村の戸数も先に示した4つの浦では他の浦より多く、宿が97、田曽が102、相賀浦79、さざらが53となっている[27]。

これらの浦の一つである田曽浦は、江戸初期の1677（延宝5）年の田曽浦のことを表した文書「神前半九郎様ヘ上ル帳ノ扣」（北村旧蔵文書）によると、戸数は106であった。したがって97年後の表1-1の102戸とほぼ変わらないことがわかる。漁業の状況は「地下(じげ)持の名吉取船2、個人舟51（名吉取網船2、かつお7、さっぱ40、いさだ2）。網は名吉中網1帖、同小網1、地下(じげ)むつ・かます・あじ・このしろ立網1、地下(じげ)引網（たい・嶋・はや・諸魚）、地下(じげ)縄網（いるか・かつお）、一般網211帖を持っていた」[28]。

ここで特徴的なことは、第一に、村の共同経営の漁業であった地下(じげ)網を中心に漁業生産組織が組まれていることである。地先の自村の占有海面を基盤にして漁労生産が共同的に行われていたことがわかる。ボラ網は地下(じげ)網であったが、漁法は建切網か敷網であり、漁期は12月から翌年の3月までの冬季に行われた。その他にもえび網、南北網（イワシの四艘張網）などを個々人として持っていた。しかし、網なしの家も6戸あったことが記録に残っている[29]。このように同じ田曽浦の中でも各戸の役（本役、半役など）による網の個人の所有数が異なり、網無しの無所有者などとの格差が存在していた。およびまた、第二には、地下(じげ)網であるが、このころには、イルカなどの鯨類も捕獲されており、カツオ船と兼ねて行われていたことが興味深い。カツオ漁については、近世前期の1684（貞享元）年5月には、宿、田曽、相賀、礫の4つの浦はカツオ漁での沖釣りでの協定を結んでいた[30]。「磯漁は根付・地付次第なり、沖は入会」[31]と言われた徳川幕藩体制下のルールがあり、磯漁は各浦の入会であったが、沖に関しては基本的には各浦での自由漁業となっていた。しかし、この場合のカツオ漁は魚群の行動も速く釣り上げる際に、舟同士の衝突、つり糸の絡み合い等、様々な紛争の種となる事への危惧から協定を結んだものと思われる。

このように浦として藩から認められた漁村は、地下(じげ)網を村の生産の土台と

して共同体的関係が強力に維持され、それぞれの村民の漁労作業での役割、漁業の漁獲物の藩への上納後の村民への分配方式、村役人を中心とした村落内の秩序が存在していた。

また、前述したクジラ漁も盛んであったことが1780（安永9）年8月の『鯨定之事』（奈屋浦漁協蔵文書）などによってわかる。この資料によれば、この紀州藩営のクジラ漁の各浦の永主（かこ）、舟の動員記録は「13箇条からなっており、南島の浦々15が協定調印したもので、それには本町（旧南島町のこと）では、迫間・相賀・礫・田曽・宿・五ヶ所浦・中津浜が加わっている」[32]とある。

第3節　熊野灘の漁村と漁業

1．北牟婁郡

熊野灘沿岸地帯の漁村は、前述した度会郡の漁村と同様に、江戸時代に紀州藩の領地であり、尾鷲などの北牟婁郡と現在の和歌山県と接し、一面砂浜が広がる南牟婁郡とでは漁業形態も異なる。北牟婁郡の地域は、錦、長島、引本、尾鷲、九鬼、木本、阿田和などがあげられるが、これらの漁村は中世から近世中期にかけて、ボラの漁村共同体漁業＝地下網（じげ）が行われていた。いずれの漁村も大体において多少の違いがあるが農地が少なく、リアス式の湾が多数存在し、急峻な山あいの麓の狭小な場所に点在している。こうしたことから農業では十分生計が成り立たなかったことがわかる。しかしながら、季節ごとに沖合から黒潮にのって様々な魚類が来遊し、古代から漁労活動が行われていたことは想像に難くない。冬から春にかけては、名吉（なよし）（ボラ）、クジラ、春から夏にかけては、サヨリ、カツオ、秋はイワシ、冬にはマグロ、エビなどが沿岸域まで接近し、これらの魚類・エビが漁獲対象となった。近世の前期までは、クジラ漁も行われていた。

尾鷲周辺の漁村は、尾鷲組に属しており、須賀利浦、水地浦、天満浦、中井浦、野地村、南浦、堀北浦、林浦、矢ノ野村、向井村、大曽根浦、行野浦、九木浦、早田浦の14ヶ村（浦）から成り立っていた。この尾鷲組は、紀州藩の下で庄屋などの村役人が中心となり漁業税等の雑税収納等を行う藩との

直接の結びつきを持った行政組織であった。なかでも、尾鷲組の漁村で比較的大きな経済力を持っていたのが須賀利浦であった。須賀利浦の近世中期の1775（安永4）年以降に行われていた漁業は次の様なものであった[33]。

網数　11帖
　名吉網　1帖　鮪網　1帖　餌（イワシ）網　1帖　海老網　1帖　小網　1帖
船　13艘
　鰹船　8艘　さつぱ舟　2艘　てんと舟　2艘　いさば舟　1艘

となっている。とくに須賀利浦で経済的に大きな意義を持っていたのは、前述したボラ漁業の地下(じげ)網である名吉網漁業である。地下網は村全体で経営し、村人総出で漁労を行う村張り漁業であった。

「幕末に近い天保二年（1832）名吉網代割帳による漁撈に参加している実人数は116名、実人数148名となりそのうち延64名は前年度に引き続いて漁撈を行なっている。この118名は天保二年（1831年）須賀利浦総人数412人（男200人、女212人）のうち男の約65％に当り、戸数95戸であるので平均1戸あたり1.3人に当る。このことからも地下網漁業の経営が村落の全戸の参加を基準として成立していたことが伺われる」[34]。

こうした地下網からの水揚げ高の一部を村の財源にあて、漁船、網などの建造費、修理費、さらには不漁時の際の村民の生活費などに充てた。全漁獲高の分配は、雑税として藩に収める漁税、および網代、諸雑費類をあらかじめ差し引き、残りにつき成人漁夫を1代（しろ）とし、各役割の代に応じて配分された。興味深いのは、こうした代にあずかる対象となるのは、漁夫と漁網・漁船の提供者以外にも氏神（2代）、御参宮＝伊勢神宮（1代）、御寺（2代）、御隠居（1代）、庄屋（1代）、肝煎（1代）、五人組（5代）、支配人（4代）、荒見（10代）、村医（1代）、小廻り（1代）、岩蔵子（半代）、渡し舟（半代）、休舟（30代）、増代（2代）など[35]、リタイヤーした「御隠居」を含む、すべての村民への分配となっていることである。すなわち地下網の収益は、地下網漁業に参加した個々人の稼得のための就労機会のみならず、村民

の生活費を賄うという社会的厚生的性格を持っていたのである。地下網漁業は、浦の基幹的な漁業であり、村民にとっては"命づな"ともいうべきものであった。漁業は年々の豊凶変動が激しく、必ずしも豊漁とは限らず、不漁期には村民の生活が著しく困窮度が増すこともあり、こうした時にも村民の生活を維持するための保険的役割も果たしていた。

　このような社会的性格を持った地下網に関しては、1886（明治19）年の「須賀利村共同漁業組合設置ニ関スル協議事項書」において、近世から伝わる地下網について次のような記述がある。「本村ニハ古クカラ地下漁ト謂フ制度ガアッテ鰮網及鮪建切網の漁業ヲ住民ノ全部ガ共同漁業トシテ経営シテ来タ歴史ヲ持ツテ居テ」と記されている。「資本拠出、漁撈、漁獲物配分に至るまで村人全戸に関係し、全戸の者によって支えられている」[36]と。

　須賀利浦は、リアス式の海岸線に囲まれた入り江であり、天然の良港であった。こうしたことから海上交通が近世後期になるとしだいに他地域からの帰港船も増えはじめ船宿を兼ねた漁獲物の販売を担う商人資本が村の上層を占めるようになり、こうした商人資本と他の漁民階層との貧富の格差が広がり始めた[37]。須賀利浦は、前浜漁場が浦全体の総有となっており、それを基盤として地下網によるが村張り的漁業が行われてきたが、近世の後期になるとボラ網からイワシ網となり、そしてマグロ建切網漁業へと発展する。こうした魚種の転換は、商業の発達とともに、より収益性の高い漁業への転換であり、一面では前述したような村民全体への還元という側面も続いていたが、漁網・漁船の提供者である商人資本家への配分（代）が大きく、「地下ノ魚獲ノ三ケ一ヲ四軒（商人資本家）ニワタシ　後ハ頭ワリトス」[38]とあるように明らかに村内に階層格差が生じ、利益の分配にもそのことが反映されていた。

　ともあれ、このような地下網の村落共同体システムの存在は、尾鷲組以外にも前述したように度会地域でも広く見られた。しかし、尾鷲組の中で須賀利浦が廻船の寄港地として繁栄して経済力も大きかったが、尾鷲の隣村である大曽根浦のように同じ尾鷲組の中にも小規模な漁村もあり、こうした漁村では、平等主義的な地下網が明治の前期までも継続し、その後、御木本幸吉

の借漁場として利用されたことが記録にある。

　尾鷲組諸漁村での漁業経営の形態は、近世後期になると地下網（じげ）を土台としつつも須賀利浦のような商人資本を兼ねた網元が経営する大網経営、そして沖合でのカツオ漁業を営む株仲間の経営もあり、さらには、零細な漁民が営む釣り漁業、エビ漁業なども存在するようになった。

　『尾鷲市史　上』には、近世後期の尾鷲組の大網経営の例が記載されている。「天保 11 年（1840）の文章によると、中井浦甚右衛門は数代、漁職家業を行ない、大まかせ網（いわし巻取網）を所持し、60 人乗りの網船 2 隻・小船 7 隻・その他、網道具などを多数所持し、水主 70 名余を常時かかえていて、その水主とは網親・網子の関係を有していたことを明らかにしている」とある[39]。

　また、カツオ漁業においても「乗親・乗子との関係も同様であったが、同時に多数の乗子をかかえている乗親でもあった。・・・これらかつお船所有者は、かつお船株仲間を形成していた。須賀利浦では明和 2 年（1765）半左衛門・林右衛門・久次郎・忠右衛門・久之丞・庄蔵・伊右衛門・長次郎 8 名で 8 人組を形成し、藩に対して共同で 1 名につき銀 200 匁ずつの借財の申し込みをしている。また、尾鷲浦でも安政 5 年（1858）中井浦甚右衛門（2 隻）・太郎兵衛・惣次・南浦宇右衛門・宇平治・与一次兵衛・林新平（2 隻）安右衛門・藤兵衛・惣助、計 10 人が、かつお船株仲間を形成し、餌いわしの確保や、お互いの利益の保護、漁業権の交渉などに当たった」[40]。

　このような尾鷲組の漁村の中にも近世後期になると、漁獲物の販売ルートを通じて消費地問屋と結びついた浜商人が現れ、資本蓄積をなして漁業生産の投資も行い、前述したように、しだいに村の上層を形成し、平等であった漁民層間の格差＝分化・分解を推し進めた。ちなみに尾鷲浦には、宝暦 7 年（1757）の「国市浜割商人中口上書」によると、林浦、南浦、中井浦、堀北浦の 4 か所に 68 名という多数の浜方商人が活躍していたとある。他の尾鷲と隣接する漁村の九木浦、須賀利浦、大曽根浦、三木浦、古江浦などにもこうした浜方商人が尾鷲浦と同様に活躍したことが記されている[41]。

2. 南牟婁郡

　南牟婁郡の漁村は、二木島湾、この湾に二木島浦、二木島里浦、甫母浦の3つの浦が存在し、新鹿湾の湾には遊木浦、大泊湾には小泊浦というリアス式の入り組んだ湾に囲まれた漁村もあり、さらに太平洋に面し、七里御浜の砂浜が開けている。こうして南牟婁郡には、リアス式の湾には、湾内の漁業、および沖合漁業が行われており、また、七里御浜では、砂浜を利用した地曳網漁業が行われていた。

　近世後期には、『熊野市史　上』[42] によれば、表1-2のように各浦、村ごとで多様な漁業が行われていたことがわかる。もっとも戸数の多い村は、木本浦の900戸であるが、水主(かこ)の人数は200人とその割合は少ない(もちろん、この数値は「断片的な資料を収録」した数値であり、正確なものではないが)。それに対して甫母浦の31戸に対して水主(かこ)人数が70人となっており、ほとんど1戸から2～3人が存在しており、また遊木浦の戸数も100戸に対して水主の人数が120人となっている。これらの村ごとの違いは漁業に対する依存度の違いであろうと思われる。戸数がもっとも多い木本浦では、他の漁村と比べて農地も多く存在し、農業を主たる生業とした村民も多くいたことがおそらく考えられる。しかし、水主(かこ)の人数が記録されている甫母浦、遊木浦などでは漁業に対する依存度が高く、村落もリアス式の切り立った崖のふもとに所在しており、農業が成立する余地はきわめて限られていたものと

表1-2　南牟婁郡近世後期（江戸後期）漁業の状態

浦村	家数(戸)	漁師(人)	漁網											漁船				
			細魚網	地引あみ	いわしあみ	かつお・まぐろ	大魚あみ	平敷	小網	餌網	えびあみ	名吉あみ	かつお舟	さっぱ舟	いさば舟	漁舟	てんま
甫母浦	31	70	2													12	8
二木島里浦	60		5	1	3							1	4			10	6
二木島浦	134		5	1		2		5	7				4		5	20	3
遊木浦	100	120	3							3	3					13	
新鹿村	200			3			4									3	
小泊浦	95		5		7	1		5				40	8	15		8	16
木本浦	900	200	8				7	8								30	
有馬村	70			4												5	

出所：熊野市史編纂委員会『熊野市史』1983年3月31日　p 1218

考えられる。また、次に述べるように、これらの村落の水主の人数の多さは、木本浦の個人大網主の労働力として雇われていたものが多かったものと考えられる。

　漁業として網数でみると、「えびあみ」の次に多いのが細魚網(さより)であり、「さより」とあるがサンマのことである。エビ網は湾内漁業であるが、サンマは来遊し湾内に近寄ってくる魚種で魚群の動きも活発であり、移動性に富むので個人の小規模なエビ網と異なり、沖合での操業であり、船頭を頂点とした統率の取れた集団的な漁労となる。明治以降の熊野地方の火光利用の伝統的サンマ棒受け網漁業は、今日でも有名であるが、すでにこのころから多数の漁民がサンマ漁に着業していた。また、もうひとつ特徴的な漁業としては、地曳網がある。表1-2から木本浦では七里御浜の砂浜地帯を利用した地曳網が8統と他の漁村と比較して多いことがわかる。

　木本浦では、周辺ではあるが、やや離れた市木崎折磯まで漁業権を持っており、地曳網も含まれる大網株は、何人かの株仲間で組織されており、「文政12年（1829）の文書には、木本浦大網株の頭取として、幸右衛門・松右衛門・伊三兵衛の名がみえ、また、地引網株として、幸次郎・丈助・与兵衛・喜兵衛・文兵衛・徳兵衛・喜兵衛・金六の8人の名がみえる」[43]。しかし、これに対して新鹿村(あたしか)では、3統の地曳網は漁業権が新鹿にあり、村共同経営の地下網(じげ)であった[44]。

　木本浦の地曳網をはじめとする漁業が株仲間の経営で栄えた条件として、大網株のみならず魚問屋、魚仲買に至るまで株仲間を結成し、漁獲物の独占を維持しており、これらの商人資本との兼営、あるいは彼らとのつながりが深かった網元の強い支配力が存在していたためであろう。

(1) 捕鯨業

　最後に南牟婁郡の捕鯨業について述べておこう。捕鯨業は、前述した北牟婁郡の九木浦等でも盛んに行われていたが、捕鯨業は1606（慶長11）年頃に太地浦（現和歌山県）の和田忠兵衛頼元が泉州堺（大阪府堺市）の伊右衛門や尾州（愛知県）知多郡師崎の伝次と協力して突取法という銛で突いて捕

鯨を行うという方法で始めた。しかし、この方法は志摩地方で述べたようにクジラに接近しなければならず、捕獲の際にクジラが暴れるなど生死にかかわるきわめて危険な方法であった。1677（延宝5）年太地浦の和田惣右衛門頼治（のちの太地角右衛門）がより安全な網取り法を考案し、これが急速に西日本捕鯨村に普及した。南牟婁郡を支配していた紀州藩は、このような利益を生み出す捕鯨業に着目し、現在の和歌山県の古座、太地浦、三輪崎の各浦に藩の鯨方役所を設置し、ここでは二分口銀の税収を目的としてではなく直接、藩営事業として行った。

　捕鯨業は200名程度の水主（かこ）と陸上作業員が必要であり、多人数を要し、したがって一つの浦だけでなく数カ村合同で捕鯨に従事した。南牟婁郡では、二木島、甫母、遊木、古泊、木本などの各浦にも捕鯨基地があった。こうした他にも北牟婁郡の尾鷲の九木浦の捕鯨は、藩営であり、若山（和歌山）の鯨方母行の指揮下にあった。宝暦4年（1754年）の九木浦の捕鯨には木本、尾鷲、相賀、長島などの漁村から192人が従事した。宝暦9年（1759年）木本組の鯨組には木本浦が23人、古泊浦8人、遊木浦8人、二木島、甫母浦4人、梶賀浦5人、古江浦4人、三木浦3人の計63人、さらに尾鷲組からも23人、相賀組16人、長島組34人、合計136人が動員された。こうしたことから明らかなように、捕鯨業は多人数を要し、幕藩体制の下での水主役（かこ）として労役義務が各浦に課せられた。こうした水主役（かこ）を出す漁村では、地下網（じげ）の労働力不足にも陥り、また、この水主役（かこ）からの賃金も地下網（じげ）、個人の民営のものと比較してかなり低かったと言われている[45]。

(2) 南牟婁郡の漁場紛争

　近世の漁場紛争に関して述べておこう。表1-3は江戸時代の漁場紛争一覧表である。この表をみてもわかるように南牟婁郡の漁場紛争には、二木島湾内と大泊湾内の2つ、それと市木有馬と新宮領の自由漁業とのもめ事が多い。この最後の市木有馬と紀州藩の家老の新宮領の自由漁業との漁場紛争は深刻であった。「有馬村・市木村は新宮領だから、漁場紛争は複雑になる。新宮自由網と称して阿田和・市木・有馬村の漁船が網を引きはじめ、これは新宮

藩が直接関係していたから木本浦も手を出すことができなかった。この争い元禄10年（1697）ごろからはじまり、明治初年まで続くのである」[46]。このようなことは、大泊村や小泊浦との紛争も同様であった。

大泊浦の地先海面であっても、波打ち際より1町（幅が約109メートル）以内の海面は木本浦の支配であり、また、小泊浦の1町より沖合での漁獲物は、地元である小泊で水揚げすることが出来ず、木本浦で水揚げする必要があった。これらの不公平な扱いは、さまざまな当該漁村との間の歴史的事情から生じたものであるが幕藩体制下で固定されたものであり、表1-3に見られるようにたびたび紛争を起こした[47]。

表1-3　南牟婁郡漁村の漁場（漁業）紛争

年次	西暦	紛争場	紛争の浦村	概要
寛永17	1610	大泊湾	大泊浦×古泊浦	津ノ国の舟が入会の海で漁労
寛文11	1671	市木浜	木本浦×塩津舟	塩津の舟が浦役を出さず操業
寛文12	1672	有馬浜	木本浦×古座舟	古座舟得漁のサバを古泊が奪う
〃	〃	有馬浜	木本浦×古座舟	古座舟がイワシをとり浦役をとる
寛文13	1673	有馬浜	木本浦×大泊舟	大泊舟のイワシを木本がうばう
延宝2	1674	有馬浜	〃	有馬浜は木本漁場と裁許
延宝5	1677	二木島湾	甫母浦×二木島両浦	甫母浦のカツオに浦役請求
元禄2	1689	市木浜	木本浦×財部浦舟	財部浦の舟が無断で地引網ひく
〃10	1697	市木浜	木本浦×阿田和舟	阿田和舟が無断でサバ漁
〃14	1701	市木有馬	木本浦×新宮領	無断操業の阿田和舟らに過料
享保3	1718	二木島湾	甫母浦×二木島両浦	甫母の漁撈を権利なしと訴う
〃4	1719	市木浜	木本浦×下一木村	2艘開きの網をひき木本浦異議
延享4	1747	二木島湾	甫母浦×二木島両浦	甫母がカツオを掛けもめる
〃5	1748	二木島湾	甫母浦×二木島両浦	甫母は資塩の浦と両浦主張
寛政6	1794	二木島湾	甫母浦×二木島両浦	甫母前のカツオでもめる
文化7	1810	大泊湾	木本浦×古泊浦	古泊の叩き網に木本異議
〃9	1812	大泊湾	木本浦×瀬戸村	瀬戸舟が旅船に魚売りもめる
〃11	1814	二木島湾	甫母浦×二木島両浦	甫母の漁撈でもつれ浦役とる
文政4	1821	木本浦	木本浦網もち仲間	大網もちと高引網もち争論
〃6	1823	古泊浦	木本浦×古泊浦	古泊でのサンマ入札もめ和談
天保3	1832	市木浜	木本浦×一木村	市木村のイワシ肥取網でもめる
〃	〃	二木島湾	甫母浦×二木島両浦	甫母前のマグロでもつれ和談
〃4	1833	大泊湾	木本浦×古泊浦	羽子島への敷網でもめる
〃7	1836	大泊湾	木本浦×古泊浦	マミル島左右の沖かけ網に異議
〃11	1840	市木有馬	木本浦×新宮領	木本浦と新宮自由網もめる
〃13	1842	市木有馬	木本浦×新宮領	〃
〃14	1843	市木有馬	木本浦×新宮領	〃
〃15	1844	市木有馬	木本浦×新宮領	〃

弘化4	1847	市木有馬	木本浦×新宮領	有馬の高取網を木本漁民引き上ぐ
〃	〃	市木有馬	木本浦×新宮領	市木で入札宣言し木本反論
〃 5	1848	大泊湾	木本浦×古泊浦	マグロの配分もめる
明治1	1868	大泊湾	木本浦×古泊浦	松崎のマグロを磯崎へ追いもめる

出所：熊野市史編纂委員会『熊野市史　上』1983年3月31日　p1241

[1] 三重県南勢地域の漁場紛争に関しては、「はじめに」の9）清水三郎の前掲論文「江戸時代における南勢地方の漁業事情」に詳しい。

[2] 「はじめに」の前掲書26）p328

[3] 「はじめに」の前掲書24）　p13

[4] 同上

[5] 同上　p14

[6] 安岡親毅著　倉田正邦校訂『勢陽五鈴遺響2』三重県郷土資料刊行会版1976（昭和51）年　p198

[7] 3）と同上書p15

[8] 同上

[9] 四日市市役所『四日市市史』1961（昭和36）年3月　p161

[10] 二野瓶徳夫が明治前期の漁業生産の停滞性を次のように述べているのが注目を引く。「明治前期の漁業生産が停滞的であった最大の原因は、当時の漁業技術の中に求めなければならないと思う。しかし、当時の漁業技術が総体的に停滞的状態に入ったということは、すべての漁業技術が一様に停滞的になったということではなかった。総体的な停滞状況のなかで、衰退しつつある非能率的な技術と、発展しつつある高能率な技術とが交錯し合っていたことが知られる。その交替の速度は、現代に比べればかなりゆっくりしたものであったろうが、そのような交錯の過程こそ、近代漁業生成の模索過程そのものであったとみられる。そしてその自然発生的な漁業者の対応過程が、江戸時代末期や明治初年にさまざまな形をとって始まっていたと考えられるのである。しからば、まず衰退しつつあった非能率的な漁業技術とはどのようなものであったのか。個々の漁具漁法は多種多様であったが、概括的に特徴づけると、次の二つの傾向を持ったものといえそうである。第一は、ごく狭い沿岸水域

でしか操業できないもので、そこに魚群が回遊してくるのを待つしかなく、魚群を求めてより広域的な捕獲活動のできにくい漁具漁法である。たとえば地曳網、とくに大規模な多額の費用を要する地曳網などには、魚群の回遊状態とかかわって、このような性格の強いものが少なくなかったものとみてよい」（二野瓶徳夫『明治漁業開拓史』1981年11月平凡社 pp16-17）。

11) 三重県『三重県史』 1956（昭和31）年3月　p119

12) 同上書　p118

13) 同上書　p119

14) 松島　博著『三重県漁業史』三重県漁業協同組合連合会、三重県信用漁業協同組合連合会編　1969（昭和44）年10月　pp53–59

15) 志摩町史編纂委員会『志摩町史』1978（昭和53）年10月20日　p97

16) 鳥羽市史編纂室　『鳥羽市史　上』1991（平成3）年3月25日　p502

17) 同上書　p 506

18) 三重県史編纂委員会　『三重県史　通史編近世　2』2020（令和2）年3月31日 p 163

19) 前掲16）と同上書　pp502-503

20) 同上　p510

21) 大王町史編纂委員会『大王町史』1994（平成6）年8月1日　p324

22) 同上書　p325

23) 『浜島漁業協同組合のあゆみ』浜島漁業協同組合史編さん委員会　1991（平成3）年8月31日

24) 同上書　p13

25) 18）と同上書　pp186-191に詳しい記載がある。

26) 森靖雄「第二章　国崎の歴史」 愛知大学綜合郷土研究所研究叢書Ⅸ　牧野由朗編『志摩の漁村』名著出版　1994（平成6）年5月30日　pp71-72

27) 南勢町誌編纂委員会『南勢町誌（上巻）』2004（平成16）年12月20日 pp268-269

28) 同上書　p267

29) 同上書　p268

30) 同上書　p 270
31) 磯漁は、漁業税その他の集落が負担しなければならない貢粗、沖漁は漁獲物を基準にした運上金や冥加金、こうしたものを領主に納めることにより、浦＝漁村が認められ、漁を行う権利が保障された。
32) 29）と同上書　p273
33) 「はじめに」前掲書 16）p 41
34) 「はじめに」前掲書 18）p 56
35) 同上　p 59
36) 同上　p 62
37) 「はじめに」前掲書 16）pp42-43
38) 同上　p 43
39) 尾鷲市『尾鷲市史　上』1969（昭和 44）年 6 月 2 日　p 625
40) 同上　pp625-626
41) 同上　pp629-630
42) 熊野市史編纂委員会『熊野市史　上』1983（昭和 58）年 3 月 31 日
43) 同上　p 1224
44) 同上　p 1220
45) 同上　pp1225-1235 を参考にした。
46) 同上　p 1240
47) 同上書を参考にした。

第Ⅱ章　漁業制度の確立と漁場紛争

第1節　漁業組合準則の公布と「旧慣尊重」

　1875（明治8）年に明治政府は、2月に太政官布告第23号による雑税の廃止、および同年12月に太政官布告第195号による海面官有宣言を発布した。この布告により、これまでの江戸時代の藩の収入源であった貢租としての漁業税などの雑税を廃止し、漁場に関しても海面の国有化を行い、あらためてこれまで沿岸漁村漁民が藩政の下で利用してきた村落占有漁場を借区制に移行させた。これによって漁業を営もうとする場合、あらたに政府に借区を願い出て、地方府県により許可される。許可を受けた場合、借区料を地方府県に支払わなければならないという仕組みとなった。しかし、これは江戸時代後期からしだいに全国各漁村で高まってきた従来からの漁場の占有利用関係をめぐる紛争に油を注ぐ結果となり、明治政府は、こうした紛争の収束をはかるため翌1876（明治9）年には「旧慣尊重」に基づいて旧秩序の漁場占有関係に復帰せざるを得なかった。

　1886（明治19）年には、漁業組合準則が公布された[1]。それに基づき漁業組合が設立された。組合は漁場に対する管理権が与えられ、漁場区域、漁具、漁法、操業期間などの規約が定められ、組合員となった漁民は漁業組合に入ることによって漁村の占有漁場利用し、漁業を営む権利が与えられたのである。これは、伝統的漁村共同体的慣習を国家的にいわば"上から"掌握し、漁村の中での漁民と非漁民を区別させ、漁民を組合に組織化し、「旧慣尊重」の下に紛争の収束を計ったものであるといえよう。

　三重県漁村においても同様であり、江戸時代を通じて、こうした漁場の占有利用に関する漁村間の争いが絶えなかったが、全国と同様、明治期に入ってからも漁場紛争は一層、激しくなった。しかし、伊勢湾内漁村と志摩・度会・熊野灘とでは漁場紛争の性格は、若干、異なっていた。それは漁業種類が異

なっていたことと、とくに後者の志摩・度会・熊野灘方面では江戸時代からの幕藩体制下の支配領域が異なり、複雑に漁村の占有漁場のあり方に大きな影響を及ぼしており、早くから三大親藩のひとつである紀州藩、および伊勢神宮などへの貢租のための漁村として位置づけられてきたからである。こうして地域によって漁村形成の歴史的条件が異なっていたことが漁場紛争を一層、複雑化させたのである。

図2-1　明治時代行政区域（明治22年）

出所：大林日出雄・西川　洋著『三重県の百年』（山川出版社　1993.1.30）p 89 より引用

1. 伊勢湾漁村

　三重県北部では、漁業組合準則が公布された 1886（明治 19）年の翌年、早くも 1887（明治 20）年に南北両勢漁業組合が設立された。中田四朗によれば、「南北両勢漁業組合が設立するまでには、伊勢湾岸には統一的な漁種別漁業組合を結成する試みがあった」[2]。内容に関して詳細に述べることは控えるが、それは以下のようなものである。「旧奄芸郡白塚村（津市）漁業総代人山崎喜右衛門、同郡豊津村（津市）漁業総代人丹羽光次郎、河曲郡南若松村（鈴鹿市）漁業総代人清水東四郎、奄芸郡千里村（津市）漁業総代人丹羽道雄連盟で一八八七（明治二十）年二月二十四日、奄芸河曲郡役所に雑漁・鰮鯷大地曳網二漁業組合結成の『上申書』を提出している。この上申書によると、奄芸・河曲両郡沿岸漁業者総代人が『三重県訓令第八〇号』に従って、雑漁・鰮鯷大地曳網の二漁種別組合を組織せんとしたことがわかる」[3]。
三重県北勢漁業組合は、桑名、朝明、三重、河曲、奄芸、安濃の六つの郡からなり、地曳網漁業者と雑漁業者が組織されており、南勢漁業組合は、一志、飯高、飯野、多気、度会北部の五つの郡からなり、地曳網、雑漁と採藻業者からなっていた。このように当初、業種別組合＝同業者組合的性格を持ったものが考えられていたのである。

　漁業組合準則では、聯合会の創設も認めており、1889（明治 22）年頃には、三重県漁業組合聯合会、三重愛知漁業組合聯合会、三重和歌山両県漁業組合聯合会が設立された。1887（明治 20）年―1892（明治 25）年には、三重県の、それぞれの漁村を中心とした漁業組合が形成された。漁業組合準則が施行されてから 3 ～ 4 年の短期間にそれまでの業種別組合から地域別組合に再編された。このような漁業者の組織化が可能であったのは、なによりも第一に、各漁村では漁場占有領域の確定が急がれ、漁場紛争の調整、すなわち明治時代以前の旧慣習に基づく漁場利用秩序への復帰が求められていたことである。それは、組合準則が施行された翌年の 1887（明治 20）年 1 月 29 日に「三重県訓令第 80 号」によって「組合規約例」が出され、この規約例に沿って設立組合の規約が作成されたが、以下のように規約例の第二章に「目的及漁場区域」が記載されていることからもわかる。

「第十条　当組合ハ漁業上（水産動物採捕ヲ合称ス）<u>従来ノ慣行ヲ維持シ</u>、其弊害ヲ
　　　　矯正シ、水族ノ蓄殖、漁具・採藻器ノ改良及魚付林ノ増殖保護等総テ漁業
　　　　上共同ノ利益ヲ図ルヲ持テ目的トス。
　第十一条　<u>漁業区域ハ従来ノ慣行ニヨル。</u>
　　　　但、一村ノ特占漁場若クハ数村ノ入会漁場ニシテ、其区域ノ判明ナルモノ
　　　　ハ何々（字名又ハ磯名ヲ記ス）ニヨリ何々（字名又ハ磯名ヲ記ス）迄ヲ何
　　　　村ノ特占漁場或ハ入会漁場ト記載スヘシ。」[4]

　こうした漁場区域、及び入漁の漁場の確定にもかかわらず、とくに1897（明治30）年代以降、三重県下漁村で漁場をめぐる紛争がふたたび激化する。とくに伊勢湾北勢地域を中心とした漁場紛争の激化の背景としてあった要因として、一つには、江戸時代から発展を遂げた新しい能率漁法の打瀬網などが導入され、この能率漁法である打瀬網漁業をめぐる漁場紛争が急速に広まったことである。この風力を利用して漁場を移動する能率漁業により、水産資源に悪影響がもたらされるという危惧が沿岸漁民の間で広まったことと、二つには、このような問題を一層、深刻化させたのは、1881（明治14）年に大蔵卿（大蔵大臣）に就任した松方正義による当時のインフレーションの収束のために緊縮財政の実行、流出した金正貨の買い入れというデフレーション、いわゆる「松方デフレ」による1980年代継続した深刻な不況による漁民生活の窮迫である。このインフレーションは、西南戦争後の戦費調達のための支出と輸入超過を赤字分補てんのために不換紙幣の発行の増発によるものであった。

　打瀬網紛争に関して述べよう。三重県では、能率漁法として打瀬網が明治初年から始まったが、三重県の隣県である愛知県では、江戸時代後期から江戸湾から伝えられ始まったと言われている。愛知県は1882（明治15）年にはすでに1,672統もの多数の打瀬網漁船が操業しており、三重県も20統があった[5]。1884（明治17）年、「愛知県は農商務省に『打瀬網之禁止之義ニ付伺書』を提出し、翌十八年十一月、農商務大臣は慣行漁場での禁止を苦しからずと回答した。そこで愛知県は布達甲第二八号、三重県はさきのように

甲第三一号で同文の禁止令を出した」（石田好数著『日本漁民史』三一書房 1978.10.31 発行、P196 より）。

　三重県は、愛知県と同様に3か年の猶予期間をおいて禁止するとともに、漁業組合準則による漁業組合を結成するにあたって打瀬網漁業禁止の方向を明確にした。1889（明治22）年3月の猶予期間が終わると、同年11月29日に禁止違犯者の罰則を設けて、厳重な取締りを行うようになった[6][7][8]。打瀬網漁業者と沿岸漁業者との紛争は、いわば近世後期に伸長してきた新たな漁業生産力と伝統的沿岸漁業との対立であり、明治新体制の下での漁業内部からの「旧慣」に基づく漁村秩序を突き崩す性格を持っていたと言えよう。こうした意味では、打瀬網漁業の禁止は、「旧慣」の中に強制的に復帰させ、漁村秩序を維持するための明治政府―地方行政機関の苦肉の策であった（しかし、その後、打瀬網漁業は操業禁止区域が設けられ許可された）。

　さらに当時の行政機関は、こうした漁場紛争の調整のための旧慣による漁場の確定、新漁法の禁止と並んで行った施策の中で重要であると思われることとして、水産資源に対する保護と管理を明確にしていることである。漁業組合規約例「第三章　捕魚採藻期節」には、漁期の制限、採藻期の制限、魚介類の体長制限が設けられている。例えば、アワビに関しては、「三寸曲尺以下ノモノ捕獲スヘカラス。」とある。また、「第五章　漁具ノ制限」では、鰮（いわし）釣　鰮のパレパレ網、ナマコの魚叉（ひし）、ナマコ針ヒシ、コックリ網（小魚の網）、打瀬網、叩き網、目差網、貝巻器などの漁具ノ使用が禁止されている。

2. 志摩・度会・熊野灘

　志摩・度会・熊野灘方面でも、この頃、漁場紛争が激しく起きた。しかし、この地方の漁場紛争の性格は、伊勢湾での打瀬網漁業紛争とは性格を異にしていたことに注目してよい。とくにその中でも志摩国小濱村と周辺の伊勢国度会郡二見ヶ浦の漁村との漁場紛争が有名である。すなわち近世から持ち越されてきた漁場紛争が明治に入っても再燃するという漁場の領域をめぐる紛争である。近世における漁場紛争として、次の小濱村と二見との紛争を紹介する。

第Ⅱ章　漁業制度の確立と漁場紛争

　志摩国小濱村（鳥羽市）の魚族豊かなアコゼ漁場をめぐって江戸時代初期の 1636（寛永 13）年に二見の江村、今一色村との間に漁場紛争が起きた。この紛争の調停は、江戸幕府の評定所まで持ち込まれ、小濱村の漁場占有権が認められた事件である。この件に関して、小濱村漁民達が幕府の伊勢神宮神領地に設置した山田奉行所へ提出した「乍恐言上」（申し立て書）によれば、次のような記載がある。

　「往古より小濱領阿古瀬之海猟場を二見より今度酉の年社領ニ申請　御朱印を取申候由にて小濱村へ度々使を立て其上我か儘ま海へ入猟仕候に付而致迷惑小濱村より猟船三艘出しふせぎ申候得は二見之者申分に　御朱印に申請候海をふせぎ候儀にくき事を申候とて大勢出合ぼうを数多持小濱之者共を散々にうち海へおひて其上右乗参候三艘之猟船之内壱艘は二見之者共理不盡におさへ取に今其舟もどし不申候従先規持来り候小濱領之海に御座所を御朱印に申請候と申縣加様成るろうせき仕候儀何とも致迷惑候　御朱印に小濱領之海成共二見へ神領に被下候哉　御朱印之表乍恐拜見仕らせくれ候様と様々申候へ共終におがませ不申候其上二見之内江村今一色之者共度々小濱猟場をぬすみ網引申候を見付ヶ候て網を取申候江村今一色村之者共種々小濱へ侘を仕り手形をいさし置候しょう證據御座候御事」[9]。

　こうした漁場紛争は、そのまま明治に入ってからも持ち越されたケースが多い。漁場紛争を「旧慣尊重」の下で収束をはかろうとした漁業組合準則の精神は、1901（明治 34）年の「明治漁業法」に引き継がれているが、この明治漁業法によって「国家権力による漁場秩序の直接的維持と、物権的漁場支配権の制度化、その担当者としての漁業組合制度」（青塚繁志）を完成させたと言われている[10]。

　志摩・度会・熊野灘方面では、江戸時代以前に成立した漁村（浦）もあり、近世に入って浦々には漁業を専業とする漁村も伊勢湾と比較し、数多く存在した。さらに漁場紛争を深刻化した要因として漁業組合準則の施行以前、行政的にも複雑な様相を呈していたことも大いに関係がある。それは、1871（明治 4）年の廃藩置県により、南北両牟婁郡、度会郡南部（現在の南伊勢町の旧南島町、旧南勢町）、鳥羽県などは和歌山県に属することとなった。そし

て度会県の南北両牟婁郡、度会郡南部は、旧藩時代の漁業税の二分口税を廃止した。しかし、同じ和歌山県に属する旧鳥羽藩領下の漁村では、旧藩時代の浦役銀や請け漁金の漁業税は温存された。こうした旧藩領時代の漁業税は、全国的にも各漁村で違っており、明治政府は地租改正のように漁業税の統一化を計ろうとしたが、漁場占有関係の複雑性のためにきわめて困難であった。

そこで1875(明治8)年2月、政府は「太政官布告第23号」で雑税を全面的に廃止することを決定した。これにより、度会県でも旧藩領時代からの漁業税などの雑税が廃止された。漁業税の廃止によって、これまで漁業権を有しなかった海を地先に持つ農村でも漁業権を獲得しようとする機運が高まった。しかし、これまで漁業権を持っていなかった村方(農村)の漁業権の獲得は、浦方の漁村にとっては、死活問題ともなった[11]。

例えば、前述の旧鳥羽藩の小濱村では、かなり広い漁場を有しており、すでに述べたように、かつその中に江戸時代からの漁場紛争の種であった優良漁場のアコゼなどを独占的に利用していた。こうした優良漁場をほぼ独占的に利用していた小濱村にとっては雑税廃止により、これまでの独占的利用が脅かされるという危機感から逆に漁業税を納付することによる既得権益の保障を当時の度会県令に提出している。また、同じ旧鳥羽藩の浦村も同様な願いをこの時期に県令に提出している。この間の事情に関して、中田四朗は次のように記述している。

> 「小浜村は旧神宮領度会郡松下村の地先海面池の浦西岸、隣村桃取村の地先阿古瀬(注:アコゼ)まで漁業権を保有していたが、漁業税の廃止により松下村や桃取村が地先海面に対する侵漁のみでなく、漁業権を主張する気配すらあった。このため、旧漁場専用制を確保するには、漁業税の存続が重要であった。このような例は志摩の沿岸で多く見受けられるが、請け漁制の場合も同様で、浦村(鳥羽市)の如きも・・・漁業場税上納願いを提出している。・・・・(略)・・・(こ)のような願いは、国家の根本方針に添えないので、県当局としてもその処理には腐心したが、混乱を避けるため旧慣による営業と収税を存続した」[12]。

こうした漁業権を保有していた漁村同士の既得権確保の動きと、江戸時代には、地先海面には漁業権を持っておらず、1875（明治8）年の海面借区制によって新たに地先海面に漁業権を確保しようとする村も現れた。中田四朗著の『三重県漁業史の実証的研究』によれば[13]、地先海面の漁業権が隣村の的矢村にあり、自村には漁業権がなかった周辺3ヶ所村（志摩市磯部町）の場合、1876（明治9）年6月と1877（明治10）年1月にも同様な「地先海面拝借願」を提出した。しかし、度会県が1876（明治9）年4月18日に三重県に編入されたが、当時の三重県令は3ヶ所村の拝借願を許可しなかった。こうした沿海農村は、他にもあり、的矢村周辺の渡鹿野村、千賀村、堅子村も同様であった。これらの地先海面の利用権は、いずれも的矢村に存在した[14]。

　以上のような海面借区制と雑税の廃止により、三重県内漁村においても新たな漁業権獲得と新規漁場利用を求める動きが活発化してきたが、当時の県としては、実質的に「旧慣尊重」という考え方に基づいて紛争の収束をはかった。こうしたことによっても明らかなように、あくまでも県としては、総有的漁場占有をベースとして、これまでの旧慣習による漁場の利用関係を踏襲し、各漁村の秩序の維持をはかったのである。こうした中で1886（明治19）年の漁業組合準則が施行されたのである。したがって漁業組合準則は、全国漁村に、しだいに激しさを増してきた漁場利用をめぐる紛争問題を明治政府が漁村の自治組織（漁村共同体）を通じ、調整解決をめざしたものであるといえよう。青塚繁志が言うように「準則による漁業組合の性格を、漁場支配権担当者の制度化にまではたかめず、もっぱら公法的漁場秩序機構の基本体として、国家漁場統制の下請け的トレーガー（役割）たらしめた」のである[15]。

　農商務省令の「漁業組合準則」に基づいて同年5月27日に三重県漁業組合準則が作られた。その内容は、以下の通りである。

　　　三重県漁業組合準則
　　　三重県甲第四六号布達

第一条　漁業（水産動植物採捕ヲ◯称ス）ニ従事スルモノハ適宜区画ヲ定メ組合ヲ設ケ規則ヲ作リ当庁ノ認可ヲ請フヘシ。
　　　但、漁業者僅少ニシテ他ノ漁場ニ関係セサル地ハ組合ヲ設ケサルモ妨ケコレナキモ豫テ郡長ニ於テ取調当庁ノ指揮ヲ請フヘシ。
第二条　組合ハ営業上ノ弊害ヲ矯正シ利益ヲ増進スルヲ目途トス。
第三条　組合ハ左ノ二類トス。
　第一類　捕魚採藻遠海漁業若クハ大地引・海鼠（なまこ）漁・石花菜（てんぐさ）取之類
　第二類　河海湖沼沿岸ノ地区ニ於テ各種ノ漁業ヲ混同シテ組合ヲナスモノ
第四条　第二類ノ漁業ニシテ漁場ノ相連帯スルモノハ必ス一組合トナスヘシ
第五条　組合規約ニ掲クヘキ事項左ノ如シ。
　一　組合ノ名称及事務所設置
　二　組合ノ目的
　三　役員選挙法及権限
　四　会議ニ関スル規程
　五　加入者及退去者ニ関スル規定
　六　違約者処分ノ方法
　七　費用ノ徴収及賦課法
　八　捕魚採藻ノ季節ヲ定ムル事
　九　漁具・漁法及採藻ノ制限ヲ定ムル事
　十　漁場区域ニ関スル事
　十一　前各項ノ外組合ニ於テ必要トナス事項
第六条　組合ハ規約ヲ更正シ、若クハ其ノ組合ヲ分立・合併セントスルトキハ、当庁ノ認可ヲ請フヘシ。
第七条　組合ハ聯合会ヲ設ケ其規約ヲ作リ、若クハ之ヲ更正セントスルトキハ、当庁ノ認可ヲ請フヘシ。
第八条　他府県ニ係ル組合聯合会ノ規約ハ交渉官庁ヲ経テ農商務省ノ認可ヲ請フ可シ。
　　　但、規約ヲ更正シ、若クハ其組合ヲ分立・合併セントスルトキモ本条ニ準スヘシ。

第九条　他府県ニ係ル組合ハ便宜ノ地ニ事務所ヲ設クヘシ。

第十条　前条事務所本部ヲ他府県下ニ設クルトキハ、県下ニ事務所支部ヲ置クヘシ。
　　　　但、組合ノ事情ニ依リ其必要ナラサル場合ニ於テハ、之ヲ置カサルヲ得。

（中田四朗著『三重県漁業史の実証的研究』中田四朗先生喜寿記念刊行会発行　1987 年 12 月　pp506 - 508 より引用）

　この準則公布後、1887（明治 20）年 1 月 29 日に「三重県訓令第 80 号」によって具体化され、三重県内で漁業組合の設立が進行した[16]。三重県における漁業組合は、南部でも 1887（明治 20）年－ 1892（明治 25）年の間に漁種別組合と地域別組合の両方が創設された。漁種別組合は、答志英虞郡の海鼠、介藻、雑魚、石花菜の 4 組合であり、度会郡の南部の海鼠、石花菜介藻、雑魚、鰮鰉の 4 組合、北牟婁郡の雑魚、鰮の 2 組合、南牟婁郡の地曳網、雑魚の 2 組合の 12 組合である。それと答志英虞郡、度会郡南部、南北牟婁郡の広域的な三重県鰹鰊漁業組合である。このような漁種別漁業組合は、さらに 1889（明治 22）年に地域的漁業組合に再編成された。答志英虞郡の 4 漁業組合は、三重県答志英虞郡漁業組合へ、度会郡南部の 4 漁業組合は、度会郡南部漁業組合へ、北牟婁郡の 2 漁業組合は、北牟婁郡漁業組合へ、南牟婁郡の 2 漁業組合は、南牟婁郡漁業組合となった。その後も漁業組合の分立、再編成は続き、1895（明治 28）年には、三重県答志英虞郡漁業組合が答志郡漁業組合と英虞郡漁業組合に分立し、翌 1896（明治 29）年 9 月に答志郡と度会郡が合併し、志摩郡となり、答志郡漁業組合は志摩郡北部漁業組合、英虞郡漁業組合は志摩郡南部漁業組合となった。

[1] 青塚繁志著『日本漁業法史』（北斗書房　2000（平成 12）年 9 月 25 日発行）の中で青塚は漁業組合準則の「漁村政策的背景」を次のように規定している。「漁業組合準則の政策的背景の一つは、・・・漁村網元層との妥協、利用の一方法としてとられたのは、散在する漁民層を共同体的に再編成し、官僚的統制の徹底化をはかるために形成された新漁村団体であった。政府はこの団体を通して、強力な漁場統制＝地主的支配の漸次的形成を行うと

ともに、その指導権を網元層に委託することによってその協力をうるとともに、網元層を通して漁民層一般を統轄することが可能となった。それは旧漁村共同体を、新しい条件を加えて明治的に復活したものであり、いわば明治絶対主義的国家の底辺を形成するものであった。漁業組合準則公布を促進した第二の政策的背景は、当時の新政府の採用した同業組合政策の一連の過程である。・・・同業組合準則が、当時漁場紛争になやむ漁村にとって、自治統制の法的保障をえる唯一の方法として、漁業組合設立の準拠法となった」p358。

2) 「はじめに」前掲書 5）p575

3) 同上書　pp575-576

4) 同上書　pp510-511

5) 同上書　pp604-605

6) 同上書　p605 より引用

7) 三重県では、こうした打瀬網に対する禁止も 1900（明治 33）年には、解禁となり、大正期には 500 統を超えるまでになったことが、海の博物館『漁の図鑑』（光出版　1988 年）P62 に記載されている。

8) 全国的にも打瀬網に対する禁止や制限が行われたところが多く、明治三十年調べの『打瀬網禁止制限令達一覧』によると、「静岡・愛知・三重・和歌山・広島・山口・徳島・香川・愛媛・高知・福岡・大分」に及んでいる（二野瓶徳夫著『明治漁業開拓史』平凡社選書 1981.11　pp96-100）。

9) 清水三郎・倉田正邦編『伊勢湾漁業資料集』三重県郷土資料刊行会 1968（昭和 43）年 5 月

10) 青塚繁志著『日本漁業法史』（北斗書房　2000（平成 12）年 9 月）によれば、青塚は、「・・・通説は漁業組合準則と三四年漁業法での漁業組合を、強制加入、漁業権所有の法形式上の差異から見て異質のものとするが、当時の漁場支配権思想の混乱なり公権的傾向を前提とするならば、通説のごとく機械的形式的に等質的、異質的と断定するのは問題があり」、「問題は、一九年漁業組合準則での漁業組合なり漁場支配権のあり方、性格を、その歴史的背景のもとでのそのままの形でとらえ、その発展的形態の

なかで三四年漁業法の漁業組合を観察することである」（p 311）と主張される。そして「この視点から二つの漁業組合をみるならば、それは基本的には、漁場商品化に対応して半封建的漁場統制的機能を担当せしめる組織であった点において等質性をもつものである。同時にそれぞれの歴史的条件は、準則による漁業組合の性格を、漁場支配権担当者の制度化にまではたかめず、もっぱら公法的漁場秩序機構の基本体として、国家漁場統制の下請け的トレーガーたらしめたのである。これにたいして三四年漁業法での一般的な漁業組合は、直接的な国による漁場統制を背景に、むしろ強化された漁場支配権担当者としての性格を中心に、区域内漁場統制を副次的機能として有していた点において異質なものであった」（同上）とされる。確かに準則においては、「旧慣」に基づく、まずは「公法的漁場秩序機構の基本体」としての性格が強く出ており、三四年の明治漁業法では「ブルジョア的性格」、すなわち「強化された漁場支配権担当者としての性格」が中心となっている。

11) 「はじめに」前掲5）中田同上書 p468 を参考にした。
12) 同上書　pp470-471 を参考にした。
13) 同上書　p479 を参照。
14) 同上書によれば、「三ヶ所村は沿海農村であり、藩政時に水主米を上納しながら地先海面に対する漁業権は保有していなかった。水主米村の水主（加子）米は、漁業権総有を保証する漁業税であるとする考えからすれば、三カ所村は当然地先漁業権があったはずである。それは、水主米村の渡鹿野村・千賀村・堅子村も同様で、三ヶ所村地先海面を含め、一帯に対する漁業権は的矢村に存在した。すなわち、享保11年の的矢村指出帳によると、的矢村は的矢湾の広域漁業権を保有していたのである。」（p480）という記述がある。
15) 青塚前掲1）と同上。
16) 「はじめに」前掲5）と同上書　p575

第Ⅲ章　明治前期の三重県漁業と漁村

第1節　伊勢湾漁村と漁業

1. 伊勢湾の漁業と漁村

　明治前期には、基本的には江戸時代からの漁法と技術が継承されたが、一部には新たな漁業技術の改良が加えられたものも出現した。例えば、明治年代に出された『水産博覧会解説書　三重県勧業課』の中で塩浜村の広田勘兵衛の出品したコノシロに関して「沿革、古来より生殖するものにして何時頃より捕漁を始しや詳かならず従前の捕獲法たるや地曳網にて鰯と倶に僅々たる捕魚なるも明治四年頃に至り揚繰網を用い以後大にその捕魚の額を増加せり」[1]と記述があり、1871（明治4）年頃には能率的な沖取りによる揚繰網が導入されていたことがわかる。また、「蛤　天ヶ須賀村　平田庄左衛門」の項には「従来は鎌で海底を切り足で踏み蛤殻を認め取り其産額僅少、数年前より腰巻籠と唱うる漁具を愛知県より招来実施するに至れり」、「明治五，六年一人使用腰巻籠の漁業を始めて漁獲高増加せり」とある。このように部分的には技術的発展もあったが、全体として沿岸漁業は江戸時代からの人力に依存した漁法と技術が継承された。伊勢湾における沿岸漁業は、在来型の技術・漁法を継承しつつ明治期に、湾奥部を中心に、しだいに半農半漁型漁村から成長し、明治後期には、独立した専業型漁村へと発展していった。伊勢湾の漁業の成長に関しては、主に半農半漁型

表3-1　伊勢湾郡別漁家戸数・漁業者人口

郡名	漁家戸数（戸）	漁業者人口（人）
桑名	852	2,956
三重	293	822
朝明	530	1,809
奄藝	644	1,993
安濃	118	453
飯野	59	204
多気	214	956
一志	259	397
飯高	144	767

出所：三重県『明治17年（1884）三重県治要覧』より作成

漁村から専業型漁村への分離・成長の過程として考察する。

表3-1は、『明治17年（1884年）三重縣治要覧原稿』の漁家戸数、漁業人口である。この表によれば、伊勢湾内において、もっとも漁家戸数、漁業者人口が多かったのは桑名郡である。桑名郡は、漁家戸数852戸、漁業者人口2,956人となっている。次いで多いのは、奄藝郡の644戸、1,993戸であり、三番目は朝明郡の530戸、1,809人であった。

さらに1883（明治16）年の『三重県水産図解』（復刻版）の新旧地名の対照表によれば、伊勢湾の旧漁村（浦）名は右側に記載されている（表3-2参照）[2]。この表の左側は、現在の地名（平成の合併前の地名）を当てはめたものである。この表によっても桑名郡、桑名市は、新田開発による漁村が多いことがわかる。また、北勢地域の四日市以南から中勢地域にかけては、この表には記載していないが、ウルメイワシ、カタクチイワシを対象とした漁業が多く、これは主に地曳網による漁獲である。

表3-2 伊勢湾内漁村の新旧対照表

現在の市町村名	1883（明治16）年の旧漁村名
桑名郡　木曽岬村	源緑新田、藤里新田、白鷺新田
長島町	押付村、大島村、松陰新田
桑名市	猟師村、赤須賀新田、小貝須新田、和泉新田、福地新田
三重郡　川越町	亀崎新田、南福崎村
四日市市	浜田村、旭村、塩浜村、四日市、東富田村、富田一色村、天ヶ須賀村
楠町	南五味塚村
鈴鹿市	北長太村、南長太村、下箕田村、北若松村、中若松村、南若松村、江嶋村、白子村、寺家村、塩屋村、磯山村
安芸郡　河芸町	千里、豊津村
津市	白塚村、大部田村、下河原村、乙部村、南浜村、片浜村、贄崎村、津興村、伊倉津村
一志郡　香良洲町	矢野村、三雲村、星合村、五主村、笠松村、曽原村、中道村、
松阪市	松崎浦、猟師村、大平尾村、大口村
多気郡　明和町	北藤原村、大淀村
伊勢市	東大淀村、村松村、有滝村、土路西条村、磯村、大湊村、鹿海村
度会郡　二見町	今一色村、江村、松下村

出所：海の博物館　合冊『三重県水産図解』（1984年9月pp328-329）
注1：河芸町は、1897（明治30）年9月1日からの郡制・府県制の実施
　　（法律は1890（明治23）年5月に公布）により、もとの奄藝郡と河曲郡
　　が合併したもの。
注2：平成年間の市町村合併により、1985年現在の本資料の市町村とは異なる。

図 3-1　伊勢湾の地域区分

　『三重県水産図解』には、次のような記述がある。「伊勢国三重郡及ヒ朝明郡　奄藝郡等ニ於イテハ大地曳ト称ヘ長サ五百間（900m）ヨリ七百間（1,260m）ニ至ル網ヲ以テ鰮ヲ漁ス　漁季ハ八月ヨリ十一月迄ヲ良季トス　其漁法ハ網舟二艘（各々十一人ヨリ十三人乗）手舩三隻（各々五、六人乗）ヲ要ス・・・（海岸に着くと）漁夫四十人乃至七　八十人（が縄を曳く）」[3]。このように地曳網 1 ヵ統につき、およそ 80 人から 120 人程度の大勢が漁労作業に従事する大規模なものであった。また、中勢地域では、漁期が 8 月から 11 月の 4 ヶ月間のものが多く、あとの期間はおそらく農業、その他の仕事に従事していたものと思われる（伊勢湾地域の北勢・中勢・南勢は図

3-1 参照)。

(1) 北勢地域－専業型漁村の形成

1891（明治24）年の『水産事項特別調査』によれば、桑名郡の漁船種類別隻数は、小回船が450隻、手繰船が109隻となっており、漁網種類別網数、および戸数は、もっとも多かったのが白魚網の網数200枚、戸数100戸である。次いで河川で行う投網の226枚、59戸、そして刺し網の一種である苦網の500枚、22戸、杭止め白魚網の110枚、22戸という順になっている。その他には手繰網の21枚、21戸がある。こうした数字に見られるように桑名郡においては、白魚を漁獲対象とした沿岸漁業、木曽川、長良川、揖斐川などの河川での投網漁業などが積極的に行われていたことがわかる。

桑名郡の中でも先進漁村であった赤須賀においては、次のような記述がある。「伊勢海・桑名郡赤須賀村大字猟師町　漁業採藻戸数三二五　漁業採藻人口九七五　漁業種別人口　網漁六五〇　揖斐川・桑名郡赤須賀村大字猟師町　漁業採藻戸数二六　漁業採藻人口六三　釣漁五」[4]。桑名郡の中でも赤須賀は中心的な漁村であった。さらに桑名郡全体の記述を見ると、前述した『明治17年（1884年）三重縣治要覧原稿』の漁家戸数、漁業人口と7年後の数字であるが、それでも漁業者以外を含む桑名郡全体の戸数の41.2％、漁業人口は全体の35.1％を占めている。また、桑名郡の管外への出漁も積極的に行われたことが次の記述からうかがわれる。1891（明治24）年の『水産事項特別調査』の「漁船並ニ水夫管外入出稼」の項に、「桑名郡　管外ヘ出稼漁船　三八艘　管外ヘ出稼人夫一七八人」、「桑名郡ニ於ケル管外出稼ノ漁事ハ鯛長縄及ビ揚繰網（あぐり）ノ二漁ナリ鯛長縄ハ毎年四月上旬ヨリ六月下旬マデ愛知縣下三河浦及ビ紀州熊野浦ニ出漁ス揚繰網モ亦三河浦辺リ至リ鰮魚走等ヲ漁獲ス」[5]。当時の桑名郡には、赤須賀の他にも木曽岬村、伊曽島村、大島、城南村など4つの漁村が存在したが、延縄漁業、揚繰網（あぐり）漁業が存在した漁村は赤須賀だけであると平賀は述べている[6]。このように赤須賀は、すでに1887（明治20）年ごろにはタイ延縄漁業、揚繰網（あぐり）漁業を行うために愛知県三河湾、三重県熊野灘方面への沖合操業を行っていたことが注目に値する

(この記述の場合の「出稼ぎ」は、「労働力の他地域への出稼ぎ」と言う意味ではなく、管外への漁船の出漁海域という意味である)。

　明治期に農村から漁村へしだいに変化を遂げてきた地域として木曽岬、伊曽島などがある。木曽岬は、1860(万延元)年に大津波が襲い、老松輪中、源緑輪中、六野新田、上野新田が海に陥没し、多数の居民達が残存地域へ移動した[7]。それにもかかわらず木曽岬はこうした居民により、人口が増加し、徐々に漁業が盛んとなっていった。とくに1886(明治19)年の漁業組合準則によって1889(明治22)年に北勢漁業組合が設立され、木曽岬の漁業者も組合員となった。

　三重郡、朝明郡について述べる。表3-3は1891(明治24)年の『水産事項特別調査』の三重郡と朝明郡についての主要魚種別漁獲高である。この表を参照すれば、三重郡、朝明郡ともに総額中にイワシの漁獲金額に占める割合がきわめて高く、三重郡では35.6％、朝明郡では51.3％にものぼっている。次いで金額的ウエイトの高い魚種は、三重郡ではカレイ、朝明郡ではコウナゴである。とくに朝明郡では30.1％を占めている。表3-4は、町村別の沖漁・磯漁別の漁獲高である。この表で磯漁のウエイトの高さが特徴的である。三重郡では沖漁が32.7％、磯漁が67.2％となっており、朝明郡の場合、沖漁が37.0％、磯漁が63.0％となっている。沖漁というのは、揚繰網(あぐり)漁業などを指す。町村において、沖漁が多いのは、三重郡四日市町の142戸、

表3-3　三重郡・朝明郡別魚種別漁獲量・金額

区分	三重郡		朝明郡	
	数量	金額	数量	金額
総額	－	21,218	－	40,970
イワシ(石)	2,584	7,564	8,285	21,023
エビ(石)	2,216	2,160	3,011	1,308
ボラ(尾)	74,837	1,008	884	884
サワラ(尾)	3,821	1,756	31	37
アジ(石)	352	1,866	41	150
コノシロ(尾)	214,705	1,419	229,500	398
カレイ(尾)	58,200	2,751	30,800	461
コウナゴ(石)	－	－	3,518	12,313

出所：三重県『明治24年　水産事項特別調査』
注：石は容積で約180リットルである。

表3-4　町村別・沖漁磯漁別戸数・人口・漁獲高（1891年）

郡別	町村別	沖漁 戸数	沖漁 人口	磯漁 戸数	磯漁 人口	沖漁 漁獲高（円）	磯漁 漁獲高（円）
三重郡	四日市町	142戸	739人	16戸	85人	9,230	834
三重郡	楠村	ー	ー	105	571	ー	8,209
三重郡	塩浜村	ー	ー	132	607	ー	9,945
朝明郡	富田村	53	289	161	862	4,250	11,937
朝明郡	富洲原村	144	749	66	371	10,926	5,365
朝明郡	川越村	ー	ー	142	432	ー	8,493

出所：表3-3と同上書

739人であり、朝明郡では富州原村の144戸、749人である。この2つの郡では朝明郡の沖漁の戸数、人口が多い。

　主要な漁業種類は、地曳網漁業、揚繰網漁業、浮曳網漁業などであった。1882（明治15）年の『三重県統計書』によれば、三重郡では地曳網船のみで26隻存在していた。また、朝明郡では、地曳網船が50隻、揚繰網船が52隻、浮曳網船が60隻である。そしてすべての漁船の大きさが3間(約5.4m）以下である。同調査による、当時の全国の数字では、5間（9m）以上の漁船が2％、3間以上が12％、そして3間以下が86％を占めている。このことによっても明らかなように三重郡、朝明郡ともに全国水準を下回っており、比較的小規模なものであったことが明らかである。その他にも桑名郡においては、白魚を漁獲対象とした沿岸漁業、河川での投網漁業などが積極的に行われていた。

　表3-5は1891（明治24）年の三重郡・朝明郡の専兼別漁業戸数・漁業就業者数である。漁業者は専業と兼業があり、専業といっても漁船漁具主と労

表3-5　1891(明治24)年三重郡・朝明郡専兼別動向

種別		専業 戸数	専業 ％	専業 人口	専業 ％	兼業 戸数	兼業 ％	兼業 人口	兼業 ％
漁業者（採藻を含む）		580	60	3,056	65	381	40	1,649	35
内	漁船漁具主	221	51	1,151	58	211	49	846	42
内	水夫	359	68	1,905	70	170	32	803	30

出所：1891（明治24）年『水産事項特別調査』

働力の水夫に分かれる。兼業も同様である。水夫は漁船漁具主に雇用されていた。当時の三重郡・朝明郡の漁村構造は、この表によれば、漁業専業者層のウエイトが専業・兼業を合わせた戸数で60％、人口数が65％と高かったことがわかる。しかしながら注目に値するのは、とくに兼業と比較して専業的な水夫の戸数及び人数の多さである。専業的な漁船漁具主の戸数の比率は兼業に比べ51％であり、人口数は58％である。それに対して専業的水夫（漁業労働者）は、戸数が68％、人口数が70％となっている（いずれも兼業との比較）。このように江戸時代に引き続き、水夫の人数の多さから見ても船元・網元ー乗子といった関係も依然として強かったことがうかがわれるのである。したがって、これは近代的な資本制的労使関係ではなく、乗子が生活面、漁業資材の面などにおける漁船漁具主への依存が強く隷属的な関係＝前近代的な関係が存在していたと思われる。しかし、その反面、例えば、富田のアグリ網漁業などでは、利益を船元・網元ー網子の間において四対六で分けた。船元・網元は網子が積極的に漁撈に従事してもらわなければ漁獲に響き、仕方なく生活面での前貸しをしたが、網子はそれを返済できず網元も倒産した業者も多かったことが、前述の『伊勢湾漁撈習俗調査報告書』に記されている[8]。

　伊勢湾において先に述べたように一部、漁業発展の萌芽が見られたが、湾奥部においても明治初期から中期にかけては江戸時代からの地曳網が中心であり、漁業生産力が飛躍的に高まったとは言えない。第二次大戦後、四日市周辺漁村で中心的位置を占めるようになった磯津は、この頃にはすでに塩浜村の分村として存在していたが、磯漁中心の小規模な漁村であった。というのは、磯津漁村の漁業組合は、1901（明治34）年の明治漁業法によって設立されたが、名称は磯津向新田漁業組合となっていることから明らかなように基本的には新田開発による農村であり、副業として漁業が行われていたにすぎなかったからである。

　北勢地域においては、専業的漁村形成のパターンは2つある。第一のパターンは、桑名、四日市などの城下町の拡充に伴う消費市場の拡大によって、漁村の形成が一層促進された地域である。こうした漁村は、桑名の赤須賀、

四日市の富田一色（現富州原）、天カ須賀などが該当する。赤須賀は、先述したように（「第Ⅰ章　近世の三重県漁業と漁村」参照）愛知方面からの漁民集団の移住によって当初から専業的漁村として形成され、漁村の規模も大きかった。富田一色、天カ須賀などでは、水産加工業や販売業が多く、そうした加工化や流通組織の形成によって漁業の発展と専業的漁村の形成が明治期にしだいに進行した。こうした漁村では、手繰網、揚繰網などの漁船を使った様々な沖合漁業も行われていた。

　第二のパターンは、木曽岬、伊曽島などの新田開発にともなって移住した農民がしだいに漁民化していった後発形成型漁村である。これは、新田開発によって小作人として農業に従事してきたが、土地もやせており、規模も零細であったため、漁業へ進出を図ったものである。そして明治後期にノリ養殖などの導入により、本格的な養殖漁村として形成・発展をみる。

　こうして北勢地域の伊勢湾の豊かな漁場条件と市場条件に恵まれた地域の漁村は、はやくから専業型漁村として確立してきたのを特色とする。北勢地域全体としては、明治前期においても半農半漁型漁村が多かったが、周辺市場も存在し、また干鰯などの肥料の集散地として四日市が重要な海上中継港となっていた。こうしたことからも北勢地域、および次の中勢地域の地曳網漁業などの漁獲物の販売市場＝価値実現条件が存在していた。三重郡、朝明郡の明治初・中期の漁業は、桑名郡を除いて基本的にこうした地曳網による漁獲が多かった。前述した漁業種類別漁船隻数によっても、そのことが明らかである。三重郡の場合、1893（明治26）年の「漁業組合規約ニ付願伺書控綴」によれば、大地曳網が6張、小地曳網が3張存在した。このように明治前期の伊勢湾における漁業は、全体として地曳網が中心であった。この時期、販売市場の存在と並んで、とくに注目すべきことは、先に述べたように、次の漁業の沖合化・動力化＝小資本制的漁業の成長の基盤ともいうべき多数の漁業労働力＝専業的漁夫層がすでに底辺に層厚く存在していたという事実である。

(2) 中勢地域－半農半漁型漁村

表 3-6 郡別漁法種類別漁網数

1891（明治24）年

分類	漁網	鈴鹿郡	奄藝郡	河曲郡	安濃郡	津市
曳網類	大地曳網		16	4		4
	小地曳網		17	18		3
	ゴソ網		8			
	メクリ網		15			
	腹当網		32			
	肥曳網					
	沖曳網					6
	段取網					1
繰網	手繰網		175	56		
	ゴチ網			12		
刺網類	鰮刺網		24	3		
	魚庸刺網		5			
	壺網		24		3	4
建網類	大建網		18	240		
	小建網		1,220			
	鰈建網			1,600		
	鮫建網			560		
	楯干網					1
	建網					8
繰網	揚繰網					2
雑網類	投網	4	3		1	10
	アミゴ網		3	42		
	雑網				3	

出所：1891（明治24）年『水産事項特別調査』より作成

鈴鹿郡から津市に至る漁村も江戸時代からの地曳網漁業地帯である。1884（明治17）年の『三重縣治要覧原稿』によれば、奄藝郡の漁家戸数は644戸、漁業者数は1,993人、安濃郡の漁家戸数は118戸、漁業者数が453人となっており、奄藝郡の漁家戸数、漁業者数の多さが注目に値する。この数は、三重県の郡の中では、桑名郡の漁家戸数852、漁業者数2,956人に次いで多い（ただし、中勢地域の鈴鹿郡の記載がない）。具体的な漁業種類としては、1891（明治24）年の『水産事項特別調査』によれば、表3-6に示されているように奄藝郡の多種多様な漁業の存在と、大地曳網が16、小地曳網が17となっており、朝明郡の地曳網25と並んで多い（ただし、朝明郡の地曳網は大小の区別がない）。

河芸郡（1896（明治29）年に河曲郡と奄藝郡が合併して河芸郡となった）では、『河芸町史』によれば、明治年間、イワシ類を漁獲する地曳網が盛んであり、1893（明治26）年の「漁業組合規約ニ付願伺書控綴」によれば、合併以前の河曲郡には大地曳網が5張、小地曳網が2張、奄藝郡には大地曳網が14張、小地曳網が14張存在していた。これは、三重郡、安濃郡を含めた北勢地方の全大地曳網（29張）の約3分の2、小地曳網（24張）の

同じく3分の2を占めていたという多さとなる[9]。

　津市（贄崎浦、大部田浦）では、「明治一五年（1882年）に贄崎浦に地曳網船78、市域外で大部田浦には地曳網船11、浮曳網船15、釣船1、白塚浦に地曳網船32、浮曳網船52、町屋浦に地曳網船10、釣船1とあり、また、それより少し前の同年11年に伊倉津村に漁船5隻とある」[10]。このように津市においても明治前期に地曳網漁業が全体として中心であった。しかしながら1907（明治40）年になると、津市の贄崎浦、大部田浦でも漁業種類が多様化してくる。同じく『津市史』によると、漁網数で次のようになる。

　「刺目網三三　壺網三〇　浮曳網一四　地曳網一二　揚繰網（あぐり）一二　片手廻網一二　蝦刺網一二　建網七　楯干網三　打瀬網一　その他一二　計一四八」[11]であった。

　ここで見られるように揚繰網（あぐり）などの沖取り能率漁法の導入も行われ、網数では地曳網以外の他の漁業種類も増加してくる。こうした各種漁業の発達は、1897（明治30）年以降からの麻漁網から綿糸漁網への材質の転換が技術の面での大きな役割を果たした。北勢地域の四日市には、こうした漁網会社が設立されており、三重紡績などの会社が積極的に綿糸漁網の普及に努めた。そして綿糸漁網の普及にともなって漁網機械の発明を促し、四日市の西口利平は1900（明治33）年に西口製所を設立し、「三重式本目編網機」と呼ばれた機械編網機の生産を開始した。松島『三重県漁業史』（「はじめに」の注13）によれば、その漁網の優秀性に関して次のように述べている。「本目編網機による綿糸漁網生産は、手すき麻漁網生産にくらべて生産性が非常に高いばかりでなく、でき上がった製品についても次のような相違があった。まず、価格の点では、原料の綿糸が麻よりも安い上に、生産性が高いので、当然、綿糸漁網の方が安く、品質の点でも、堅牢度がそれほど麻漁網に劣らず、しかも、機械生産であるから規格が統一しており、麻漁網のように「目」の大小ができて魚がにげたりするようなことがなかった」[12]。

　中勢地域においては、農業を主体とした半農半漁型漁村が近世に形成され、地曳網漁業をメインに多数の漁民が従事する漁業が確立した。しかしながら地曳網漁業は、あくまで待機型漁法であり、季節的に来遊する魚群が沿岸に

まで接近するのを待ち受けて漁獲するものである。周年漁業が本格的に確立するのは、次の大正期における地曳網漁業から発展したと言われている沖合操業のバッチ網漁業の導入以降である。しかし明治後期に入ると、しだいに揚繰網（あぐり）、打瀬網などの漁船漁業が発展してくる。地曳網の対象魚種は、マイワシ、ヒシコイワシであり、揚繰網（あぐり）、打瀬網なども同じ魚種を対象としていた。これらの魚種は、加工品にされたり、多くは干鰯にされたりして農業用肥料となった。

　地曳網漁業が半農半漁型漁村の構造を変革しなかった理由としては、第一には、前述した待機漁法の宿命とも言うべき操業の季節性を突破出来なかったこと。第二には、イワシ類の漁獲量の安定性の欠如という点を付け加えなければならない。例えば、三重県のイワシの漁獲量を明治中・後期の年別で示せば、1904（明治37）年が2,943,922貫、1906（明治39）年が2,000,220貫、1908（明治41）年には2,015,543貫、そして1910（明治43）年には1,751,397貫となっており、不安定である。第三には、こうしたことから、例え大規模な地曳網の発展があったとしても、同じく収穫が不安定な農業を補完する位置から自立し得なかった。そして、第四に、農村共同体的関係が地曳網にも反映し、漁場の総有制を基礎とし、労働の共同組織的な結びつきが強かった。そうした村落内社会関係も、また、半農半漁型漁村を強固に維持する条件となった。要するに地曳網漁法は、技術的にも、社会的にも半農半漁型漁村構造を根底から突き崩す生産力体系ではなかったのである。

注）三重県水産試験場『大正15年三重県漁村調査　北勢之部』によれば、鈴鹿郡から津市も北勢に含まれており、中勢という区別はないが、ここでは現在と同じ区分をしている。

(3) 南勢地域－半農半漁型と一部専業型漁村

　南勢地域の主要な漁村は、香良洲の矢野村、松阪の猟師村、大口村などがある。猟師村に関しては、1877（明治10）年の『三重県県統計書』によると船数が78隻、収入高が4,800千円であり、主な魚種はイワシ、ボラ、カレイ、タイなどであった。松阪の大口村は1885（明治18）年には漁船数

図 3-2　南勢地域の図（1926年（大正15）年）

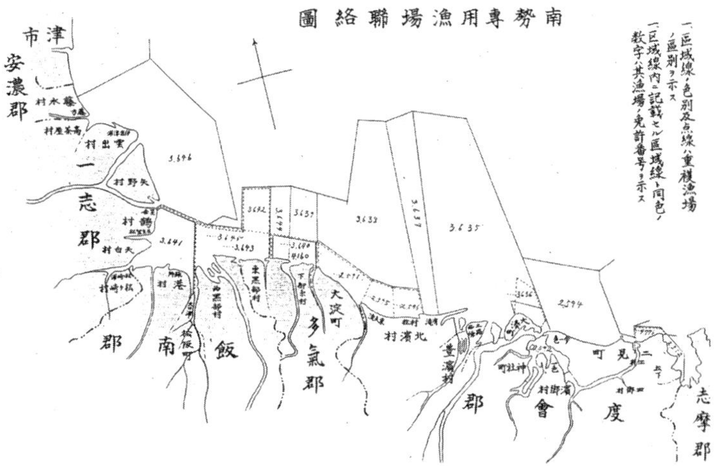

出所：三重県水産試験場『大正十五年調査　三重県漁村調査南勢郡の部』

が102隻存在し、92隻が地曳網船であり、残りの10隻が投網船であった。1910（明治43）年の第1次塩田整理による廃業まで、松阪市の松名瀬村（当時は飯野郡）、東黒部村（当時は多気郡）は塩田が有名であり、漁業としてはほとんど行われていなかった。1883（明治16）年の前掲『三重県県統計書』によれば、製塩工場では、241人の営業人とその下で多数の労働者が働いていた。また、塩田も約47町の面積であった。これらの地域では、塩田－製塩業が主要な産業であった。

表3-7は1885（明治18）年現在の南勢地域の旧郡の漁業戸数と漁業従事者数を示したものである。この表によれば、もっとも漁業戸数が多いのは多

表3-7　南勢郡別漁業戸数・漁業従事者数

1885（明治18）年　　（）内は％

郡	戸数（戸）	総数（人）	専業（人）		兼業（人）	
			男	女	男	女
一志	116	502	121 (24.1)	59 (11.8)	194 (38.6)	128 (25.5)
飯高	116	319	102 (32.0)	86 (27.0)	90 (28.2)	41 (12.8)
飯野	40	102	14 (13.7)	12 (11.8)	50 (49.0)	26 (25.5)
多気	195	900	68 (7.6)	71 (7.9)	401 (44.5)	360 (40.0)
計	467	1,823	305 (16.7)	228 (12.5)	735 (40.3)	555 (30.5)

出所：松阪市『松阪市史』第14巻資料編　近代（1）1982（昭和57）年3月　p 488

気郡の195戸、従事者900人である。しかし、専業従事者の比率は男女合わせても15.4％程であり、大部分は農業との兼業である。こうした兼業の中には、前述した塩田作業に従事する者も含まれている可能性がある。多気郡には大淀村などの漁業中心地があったが、それでもタコ漁業などが中心であり、小規模なものであった。こうした小規模な漁業であったが、江戸時代から周辺漁村の松ヶ崎村、土路村、村松村などとの漁場紛争が絶えなかった。

南勢地域の中心地は、松阪周辺の猟師村、矢野村などである。猟師村は、その名の通り、はじめから漁村として形成されてきた。猟師村では、『三重県水産図解』（復刻版）によれば、サメ、ブリ、タイ、コダイ、クロダイ、サバ、コノシロ、スズキ、ウルメイワシ、ボラ、タコ、コチ、カレイ、カマス、ハマグリなど多種多様な水産物が漁獲されていた。こうしたことから小規模な漁船漁業が発達していたことがわかる。しかし、詳細に関しては、資料が無く不明である。矢野村は、現在の香良洲町であり、ここでも地曳網漁業が盛んに行われたが、その他にも揚繰網（あぐり）、刺し目網などの小規模な漁船漁業が行われた。このように南勢地域においても、全体としては、地曳網漁業が主体であったが、猟師、矢野などにおいては、小規模な漁船漁業による周年操業型の専業的漁村の色彩が強かった。

矢野村の漁業事情に関して『香良洲町史』から述べよう。「明治一八年（1885年）の矢野村の漁船総数は81でそのうち地曳網船15、浮曳網船46　雑漁船20となっている。しかし、明治末期までの漁業は大地曳網を中心に、小漁業としては、蝦網、揚繰網（あぐり）、刺目網、貝捲網、浮曳網あったが、漁業従事者は500名前後であった」という。地曳網漁は、多人数を要し、漁場占有的漁業であったので、これら業者の了解なくしては、他の漁業権の行使はできなかった[13]。

以上のように、伊勢湾における漁業の発展と漁村の形成は、明治期を通じ、北勢地域を中心として、それに南勢地域の一部を含みながら進行した。このような傾向は、地曳網漁業地帯の半農半漁型漁村構造が根強く維持された中勢地域と好対照をなす。中勢地域においては、一般的には農業が経済生活の基盤であり、漁業はいわばその補完的な位置にあったのである。こうしたこ

とから、漁村としての確立は、地曳網が明治末期に衰退し、代わって沖取り漁法であるバッチ網漁法が徳島県などから移入され、本格的な周年操業体制が構築される大正期まで持ち越されることとなるのである。

第2節　志摩半島（答志郡・英虞郡）・度会郡方面の漁村と漁業

　志摩半島、度会地域の漁業について、まず前章の図2-1を参照すれば明らかなように、明治前期の1889（明治22）年における三重県の地域別区分は、現在の区分といささか異なる。度会郡がかなり大きな面積を占め、現在の伊勢湾側の南勢地域の一部、および志摩地域の一部を含んでいる。明治前期の行政区分にしたがって考察を加える。

　志摩半島の答志郡・英虞郡と度会郡に関して1884（明治17）年の漁家戸数（カッコ内は郡全戸数に対する比率）、漁業者数（同じく郡全人口のうちの比率）は、度会郡が623戸（3.0％）の2,589人（2.5％）、答志郡では1,658戸（34.2％）の9,595人（37.4％）、英虞郡は2,393戸（47.7％）の13,303人（47.0％）であった。このように度会郡の漁家戸数、漁業者数の全戸数、人口数の中でのウェイトの低さは、郡の面積が前掲図2-1で見られるように農村部、伊勢、宇治山田などの都市部などを含んでおり、漁業以外の様々な業種を含むものが多いためであろう。

　この3つの郡で三重県内全体の漁家戸数の49.8％、漁業者数の55.5％に達している。主な漁業種類は、1885（明治18）年統計書の「漁浦」によれば、カツオ、イワシ、エビ、アワビ、サバ、イカ、ムロアジ、ナマコ、ヒジキ、タイ、ムツ、ボラ、スバシリ（ボラの幼魚）、ブリ、サワラ、タコ、アラメ、カレイ、ワラサ、ワカメ、コノシロ、テングサ、真珠、サンマ、マグロなどである。いずれも小規模な漁船で操業する沿岸漁業であった。表3-8は、1884（明治17）年の漁船統計であるが、度会・答志・英虞郡は、漁船の隻数はきわめて多いが、主なものは釣舟と雑漁舟である。釣舟はこれらの郡の漁船総数の9.1％を占めており、雑漁舟は32.4％を占めている。そのほとんどが3間未満の小規模な漁船であった[※]。このように様々な漁業が行われ、その漁獲対象魚種も多様であった。　※1間＝1.8m

表 3-8　郡別漁船種類別隻数（1885（明治 18）年調べ）

単位：隻

郡	総数	八手網舟	地曳網舟	揚繰網舟	釣舟	浮曳網舟	投網舟	雑漁舟
桑　名	331	—	—	5	—	—	184	142
朝　明	299	—	95	63	—	76	—	65
三　重	158	—	39	18	—	100	1	—
河　曲	148	—	70	—	—	13	—	65
奄　芸	293	—	132	—	—	120	1	40
安　濃	109	—	79	—	—	—	—	30
一　志	132	—	15	—	—	57	2	58
飯　高	102	—	92	—	—	—	10	—
飯　野	—	—	—	—	—	—	—	—
多　気	137	—	40	4	35	—	23	35
度　会	699	22	91	—	417	—	145	24
答　志	2,336	—	37	—	2,091	—	—	208
英　虞	1,884	—	119	—	400	—	—	1,365
北牟婁	1,197	—	—	—	189	—	—	1,008
南牟婁	606	—	125	—	202	—	—	279
合　計	8,431	22	934	90	3,334	366	366	3,319

出所：『明治 24 年　三重県統計書』

　度会郡、志摩半島（答志郡・英虞郡）の代表的な沖合漁船漁業のひとつは、北牟婁郡、南牟婁郡と同様にカツオ釣りであった。この漁業は漁場に到着するまで沖合 10 〜 15 マイル（1 マイル＝ 1.6km）まで人力の櫓でこぎ続ける、きわめて体力を消耗させる厳しい漁業であった。カツオ漁業は、英虞湾から南牟婁郡の地域に至る漁村で盛んに漁獲されたが、もっとも漁獲量、金額ともに 33.8％と多かったのは、次の「第 3 節　熊野灘方面の漁村と漁業」で述べるように北牟婁郡であった。1891（明治 24）年の漁獲量を見ると英虞郡が約 32 万尾、4 万 5 千円、度会郡が約 38 万尾、4 万 5 千円となっていた。郡別のカツオ釣船の数を掲げると、答志郡 20 隻、英虞郡 116 隻、度会郡（外海）77 隻となっており、次の「第 3 節　熊野灘方面の漁村と漁業」で述べるように漁船数は志摩郡、度会郡がかなり多いが、いずれも小規模な沿岸小型船がほとんどであった。

　ボラ漁はこの地方の代表的な沿岸漁業であり、大楯切網、小楯切網で漁獲した。この漁業には、比較的多数の漁民達が従事した。この漁業の中心は、答志郡の浦村の的矢であり、答志郡の中でも、もっとも盛んに行われていた。漁期は 11 月から翌年の 3 月の冬期間であり、波静かな湾内に入ってきたと

ころを漁獲するものである。的矢では、網船が各 10 人から 15 人が乗り込むもの 4 隻、2 人乗り小舟が 70 余隻で集団操業する大規模なものであった。そのほかにも小ガツオ漁があった。この漁業に関しては、贅浦あたりで小規模な敷網で漁獲した。

また、鮑（鰒）漁は答志郡・英虞郡や度会郡外海で行われ、『三重県水産図解』には漁法として「蜑婦潜水」によるものと「船中ヨリ棕ヲ以テ突捕ルモノ」の二通りが記されている。「蜑婦潜水」は志州国崎村（現鳥羽市）で行われていた海女漁業で、志摩地域を代表するもう一つの沿岸漁業であった。漁船を使う潜水と「浮桶ヲ携ヘ近岸浅底」での潜水、いわゆるフナドとカチドがあった。フナドについては、「初メ四艘ノ嚮導船ヲ出シ、…潮流ノ緩急・日光ノ海底ニ透明スル度ヲ考ヘ」漁場の四辺を設定した。そこへ蜑婦（あま）を乗せた漁船が入り潜水作業を行ったが、漁船には「男一人、之ヲ（トマヘ）ト云、女一人或ハ二人、之ヲ（蜑婦ト云）、最モ蜑ハ二人ヲ限トス」と説明がある。蜑婦の潜水回数は「暖和ノ候ハ七、八回、寒中ハ三、四回、暑中ハ十二、三回」ほどで、蜑婦は海底に潜り「暗礁ニ付居セル鰒ヲ腰間ノ鑿ヲ以テ起シ獲リ左腋ニ挿ミ老練ノ者ハ一回五、六貝ツヽ懐キ上ル呼吸ノ迫ルヲ計リ鑿ヲ腰帯ニ指シ浮泳」し、こうした「漁事一行」が捕獲した鮑は「二貫目ヨリ五貫目位ヲ常ト」したという。

第 3 節　熊野灘方面の漁村と漁業

　熊野灘方面の北牟婁郡や南牟婁郡では、3 間以上の漁船もかなり見られた。『明治 24 年 三重県統計書』の 1885 年調べによると、北牟婁郡ではカツオ釣船 15 隻、南牟婁郡では網船 42 隻、カツオ釣船 3 隻、鯨舟 10 隻、小廻船 10 隻などに 3 間以上の漁船が使用されていた。伊勢湾沿岸の漁村は地曳網船など 3 間未満の漁船が多く、カツオ釣船であっても志摩半島（答志郡・英虞郡）や度会郡（外海）では 3 間以上の規模のものはなかった。南・北牟婁郡でも 3 間以下のカツオ釣船も数多いが、波も荒く熊野灘に面した漁村では小規模な漁船は危険を伴う。漁船の規模では、北牟婁郡が 3 間以上 15 隻、3 間以下 90 隻、南牟婁郡は 3 間以上 3 隻、3 間以下 184 隻であ

る。カツオ釣り漁業は英虞郡から南牟婁郡に至る熊野灘沿岸で盛んであったが、さらに 1891（明治 24）年次のカツオの漁獲数量・金額を郡別では、前述したように英虞郡、度会郡よりも多く漁獲され、北牟婁郡約 48 万尾・5 万 2 千円、南牟婁郡約 12 万尾・1 万 2 千円であり、北牟婁郡が最多であった。県内の漁獲物金額の中でのカツオの合計額は約 16 万円と最高であり、その次がイワシ類で約 12 万円となっている。

このように、カツオ漁は三重県の南部の代表的な漁業であった。その漁法は一本釣りであり、カツオ漁の時期は、おおむね 4 月から 10 月までであり、漁場は漁村から相当離れた沖合にあった。三重県での沿岸漁船の動力化が始まるのは 1908（明治 41）年と言われているが、それ以前は八丁櫓の手こぎの舟であった[14]。『三重県水産図解』にも「鰹舟ハ大洋ニ出テ漁事セルヲ以テ堅牢且ツ艘走ヲ主トスルモノニテ、艪八挺ヲ立テ壮者交々之ヲ押ス、其疾事矢ノ如シ、僅カ三時間ニ二十里内外ニ達ス」と記され、漁場まで三時間ほど櫓でこぎ続ける、きわめて体力を消耗させる厳しい漁業であった（裏表紙の写真）。なお、小ガツオに関しては、志摩半島以南の沿岸部で捕獲され、釣漁あるいは網漁（「巻取り」）であったが、度会郡贄浦（現南伊勢町）あたりでは、「敷網」で漁獲した。

また、1891（明治 24）年の『水産特別事項調査』[15] によれば、漁獲物金額で三番目に多いのはサンマで、県内合計約 9 万円、漁獲数にして約 2,400 万尾以上という数値が記されている。地域的には、英虞郡以南の熊野灘沿岸の漁村で、南・北牟婁郡が大半を占める。『三重県水産図解』では「鰊」と記し、方言に「サイラ」・「サイレ」・「カド」があるとし、「其漁事僅カニ冬季ニ止ル」「腸ヲ去ラス塩蔵或ハ背開キ乾脂物トシテ勢濃尾信ノ諸州ニ輸送ス、該地ニテハ熊野鰊ト称ヘ大ニ賞ス」と紹介されている。このほか、熊野灘沿岸の漁業として特徴的なものとして江戸時代からの捕鯨やブリ漁がある。

捕鯨は南牟婁郡阿田和村（御浜町）の鈴木雄八郎が 1875（明治 4）年に和歌山県から「漁者」を雇い入れて 5 頭を獲り、以降「年々八、九頭宛捕獲」したという[16]。1881（明治 14）年 11 月には「南牟婁郡捕鯨会社」が資本金 1 万円で創立された[17]。ブリ漁については、1891（明治 24）年段階では

伊勢湾沿岸でも多少漁獲が見られ、熊野灘沿岸がわずかに多い程度であった（『水産特別事項調査』）。熊野灘沿岸のブリ漁獲が飛躍的に増加したのは「鰤大敷網」の敷設されてからで、1890年代には各所でブリ漁の定置網が試みられ、98年、99年には北牟婁郡桂城村島勝浦（紀北町）や九鬼村九木浦（尾鷲市）で大型のブリ敷網が敷設された。「鰤大敷網組合」も組織され、以後、熊野灘の各地にブリ大敷網が設けられ、漁獲高が増加する[18]。

第4節　水産加工品の生産と販売

　明治期の三重県漁業を支えていた漁獲物商品化の条件は水産加工である。水産加工業は、表3-9に見られるように、干イワシは一志郡、英虞郡、安濃郡などをはじめ、三重県内のイワシ類を漁獲する地曳網などの漁村地帯で広く生産され、カツオ節はカツオ漁が行われていた度会以南の地方で生産されていた。

　こうして水産加工業は、地元漁業と結びつきながら発展した。加工品の仕向地は、1891（明治24）年の『水産事項特別調査』によれば、干鰮などの乾魚は京都、大阪、神戸、滋賀などの消費地であった。また、三重県の代表的な加工品であるカツオ節は、東京、大阪、神戸、京都、滋賀県、愛知県、岐阜県などへ仕向けられた。その他、石花菜（てんぐさ）は、大阪、名古屋へ、それぞれ

表3-9　三重県海産物生産量

郡	干鮑	干鰕	干魚	鰯	海参	石花菜	鹿尾菜	干鰮	鰹節
桑名		200	2,000						
三重								4,075	単位：斤
奄芸								21,225	
河曲								4,375	
安濃								116,500	
一志		211	2,288					391,563	
度会	9,875	18,075	81,012	281	5,830	62,170	3,074	56,468	196,142
答志			250		9,913	3,286	103,343		1,040
英虞	3,250		160,740		9,750	664,425	14,643	253,720	42,100
北牟婁			525,571	10,187		73,616	91,616	40,850	122,356
南牟婁			157,000	10,100				9,000	32,580
計	13,125	18,486	928,861	20,568	25,493	803,497	212,676	897,776	394,218

出所：『明治15年　三重県統計書』1882年

移出された。運搬は、鉄道、船舶、その他であり、仕向地でもっとも多かったのは、愛知県であり、52.4％を占めていた。次いで大阪の16.8％であった。その他には、滋賀県の11.1％の順となっている。これらの仕向地に対して東京は、当時、わずか0.7％にすぎなかった。運搬にとって大きな役割を持っていたのは、鉄道網の整備であった。鉄道建設は1889（明治22）年に東海道線の東京・神戸間、翌年、四日市・滋賀県の草津間、1895（明治28）年に四日市 - 名古屋間が開通した。そして1898（明治31）年に三重県と大阪を結ぶ関西鉄道も開通し、東京－名古屋―京都－大阪の輸送体制が整備された。

　このような鉄道網の発達は、水産加工品の流通に大きな役割を果たした。

1) 『四日市市史』四日市市役所　1961（昭和36）年3月　p568
2) 「はじめに」前掲26）と同上書 pp328－329
3) 同上書　pp118-119
4) 平賀大蔵著『海で生きる赤須賀』赤須賀漁業協同組合編　1998（平成10）年8月　p3
5) 同上
6) 同上書　p4
7) 木曽岬町　『木曽岬町史』1998（平成10）年3月発行　p555
8) 「はじめに」前掲24）と同上書　p43
9) 河芸町『河芸町史』　2001（平成13）年3月　p720
10) 津市『津市史　4』1969（昭和44）年3月15日　p37
11) 同上
12) 「はじめに」前掲13）と同上書 p93
13) 香良洲町教育委員会編『香良洲町史』1993（平成5）年3月　pp467－470
14) 前掲「はじめに」の26）同上書
15) 内務部第二課農商掛　『水産事項特別調査』　1891（明治24）年
16) 前掲「はじめに」の25）同上書

17) 三重県内務部第2課編『明治十七年三月　三重県勧業年報』
18) 三重県水産試験場尾鷲分場・三重県定置漁業協会『三重県定置漁業誌』
　　1955（昭和30）年1月30日　p1

第Ⅳ章　明治漁業法の制定と漁場紛争の再燃

　1886（明治19）年の漁業組合準則を経て、各浦での漁場区域の確定、漁業組合への漁民の強制的加入、水産資源保護のための各種の規制などの方向が明確化し、また、その間、各県でも府県漁業取締規則が施行され、しだいに漁場利用秩序の地方的整備も進められた。最初の漁業法は、こうした状況が進展する中で全国統一的な法体系の必要性が政府内、および業界内で高まり、1901（明治34）年2月に第三次政府案が第15回帝国議会で一部修正の上、可決され、同年4月に公布された。そして1902（明治35）年7月から実施された。

　漁業法の制定の目的は、二野瓶徳夫によれば、主に三つあるとされている[1]。第一は、明治30年代に入り、漁業生産は停滞局面を迎え、そうした状況の中で衰退しつつある旧勢力と発展してくる新興勢力との交代が進行し、漁場占有利用関係をめぐる紛争が激化した。このような事態に対応し、その調整を計るために体系的な法制度の整備が必要となってきたことである。第二には、漁場の占有利用をめぐる近代法体系の確立が急がれていたことである。漁業組合準則は、「旧慣尊重」の方向に沿い、慣習に依拠して漁村秩序維持を図ってきたが、それを長期間継続することは困難であり、近代法体系の下に組み込むことが近代国家として早急に求められていたことである。第三には、1889（明治22）年4月に新しい明治期の市制・町村制が施行され、町村合併が行われた。これに伴い従来の自然村と行政村とが分離された。そして伝統的な自然村の村落共同体的漁場の占有関係は、あたらしい制度的な枠組みの中で位置づけられる必要性が生じてきた。とくに個人有のものではなく、主要漁場では多くの場合、一般に村中、あるいは総百姓入会などの形態が多かった。こうしたものには、さらに二野瓶によれば、「名実ともに全村民共有のものと、旧百姓層などに系譜を持つ村内特定階層の共有のものとがあった。そこでの村は行政の末端組織でもあり、村民の共同体としての自

然村でもあった」のである。

　こうしていくつかの漁業法案が提出されたが、最終的に 1901（明治 34）年に第三次案が一部修正の上、第一五帝国議会において可決された。この漁業法は、漁業権の種類（定置網、区画、専用*、特別の各漁業権）と、漁業権の主体として漁業組合に関する規定が設けられた。その後、1910（明治 43）年 2 月、漁業法の改正案が第二六回帝国議会に提出され、一部修正の上、可決された。その改正点は、以下のようである。第一に、漁業権を物権とし、土地に関する規定を準用したこと。第二に、漁業組合が経済事業を行えるようにしたことである。これは、大規模な定置網漁業、沖合漁業などの発達が見られ、こうした漁業者達の資金需要に対応するためである。第三には、漁場紛争等に対して取締を強化したことである。改正明治漁業法は、その後、現行漁業法（戦後漁業法）が出来るまでの期間、ながらく国内漁業の枠組みとして生き続けた。＊専用の漁業権はさらに地先水面専用漁業権と慣行専用漁業権に分けられる。

　三重県でも漁業法の成立に伴い、翌年の 1902（明治 35）年に三重県漁業取締規則が三重県令第三六号として制定され、専用漁業権、特別漁業権、定置漁業権、区画漁業権が免許された。また、この規則により、効率的漁法であり、周辺県との紛争が生じる恐れのある火光利用八田網、火光利用四艘張網漁業、火光利用揚繰（あぐり）網、鰮刺目網漁業と鰮壺網漁業は漁業権漁業から外し、基本的に禁止ではあるが、一定の制限を設け許可するという許可漁業とされた。こうした漁業法、および県漁業取締規則の制定により、これまで個々に旧慣に基づき出されていた規則は廃止された。しかし、後に述べるように、このような漁業権の設定には、様々な問題が存在していた。例えば、北勢地方の赤須賀では、漁業組合が有する漁業権、入漁権のうち、慣行専用漁業権に関しては、1909（明治 43）年 12 月 16 日付けで存続期間 20 年とし、免許番号第 3121、伊曽島村漁業組合との共同の免許番号第 3123 号、木曽岬、および伊曽島村両漁業組合との共同の免許番号第 3127 号、伊曽島、城南村両漁業組合との共同の免許番号 3120 号、そして城南、伊曽島、木曽岬村三漁業組合との共同の免許番号 3122 号が設定された。こうした事

によっても明らかなように、周辺漁村との複雑な入会関係、および入漁関係が多くの場合存在した。明治漁業法の成立によって、こうした入会関係を含む慣行に基づく専用漁業権が、一応、確定したのである。具体的には、次のようであった。

　赤須賀漁業組合の免許番号第3121号の漁場位置は、「川越村大字亀尾新田字ホヘ割ヨリ桑名郡城南村赤須賀村、伊曽島村大字赤地同福豊木曽岬村大字近江島ヲ経テ三重、愛知両漁界鍋田川ニ至ル間ノ水面」[2]とある。そして次の九つの漁業の漁期間と漁場での「条件制限」が定められた。条件制限で、とくに興味深いのは、「④白魚嚢網漁業ニ付テハ文政八年酉十一月富田一色ト猟師町トノ間ニ於テ為取替タル為替申一札之事契約ヲスヘシ」という但し書である。白魚漁業は、1825（文政8）年に現在の四日市市の富田一色町と赤須賀（猟師町）との間で契約を取り交わし、漁場を確定したとある。このように明治期に入ってから漁村各地での漁場区域の確定などの動きが活発化し、漁業組合準則によって「旧慣」に戻し、それを漁業権の内容として確定したのがこの時期であった。

- 蝦曳網漁業　　　　（蝦　　自1月1日至12月31日）
- 白魚嚢網漁業　　　（白魚　自1月1日至5月31日）
- 繰網（一名段置網）漁業（黒鯛、鯑、鰤　自5月1日至11月30日）
- 鯔闌刺網漁業　　　（鯔　自3月1日至6月30日）
- 建干網漁業　　　　（鯔、鱵、鱵、鮪、鰈　自3月1日至11月30日）
- 鰻筌漁業　　　　　（鰻、沙魚　自3月1日至11月30日）
- 蛤介捲漁業　　　　（蛤　自1月1日至12月31日）
- 蜆介捲漁業　　　　（蜆　自1月1日至12月31日）
- ししび介捲漁業　　（ししび　自1月1日至12月31日）

①蝦曳網漁業、繰網漁業、鰻筌漁業ノ専用区域ハ町屋川基点ヨリ百五十七度ノ方位線以東ノ区域内ニ限ル
②蛤介捲漁業、蜆介捲漁業、ししび介捲漁業ノ専用区域ハ伊曾島村木曽川防波堤ヨリ

以西ノ区域内ニ限ル

③自用餌料ノ目的ヲ以テ蜆ヲ採取スルモノアルモ之ヲ拒ムコトヲ得ズ

④白魚嚢網漁業ニ付テハ文政八年酉十一月富田一色ト猟師町トノ間ニ於テ為取替タル為替申一札之事契約ヲスヘシ

出所：赤須賀漁業協同組合『海で生きる赤須賀　聞き書き　漁業の移り変わりと熊野行き』平成十年八月三十一日発行　pp4-5 より引用

　以上のように明治漁業法によって県内各漁村の漁業権の確定が行われたが、それにもかかわらず漁場紛争が絶えず繰り返された。とくに愛知県と三重県の両知事も巻き込んだ高能率の新式漁法であった打瀬網漁業[3]に対する紛争は有名である。前述の第Ⅱ章でも述べたが、若干、付け加えておく。打瀬網漁業は、三重県では 1886（明治 19）年 3 月甲第 31 号布達で 1889（明治 22）年以降禁止されており、さらに違反者に対する罰則規程が 1889（明治 22）年 11 年 29 日の「三重県令第 64 号」で「二日以上五日以下の拘留に処し」との厳しい内容が盛り込まれた。明治期に入ってから急激に発達を遂げた打瀬網は、「愛知県下、三重県東部近海まで漁場を拡張し、ついに旧漁業者と漁場紛争を誘発した。とくに愛知県の三重県漁場への進出によって明治 15 年以来、この問題が激化した。当時、愛知県下では打瀬網は、1672 統の多きにのぼり、三重県は 20 統あったと報告されている」[4]。1900（明治 33）年に三重県、愛知県の両県は、伊勢湾での打瀬網漁業の禁止区域を設定（三重県県令第 21 号）したが、禁止区域以外の漁場での使用は、三重県告示第 44 号によって「打瀬網使用心得」が出され、禁止区域外においては、延縄、底刺網、蛸壺に害を与えないことを条件に許可した。三重県の打瀬網でも大正期には、500 統を超えるに至った。しかし、戦後、1953（昭和 28）年を境に完全に見られなくなった。

[1] 明治漁業法は、二野瓶徳夫著『明治漁業開拓史』（平凡社選書　1981（昭和 56）年）によれば、貴族院議員であった村田保が明治 26 年 11 月 29 日に最初に第五帝国議会の貴族院に上程された。「村田保の提案理由説明によってみると、該法案の目的は、第一に水産物の繁殖保護を図ること

であり、第二に増発している漁業紛争に対し、取締と漁業調整に有効な制度を確立することであり、第三に、近代国家としての法体制の整備を、漁業の領域にも及ぼすことであった」(p292)。「村田案は三三条より成り、その概要はおおよそ次の通りであった。①漁業・漁業者の定義（第一条）、②法適用除外範囲（第二条）、③漁場の区域または入会および専用は従来の慣行によるべきこと、慣行を軸とした漁場の利用行使体系（第三条）、④漁場の区域または入会および専用に関し争論が生じたときの決定方法など（第四〜七条）、⑤漁業免許（第八条）、⑥区画漁業の免許、存続期間（第九〜一二条）、⑦魚族の保護（第一三〜二一条）、⑧漁業取締（第二二条）、⑨漁業組合（第二三〜二四条）、⑩罰則規定（第二五〜三一条）、⑪付則（三二〜三三条）」(pp二九二‐二九三)からなっていた（同上書 pp288‐291参照のこと）。

2) 赤須賀漁業協同組合『海で生きる赤須賀 聞き書き 漁業の移り変わりと熊野行き』1998（平成10）年8月31日発行 p4より引用

3) 同上書。この書によれば、「打瀬網は、張った帆に風を打たせ、船を横様に動かして、その力によって底曳網を引き、海底のエビやタコ、イカ、カレイ、カニ、などを獲る方法である。この打瀬網には「小ウタセ」と「大ウタセ」とがあった。小ウタセは、片手20尋（約30メートル）の袖網に袋網をつけた底曳船一網を船のヘサキとトモから突き出した「ヤリダシ」といわれる丸太の先に曳綱で結んで引く。ヤリダシは網口を大きく広げる役をはたす。

　一方、「大ウタセ」は一囲り大きな船を使い、一時に五〜六網を曳く。網数が多いからからまぬように工夫する。そのためにヤリダシがここでも役立つ。後には漁期により、魚種により網を代え、貝桁も使うようになったが、初期にはジョウゴ網（備前網）と呼ぶ小さめの手繰り網状の網を使った」(p 62)。

4) 『新愛知』明治33年3月14日号2面

第Ⅴ章　漁民層分解の進行と漁村人口の膨張

－明治後期から大正前半期－

　日露戦争後の明治後期は、製鉄・造船・機械などの軍工廠・官営工場の重工業、過リン酸石灰などの肥料用の硫酸の製造などの化学工業、銅・石炭の鉱山の開発事業、運輸業などの諸部門の成長を基軸としながらも絹・綿を中心とした繊維産業の発展と輸出産業化にみられる本格的な資本主義体制がこの時期に確立した。第一次大戦前の1914年までに絹糸を除く主要な産業部門の頂点に資本集中が進み、多角的な諸部門を持株会社によって統括する財閥コンツェルンが形成されつつあった。工業部門を中心として資本集中と企業規模の拡大が顕著となったが、それと並んで、とりわけ特徴的なこととして、底辺における軽工業部門においては小規模工場、家内工業の広汎な存在が見られたことである。とくに絹糸業は、農村における副業と結合し、小規模な工場が三重県などでも設立されるようになった。また、綿工業も輸入綿を原料としながら絹と同様にその製品は輸出産業として大きなウエイトを占めていた。絹糸の生産力の増加は、農家の所得を増やし、農村市場、ひいては国内市場の拡大のトレーガーとなった。漁業部門にとって綿糸の増加は、それを利用した漁網も生産され、漁業生産力の拡大に大いに貢献した。

　このような重化学工業を基軸としながらも繊維・食品などの軽工業の広い裾野を持った日本資本主義の確立によって、多数の工場が三重県にも創設されたが、とくに伊勢湾北、中勢部に立地が集中した。『三重県統計書』の1902（明治35）年と1915（大正4年）を比較すれば、工場数では240工場から359工場へと約1.5倍、労働者数では14,379人から21,342人へと同様に約1.5倍となっている[1]。労働者数では女性の比率が高く約7割強を占めていた。労働者数の郡別では、1915（大正4）年の「県内の全労働者数に対する割合では、津市（27.6％）、四日市市（16.4％）、三重郡（12.9％）、桑名郡（11.6％）の順で多く、ここまでが10％以上の集中地域である。い

ずれも労働者数の多い繊維工業の比率が高い地域である」[2]。

　以上のような全国ー三重県を問わず、工場数、労働者数の増加、とくに女性の雇用者の増加は新たな労働市場の拡大と都市消費需要の増加をもたらし、県内漁業地帯にも大きな変化をもたらした。その端的な例が専業・兼業別の専業漁家数の増加と雇われ漁夫人数の増加、そして底辺における様々な業種の雑業層の存在であり、全体としての漁村人口の膨張である。

表 5-1　専兼別漁家戸数

	総数		専業		兼業	
	1887年(明治20年)	1910年(明治43年)	1887年(明治20年)	1910年(明治43年)	1887年(明治20年)	1910年(明治43年)
桑名郡	258	759	151　58.5%	519　68.4%	107　41.5%	240　31.6%
員弁郡	41	28	9　22.0%	19　67.9%	32　78.0%	9　32.1%
朝明郡	293		183　62.5%	明治29年に三重郡に合併	110　37.5%	明治29年に三重郡に合併
三重郡	171	1,055	75　43.9%	859　81.4%	96　56.1%	196　18.6%
四日市市		67	明治30年に市制(三重郡から)	28　41.8%	明治30年に市制(三重郡から)	39　58.2%
鈴鹿郡	1	28	1　100.0%	18　64.3%	0　0.0%	10　35.7%
奄芸郡	467		129　27.6%	明治29年に奄芸郡と河曲郡と合併	338　72.4%	明治29年に奄芸郡と河曲郡と合併
河曲郡	245		174　71.0%		71　29.0%	
河芸郡		728		348　47.8%		380　52.2%
安濃郡	134	22	70　52.2%	9　40.9%	64　47.8%	13　59.1%
津市		127	明治22年に市制(安濃郡から)	102　80.3%	明治22年に市制(安濃郡から)	25　19.7%
一志郡	180	347	47　26.1%	215　62.0%	133　73.9%	132　38.0%
飯高郡	92		58　63.0%	明治29年に飯野郡と合併	34　37.0%	明治29年に飯野郡と合併
飯南郡		132	明治29年に飯高郡と飯野郡が合併	105　79.5%	明治29年に飯高郡と飯野郡が合併	27　20.5%
多気郡	101	165	26　25.7%	37　22.4%	75　74.3%	128　77.6%
度会郡	2,119	1,823	518　24.4%	1,400　76.8%	1,601　75.6%	423　23.2%
宇治山田市		39	明治39年に市制(度会郡から)	16　41.0%	明治39年に市制(度会郡から)	23　59.0%
阿山郡		8		4　50.0%		4　50.0%
名張郡・伊賀郡	2	13	0　0.0%	2　15.4%	2　100.0%	11　84.6%
答志郡	1,059	3,318	433　40.9%	2,048　61.7%	626　59.1%	1,270　38.3%
英虞郡	1,147		334　29.1%	明治29年に答志郡と英虞郡が合併	813　70.9%	明治29年に答志郡と英虞郡が合併
北牟婁郡	1,614	1,865	588　36.4%	1,534　82.3%	1,026　63.6%	331　17.7%
南牟婁郡	767	897	433　56.5%	758　84.5%	334　43.5%	139　15.5%
	8,691	11,421	3,229　37.2%	8,021　70.2%	5,462　62.8%	3,400　29.8%

注：津市は、1887（明治20）年には安濃郡に含まれる。また、四日市市は1887（明治20）年には三重郡に含まれる。宇治山田市は度会郡に含まれる。＊答志・英虞郡は1912（明治45）年には志摩郡となる。
出所：『三重県統計書』1887（明治20）年、1910（明治43）年から作成

三重県の漁業構造に関して専兼別漁家戸数を 1887（明治 20）年と 1912（大正元）年を比較し、その動向について考察する（表 5-1）。この表を参照すれば明らかなように、1887（明治 20）年と比較し、1912（大正元）年には全体として漁家戸数が 8,693 戸から 11,497 戸へと約 1.3 倍の増加となっており、とくに専業漁家が兼業漁家の 1.1 倍に対して 2.3 倍と著増している。専業漁家の増加が著しい郡は、伊勢湾の桑名郡の 2.3 倍、三重郡の 2.0 倍（表 5-1 に示されているように 1910 年には、いくつかの市、郡が合併されており、比較のため 1887 年＝明治 20 年の朝明郡を三重郡に加え、1912（大正元）年は四日市を三重郡に加えた）、一志郡の 4.6 倍、そして度会郡 2.4 倍、志摩郡 3.0 倍、熊野灘の北牟婁郡 2.7 倍などである。このように明治後期には伊勢湾の北勢地域、中勢地域の一志郡、度会郡、志摩郡の「専業化」傾向が顕著となった。ただし、この「専業化」の傾向は「自営」の場合と「雇われ」の場合とが含まれていることに注意を要する。このような郡部に属する漁村では、第一に、この時期に従来の農業を中心とした半農半漁型から次第に明治年間に漁村の漁業「専業化」傾向が強まってきたことが特徴である。前者の意味の「自営」専業では、とくに、それは、北勢地域でノリ養殖業などの導入がなされ、本来の自営業の養殖漁村として確立してきたことに典型的に見られる。第二には、度会郡、志摩郡、そして北牟婁郡のように近世から漁村的色彩が濃い地域における漁業規模の大型化が進展し、カツオ一本釣漁業、ブリ大敷網漁業のような多くの漁業者を雇用するような特定の漁業種類が盛んとなり、尾鷲水産株式会社のような株式会社を含む企業組織の設立による新規参入が見られるようになった。こうした漁業種類では、後者の「漁業雇われ」（漁夫）が増加してきたことを裏づけている。以下、3 つの地域別により、その動向を確認する。

第 1 節　伊勢湾漁業・漁村の変化

　北勢地域で前者の明治期に農村から漁村へしだいに変化を遂げてきた漁村として木曽岬、伊曽島などがある。木曽岬は、漁業者が増加したため、1902（明治 35）年 11 月 7 日に源緑輪中漁業組合の設置を申請していたが、翌年の

1903（明治36）年6月16日にあらためて木曽岬村漁業組合としての設立の申請を行った。その結果、1903（明治36）年8月29日付をもって許可された[3]。木曽岬村は、基本的には半農半漁型漁村であった。しかし組合発足後、当時の水産界の指導者であった黒宮兵太郎の発案により、木曽川河口域にハマグリ養殖場のための区画漁業権を獲得し、36万5千坪の養殖場に毎年、千葉県よりハマグリ稚貝を放養した。さらに1915（大正4）年に木曽川河口が黒ノリの生育適地であることが判明し、それまでの青ノリにとって代わり黒ノリを導入し、成功を収めた。このようにして半農半漁の寒村であった木曽岬村は、養殖業を基幹産業にしてしだいに漁村としての体裁を整えていく[4]。

伊曽島村は、江戸時代において美濃の笠松代官に支配されていたところであった。伊曽島村は、『桑名郡伊曽島村史』（1928（昭和3）年）によると、もともと1684（貞享元）年以降開発されたと言われているが、たびたびの洪水に悩まされ、1755（宝暦5）年の宝暦治水などによる大々的な河川工事が行われた歴史も比較的新しい新田農村である。1884（明治17）年の大凶作を転機として、農業から漁業へ進出するようになる。その間の事情を村史は、次のように述べている。「本村ノ主産業ハ農業ナレドモ、ソノ多クハ小作農ニシテ、之ノミヲ以テシテハ生活ノ安定ヲ保ツ得ズ　ココニ於テカ　四面環水ノ天恵ヲ利用シ　漁業ヲ営ミテ収益ノ増殖ヲ（図）ラントスルハ、ムシロ当然ノコトニ属ス。即チ明治三十六年漁業組合ヲ興シ　沿岸漁業、海苔養殖等ニ一段ノ努力ヲ払ヘル結果　溜池養魚ノ発達ト相俟ッテ、顕著ナル進展ヲ来シ」。このように伊曽島村も1897（明治36）年に伊曽島村漁業組合を設立し、ノリ養殖を中心に漁村へと変貌を遂げたのである。1900（明治39）年には赤須賀漁業組合の養殖業者と共同してノリひび建て養殖[5]を行い、この年以降、ノリ養殖業は飛躍的な発展を遂げる。このように北勢地域は、かつての半農半漁村からノリ養殖漁村へと明治期の後半から変貌を遂げてきたのである。

さらに、この時期の北勢地域での地曳網漁業の発展について述べておく。四日市以南の中勢に近接する北勢地域では、明治後期から大正前半期まで

表 5-2　鈴鹿市の地曳網免許数
1905（明治38）年

	大地曳網	小地曳網
北長太	2	8
南長太	1	1
下箕田	4	2
南若松	10	
北若松	2	
白子町	2	
寺社町	5	3
栄村（磯山）	3	1
計	29	15

出所：鈴鹿市『鈴鹿市史　第3巻』
1989（平成元）年3月31日　p274

大地曳網を初めとするイワシ漁業が盛んであった。1905（明治38）年の免許を見ると、表5-2に示されているように大地曳網が29、小地曳網が15存在した。とくに南若松は大地曳網が10張存在し、その数の多さが注目に値する。地曳網は、大・中・小と三種類存在するが、「大地曳は片手12反ないし13反という大きさである。1反7間とみて84間もある大きなもので、明治時代は麻で編んだ。・・・中型はこの規模の約半分、小は、俗にゴン網といい三分の一の大きさである。・・・大網は、若松、白子など地下網（＝村の共同経営）であった。村組という名称で呼ばれた。下部組織になっていた。北長太は個人持ちであった。地下網の場合、ムラグミという指揮者が漁労長となった。手船は沖合が指図した。曳子についていうと白子では近くの稲生（村）の百姓をやとった。又、女や子供もサイモライに曳いた。彼等には、獲れた鰮やヒシコ（カタクチイワシ）を現物給与として与えた。若松や長太は、村の人だけで十分間にあった。常ノリ子は歩合で4分6という分け方であった。村組なら4分を村組へ、6分が常ノリ子に分配されるわけであった」[6]。

　南勢地域では、この時期にどのような変化が生じたのであろうか。漁業が盛んであった矢野村の漁業事情に関して述べよう。

　漁業権についてみると、「一九〇六（明治三十九）年二月三日付で矢野村地先の漁業権を、同九月十七日には藤方村大字藤方地先を、一九〇七（明治四十）年七月二日には第四六二号、によって雲出村地先海面にまで漁業免許を得て矢野村の漁業は一層発展した」[7]。矢野村に対してマイワシ、カタクチイワシ、イナダ、アジなどを漁獲する第三種漁業イワシ地曳網が免許された。1908（明治41）年に、こうした功労をたたえ、現在の香良洲公園に碑が建立されたが、その中には大網組の有志五名（網元）、魚問屋1名、小網組（網元）の有志12名が名を連ねるなど、網元中心大地曳網の個人漁業であっ

た。こうした大地曳網個人漁業者の下には、多数の漁夫層が雇われ、働いていたと考えられる。

第2節 志摩郡・度会郡の漁業・漁村の変化

　志摩郡、度会郡では、1912（大正元）年の漁家戸数が三重県総数のそれぞれ、33.3％と15.6％を占めており、次に述べる北牟婁郡の17.4％と並んで、きわめて多くの漁家戸数の存在が見られた（前掲表5-1参照）。とくに志摩郡は、3,829戸と最大であった。しかし、1907（明治40）年時点での5間（約9.0 m）以上の大きさの漁船は、志摩郡でわずか1隻、度会郡でも26隻となっている。ほとんどが、それ以下の小規模な漁船であった。志摩郡では、3間から5間（約5.4～9.0 m）未満が58.6％を占め、度会郡では、さらに一ランク下の3間未満漁船が57.4％を占めていた（表5-3参照）。

　このように志摩・度会郡の漁船規模が小さく、漁業もこうした小規模な漁船で操業が可能な沿岸海域の漁場の根付資源を対象にしたアマ漁業、回遊してくるボラ、カツオにおいても沿岸に接近するものを漁獲するというものであった。したがって志摩・度会郡においては、小規模・零細な漁家が多く、漁業だけでなく農業との兼業、漁閑期には他地域への漁業出稼ぎなどを行う「半労半漁」、「漁労＋農業＋他地域への賃労働」層が大量に存在していた。

表5-3　郡別漁船規模別漁船数

単位：隻

郡市別	3間未満	3間以上～5間未満	5間以上	計	西洋型帆船
桑名郡	257	18	14	289	
三重郡	478	91	1	570	
河芸郡	166	464	66	696	
安濃郡	20			20	
一志郡	359	31	15	405	
飯南郡	141	63	2	206	
多気郡	168			168	
度会郡	1,369	992	26	2,387	1
阿山郡	2			2	
志摩郡	2,287	3,237	1	5,525	2
北牟婁郡	785	670	49	1,504	1
南牟婁郡	709	8		717	
津市	35	43	1	79	
四日市市	72	78	5	155	
宇治山田市	10	2		12	
計	6,858	5,797	180	12,835	4

出所：『三重県統計書』1907（明治40）年

1. 真珠養殖業のはじまり [8]

　志摩郡・度会郡の漁村でとくに、この時期、注目に値するものは、真珠養殖業と遠洋漁業の開始であろう。真珠養殖業は、御木本幸吉が半円真珠の摘出に成功し、1893（明治26）年10月に鳥羽市神明浦の沖合の「海上約四キロの、同村共有地である英虞湾内の田徳島（のちの多徳島）を中心とする海を最適の漁場と定め、この島に御木本真珠養殖場の本拠を置く」こととなった。当初、地元漁民との軋轢もあったが、「養殖事業に必要である海女その他の労働力は村民から採用すること、さらに必要な真珠母貝も神明村から購入することを条件とし」、この問題の解決をはかった。こうして同年から田徳島周辺漁場の6万坪を借りて本格的に真珠養殖業が開始された。さらに1896（明治29）年には、御木本幸吉が発明者・特許権者として特許が与えられ、事業の独占化がはかられた。2年後の1897（明治30）年以降、本格的に海外での博覧会にノルウェーを始め、欧米各国での養殖半円真珠を出品して好評を得、以降、養殖方法にも改善を加え、従来の英虞湾の外に、度会郡五ヶ所湾が好適な漁場であることが判明し、さらに220万坪の真珠養殖場で養殖を行った。そして1926（大正15）年には、三重県外とパラオにも海外漁場を持ち、総計約5,000万坪にも達した。

　このようにして、しだいに三重県の真珠養殖が海外市場への輸出産業として確立し、天然真珠とともに、養殖真珠はイギリス、フランスに輸出された。さらに、1911（明治44）年には、ロンドンに御木本真珠店の卸支店が設立され、海外への直接販売網を拡大していった。他方、国内へは1899（明治32）年に東京銀座裏彌左衛門町に店舗を開設したが、1901（明治34）年に銀座四丁目にも進出した。

　しかし、こうした順調に成長を遂げてきた真珠養殖業もいくつかの問題に直面することとなった。その第一は、1892（明治25）年に引き続く1905（明治38）年にも志摩郡英虞湾での3ヶ月に及ぶ赤潮の発生による被害である。この赤潮は、1月以来英虞湾の各所で発生し、しかも3ヶ月という長期間停滞し、真珠貝に大被害を与えた。さらに1911（明治44）年にも五カ所湾でも発生した。大正期に入ってからも赤潮被害ではないが、1925（大正

14）年にも英虞湾の海水温が低温のため、養殖真珠貝が被害を受けた。

　第二は、御木本の漁業権の満期にあたる大正末期から志摩郡鵜方村、立神村と御木本真珠との間の区画漁業権をめぐる紛争である[9]。この紛争は、三重県知事、および農商務省にまで持ち込まれたが、鵜方の場合、御木本側に免許そのものは下りたが、御木本側は鵜方村へ出金が増額され、鵜方の神社や小学校の造営費も寄付するということで鵜方村の妥協によって解決した。これに対して、立神村との紛争は鵜方村のようにはいかず、先鋭化したが、紛争が発生した1925（大正14）年の12月に立神村は、アメリカでの労働運動の経験のある大西幸吉のすぐれた指導により専用漁業権を獲得し、そのようにして得た漁業権を御木本真珠に貸与することで決着を見た。

2. カツオ漁業

　志摩郡から度会郡、次の北牟婁郡、南牟婁郡にいたる熊野灘沿岸漁村での代表的な漁業と言えば、カツオ釣漁業であった。カツオ漁は、4月から10月までの間で行われ、とくに春4月頃に漁獲されたカツオは、「ハツガツオ」と称され、伊勢地方、伊賀地方で賞美された。漁はカツオ船一隻に対して10人から15,6人が乗り込み行う。『明治三十五年度三重縣水産試験場事業報告』に当時のカツオ漁業とカツオ節の製造に関する記述があるので紹介する（表5-4）。

表5-4　カツオ節が製造されていた漁村

郡名	村名及大字地名
志摩郡	阪手村、菅島村、鏡浦村（石鏡）、甲賀村、志島村、畔名村、名田村、波切村、船越村、片田村、布施田村、和具村、浜島村
度会郡	宿田曽村（宿浦・田曽）、五ケ所村（中津浜・五ケ所）、南海村（礫浦・相賀浦）、中島村（阿曽浦）、鵜倉村（贄柄浦・贄浦・奈屋浦）、吉津村（神前浦）、島津村（方座浦・古和浦）、宇治山田町
北牟婁郡	錦村、長島町、桂城村（白浦・島勝浦）、須賀利村、引本町、尾鷲町、久鬼村（九鬼浦・早田浦・行野浦）
南牟婁郡	北輪内村（三木浦）、南輪内村（古江梶賀浦、曽根浦）、荒阪村（二木島浦・二木島里浦・甫母浦）、新鹿村（遊木浦）、泊村（古泊浦）、木本町

4郡合計34が町村47漁浦
出所：『明治35年度　三重縣水産試験場事業報告』p2

「鰹節ハ縣下重要物産ニシテ其生産地志摩郡坂手村以南南牟婁郡木本町ニ至ル沿海約五十里一帶ノ地四郡三十四ヵ町村四十七漁浦ニ渉リ之ガ漁業ニ従事スル漁船六百余艘（他ニ盛漁ニ際シテノミ出漁スルモノヲ通計スレバ八百艘以上ニ及ブ）漁夫六千人漁獲高六十七萬貫價格三十三萬六千圓以上ニ達セリ即チ生魚ノ六割五分以上ハ製節ニ供セラル、モノトス以テ其業ノ消長ハ縣經濟ニ多大ノ影響ヲ及ボスヤ知ルベシ」[10]。

　これらの漁村では、カツオ一本釣り漁業は江戸時代から行われており、明治後期まで続く手漕ぎによる八挺櫓漁船での操業であった。1902（明治35）年にカツオ漁業が盛んに行われていた漁村のひとつであった浜島では、「浜島鰹漁船組合」が結成された。この組合は、私的な団体であり、17人の船元が参加した。また、これに従事した漁業者は260人を数えた。この団体の性格は、規約を見ると出漁中の安全上の互助的なものであり、経済的事業を行ったわけではない。しかし、この団体組織の結成によって、これまでのように伝統的な手漕ぎ八挺櫓ではなく、より波の荒い沖合での安全な操業が可能な漁船船体の大型化と発動機を備えた近代的なカツオ漁船建造への転換に大きな役割を果たした。浜島のカツオ漁業の発展のため、こうした大型化・動力化の新カツオ漁船の建造が不可欠であったのである。この団体は、明治期の行政単位であった浜島区協議会へ要望書を1910（明治43）年に船元5名の申請者が提出し、その後の協議により認められ、漁業改良奨励資金の供与が決定された。そして、補助金は1隻につき50円、機関補助として若干増額することが決定され、浜島全体で補助金が250円、機関支添金84円49円が支出され[11]、動力船への転換が進むこととなる。

3. 遠洋漁業の開始

　三重県における遠洋漁業は、1897（明治30）年4月2日に明治政府によって公布された「遠洋漁業奨励法」で発展の基礎が与えられる。これは、直接的には、明治期の中頃からしだいに日本近海での外国船によるラッコ・オットセイ猟や捕鯨業が盛んとなってきたからであり、他面では、軍事や国防の

必要性からである。このために遠洋漁業への漁船と乗組員に対する奨励金を給与し、国家が漁船の改良と乗組員の訓練などを施すことによって促進しようとしたものであった[12]。

　三重県では、1899(明治32)年2月25日に鳥羽町に三重遠洋漁業株式会社が資本金4万円、社長角利助によって設立された。この会社の設立は、主にラッコ・オットセイの猟獲を目的としたものであった。この会社の所有する漁船は、102トンの西洋型帆船1隻であり、乗組員は25人から27人程度であったとされている。この帆船で3月から6月にかけて太平洋北部、および日本海で操業を行い、オットセイのみならず、タラ、マグロ、カツオ、ブリなどを漁獲した[13]。

第3節　北牟婁郡・南牟婁郡の漁業・漁村の変化

　北牟婁郡では、志摩郡と同様、専業漁家戸数の1887(明治20)年との比較で1912(明治45)年は、約2.7倍の1,582経営体と大幅に増加し、反面、兼業は1,026経営体から1912(明治45)年には423経営体と約6割減となっている。すなわち兼業が減少した分がおそらく専業となったものであろう。1887(明治20)年には、専業と兼業の比率が1対1.7であったものが1912(明治45)年には逆に、2.4対1.0となり、専業のウエイトが兼業を大きく上回るようになった。しかし、こうした専業漁家戸数の増加は、必ずしも規模の比較的大きな自営的漁家が増加したということではない。まず、前掲表5-3に見られるように、1907(明治40)年の統計数値で明らかであるが、3間未満の小規模漁船が52.2％を占め、過半数がこのような小規模な漁船であること、そして、正確な数値は不明であるが、1907(明治40)年の漁船1隻が1戸と仮定したとしても、漁家戸数の総数が北牟婁郡の場合、1912(明治45)年の戸数が専業、兼業を合わせて2,005戸であるから、専業、兼業でもないものは、統計上記載されておらず、少なくても501戸(専・兼業2,005戸－漁船所有1,504戸)が、漁船所有者に雇われの専業的水夫となる。すなわち専業の増加は、こうした漁業労働を専業とする漁夫労働力を含む数であり、漁家経営の専業の増加を必ずしも示すものではない。両方の数が含

まれていることに注意しなければならない。

　南牟婁郡では、1912（大正元）年には 1,887（明治 20）年よりも北牟婁郡程ではないにしても漁家戸数が 1.3 倍となり、とくに専業が 1.7 倍と増加した。しかし、表 5-3 の漁船規模は 717 隻中、86.6％にあたる 707 隻が 3間（約 5.4 m）未満の小規模なものであり、3〜5 間未満が残りの 13.4％を占めるに過ぎない。このことによっても北牟婁郡と比較しても南牟婁郡の漁家の小規模・零細性が一層、明らかとなる。したがって、北牟婁郡と同様、専業の増加もその内容は漁夫労働力の増加が寄与しているものと考えられる。

　南牟婁郡の特記すべき漁業としては捕鯨業がある。江戸時代には、前述したように熊野灘に面した志摩郡・度会郡・南北牟婁郡は、紀州藩の藩営クジラ漁が盛んに行われていたが、1707（宝永 4）年の大津波をきっかけに捕鯨施設が被害を受け、突取漁地域の志摩郡・度会郡では小規模であったため急速に衰退した。他方、南、北牟婁郡では、多人数を要する網取り法というクジラ捕獲法であったが、相当な費用と労力が掛かることから 1769（明和 6）年を最後に明治時代を迎えるまで姿を消した。しかし、明治に入ってからも捕鯨業を継続していた和歌山の太地浦などの先進的な漁村の影響下に南牟婁郡阿田和村では、1873（明治 6）年に鈴木雄八郎が漁夫を雇い入れ、資本金 1 万円で「南牟婁郡捕鯨会社」を設立し、試験的に捕鯨が開始された。そして 1875（明治 8）年から本格的に捕鯨が始まった。『三重県漁村調査　南牟婁郡の部』によれば、以下のような記述がある（本文はカタカナであるが、読みやすくするためひらがな表記にした）。

「・・・阿田和浦に於ける捕鯨業の創始は明治六年にして紀州太地より伝来す然れども初めの一、二年間は網船勢子船 12 艘にして完全なる漁具なく試験的に止まり明治八年に至り初めて完備したるを以て実際は明治八年を以て創業となし人々之を鯨方と称するに至り明治九年一月元旦度会県の許可を得たり漁法は専ら網漁にして漁期は旧十一月より二月に至る期間にして就中十二月、一月最も盛んなり網は高二七尋浮子方九尋のものを一把とし一艘は二十把ずつ積載し七艘分あり即ち総網長 1,260 尋あり漁船は網艘 7 艘（1 艘

12人より30人乗）勢子船3艘（1艘12、3人乗）を要し網を掛け廻す場所は予め略一定し沖掛けと地掛けの二種あり前者は海岸より14〜15町海深20尋の沖合より之を成し後者は2町位の沖よりなす又鯨沿岸近く来ることは二重に掛け廻すことあり鯨種は主に児鯨にして東方より西に向て通過す先ず木本沖合に鯨の遊泳を認むれば直に之を当浦に通報し直に浦中挙りて出漁の準備をなし網船に網を積み漁人之を乗込み又勢子船を卸し勢子之れに乗込み沖合に出て鯨の来遊を待つ而して鯨の3町程先方に現はれるに至り初めて網を掛け廻すものにして若し鯨の遊泳迅くして網を掛くること困難なることは隣村井田浦境に於て漸く掛け廻し之に網獲する」[14]。

　こうして阿田和浦の捕鯨業がしばらく行われていたが、やがて1899（明治32）年に近代的なノルウェー式捕鯨の導入を目的とした日本遠洋漁業株式会社が山口県の仙崎(長門市)に設立され、本格的にノルウェー式捕鯨が導入されたことを転機に、伝統的な網捕鯨業は捕獲成績が振るわなくなった。その後、昭和期に入り、『三重県統計書』から捕獲頭数の記述がなく、三重県ではおそらく捕鯨業は再び姿を消したと考えられる。

第4節　三重県水産試験場の開設と三重県漁業の振興

　この時期に三重県県は漁業の振興をはかるため、1899（明治32）年5月2日に三重県告示第59号により、三重県水産試験場が設置され、初代場長として菖浦次太朗がなった。当初は、津市の三重県庁内に置かれたが、11月1日に浜島村（志摩市）に移設し、本格的な事業が開始された。その設置の理由に関しては、『三重県水産試験場事業報告　明治三十二年度』に記載があるのでそれを引用しよう。

「　試験場設立の理由
- ・・・伊勢の大湾と其南部外海方面に　五ケ所湾　志摩に英虞及的矢の両湾　紀伊に尾鷲輪内の両湾を有し　且つ志摩度会南部南北牟婁の四郡は茫漠無涯の太平洋を控え　暖潮往来の要区に当る　而して陸地亦池沼河川多く

従て各種の鱗介苔藻の豊饒なること実に他県に冠たり　然るに従来水産業の萎微不振なるを以て生計を営むものをして比較的に少数ならしむ　今明治三十二年末の統計に依れは漁業者の戸数は一万三千八百八十九戸　人口六萬〇七百十六にして之を本縣人口百万四千九百五十八に比すれは僅に廿分の一、二強に過きす　而して其漁獲物総額は二百十九万八千七百九十三円にして之を人口に配分する時は尚ほ収利の不足成るを感す故に　今後益々斯業の振興を期し国富の増進を図らんとするには　其方法手段夥多ありと雖　特に水産試験場を設け学理を追う応用し実地に試験を行ひ漁法の精を究め　漁具を撰ひ水族の保護蕃殖及人工育養等を謀り　水産物製法の精密に勉め之を海外に諮ひ　之を我が国に詢り新術良法を県下に報して普く　当業者に知悉せしめ漸く其業を盛旦大ならしむるの必要なるを認め　明治三十二年度に於て沿海適当の場所を撰ひ試験場を設立するに決定したり」[15] とある（原文はカタカナ表示）。

[1] 『三重県史　通史編　近現代』2015（平成27）年3月31日　pp726-727
[2] 同上書　p728
[3] 木曽岬町『木曽岬町史』1998年3月発行　p555
[4] 同上
[5] ひび建て養殖とは、河口域の潮の干満の差を利用した養殖方法であり、浅瀬に竹を刺し、それを支柱として網を張る。こうした網にノリが付着して養殖する方法であり、伝統的な養殖方法である。
[6] 三重県教育委員会　三重県文化財調査報告書　第7集　1966年　pp46-47
[7] 香良洲町教育委員会編『香良洲町史』1993年3月　pp467―470
[8] 大林日出雄著『御木本幸吉』（吉川弘文館　1971年5月）を参考にした。
[9] 同上書　pp186―224に詳しい。
[10] 三重県『明治三十五年度三重縣水産試験場事業報告』p1を参考にした。
[11] 浜島漁業協同組合史編さん委員会『浜島漁業協同組合のあゆみ』1991年3月　p70

[12] 二野瓶徳夫著『明治漁業開発史』（平凡社選書　1981年）pp139－163
[13] 松本　巌編著『解説　近代三重県水産年表』（水産社　1985年12月）
[14] 三重県『三重県漁村調査南牟婁郡の部』　1925（大正14）年調査
[15] 『三重県水産試験場事業報告　明治三十二年度』（三重県水産試験場　1899年　p2）

第Ⅵ章　漁業生産力の飛躍的拡大と漁業労働市場の形成

－1920年代の漁業構造の転換－

第1節　日本漁業の構造変化

　1920年代は、1914年から18年まで続いたヨーロッパの第一次世界大戦による戦争の惨禍を日本は受けることなく、それにより生じた"大戦ブーム"で国内経済は空前の活況がもたらされた。しかし、大戦が終結し、ヨーロッパ諸国からの特需が消滅し、欧州への輸出が大幅に縮小したため、1920（大正9）年から翌年まで続いた「反動恐慌」と呼ばれる短期であったが厳しい経済的状況が生じた。そしてさらに1923（大正12）年に突如襲った関東大震災の自然大災害にも見舞われ、首都東京をはじめ関東圏は甚大な被害を被った。だが、それにもかかわらず国内消費市場は、堅調な増加傾向を示してきた。それは、第一に、614万人であった1918年の6大都市人口が、震災後の1925（大正14）年には661万人へと6大都市の人口の増加と都市への集中が著しく高まったことである。こうした人口の大都市集中は、そこに第三次産業をはじめとする新たな産業を生み出し、消費需要を大きく拡大したからである。

　また、第二は、第一次大戦中から実質賃金の急上昇が継続し、そのことも国内消費市場の拡大を促進した。ちなみに1日あたりの実質賃金指数（1934-36年平均を100.0とした）で見ると、1910（明治43）年の製造業で53.1、1915（大正4）年が59.1、1920（大正9）年が72.6、1925（大正14）年が87.9、そして1930（昭和5）年が101.5となっている。

　実質賃金の上昇に関して、山崎広明はその要因を次のように分析している。「大戦中の民間重化学工業の勃興を契機に促進された都市化は、20年代に入っても継続され、この結果、鉄道網が拡大し、それはまた都市化を一層促進した。そして、このような都市化と鉄道業の相互促進的発展の過程で都市

の商業・サービス業が発展し、・・・国家の地位増大に規定されて公務員の数も急増した。かくて、このような鉄道業、第三次産業の労働力需要が拡大し、これに電力業の発展に主導された新興重化学工業の労働力需要も加わって、実質賃金の急上昇というトレンドが 20 年代にも維持されたのである」[1]。

　第三には、農業部門では、一方では、農村から都市への人口流出が継続したが、他方では、20 年代において農家経済余剰が、自作農で 1929 年までプラスであり、自小作農は 1922（大正 11）年にわずか 1 戸あたり 1 円の赤字であったが、1929（昭和 4）年まで自作農と同様に一貫してプラスであった。また、小作農も 29 年に若干の赤字となるが、28 年までの 20 年代はプラスであった[2]。こうした背景には、20 年代からの蔬菜、果樹、畜産などの都市近郊農業の発展があり、また、地主制の後退が始まり、小作争議が頻発する中における小作→自小作→自作へと向かう農民層の耕作権の確立（＝小商品生産者化）と小作料減免の動き、すなわち耕作意欲の高まりという事情も大きな要因であろう。また、中小地主の自作化という動きも見られた。こうした動きも無視するわけにはいかない。

　そしてさらに、農業日雇 1 日当たりの賃金は、農業雇用者の都市への流出による減少もあり、雇用労賃の上昇が起きた。男子のみを示すと 1910（明治 43）年が 41 銭、1915（大正 4）年が 46 銭、1920（大正 9）年が 139 銭、1925（大正 14）年が 165 銭、1930（昭和 5）年が 112 銭となっている[3]。このように 1920 年の就業者人口の 51.2％を占める農業就業者の農家経済余剰、および農業日雇賃金の上昇は、国内消費市場の拡大に対して大きな寄与をなしたものと考えられる。

　以上のような状況に規定され、大都市をはじめとした地方農村部を含む国内消費需要も増大し、水産物の国内市場も飛躍的に拡大した。魚価も上昇傾向をたどり、日本の漁業部門にとって大きな発展の契機が与えられた時期である。それは同時に漁業部門が日本資本主義の再生産構造の中に深く組み込まれたことを意味する。

　このような国内市場の飛躍的拡大により、漁業生産力の成長に牽引車的な役割をはたしたのが漁船の動力化・大型化の政策的促進である。これは、

1897（明治30）年4月2日の明治政府によって公布された「遠洋漁業奨励法」の1905（明治38）年に行われた改正であった。この法律の改正によって、これまでの大型船を中心とした奨励金の対象を5トン以上の動力船へと小型船にも対象が大きく広げられた。さらに1910（明治43）年の韓国併合に伴う韓海漁業奨励規則により，新たに手繰網・流網・揚繰網・敷網の各漁業、漁獲物処理運搬にたいし，1年限りの奨励金を交付することとし1912（明治45）年4月，遠洋漁業奨励規則と改めた。遠洋漁業の範囲も日本資本主義の帝国主義的な対外的膨張とともに沿海州・朝鮮沿海・黄海及び東シナ海にまで拡大した。こうして大正期に入ると露領漁業、朝鮮通漁という日本周辺海域への出漁（＝遠洋漁業）、および移住による植民地朝鮮への基地とした漁業も行われるようになった。

　1920年代における日本漁業に現れた構造変化について要約的に述べるならば、第一には、これまでの風力、人力に代わって漁船に「焼玉エンジン」などを搭載した動力機関化がさらに進行し、漁村の内部から小資本制的沖合・遠洋漁業の伸長が見られるようになったことである。三重県であれば、在来型のカツオ一本釣漁業・マグロ延縄漁業である。これは、いわゆる「マニュファクチュア的漁業」[4]と規定された漁船階層の出現である。焼玉エンジンは、従来の人力の手漕ぎ式の和船に対して、燃料には重油が主に使用され、エンジンを始動する前に鉄製焼玉をバーナーなどで焼いて発火させる内燃機関のことである。船舶用の焼玉エンジンは、第二次大戦後の50年代にも「ポンポン船」などと称し存在していたが、それ以降はディーゼルエンジンに代った。このような小資本制漁業が生まれるようになると、従来の小規模な漁村の水揚げ施設ではなく、市場施設、揚水ポンプ、製氷機などを備えた新たな漁港施設が必要となり、沖合・遠洋漁業のための漁港基地が整備されるようになった。

　第二は、こうしたマニュ的漁業と並んで注目すべきことは、従来の小規模・零細な沿岸漁業者層にも小型発動機などの機械化・効率化がはかられたことである。小沼勇は次のように述べている。「（マニュ的漁業を第一の系統とすれば）、第二の系統は沿岸における小漁業の発達である。・・・（中略）・・・

大正七年（1918年）以降、極めて急速な小型動力船の形態でもってあらわれる。・・・（中略）・・・これは前述のマニュ的漁業の発達とは異なり、小生産的漁業における動力化である。二千隻から六万隻への連続的・飛躍的発展は、まさにマニュ的漁業の発展に並行しつつ対抗的に伸びてゆく小漁民層の勢力を示す」[5]。

第三は、ヨーロッパからの技術導入をはかった汽船トロール漁業・ノルウェー式捕鯨業、そして「海の工場」などと呼ばれ、大規模な船内加工施設を備えた母船式工船漁業などの大規模な資本制遠洋漁業も出現するようになった。こうしたプロセスを典型的にたどったのが、日魯漁業株式会社や林兼商店（のちの大洋漁業株式会社）、共同漁業（のちの日本水産）などである[6]。

第四は、沿岸漁業においても在来型の定置網漁業などにおいても技術の改良が見られるようになった。江戸時代から続いた大謀網から漁獲効率を高めた落網が発明され、その普及が進んだことである。この落網は以前から存在していたが、ブリを対象とする落網が考案され、三重県度会郡阿曾浦で1927（昭和2）年に始めて導入され、その後全国に広まった。また、北海道などでは、サケ・マスなどにもこの落網が使用された。

そして、第五は、三重県でも典型的に見られたようにノリ・真珠などの養殖業の発達もこの時期に著しい。ノリ養殖は従来の垂直篊に代わって1925（昭和元）年に水平式網篊への技術改良が行われ、生産性は大きく向上した。

すなわち、この時期は日本漁業が食料部門として産業的に確立したということが言える。トロールなどのヨーロッパからの輸入漁法技術の導入による漁労効率化がはかられ、上層には明治期から露領漁業などを基盤として独占的大規模経営が形成され、中・下層には機関の動力化を行ったマニュ的漁業と呼ばれる小企業的な経営が各沿岸漁村から成長してきた。三重県では、カツオ釣漁業、マグロ延縄漁業などの沖合・遠洋漁場への進出がそれである。しかしながらこの時期に注目すべきことは、全体としては、なお、従来の小規模・零細な漁業を営む沿岸漁家が層厚く存在していたことである。こうした層においても沿岸漁村における近代化＝資本主義化の中で個別経営化が進み、相互の生産力競争の激化によって平等主義的漁村共同体がしだいに崩壊

し、明治後期から大正前期にかけて進行してきた漁民層の分化・分解をいっそう促進させ、漁家経営間の生産力格差と下層経営の半労半漁という形態での賃労働者化を推し進めた（＝いわゆる"不透明分解"である）。これは、後でも述べるが、漁業の場合、漁業生産が季節的であり、雇用も漁期の間だけというものが多い。技術的側面と並んでマニュ的漁業経営層は、こうした就労機会の特色によって、短期的な不安定就労形態での多数の賃労働者の形成を基盤として成立したといえよう。

第2節　漁船動力化と三重県漁業

　三重県においては、全国的動向と同じく小型漁船の推進機関の動力化が進行した。三重県の漁船動力化隻数は、すでに1911（明治44）年に静岡県の298隻に次いで多い180隻となっていた[7]。表6-1に示されているように1920年代中頃から飛躍的に増加する。また、表6-2から1926（大正15＝昭和元）年時点での動力化率は、地域別でみると、伊勢湾北勢部三重郡、河芸郡、四日市）と北・南牟婁郡で高く、この二つの漁村地域での動力化が顕

表6-1　漁船種類別艘数　　単位：隻

年次	無動力漁船	発動機付漁船	計	動力化率
1911（明治44）年	12,826	180	13,006	1.4
1912（大正 元）年	12,105	204	12,309	1.7
1913（大正 2）年	11,978	247	12,225	2.0
1914（大正 3）年	11,858	245	12,103	2.0
1915（大正 4）年	11,925	268	12,193	2.2
1916（大正 5）年	12,327	267	12,594	2.1
1917（大正 6）年	12,235	259	12,494	2.1
1918（大正 7）年	12,233	259	12,492	2.1
1919（大正 8）年	12,048	231	12,279	1.9
1920（大正 9）年	11,988	286	12,274	2.3
1921（大正10）年	11,704	333	12,037	2.8
1922（大正11）年	11,462	334	11,796	2.8
1923（大正12）年	11,314	340	11,654	2.9
1924（大正13）年	11,129	465	11,594	4.0
1925（大正14）年	10,525	756	11,281	6.7
1926（昭和元）年	10,461	1,291	11,752	11.0

出所：『三重県統計書』各年より作成

表6-2　1926年郡市別漁船動力率

郡市名	動力なし	動力あり	計	動力化率
桑名郡	551	26	577	4.5
三重郡	297	57	354	16.1
河芸郡	374	168	542	31.0
安濃郡	7	−	7	0.0
一志郡	359	18	377	4.8
飯南郡	298	8	306	2.6
多気郡	181	2	183	1.1
度会郡	2,085	188	2,273	8.3
志摩郡	4,256	491	4,747	10.3
北牟婁郡	1,331	220	1,551	14.2
南牟婁郡	602	105	707	14.9
津市	45	1	46	2.2
四日市市	26	7	33	21.2
宇治山田市	49	−	49	0.0
計	10,461	1,291	11,752	11.0

出所：『三重県統計書』

著に進展していることがわかる。

　これらの地域では、明治期から既に揚繰網漁業(あぐり)・流網漁業・巾着網漁業・カツオ釣漁業・マグロ延縄漁業などの沿岸から遠隔の遠洋・沖合漁場で操業する漁業が中心であり、こうした漁船に発動機が据え付けられ、漁業の一層の効率化がはかられるようになった。

　表6-3は発動機付きの遠洋漁業漁船の郡別隻数であるが、伊勢湾が入っていないのは、20年代の伊勢湾内中心は沖合操業であり、発動機を有していない漁船も多数存在していたためと思われる。伊勢湾外の漁業が盛んになる

表6-3　遠洋漁業漁船（発動機を有するもの）

	隻数					乗組員数				
	総数	度会郡	志摩郡	北牟婁郡	南牟婁郡	総数	度会郡	志摩郡	北牟婁郡	南牟婁郡
1915（大正4）年	264	98	47	75	44	4,822	1,482	1,477	1,149	714
1916（大正5）年	288	66	41	133	48	5,179	1,124	893	2,074	1,088
1917（大正6）年	282	69	41	132	40	5,254	1,215	1,068	1,862	1,109
1918（大正7）年	258	72	33	111	42	5,017	1,280	728	2,009	1,000
1919（大正8）年	247	90	31	83	43	4,171	1,477	551	1,100	1,043
1920（大正9）年	272	93	45	91	43	4,642	1,449	762	1,407	1,024
1921（大正10）年	304	89	51	113	51	5,618	1,670	781	2,037	1,130
1922（大正11）年	297	73	76	75	73	5,047	1,367	1,113	1,242	1,325
1923（大正12）年	301	57	61	98	85	5,112	1,105	919	1,591	1,497
1924（大正13）年	307	65	?	126	116	5,258	1,389	?	2,185	1,684
1925（大正14）年	397	70	64	116	147	6,631	1,532	1,110	1,860	2,129
1926（昭和元）年	361	62	68	112	119	6,134	1,389	1,143	1,786	1,816

出所：『三重県統計書』各年版より作成

のは、後掲図 6-1 のイワシ類の漁獲量を見れば明らかなように 20 年代の後半以降である。また、湾外への発動機付きのカツオ一本釣漁業・旋網漁業・延縄漁業などの漁業種類が伊勢湾側には存在しなかったためと思われる。

この表を見れば明らかなように南・北牟婁郡が発動機付き漁船隻数の 5 割から 6 割を占めており、とくに南牟婁郡は、1921（大正 10）年以降の漁船隻数の増加が著しいことが大きな特徴となっている。それに対して度会郡の発動機付遠洋漁船の隻数は、減少傾向にある。こうした傾向は、「明治末より全国の鰹船は競って動力化したため、石油を多量に消費する粗悪機も多く特に三重県では鉄工所の発動機売り込みが激しく、漁民に不利益をもたらしている」[8] と当時の『伊勢新聞』の大正 8 年 9 月 16 日号が報じている。こうしたことが発動機付遠洋漁船の隻数の減少の要因の一つと考えられるが、しかし、このような状況にもかかわらず、度会郡はカツオ漁業に特化する傾向が強く、それに対して南・北牟婁郡はまき網漁業などカツオ漁業以外の他の漁業に従事する動力化した遠洋漁船も多かった。

1. 伊勢湾の新漁法導入と漁船動力化

伊勢湾岸漁村では、古くから半農半漁村地域が多く、農閑期には、余剰化する大量の農家労働力の就労機会としてイワシ大地曳網などの多就労型の漁業が存在していた。しかし、大正期に他県から能率的な漁業である巾着網漁業などが移入され、大地曳網漁業が衰退の一途をたどる。これに伴ってこうした労働力を能率的漁業が新たな雇用機会として一部を吸収した。この間の事情に関して『伊勢湾漁撈習俗調査報告』によれば、鈴鹿地区について次のような記述がある。

　　伊勢湾では、大正に入ると、地曳の大敵があらわれてきた。大正三年（1914）頃、四国の方からヒシコ（カタクチイワシ）巾着という沖捕漁法が輸入されてきたからである。この網は後のアグリに似た網であった。底の方がソボ形にしめられていた網である。先づ、四国方面から最初に入ってきたのは三河の漁村であった。地曳がぼつぼつ不振になってきた頃で、試験的にやってみ

たところが、大変好成績だったのでたちまちひろまったのであったが、地曳の漁師は大打撃をうけ、必死になって対抗したが、大勢のおもむくところ、如何ともしようがなかった。三重県は、大正四年（1915）にこのキンチャクを許可した。それ以来地曳は火の消えたように衰えてしまった。

このヒシコ巾着は、大正中期から末期にかけ、全盛であった。まだ無動力時代で、櫓で漕いだ巾着であった。この網にカコ（水夫）が70人から80人乗った。大正末期から、昭和の初めにかけ、焼玉エンジンが次第に使用され（た）[9]

また、同書の津地区の記述では、「大正末には、アグリがふえてきて、地曳は立っていけなくなってきた。鰯がタカへ寄りつかなくなってきた。それで、地曳専門の漁師とアグリの漁師が大変な喧嘩になったこともあった。アグリの網にイカリを打ちこんで破ったこともあり、裁判沙汰にもなった」[10]とあり、1925（大正14）、1926（大正15）年から動力化が進み伝統的漁法である地曳網はあきらめるより仕方がなかったようである。

このように伊勢湾を中心としてイワシを漁獲対象とする巾着網漁業、揚繰（あぐり）網漁業などの能率的漁法による沖合漁業が出現するようになった。能率的漁

表6-4　昭和初期の豊津村と上野村の発動機付き漁船

	船名	漁業別	総トン数	機関型式	馬力	建造年 大正　年
豊津村	満留仁	アグリ網	4	石油	8	2015年12月
	満留仁	アグリ網	3	石油	5	2014年10月
	共栄丸	アグリ網	4	石油	8	2015年12月
	漁喜丸	アグリ網	4	石油	8	2015年12月
	ナシ	アグリ網	4	石油	8	2015年09月
	壽丸	鰯刺目網	3	軽油	4	2014年12月
	正和丸	鰭流網	4	石油	4.5	2015年06月
	松栄丸	鰭流網	4	石油	5	2014年11月
	松栄丸	鰭流網	4	石油	8	2015年12月
	宗栄丸	浮曳網	3	石油	4	2015年10月
上野村	正栄丸	鰭流網	3	石油	5	2015年02月
	寛漁丸	鰭流網	3	石油	4	2014年11月
	尾前丸	鰭流網	3	石油	5	2014年07月
	千里丸	鰭流網	3	石油	5	2015年07月

「三重県調査発動機付漁船及魚類運搬船調」（昭和元年末現在）より作成
出所：河芸町『河芸町史』2001年3月より一部削除し引用

法による漁場の沖合化に対抗するために、沿岸漁業の小規模な漁船にも小型発動機の普及が急速に進んだ。表6-4は、1926年末の地曳網漁村の典型的な河芸郡豊津村・上野村の発動機付漁船一覧である。

この地区では、1925、26年に多数の漁船の建造が行われ、しかも3～4トンの小規模な漁船であることがわかる。その後、1935（昭和10）年度の豊津村では、発動機付漁船は23隻に増えている。漁業別では、巾着網が16隻、刺目網が11隻、地曳網が4隻、流網が2隻となっている。巾着網に使う船は2～4トンで4～12馬力、刺目網では1～3トンで3～5馬力、地曳網の船で2～3トンで5馬力、流網船は3～4トンで4馬力の発動機が据え付けられていた[11]。このうち、地曳網が4隻となっているのは、伊勢湾内でのイワシ類の漁獲量が図6-1で見られるように1928（昭和3）年以降急激に増加したが、これは人力に多くを依存してきた伝統的な漁法である人地曳網にも発動機が導入されたからである。

南勢地域でも小規模な漁船に発動機を導入し、沿岸漁業の生産性を高めるような動きが見られるようになった。『大正十五年調査　三重県漁村調査　南勢之部』によれば、一志郡雲出村伊倉津漁業組合では「大正十五年より五間未満のものに石油発動機を据付くるもの多くなれり」とあり、さらに「打

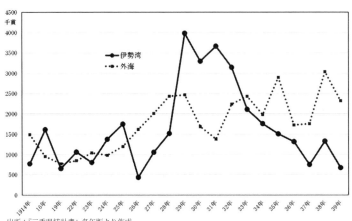

図6-1　海域別イワシ類漁獲量

出所：『三重県統計書』各年版より作成

瀬網漁業は明治三十年頃より開始し当時の漁船は三間未満のもの数隻に過ぎざるが次第に隆盛に向かい大正七、八年より四間乃至五間の大型船に変り大正十五年より石油発動機を据付け益々発展の域にあり」[12] と記されている。このように半農半漁地帯である南勢地域においても沿岸漁船の動力化が進んできたことがわかる。

2. 伊勢湾北勢地域のノリ養殖業の成長

　海面養殖業の生産は、「第Ⅴ章　漁民層分解の進行と漁村人口の膨張」の章で木曽岬、伊曽島などの漁村でノリ養殖が次第に活発となってきたことを述べたが、この時期に、一層、その発展が顕著となる。しかし、県全体として見た場合、海面養殖業は、北勢地域の漁村のノリ養殖以外は停滞的であった。県全体の公共水面における養殖面積は、1915（大正4）年に984万坪余であり、1925（大正14）年には982万坪弱と若干低下した（『三重県統計書』）。そのうち、志摩郡が581万坪、度会郡183万坪、桑名郡113万坪であった。ノリの養殖地は172万坪を占め、その中心は、北勢地域と南勢地域であった（同上書）。北勢地域は、何よりもノリ養殖が主流であり、最も養殖の中心地である桑名郡では1924（大正13）年時点の販売高の67.5%を占める。ほかには、ハマグリ・ウナギなども北勢地域では養殖されている。こうしたノリ養殖への特化傾向は、兼業経営体が多い南勢地域でも農業との兼業ではあったが、兼業種目の中でのノリ養殖への依存度は高かった。飯南郡西黒部村などの周辺漁村では、ほとんどがノリ養殖となっている。南勢地域の最大のノリ養殖産地であった西黒部村では、西黒部漁業組合と松名瀬漁業組合の2つの漁業組合があったが、この2つの組合を合わせた1926（昭和元）年の『三重県漁村調査』では、ノリ養殖を行っている漁家は、専業がなく兼業が222戸、476人となっている。ノリ養殖面積は、13万5千300坪と南勢地域では最も広い。生産高は1923(大正12)年が33,744円、1924（大正13）年が46,263円、そして1925（大正14）年が46,134円となっている。

　このように、1920年代の伊勢湾を中心とする養殖漁村では、ノリ養殖

に大きく特化していたことがわかる。北勢には専業が多く、1926（昭和元）年時点で養殖経営体全体の27.2％にあたる34戸、146人の専業養殖業者が存在するのに対して南勢地域では1.4％の18戸となっており、ほとんどが農業との兼業養殖経営体である。志摩地域では、養殖業者の数は少なく、専業が6戸、兼業が3戸となっている。なお、志摩地域の中心的な養殖は真珠であり、詳細については不明であるが、前述したように御木本真珠との関係も深く、漁業者による直接の経営ではなく、養殖場の賃貸もかなり存在したようである[13]。

3. 志摩郡・度会郡のカツオ一本釣漁業

　志摩郡においては、前掲表6-3に見られるように発動機付きの遠洋漁船の隻数は、1920（大正9）年が51隻、そして26年が68隻であったから増加傾向をたどっていた。しかし、遠洋漁船の中心であったカツオ釣漁船の隻数は、表6-5に見られるように減少傾向をたどっており、カツオ釣漁業以外の揚繰網（あぐり）漁業、延縄（はえなわ）漁業など別な漁業種類に転換したものと思われる。発動機付き遠洋漁業漁船の中でのカツオ釣漁船の比率を見れば、1917（大正6）年が92.7％となっており、ほとんどの発動機付き遠洋漁業漁船がカツオ釣漁船であった。さらに、1926（昭和元）年には、その比率が38.2％と約4

表6-5　カツオ釣漁業（発動機を有するもの）

	隻数					乗組員数				
	総数	度会郡	志摩郡	北牟婁郡	南牟婁郡	総数	度会郡	志摩郡	北牟婁郡	南牟婁郡
1917（大正 6）年	158	44	38	61	15	3,222	945	996	972	309
1920（大正 9）年	143	48	30	41	24	2,710	940	616	630	524
1923（大正12）年	130	40	26	32	32	2,721	904	533	669	615
1926（昭和元）年	163	56	26	38	43	3,189	1,293	558	776	562

出所：『三重県統計書』各年版より作成

割に激減する。

　一方、度会郡においては、前掲表6-3に見られるように発動機付き遠洋漁業漁船隻数は、1920（大正9）年以降、減少傾向にあり、1920年が93隻であったが、26（昭和元）年には62隻と31隻の減少となっている。しかし、表6-5にあるようにカツオ釣漁船の隻数は、逆に増加しており、そのウエイトも対20年比で1926年は1.17倍となっており、志摩郡とはまったく逆の

傾向となっていることが興味深い。すなわち度会郡においては、全体としての発動機付き遠洋漁業漁船の隻数の減少は、カツオ釣漁船以外の漁業種類漁船を減らし、漁場的にも優位なカツオ釣漁業に特化したものものとなっているのである。

4. 熊野灘（北・南牟婁郡）の漁船の大型化

1926（昭和元）年の遠洋漁業機関付動力船の北・南牟婁郡の機関付動力船の平均トン数は11.1トン、志摩・度会郡は12.8トンになる（『三重県統計書』）。伊勢湾などでは、前掲表6-4を参照すれば明らかなように、発動機付きの動力船は3～4トン程度であったから、かなり大きいことがわかる。これは、熊野灘を中心的な操業海域とする北・南牟婁郡や志摩・度会郡外海地域の場合、カツオ、マグロ漁業などの遠洋漁業が中心であったからである。ただし、この頃の遠洋漁業というのは、静岡県沖あたりまで操業海域とする程度の操業範囲であった。南牟婁郡を中心に述べよう。

北勢地域と並んで動力化率が高かった南牟婁郡では、1921年頃から遠洋漁業が盛んとなり、21年末の遠洋漁船は普通漁船6隻・乗組員61人、発動機付漁船67隻・乗組員1,264人を数え、その漁獲高1,018,294貫、金額で472,648円であった。とりわけ、南牟婁郡南輪内村古江浦、北輪内村三木浦（以上、現尾鷲市）が中心であり、なかでも古江浦は、三重県水産試験場による『大正十四年調査　三重県漁村調査　南牟婁郡之部』によれば、南牟婁郡での発動機付漁船数及び総トン数の約3割を占め、この地域最大の漁業基地でもあった。次の引用によってもその具体的な内容がわかる。

　古江浦に於けるサンマ旋網（まきあみ）漁業は古来同地方漁業界の一異彩にしてカツオ釣並マグロ延縄漁業は明治44年頃漁船に発動機を据付くる及びて一新紀元を画し、爾来不断の努力は遂に現在の発達を見るに至れり、又近時マグロ曳釣漁業の興るを見、特に大正14年よりはマグロ、コガツオの揚繰網（あぐり）漁業の有望なるに着目し、新に7統を新調し、其一部は既に操業して好成績を挙げ得たりと云ふ[14]。

北牟婁郡の尾鷲町においては、表 6-6 に見られるように遠洋漁業奨励法制定以降、船数も 1915（大正 4）年の 38 隻から 1924（大正 13）年の 59 隻、25（大正 14）年 57 隻、26（大正 15）年の同じく 57 隻の約 1.5 倍、総トン数が 1915（大正 4）年の 266 トンから 1926（大正 15）年の 884 トンとなり、約 3.3 倍の増加、総乗組員も 800 人前後と多くの乗組員が遠洋漁業に従事していることがわかる。漁獲高も年変動があるが、1915（大正 4）年に比較して 1926（大正 15）年が約 5 倍弱となっており、飛躍的に増加していることが明らかである。前述の南牟婁郡でも同様であった。『尾鷲市史』によれば、「南牟婁郡でも（木本町、北輪内村、南輪内村、荒坂村、新鹿村、泊村、阿田和村）、遠洋漁船は大正 11 年（1922）末で、普通漁船 6 隻、乗組員 61 人、発動機付き漁船 67 隻、乗組員 1,264 人を数え、その漁獲高 101 万 8,294 貫、価格で 47 万 2,648 円」[15] となっており、とくに 1921（大正 10）年ごろから盛んになったことが記されている。

表 6-6　尾鷲町における遠洋漁業

年次	船数（隻）	総トン数	総乗組員数（人）	漁獲高（円）
1915（大正 4）	38	266	850	87,056
1921（大正 10）	-	-	-	264,531
1922（大正 11）	-	-	-	290,614
1923（大正 12）	-	-	-	614,180
1924（大正 13）	59	997	781	643,281
1925（大正 14）	57	992	714	543,770
1926（大正 15）	57	884	781	415,594

注）遠洋漁船とは遠洋漁業奨励法により奨励金を受けた船をさす漁法は旋網・流網・刺網・延縄・鰹釣・沖曳網がある
出所：尾鷲市『尾鷲市史 下』1969 年 6 月 p351

第 3 節　漁村労働力の存在形態と出稼ぎ

　次に、漁村労働力の存在形態と出稼ぎに関して述べておかなければならない。というのは、この 1920 年代は先に述べたように日本資本主義に漁業部門が諸市場（水産物商品、生産手段・生活手段、金融、労働力などの各市場）を通じて強く関係づけられたからである。こうした日本資本主義の 1 部門として包摂されたということの結果として、沿岸漁村の漁民層の分化・

分解が進展し、漁家経営間の生産力格差の広がりと下層の賃労働者化によって労働市場のさらなる形成が促進された。こうして漁家から排出された労働力は、所得の均衡をはかるために家族世帯で次のような形態をとる。その一つは、男子世帯主の季節的漁業労働者化である。漁業は生産の季節性により、雇用も漁期の間だけという臨時的なものが多く、いわば不安定就労形態での賃労働が一般的であった。さらに、このような雇用の季節性を規定したもう一つの要因は、漁業部門においては、在村マニュファクチュア漁業の資本蓄積の限界があり、周年雇用の常雇としてつなぎとめる年間操業体制の構築の欠如、こうした小資本漁業経営に漁村男子労働力が季節的に、漁期に限って雇われるという状況があったからである。したがって漁業労働市場は、この1920年代に拡大したが、漁期による3カ月程度の短期間に限定され、しかも漁労作業も熟練が要求されるという特殊性が存在していた。

こうして漁業労働市場は、以上述べたことから一般労働市場とは異なった性格持ち、季節的かつ不完全雇用の形態をとり、雇用される水夫が母村でも同じ漁業に雇用あるいは自営としても従事しているという同種漁業間における移動を常態とするものであった（出稼ぎ型の第一形態）。このような漁業労働力の存在がマニュ的漁業層の伸長を支える重要な条件であった。

この時期の労働力移動＝出稼ぎ型の第二の形態として、漁家内婦女子による漁業外業種の他地域への出稼ぎである。三重県であれば、名古屋、愛知県、県内伊勢湾北勢地域などの繊維工場等の女工、奉公人などである。いわば、こうした婦女子の賃労働者化は漁家の「家計補充的」意味を持ったものとしての意味があり、無視できないものと言えよう。そして最後に、第三の形態として海外への出稼ぎ型漁業である。この出稼ぎ先は、朝鮮、北米、オーストラリアなどである（後述）。

以上の漁家労働力の商品化の特殊性と出稼ぎの三つの形態を踏まえた上で統計数値などを利用して考察を加える。

まず、三重県全体のこの時期の就業動向に関してであるが、表6-7は、『三重県統計書』による1915（大正4）〜25（大正14）年の漁業戸数の本業・副業の経営戸数と就業者数である（本業とは、専ら漁業を営むもの及び、そ

の他の業務を営むも主として漁業に従事するものをいい、副業とは他の業務を主とし、かたわら漁業に従事するものをいう）。

　この表によれば、三重県の漁業戸数や就業者数においても1915（大正4）〜25（大正14）年の10年間、本業の変化は、ほとんど見られないのに対して、漁業戸数・就業者数の副業が増加傾向にある。漁業戸数では、1915（大正4）年の副業戸数が4,543戸、1925（大正14）年が7,335戸となり、およそ1.6倍、就業者数で見ると、副業の男性が1915年の6,148人から25年の9,967となり、対15年比で25年は戸数と同様に約1.6倍となった。また、女性も同年比で約1.8倍となっている。それぞれ大幅な増加を示しているのが注目に値する。このように漁業戸数、就業者数の増加は、副業の増加に負うところが大きいことがわかる。

表6-7　漁業戸数・就業者数

年	漁業戸数（戸）			執業者（就業者）数（人）				計
	本業	副業	計	本業		副業		
				男性	女性	男性	女性	
1915（大正4）	11,136	4,543	15,679	19,318	6,159	6,148	5,196	36,821
1916（大正5）	11,007	4,918	15,925	18,988	5,482	6,703	6,194	37,367
1917（大正6）	11,048	5,619	16,667	19,920	5,797	6,888	5,639	38,244
1918（大正7）	10,737	5,811	16,548	18,806	4,652	6,856	5,969	36,283
1919（大正8）	10,901	5,796	16,697	19,177	5,035	6,863	6,123	37,198
1920（大正9）	10,833	5,991	16,824	19,018	5,001	7,804	5,955	37,778
1921（大正10）	10,638	6,203	16,841	19,329	5,625	8,182	5,643	38,779
1922（大正11）	10,785	6,297	17,082	19,611	5,343	7,893	4,973	37,820
1923（大正12）	10,870	6,569	17,439	19,598	6,465	8,303	5,241	39,607
1924（大正13）	10,923	6,551	17,474	19,123	4,002	9,642	7,560	40,327
1925（大正14）	11,004	7,335	18,339	18,815	4,621	9,967	9,301	42,704

『三重県統計書』各年

　副業者の就労場面として、県内の漁村には、前述したように北勢地域の揚繰網漁業や地曳網漁業、度会郡外海地域、北・南牟婁郡のカツオ・マグロ漁業、イワシ漁業、サンマ漁業などの漁業を支える漁業労働市場の存在、そしてさらに、韓国併合に伴う朝鮮通漁の活発化と漁業移住、北アメリカ、オーストラリアの木曜島の黒真珠の原貝である黒蝶貝採取の潜水漁業などの海外出稼ぎなども、この時期に活発化する。

　こうした漁業出稼ぎの他にも重要なこととして、この時期の漁村では、漁

業を「副業」とし、漁業外「雇われ」などを主業とする「半労半漁」の小規模・零細な漁業を営む漁業者層がかなり増加してきたことである。以前は「半農半漁」型が主流であったが、この時期には、漁業外の地元・その周辺の他産業に雇われという雇用機会が拡大した。伊勢湾の北・中勢地域の繊維工場、食品工場、醸造工場など様々な製造業部門の労働市場の拡大が雇用機会を増加させ、地元、および他漁村からの就業を可能にした。このように一般労働市場への吸収が新たに小漁民の「半労半漁」型就業を増加させてきたものと考えられる。しかし、他方では、この時期に沿岸漁業・漁村から漁業を主業とする専業的な小生産的経営層も出現したことに注意を向けなければならないだろう。それは、北勢地域のノリ養殖業に典型的に見られる。

次に地域ごとにもう少し詳しく見てみよう。

1. 伊勢湾漁村の出稼ぎ

伊勢湾、とりわけ北勢地域の労働力の就業でもっとも特徴的なことは朝鮮への漁業出稼ぎである。この時期は、三重県にとっては、明治期に発展を遂げた多人数の労働集約的な漁業の衰退の時期であった。なかでも北勢地域においては、中心的であったイワシなどの地曳網漁業や、明治期には、当初、禁止であったが、その後、禁止が解除され伸張が著しかった打瀬網漁業も伊勢湾を操業海域とする高能率な揚繰網漁業など沖合漁業の漁船動力化に伴って衰退化することとなった。こうした状況の中で 1910（明治 43）年の韓国併合によって、これらの地曳網漁業や打瀬網漁業による新たに朝鮮半島への漁業進出が盛んに行われ、『三重県漁村調査　北勢之部　大正 15 年調査』[16)]によると以下の表 6-8 のように、その状況が記されている（海外出稼ぎは下線－の箇所）。また、潜水漁業なども朝鮮海域で行われていた。

これは、朝鮮が日本の統治下におかれ、各県は積極的に朝鮮海域への出漁を政策的に推し進めたことが大きな要因となっている。はじめは、"通漁"という形での本土からの季節的出漁であったが、1910（明治 43）年の韓国併合後は移住村を建設し、そこを拠点に朝鮮海域での操業を行うようになった。この背景には、打瀬網漁業の中心であった愛知県などの県内沿岸漁業と

第Ⅵ章　漁業生産力の飛躍的拡大と漁業労働市場の形成　93

の漁業紛争だけでなく、愛知県と三重県、静岡県などとの県境を超えた漁業紛争が激しくなり、紛争回避のための行政側の苦肉の策であった[17]。
　こうした朝鮮半島への進出は、伊勢湾で衰退しつつある打瀬網の船主、地曳網の網元などの経営主だけでなく、被雇用者である漁夫達の移住も相次いだ。1920年代においても朝鮮半島への出稼ぎは続いていたことが記録にある。

> 1921（大正10）年に朝鮮江原地方には、三重県・長崎県の「裸潜業者」の漁船16隻、200人、慶北地方には、三重県と山口県の業者が13隻の漁船と170人、慶南地方へは、三重県と山口県の業者が8隻の漁船と100人が出漁したことが記されている。[18]

　また、この時期には、カナダなどへのサケ漁業の労働力としての海外への出稼ぎもあり、表6-8の資料の三重郡にも記載があるが、三重郡の楠村では「漁業者にして英領加奈陀に於て鮭漁業に従事するもの七、八名あり」[19]とある。このような海外への漁業者の移住や出稼ぎが盛んとなった背景として、地元の豊凶変動の大きな漁業の不振と、20年代に進行した漁民層分解に伴

表6-8　伊勢湾漁村の就業状況と海外出稼ぎ（北勢）
ーは海外出稼ぎ

長島村 （大島）	漁業者は渡船編網日傭稼等を副業とす
桑名町 （赤須賀）	漁業者にして出稼又は入稼するものなきも赤須賀に於いては漁業者の女子にして桑名町内に雇はれ又名古屋方面に出向くもの多数に上る
三重郡	<u>漁夫にして出稼するものは朝鮮海に於ける打瀬網漁業英領加奈陀に於けるさけ漁業に従事するもの計四十名内外にして</u>其他の出稼数三百名内外又漁夫の入稼は百三十名内外なれども地曳網漁業時期に附近村より曳子として来るもの多数に上る漁夫以外にして富洲原富田の各種工場楠村の醸造家等に雇はれ入稼するもの甚だ多し
富洲原町	<u>漁業者にして朝鮮釜山方面に於て打瀬網漁業に従事するもの約三十名あり</u>又地曳網の曳子として近村川越、大谷知、朝日、八郷等の各村より入り来るもの約六百人に達す其他天ヶ須賀の子女にして隣村の製糸場へ雇わるるもの三、四十名町内三重織布株式會社及平田漁網會社等へ雇わるるもの全町実に五百名の多きに及ぶ
富田町	志摩郡安乗村、答志方面の漁業者にして當地の揚繰網漁夫として雇わるるもの七、八十名に達し給料は食費備主持にて最低参拾圓位なり 婦女子其他の家族にして町内の諸工場に雇われ家計を助くるもの多し

楠村 （南五味塚）	漁業者にして英領加奈陀に於いて鮭漁業に従事するもの七,八名あり漁業者以外の出稼ぎは他町村醸造家に雇わるるもの二十名内外其他を合し約二百名に達し入稼者は土地の醸造家に雇わるるもの計百名内外あり
四日市市	漁業者は片手間に農耕に従事する外漁閑期に於ては土地の醸造家に雇はるるもの多し 漁業閑散期に於て一般漁業者は仲仕其他の労働に従事するを常
河芸郡	漁業者にして出稼するもの朝鮮へ二戸、五十六名其他へ八十六名漁業者以外の出稼数六百八名にして又漁夫として入稼するもの九十名内外漁夫以外の入稼数六十名内外あり 其他若松、豊津等の諸村より朝鮮に移住して漁業に従事するもの少なからず
一ノ宮村 （北長太南長太）	漁業者にして閑漁期に醸造家の蔵男として隣村楠村及四日市方面に出稼するもの十二、三名雑用に雇わるるもの十二、三名其他他村へ魚類の買出しに赴くもの十名内外あり又漁業者以外にして蔵男又は雑用稼ぎとして他へ出向くもの約五、六十名に達す
箕田村 （下箕田）	漁業者にして塩濱村磯津向新田揚繰網漁夫として乗組するもの約五十名又五、六月の候繭乾燥の為め三重郡方面へ出向くもの農業者と合わせ約百名内外あり其他醸造家の蔵働きとして三重、桑名、阿山郡方面へ出稼するもの若干名を算す
若松村	朝鮮蔚山郡に於て地曳網漁業を経営するもの六ヶ所鰤敷網五張に及び関係出稼人数男三十三名女二十三人あり又同地に於て水産問屋業を営むもの前記の内十名内外あり其他漁業者以外にして北米地方に入込むもの男三十名女十八名あり主として農業に従事する入稼者は土地の醸造家に雇わるる蔵男約五十名に達す 漁業者は普通農業を営み漁業と相俟つて生計を樹つ
白子町	漁業者にして出稼するものは朝鮮地曳網漁業に関係するもの二戸あるのみにして其他の出稼数六、七十名に及ぶ入稼者なし 漁業者の多くは片手間に農業を営む
榮村	本村に於いては主業を農業とし漁業は寧ろ副業的に行はるに過ぎず
上野村 （千里）	漁業者にして出稼又は入稼するものなく婦女子にして他へ出稼するもの六十名内外あり
豊津村	漁業を専業とするものは極めて少数にして漁業者の大多数は農業、養蚕等他産業と相俟つて生計を営む
白塚村	漁夫にして出稼するものなきも入稼するものは揚繰網漁期に松て志摩郡石鏡方面より十四、五名愛知縣蟹（？）江方面より四、五名計二十名内外あり其他婦女子にして他へ出稼するもの全村にて二百名内外に達す。 漁業専業者はきわめて少く一般に養蚕農業等の産業と相俟って生計を樹つるもの多し
栗眞町 （町屋）	漁業者としての出稼入稼なきも酒屋男として入稼するもの十数名を算す

注1）三重郡は川越村・富洲原町・富田町・塩浜村・楠村を含んでいる。
注2）原文はカタカナ表記であるが、読みやすいようにひらがな表記にした。
出所：三重県水産試験場『大正十五年調査　三重県漁村調査　北勢之部』

う相対的過剰人口圧によるものである。

北勢地域の漁村の出稼ぎのもう一つの特徴は、地曳網、揚繰網などの漁業へ地元漁村以外から漁業入稼ぎする者もかなり存在していることである。三重郡では、富洲原町では約600人、富田町では揚繰網漁業へ志摩方面から70〜80人、箕田村では同じ北勢地方であるが、塩浜村、磯津などの揚繰網漁業へ約50人、白塚村では揚繰網漁業に志摩方面から漁期に14〜15人、愛知県蟹江から4〜5人計20人内外入稼ぎが存在するとしている。その他にも地元周辺の醸造業、海運業などの雑業に漁業者が一般労働者として雇われている。

さらに漁村の漁家を含む北勢地域の婦女子の出稼ぎに関しても述べておこう。表6-9は伊勢湾北勢地方における婦女子の出稼ぎの状況を示したものである。記録にあるだけでもかなりの数の婦女子が漁村外、あるいは近隣の集落へ出稼ぎに出ているが、これは、周辺地域なのか、あるいは他県、海外なのかは不明である。しかし、多数の婦女子の賃労働者化が進行してきたことは明らかである。

表6-9 伊勢湾北勢地方の婦女子の出稼ぎ

三重郡	天ヶ須賀（富洲原町）の子女にして隣村の製糸場へ雇はるゝもの30、40名町内三重織布株式会社及平田漁網会社等へ雇はるゝもの同町実に500名の多きに及ぶ
河芸郡上野村	婦女子にして他へ出稼するもの60名内外あり
河芸郡豊津村	婦女子にして他へ出稼するもの全村6、70名に達す

注）原文はカタカナ表記であるが、読みやすいようにひらがな表記にした。
出所：三重県水産試験場『大正十五年調査 三重県漁村調査 北勢之部』

2. 志摩漁村の出稼ぎ

志摩漁村の出稼ぎは、表6-10に男女両方の出稼ぎ状況が示されている。

男子の出稼ぎでは、桃取村、答志村などでは県内の北勢地方の揚繰網漁業に従事するものが多く、伊勢湾口の太平洋側に面した漁村では、南牟婁郡、和歌山方面のイワシ、サンマ、ブリ漁業などへ出稼ぎに行くものが多い。これらの出稼ぎは、すべて漁業出稼ぎであり、他産業への就労ではない。これは、前掲表6-5で見られるように地元のカツオ釣漁船の隻数も減少傾向にあるなかでの新たな漁業就労先として南・北牟婁郡、和歌山県のカツオ釣漁業、餌イワシ曳網漁業などの母村と同種類漁業へ従事したものであろう。また、オー

表 6-10　志摩郡の出稼ぎ状況　（1922年）　　　－は海外出稼ぎ

村	出稼ぎ状況
桃取村	出稼者中女は主として女中紡績工女等・・・漁夫として他ニ雇はるゝものは其数約四十名なり是等漁夫は愛知県豊浜、本県富田方面に於ける揚繰網漁夫として雇はれ普通九月、十月、十一月の三ヶ月間なり
答志村	出稼は蜑婦及漁夫を主とす蜑婦出稼は舟三十艘蜑婦百三十名に及び主として五、六、七月の候度会外海紀州方面に出稼するものなり又漁夫の出稼は揚繰網漁業に従事するものにして普通九、十、十一月の三ヶ月間とし出稼場所は県下富田方面を主とし人員五、六十名なり尚漁業者以外に婦女子の工女又は女中として名古屋、熱田、豊橋、大阪、鳥羽、山田方面に出稼するもの百五、六十名あり
菅島村	出稼女子約七十名にして豊橋附近の製糸工場に雇はるゝもの大部分を占め下女奉公等之に次く
鏡浦村（浦村・石鏡）	出稼者は蜑婦及漁夫にして其数六十名内外なり主として天草採取に従事す
長岡村（相差・国崎・畔蛸・千賀・堅子）	他へ出稼するものは多く蜑婦にして以前は朝鮮、樺太方面まで出稼せしも近年は熊野伊豆方面に止まり其数男女を合せて約二百人（内男一割）に及ぶ又漁間農繁期に際しては女子にして大和、伊賀、一志、飯南、度会方面に出稼するもの少なからず
安乗村	出稼は蜑婦にして朝鮮、静岡県下等に出稼し鮑、石花菜の採取に従事する者二三十名あり
甲賀村	漁業に出稼するものなしと雖も大阪、神戸方面に出稼する大工職五、六十人紡績女工十余人あり
志島村	出稼は三四十名にして南北牟婁郡下及和歌山県東西牟婁郡下に出稼し鰮飼■網漁業、秋刀魚網漁業、鰤大敷網漁業等に従事す其他紡績工場等に出稼する者五六十名
名田村	出稼人員三十名内外にして鰹釣、餌鰮曳網漁業及豪州、木曜島ニ於ける貝類採取に従事するものなり外に紡績工場に出稼するもの少なからず
波切村	出稼としては朝鮮に蜑婦として出稼するもの毎年十数名紀州、伊豆、陸前方面に漁夫として出稼するもの三百名内外の多き
船越村	従来は蜑婦の朝鮮慶尚南北道に出稼少なからざりしが近年皆無となり漁夫の紀州方面に出稼するもの尚ほ十数人あり
片田村	大正八九年頃の出稼は朝鮮五十余名、伊豆八、九名、紀州十五、六名にして朝鮮の出稼は蜑婦なり
布施田村	漁夫の紀州方面へ十人内外蜑婦の朝鮮へ出稼するもの四、五名あるに過ぎず
和具村	漁業の衰頽に伴ひ他に出稼する者著しく増加し現今にては漁夫数百人蜑婦百人紡績に百人茶摘五十人田畑百人合計一千人の多きに及ぶ稼先は漁夫は紀州方面多く蜑婦は朝鮮、伊豆、紀州方面にして鮑、天草の採捕に従事するものとす
越賀村	出稼をなすものは蜑婦にして多き時は七十余名に上りしも近来三十名内外に減じ紀州及朝鮮慶尚道方面に於て石花菜、鮑等の採取に従事す
御座村	出稼先は紀州南北牟婁郡及伊豆地方にして何れも鮑、石花菜採捕の蜑業に従事す

注）原文はカタカナ表記であるが、読みやすいようにひらがな表記にした。
出所：三重県水産試験場『大正十一年調査　三重県漁村調査　志摩郡之部』

ストラリアへの木曜島の真珠貝（黒蝶貝）の潜水漁業に従事する海外への出稼ぎもあった。

　志摩漁村の出稼ぎで特徴的なことは、婦女子の蜑婦（アマ漁業）としての出稼ぎがきわめて多いことである。出稼ぎ先も朝鮮の慶尚南北道、あるいは静岡県伊豆地方、和歌山県紀州方面などであり、アワビ、テングサなどの採捕に従事している。これは表6-10のほとんどの漁村でみられ、志摩地方の代表的な漁業出稼ぎとなっている。鳥羽町では、「海女婦移住団」（1909年設立）があり、374人が団員となっていた（前掲18）p 170）。そのほかにも愛知県の製糸工場へ女工として、あるいは奉公人、農業手伝いなど様々な職種への出稼ぎも見られる。

3. 度会漁村の出稼ぎ

　表6-11は度会漁村の出稼ぎ状況である。南海村の相賀浦では出稼ぎがなく、入稼ぎのみであり、カツオの漁期、マグロの漁期にはそれぞれ約50名と15名が他地域から雇用されている。その他の漁村では、出稼ぎがある。五ケ所浦は鵜倉方面の八田網3名、中津浜浦では南海村のマグロ延縄

表6-11　度会郡の出稼ぎ状況　（1923年）

宿田曽村	出稼漁業者は多くは発動機船の乗組漁夫にして大正11年宿浦7名田曽浦3名同12年宿浦8名田曽浦4名にして何れも県下鰹鮪漁船に乗込ものにして田曽浦に於ては紀州方面秋刀魚網漁船に乗込むもの若干を算す又婦女子其他にして県内及県外に出稼するもの宿浦20名内外田曽浦50名内外に達す入稼者は鰹鮪の漁期間にして宿浦約30名田曽浦3名にして賃金は何れも漁獲高の歩合配当による
五ケ所村	漁業者としての出稼は五ケ所浦に於ては鵜倉村方面の八田網に雇はるるもの3名に過ぎず中津濱浦に於ては南海村の鮪縄に6名鰹釣漁に5名にして其他女子の出稼全村にて50名に達す
南海村（相賀浦、礫浦、迫間浦）	漁夫にして鰹漁期中入稼するもの相賀浦に於て約50名鮪漁期中15名内外にして賃金は総て漁獲高配當による漁業者にして他に雇はれ又は出稼する者なし其他女子にして名古屋津方面へ出稼するもの6、70名に達す 礫浦に於ては漁夫出稼數約50名に達し主として紀州方面の秋刀魚漁業に従事す食費は雇主の負担とし一日賃金平均1円20銭に相当す又鰹漁期中当地に入稼するもの約10名にして賃金は漁獲高配当による其他婦女子にして出稼するもの30名内外あり

注）原文はカタカナ表記であるが、読みやすいようにひらがな表記にした。
出所：三重県水産試験場『　大正十二年調査　三重県漁村調査　度会郡外海之部』

漁船に6名、カツオ釣漁船に5名が出稼ぎ者である。1923（大正12）年の宿田曽村の宿浦では8名、田曽浦では4名が三重県下のカツオ・マグロ漁船、および和歌山県のサンマ漁船に乗り込んでいる。この出稼ぎ漁夫は、地元での発動機付漁船の乗組員である。したがって漁業労働力としては、彼らの選択として周年雇用される形態をとっており，季節的に地元就労と地元外就労を組み合わせた沖合・遠洋漁業の完全な漁業労働者である。南海村の礫浦では漁業出稼ぎがこれらの集落の中ではもっとも多く、約50名が和歌山県のサンマ漁業に従事している。また、反対に入稼ぎもカツオ漁期中に約10名存在する。

　こうした男子の漁業出稼ぎの他に、注目すべきことは婦女子の出稼ぎ人数が多いことである（同表参照）。宿浦では約20名内外、田曽浦50名内外が県内、県外へ出稼ぎに行く。五ケ所村でも50名程度、南海村の相賀浦では名古屋、県内の津方面へ約60,70名程度が出稼ぎ、礫浦では30名内外が出稼ぎとなる。婦女子の出稼ぎは、都市が多いことから主に繊維産業の女工、およびその他の産業の賃労働としての出稼ぎであろう。

4. 南・北牟婁郡の入稼ぎ・出稼ぎ

　1925（大正14）年の三重県水産試験場の調査報告によれば、南牟婁郡の古江浦の出稼ぎ・入稼ぎに次のような記述がある（表6-12参照）。「古江浦に於ては漁夫にして他へ出稼するもの稀なるも志摩郡地方より入稼するもの鰹漁期に約30人秋刀魚(さんま)漁期に役80名内外あり又梶賀浦漁夫にして和歌山県大島方面の鰹釣漁船に乗込むもの約10名古江浦鰹漁船に乗込むもの約10名内外あり而して秋刀魚漁期に志摩方面より梶賀浦に入稼するもの約20名算す」[20]。

　このように南牟婁郡の遠洋漁業（＝現在の沖合漁業）の中心地であった古江浦においては、地元からの他漁村への漁業出稼ぎはほとんどなく、カツオ、サンマの時期になると志摩郡、同じ南牟婁郡の周辺漁村である梶賀浦からも乗組員として入稼ぎがあった。なお、南牟婁郡10ヵ村全体での同年調査では、「漁夫ニシテ出稼スルモノ総数140、50名、入稼スルモノ230、40名ニ達ス」

21)とあり、古江浦などへの南牟婁郡以外からの漁夫として雇われる者が出稼ぎ人数の1.6倍から1.8倍にまで達していた。また、婦女子の場合は、名古屋、四日市の漁網会社、製糸業などの工場の女工などとして、あるいは周辺町村の日雇いとして雇われるものが多かった22)。熊野灘の方面では、出稼ぎ先は不明であるが、表6-13によっても漁村の婦女子のかなり多くがこの時期に漁村外の地域への出稼ぎであったことが記されている。

表6-12 南牟婁郡の出稼ぎ（入稼ぎを含む）状況

郡全体	漁夫にして出稼するもの総数150名、入稼するもの230、40名に達す
北輪内村（三木浦・三木里浦・盛松浦）	漁業者は各浦共自給自足の状態にして特に出稼又は入稼をなすものなく漁業者以外にして他へ出稼するもの全村にて男170名内外、婦女子175名あり
南輪内村（古江浦・曽根浦・梶賀浦）	古江浦に於ては漁夫にして他に出稼するもの稀なるも志摩郡地方より入稼するもの鰹漁期に約30人秋刀魚漁期に約80名内外あり又梶賀浦漁夫にして和歌山県大島方面の鰹釣漁船に乗込むもの約10名古江浦鰹漁船に乗込むもの約10名内外あり而して秋刀魚漁期に志摩方面より梶賀浦に入稼するもの約20名を算す
荒坂村（二木島浦・二木島里浦・甫母浦・須野浦）	漁業者にして鰹、鮪の漁期に尾鷲方面の漁船に乗込むもの二木島浦及二木島里浦を通じて約10名内外同漁業の為和歌山県潮岬方面へ赴くもの甫母浦より約40名内外に達す又秋刀魚網の漁期に志摩方面の漁夫にして二木島浦及二木島里浦へ入稼するもの年々約35、6名なり
新鹿村（新鹿・遊木浦・波田須）	遊木浦漁業者にして木ノ本のマグロ網船に乗込むもの20名内外又志摩、南島（度会郡）、及田辺（和歌山県）方面より遊木浦鰤大敷網、並サンマ旋網漁期間同地に入稼するもの両漁期を通じ3、40名に達す
泊村（古泊浦）	古泊浦漁夫にして和歌山県所の潮岬、田辺方面の鰹、鮪漁船に乗込むもの五、六十名
木ノ本町	漁業者にして他へ出稼するものなきもマグロ、サンマ漁期間に主として和歌山県田辺方面及附近村より入稼するもの約三十名に上り

注）原文はカタカナ表記であるが、読みやすいようにひらがな表記にした。
出所：三重県水産試験場『大正十四年調査　三重県漁村調査　南牟婁郡之部』

表6-13 南牟婁郡における婦女子の出稼ぎ状況

南輪内村	全村にて女子約50〜60名
荒坂村	婦女子にして諸方へ出稼するもの全村約100名内外に達す
新鹿村	漁業者以外にして他へ出稼するもの全村にて男400名内外婦女子130〜140名に及ぶ
泊村	婦女子にして他へ出稼するもの全村約20〜30名あり
木ノ本町	漁業者以外のものにして出稼するものは男245名婦女子133名計377名内外入稼するものは男321名婦女子112名計473名内外あり

注）原文はカタカナ表記であるが、読みやすいようにひらがな表記にした。
出所：三重県水産試験場『大正十四年調査　三重県漁村調査　南牟婁郡之部』

1) 山崎広明「第二章 「慢性的不況」下の日本帝国主義」 宇野弘蔵監修『講座 帝国主義の研究 6 日本資本主義』1973年6月25日 青木書店 pp124-125

2) 山口和雄『日本経済史』経済学全集5 筑摩書房 1976（昭和51）年 p342

3) 三和良一 原 朗編『近現代日本経済史要覧』 東京大学出版会 2007年9月26日 p14

4) 「マニュファクチュア的漁業」とは、小沼勇などが規定した当時の漁村の個人船主、網元層などの前近代的な漁村の社会関係が残存する中で、析出されつつあった低賃金な漁夫層＝漁業労働者層を労働力的基盤として成長してきた小資本家的な経営層である。したがって資本主義的経営層としては、十分、近代的なものでない。

5) 近藤康男編『日本漁業の経済構造』東大出版会 1953（昭和28）年 p13より引用

6) 山口和雄『日本経済史』経済学全集5 筑摩書房 1976（昭和51）年 pp315‐319を参考にした。

7) 1910（明治43）年に三重県水産試験場が発動機付き漁労試験船「三水丸」を建造し、カツオ漁場の発見、安全操業、燃費の節約などの指導を目的として活躍した。その後、マグロ漁場の発見やサンマ漁業の指導、1922（大正11）年には、カツオの巻網の試験なども行ったが、1926（大正15）年6月には老朽化が激しく、廃船となった（三重県科学技術振興センター・水産技術センター『三重県水産試験場・水産技術センターの100年』2000（平成12）年1月）。

8) 浜島漁業協同組合『浜島漁協のあゆみ』1991（平成3）年8月31日 p99

9) 三重県教育委員会『伊勢湾漁撈習俗調査報告書』(1966（昭和41）年3月) p48

10) 同上書 p52

11) 河芸町『河芸町史』2001(平成13)年発行 p745 より一部削除し、引用した。
12) 三重県水産試験場『大正十五年調査　三重県漁村調査　南勢之部』1928年4月20日　p19
13) 三重県水産試験場『三重県漁村調査』の「北勢之部」・「南勢之部」・「志摩郡之部」それぞれより抽出。
14) 三重県水産試験場『大正十四年調査　三重県漁村調査　南牟婁郡之部』1926（昭和元）年1月　p39
15) 尾鷲市『尾鷲市史　下』1969年6月　p351
16) 三重県水産試験場『大正十五年調査　三重県漁村調査　北勢之部』1926（昭和元）年7月
17) 拙稿「愛知県打瀬網漁業と「朝鮮通漁」－明治30年代から大正初期まで－」『新編西尾市史研究』第7号　2021年3月
18) 吉田敬一『朝鮮水産開発史』　朝水会発行　1954（昭和29）年　p212
19) 前掲11)と同上書　p153
20) 三重県水産試験場『大正14年調査　三重県漁村調査　南牟婁郡之部』1926（昭和元）年2月28日 pp57-58
21) 同上書　p12
22) 前掲14)と同上書　p111

第Ⅶ章　昭和恐慌期から戦時体制下の漁業・漁村

第1節　昭和恐慌と三重県水産業

　日本資本主義は、1927（昭和2）年の3月から始まった金融恐慌、そしてアメリカのニューヨークの株式大暴落を始まりとした1929（昭和4）年の世界恐慌の一環として発現した1930（昭和5）年の昭和恐慌という立て続けに大きな経済の落ち込みに見舞われた。とくに昭和恐慌は、農山漁村にきわめて深刻な影響をもたらした。1930年当時、農漁村は、全有業者の34.1％にあたる約1,030万人の最大の人口を抱えており、そこで働く農林・漁業者の生活はもっとも深刻であった。ちなみに商業部門を除いて生産的労働者数は約450万人、俸給生活者は約160万人となっている[1]。

　農産物価格はすでに1926年から下降状態にあったが、日本資本主義の重要な輸出品であった生糸の価格の暴落をきっかけとして他の農産物価格も全般的に下落傾向をたどるようになった。漁業も同様であった。表7-1は全国沿岸漁獲物の主要魚種の貫あたりの単価である。1928年（昭和3）の1.84円を100.0とした平均の指数で見ると、1929（昭和4）年が90.2、1930（昭和5）年は79.9となり、明らかに下落の傾向が続いていることがわかる[2]。また、沖合遠洋漁業漁獲物も同様であり、1925（昭和元）年の平均価格が一貫あたり0.78円、1928（昭

表7-1　全国主要沿岸魚種の価格

単位：円／貫

	1928年（昭和3）	1929年（昭和4）	1930年（昭和5）
タイ	4.72円	4.37円	4.02円
マグロ	2.30円	2.03円	1.58円
サバ	0.85円	0.75銭	0.69円
カレイ	2.31円	1.97円	1.83円
イワシ	0.48円	0.47円	0.38円
カツオ	1.27円	1.17円	0.91円
アジ	1.18円	1.16円	0.90円
ブリ	2.02円	1.78円	1.72円
イカ	1.44円	1.29円	1.20円
平均	1.84円	1.66円	1.47円

注：遠洋漁業たるトロール漁業、機船底曳網漁業、カツオ漁業、北洋漁業を除いた数値
出所：周東英雄「漁村不況の現状と漁村共同施設」大日本水産会『水産界』1931.11

和3)年が0.61円、1930（昭和5）年が0.47円、1931（昭和6）年がもっとも下落した0.37円となっている[3]。また、水産食料品、水産肥料なども同様な傾向であった。

　三重県漁業においては、どうであったか。表7-2は三重県沿岸漁獲物の価格である。この表を見ても明らかなように魚類、貝類、水産動物、藻類のすべてにわたって1925（昭和元）年から1930（昭和5）年に価格が下落している。同じく表7-3は三重県遠洋漁業の漁獲物、および代表的なカツオの1920（大正9）年から1930（昭和5）年のやや長期の価格の推移である。遠洋漁業漁獲物に関しても沿岸漁業と同様に1930（昭和5）年がそれ以前の年の価格水準を大きく下回っていることが明らかとなる。このように沿岸漁業、および遠洋漁業を問わず、県内においても昭和恐慌期の魚価の下落が一様に進行しているのである。

　こうした水産物価格の下落によって漁業者の貯蓄も減少した。大日本水産会の1931年11月号の農林省調査を分析した周東英雄によれば、次のように述べている。「昭和三年（1928年）に於て全国漁村は一ヶ村平均貯金三五、二四七円、負債四二、四二五円を有したるに昭和五年（1930年）に於ては貯金は三二、七六九円に減じ負債は反対に四九、八六八円に増加して居る。従て昭和五年十二月現在に於て漁村全体の負債総額は約一億二千万円に達し、内漁業用

表7-2　沿岸漁獲物価格

単位：円/貫

	魚類	貝類	水産動物	藻類
1926年（昭和元）	0.94	0.62	1.08	0.22
1927年（昭和2）	0.67	0.57	1.64	0.19
1928年（昭和3）	0.79	0.45	1.76	0.07
1929年（昭和4）	0.65	0.43	1.45	0.13
1930年（昭和5）	0.63	0.29	1.28	0.11

出所：「三重県統計書」より作成

表7-3　遠洋漁獲物価格

単位：円/貫

	全体	カツオ
1920年（大正09）	1.47	1.25
1921年（大正10）	1.84	1.70
1922年（大正11）	1.02	1.69
1923年（大正12）	1.49	1.67
1924年（大正13）	0.88	1.59
1925年（大正14）	1.15	1.41
1926年（昭和元）	0.95	1.37
1927年（昭和02）	0.85	1.09
1928年（昭和03）	0.82	0.77
1929年（昭和04）	0.95	0.89
1930年（昭和05）	0.74	0.66

出所：「三重県統計書」より作成

資金としての借入が約八千二百万円、其の他が約三千七百万円を占めている」（p 3）。借入先は普通銀行（2,197万円）が最も多く、次いで信用組合（1,603万円）、魚問屋（1,005万円）、漁業組合（928万円）、台湾銀行、朝鮮銀行等の特別銀行（894万円）、船主（471万円）、質屋（143万円）の順となっているが、その他にも高利貸、無盡頼母子等によるもの4,699万円がある。このように借入先の利率も高い9.0％以上12.0％未満が最も多い[4]。こうしたことから漁業を廃業して他の業種に転業する漁業者も増加した。1928年の転業者は全国で392人であったのが、2年後の1930年には536人となり、36.7％の増加となっている[5]。

　このような漁業経営を取り巻く厳しい状況の中で漁業経営の負債は、三重県の場合、どのようになっていたのであろうか。農林省調査によれば、1930（昭和5）年時点での三重県「漁村負債推定額」は645万2,766円、そのうち漁業資金での借入金は74.2％にあたる478万4,952円となっている。これは全国の68.3％を5ポイント上回る数値である。このことによってもわかるように三重県の場合、全国と比較し、いかに漁業者の漁業資金が不足していたかが明らかとなる。こうした負債の中で償還期限を過ぎたものが負債総額の16.3％を占め（全国は38.6％）、さらに回収困難と認められるものが5.1％にあたる32万9,494円となっている。全国の場合、回収困難な金額は21.2％であるので三重県は全国平均と比較すればまだましな方と言えるが、苦しい経済的状況には変わりがない。借入先は三重県の場合は、台湾銀行、朝鮮銀行などの特殊銀行からの借入が多く、借入金全体の36.2％を占め、次いで信用組合が16.4％を占めていた[6]。

　以上のような漁村の窮乏は、松島博著『三重県漁業史』（「はじめに」注12）に1933（昭和8）年の「三重県水産会報　第13号」の三重県農林技手山本楠文の調査に関しての記述がある。それによれば、「某漁村において水産業者の1戸当り年収は581円で、同じ村の農家や林業家の平均年収入よりは上であるが、商工業者の年収平均1,000円よりは遥かに少ない。漁家の収支が償わない、農家の収入に対して漁家の方は出費が多くて実収入は、遥かに少ないというのは、

1、生産費に多額を要すること。76％特に燃料支出が多い。

2、出漁日数が少ないこと。年平均181日

をあげている。昭和8年（1933年）というと不況時代のまだ終わっていない時で、1戸平均A部落では389円が少ない方で、多いB部落では11,770円の負債がある生計費のうちエンゲル係数が多く、飲食費が半額をしめている」[7]。

この記述にもあるように漁船の動力化により、漁業者は燃料費をはじめとした高生産費の圧力によって、高能率化と引き換えに、不況下の、こうした負担に晒されるようになったのである。

第2節　漁村匡救事業と三重県漁村

1932（昭和7）年に7月25日に帝国水産会および大日本水産会が主催者となり、東京赤坂三会堂において「全国水産代表者大会」が開催された。この大会は、昭和恐慌による漁村の疲弊を救済すべく目的で開催されたものである。そして同年12月に、農林省は農山漁村経済更生計画方針を樹立した。農山漁村経済更生計画の指定を受けた農漁村では、一町村あたり100円の補助が国から支出され、町村の有力者を中心に、ただちに経済更生委員会が設立された。この計画に全国の176ヵ所の漁村が指定された。その後、毎年度、指定漁村が増加し、1940（昭和15）年までに1,100ヵ所の漁村が指定を受けた[8]。

三重県では表7-4に見られるように1932（昭和7）年に多気郡大淀町、度会郡吉津村、そして志摩郡坂手村が指定された。その後、1938（昭和13）年までに指定された漁村は、志摩郡がもっとも多く、13ヵ村に及んでいる。しかしながら農村と異なり、漁村には漁業組合の経済事業が認められておらず、経済事業は産業組合に委ねられていた。こうしたことから1933（昭和8）年に漁業法が改正され、出資責任制の漁業協同組合が認められ、これまでの漁業組合を出資責任制の漁業協同組合、非出資責任制の漁業組合、そして従来の責任制を有しない漁業組合の3種類となり、漁業協同組合は、はじめて経済事業が可能となった。それ以前は、産業組合が経済事業を行っ

表7-4　三重県内農山漁村経済更生計画樹立町村（農林省経済更生部）

	多気郡	度会郡	志摩郡	北牟婁郡	南牟婁郡
1932年	大淀町（農・漁）	吉津村（農・漁）	坂手村（農・漁）		
1933年		中島村（農・漁） 五ヶ所村（農・漁）	越賀村（農・漁） 和具村（農・漁）	相賀町（農・林・漁）	有井村（農・林・漁）
1934年			甲賀村（農・漁） 鏡浦村（農・漁） 神島村（漁）	錦村（漁）	
1935年			長岡村（農・漁） 答志村（農・漁）	三野瀬村（農・漁）	
1936年			志島村（農・漁） 畔名村（農・漁） 安乗村（漁・農）	引本町（農・漁）	南輪内村（農・林・漁）
1937年			神明村（農・漁）		荒坂村（農・漁）
1938年			立神村（農・漁）		

注）（農・漁）とあるのは農業と漁業の両方。（農・林・漁）とあるのは農業、林業、漁業。
出所：「農山漁村経済更生計画樹立町村名簿」（『農山漁村経済更生運動史資料集成』第七巻）

ていた。

　三重県における農山漁村経済更生計画に基づく漁村振興・匡救事業は、小漁港の修築・船溜船揚場の設置が行われた。また、他面では、経済更生計画は、自力更生運動といわれるように精神運動的色彩が極めて濃いものであった。贅沢・無駄を排除した生活費の節約、共同体的秩序の強化などがさかんに宣伝され、村民の統制・動員の組織体制のモデルとしての「教化村」が選定された。最初の「教化村」としては、志摩郡の桃取村が1934年度（昭和9）に指定された[9]。こうして経済的更生事業と並んで共同体的組織を基盤とした次の戦時体制に繋がる漁村民の精神的動員体制も構築されたのである。

第3節　戦時体制下の三重県水産業団体

　1937（昭和12）年7月7日の中国北京郊外の盧溝橋事件に始まる日本軍と中国軍との武力衝突は、その後、中国に対する全面戦争へと拡大し、総力戦的様相を帯びるようになった。こうした戦時状況に対応するため、翌年の1938（昭和13）年4月に「国家総動員法」が公布され、翌5月から施行された。この「国家総動員法」は、戦時における経済のあらゆる部門を国家統制の下におき、国民の徴用、争議の禁止、言論の統制などの国民生活

にかかわるすべてを国家の統制下におくものであった。水産業においても同法第四条の規定に基づいて 1942（昭和 17）年 5 月 21 日に勅令でもって「水産統制令」が施行された。1941 年 12 月にはすでに真珠湾奇襲攻撃に始まる太平洋戦争が勃発し、より一層、戦時体制が強められた時期であった。1942（昭和 17）年 8 月に「漁業生産奨励規則」が公布され、戦時下の食糧増産が水産業にも国家の緊急の課題として求められたが、それにもかかわらず、漁業生産部門は大きな困難を抱えていた。漁業生産を継続する上で漁業資材の統制は、漁業用燃油を始め、漁業用綿撚糸、マニラ麻綱・網まで及んだが、とりわけそのほとんどをアメリカからの輸入に依存してきたため、日米開戦とともに石油の不足は決定的なものとなった。さらに漁業経営を苦境に貶めていた要因として、漁業を担う漁村の若年労働力が兵員として招集されたことも大きく響いている。

　漁業生産資材の不足は価格の高騰を招来し、とくに、当時、300 万人と言われていた零細な沿岸漁業者の経済生活を一層、苦境に貶めた。一方、企業的大規模漁業会社は、水産統制令によって帝国水産統制株式会社の下に 4 つの海洋漁業統制株式会社に統合され、「生産貯蔵販売にかかわる海洋漁業全般の総合的計画を樹立し、それに基づき漁船や缶詰工場及び漁業根拠地の整備を海洋漁業経営者に貸し付けると共に漁業用資材、資金も供給」[10] したが、小規模・零細な沿岸漁業に対しては十分なサポートの体制はなかったと言ってよい。

　沿岸漁業にとって大きな意味を持ったのは、1938（昭和 13）年 10 月に「全国漁業組合聯合会」（以下全漁聯と称す）の設立であった。この組織の基本単位は、各沿岸漁村の小規模零細な沿岸漁業者を組織している漁業組合[11]、及び県漁業組合聯合会であった。各県の漁業組合聯合会は、全漁聯に先駆けて結成された（三重県では 1937（昭和 12）年に結成）。全漁聯は前述した漁業資材の高騰と魚価との鋏状格差（いわゆるシェーレと称されていた）が広がり、経営的苦難が深刻化する中で 1939（昭和 14）年 5 月 23 日に第一回全国漁業組合大会を開催した。

　「・・・時局の推移に伴い生産資材並びに経済用品の価格は著しく騰貴し

水産物価格との鋏状格差を増大しつつあります。之は一に物資動員計画の徹底に伴う配給統制の強化にあると言われますが、又一面営利主義に基く既存商権『ルート』を枢軸とする現配給機構の矛盾欠陥に起因するものである事はおおうべからざる事実であります」。大会ではこのように述べ、漁業用燃油に関しては、「独占資本による輸入及び製油権の独占」の廃止、漁業用撚糸に関しては「日本漁業用綿撚糸配給商業組合を結成し、一部商人の独占配給の強化」による価格のつり上げが横行していることを非難し、「漁業生産資材の原材料を獲得し優良品を製作し適正価格のよる円滑なる配給を期す」こと。また「漁業用燃油の輸入権並びに製油権を獲得し適正価格に依る配給を期す」こと。さらに、「水産物の販売機構を改革し協同組合主義に依る販売体制を強化し銃後国民生活の安定を期す」こと、などの項目を大会決議文として宣言した[12]。

　水産物価格に関する統制は、当初、生鮮食料品は含まれていなかったので鮮魚介類の価格は高騰を続けた。こうしたことから 1941（昭和 16）年 4 月に鮮魚介配給統制規則が公布された。三重県においても同年 9 月に三重県鮮魚介配給統制規則を定め、農林省陸揚げ指定地の波切、尾鷲、九鬼の三町村以外に白塚他 52 町村の陸揚げ地と県内 70 カ所の集荷場が指定され、桑名市、四日市、津市など県内八市町の消費地区が指定された[13]。

　1943（昭和 18）年 3 月には、水産団体法が公布され、戦時統制団体である中央水産業会、都道府県水産業会、漁業会が創設され、先に結成された全漁聯、県漁聯もこの団体に統合された。これまでの漁業組合も漁業会に改組された。三重県では、県水産業会は県水産会、および郡市水産会（8 カ所）、県漁聯をもって構成され、漁業会は各市町村を区域として 145 の漁業組合が改組された[14]。こうして漁業者の生産者団体であった漁業組合、およびその聯合会は、総力戦体制の中の統制団体として組み入れられたのである。

第 4 節　戦時体制下の漁業と漁民生活

　三重県漁業は、かつてから漁業が盛んな県であったが、戦時体制下にあっても、当初、その地位はしばらく揺らぐことはなかった。1941（昭和 16）

年の三重県内漁獲物の漁業組合販売高は全国一の長崎県の 3,056 万円に次いで 2 位の 2,081 万円となっており、とりわけカツオを主たる漁獲物とする遠洋漁業と、ノリ、カキなどの養殖業は全国一となっている[15]。また、沿岸漁業においても「悪条件に見舞われながらも 1,300 余万円の漁獲をあげ、特に昭和十八年（1943 年）の鰤漁は本県未曾有の記録を示し、生産額実に八百万円を突破して全国の首位を占め鰤王国の名をいよいよ高らしめたのであった」[16]。

しかしながら志摩・度会地帯を中心に発展してきた真珠養殖業は、きわめて厳しい状況に立たされた。当時の『伊勢新聞』は、次のように伝えている。「かつては九百八十余万坪の広大な養殖場を有し、年産八百余万円、日本が誇る真珠王国として世界に君臨、外貨獲得の重大な使命を果たしてきた養殖真珠は、業者の激増と生産の無統制によって生産過剰となり、‥‥その後時局はいよいよ重大化し英米の対日資産凍結令」[17]により、輸出が大幅に縮少し深刻な状況に陥った。こうした事態に対して真珠業者は農林省と折衝の結果、1942（昭和 17）年 8 月の統制会社である、さきの日本養殖真珠水産組合から統制会社として再発足した日本真珠販売統制株式会社を、さらに真珠のみならず養殖全般の、養殖生産から販売までを取り扱う日本合同真珠株式会社として改組した。この組織へ 358 名の真珠養殖業者のうち 122 名が参加したが、あとの 66％にあたる 236 名は真珠養殖業から他の業種に転廃業した[18]。

その後、日中戦争の拡大化と太平洋戦争の開始とともに若い漁業者の子息も多数が軍に招集され、漁業の担い手不足が一層、深刻化した。志摩郡の浜島では「投石作業の監督のため九月二十五日、神明村尾崎理事と会見の処、突然動員下令有之、当組合よりも五十五名に達し、急拠入隊員の内に含まれ、ともに京都行と相成、多数出征者を出す」[19]とある。また、徴兵とともに漁船と漁船員の徴用も始まった。次の資料は、そのことを示したものである。

　　一船大支整理第二三号
　　　　船員徴傭ニ関スル件通牒

昭和19年四月一四日
南輪内村役場御中
本日電報アリタル光豊丸船長中川義一ハ早速帰郷セシメタルニ付後任選定ノ上至急出頭セシメラレタク、同時ニ光豊丸乗組員トシテ四名徴傭ノ上出頭セシメラレ度右依命通牒ス。
　　　　　　　　　　　記
　一、人員船長以下五名
　二、出頭日時、船長、至急、普通船員、四月二一日午前一〇時
　三、出頭先、大阪市港区南海岸通リ二丁目、暁第六一六八部隊、石川
　　　部隊別館
　四、身分証明書、戸籍抄本持参ノ事
　　　　　　　　　　　尾鷲市『尾鷲市史　下』p 506より引用

　さらに戦況の悪化とともに三重県の主力遠洋漁業であったカツオ漁業も太平洋における日本軍の戦線の後退とともに漁場が日本近海に縮小し、漁業労働力の不足、漁業用燃油の割当制などから1942（昭和17）年の三重県内カツオの主力市場であった志摩郡浜島市場の水揚げ金額は、過去最高を示した前年度の「5分の1の14万円余であった。十八年（1943年）はさらに戦況は不利となり、・・・石油は全く枯渇し、クレオソートを代用燃料として出漁し、エンジン起動には始動薬を使うという苦しいカツオ漁業であった。したがって漁獲高も前年度比が約半額の7万円に満たない状態となった。・・・（さらに）二〇年（1945年）一月～三月までは魚市場は休止状態で取扱高は零」となった[20]。

　海軍に徴用された漁船もアメリカ軍による厳しい攻撃により撃沈・大破された。表7-5は北牟婁郡須賀利漁業組合所属漁船の被害の一覧表である。ほとんどが1944年、45年の戦争終結間近に集中している。このほかにも『尾鷲市史　下』によれば、1942年10月1日、徴用船いじ丸が撃沈され、1944年8月には三木崎沖で老虎丸が魚雷攻撃で沈没した。このように尾鷲では、徴用船の大部分が撃沈されるという状況であった。また、尾鷲の定

置網の漁労にも直接米軍機によって攻撃が加えられ、さらには1945年には、須賀利村へ爆弾が投下され、網納屋を焼失し、漁具にも損害を受けた[21]。三重県内においては、さらに多くの漁船が軍に徴用され、相当数の漁船もアメリカ軍の攻撃により破壊されたり、撃沈されたりしたと思われるが、その戦争被害を明らかにする記録、統計数値が今のところ見つからない。

以上のようなアメリカ軍の空襲による漁船被害と、それに加えて熊野灘一帯漁村を1944（昭和19）12月7日の尾鷲東方沖合20キロを震源地とする東南海地震による津波被害によって、とくに熊野灘方面の漁村と漁業はきわめて壊滅的な被害を被った。

表7-5 須賀利地区被戦災船

船名	船主名	船質	トン数	機種馬力	被戦災（年月日、場所）
第三福栄丸	苫谷泰平	木	35.60	焼玉120馬力	1944年7月8日 サイパン島にて沈没
い号高宮丸	山下清助	木	138.51	ディーゼル350	1944年7月6日 本州南方海上にて沈没
高城丸	山下清助	木	99.41	ディーゼル250	1944年11月16日 本州東方南海上にて沈没
第八進取丸	山下林太郎	木	55.01	焼玉150	1945年6月10日 千葉県銚子南岸にて大破解体
ろ号高宮丸	山下清助	木	160.00	ディーゼル420	1944年 南方洋上において沈没
一号高宮丸	山下清助	木	19.00	40	
二号高宮丸	山下清助	木	19.00	40	
一号進取丸	山下清助	木	19.00	40	

出所：須賀利漁業協同組合『須賀利漁業史』 1979年10月24日発行 p 10

第5節 東南海地震の被害

1944年12月7日午後1時35分の東南海地震に関しての記録は、戦時中のことでもあり、機密事項とされた。その後、明らかにされた被害状況に関しては、県内の死者406名、負傷者607名、家屋の全壊3,376戸、流失1,650戸、半壊4,353戸、浸水3,126戸という甚大なものであった[22]。三重県の漁村と漁業が被った地震の被害に関しては、度会郡錦町に「海上で見た大地震と大津波」（大西五一記）という記録があるので当地の被害状況に

ついて次のように記されている。
　「此の大津波による被害は役場の記録によれば、左（下）の通りであるが、流失倒壊を免れた家屋も殆んど大修理を要するものであり、衣料、家具、寝具の流失等による損害は実に莫大のものであり、災害直後最も困難したのは寝具であった。

　　　家屋流失倒壊　　　四百四十七戸
　　　死者行方不明者　　六十四名
　　　田畑浸水流失　　　十四町二反

右(本書上)の外に漁業関係の被害は莫大である。その概要は次の通りである。
一．大敷関係
　側張準備中のため、一切の資材を保有していた為め、納屋は何れも満庫していたが、其の内旧宮跡（網干）の納屋全部流失し、福羅側も一棟大破して資材を流失し、網干場等に在った側用の資材も流失した。
一．揚繰其の他網漁業関係
　湾口の網干場の納屋全部流失（資材共）
　同所に在った網も全部流されて、スジ鼻附近で漂流しているものや、船付の田に半ば埋もれているもの等向井側にある納屋も大半は大破、或は流失、船は大同丸協和丸其の他揚繰船五六隻は船付の長島道路坂下の山根に、双葉丸は大明神前に、金剛丸平和丸等は他の小中型船と十数隻錨をからまし合って一丸となり内湾中央にあり、其の他の漁船も湾内外の浜又は岩磯に打上げられ、大破したもの少なからず、其の他損傷を蒙らざるなき有様なり。
　漁業組合の被害も大きく、一、二年前に増設した冷蔵庫、氷庫（木造）及砕氷設備は破壊流失され、本庫の西端の敷地流失により準備室は機能を失い、石油タンクは一基目戸内の立石の磯に、一基は大敷網干場に、一基は其の場で大傾斜をなし、無事なるもの一基もなき有様なり。
　　　　　　　　・・・以上は津波による被害の概略である」[23]。

このように東南海地震による漁業への被害はきわめて甚大なものがあった。

1) 中村政則　昭和の歴史２『昭和の恐慌』小学館　1982年6月　pp252-253
2) 大日本水産会発行『水産界』1931年11月号　p112
3) 同上書　1933年2月号　p22
4) 同上書　1931年11月号　pp3-4
5) 同上書　p4
6) 前掲4）と同上
7) 松島博著『三重県漁業史』三重県漁業協同組合連合会　三重県信用漁業協同組合連合会　1969年10月 pp265-266
8) 井上晴丸著作選集　第5巻『日本資本主義の発展と農業及び農政』1972年3月　p370
9) 鳥羽市『鳥羽市史　下巻』1991年3月　pp270-272
10) 水産社『日本水産年報第六編　大東亜戦と水産統制』1942年12月発行 p15
11) 漁業組合はすでに述べたように「1933（昭和8）年、さらに1938（昭和13）年の二次にわたる漁業法の改正により、貯金受け入れ業務の開始、産業組合中央金庫への加入によって販売・購買・信用・利用の各経済事業が行われる漁業協同組合への改組が進んだ。1935（昭和10）年の時点では、全国約4,000の漁業組合のうち365組合が漁業協同組合へ改組されたが、1941（昭和16）年では3,772のうち約65％にあたる2,455となった。対1935年比で6.7倍となったのである。経済事業のうちの共販率は1939年時点では43％であったが、1941（昭和16）年では58％となった。購買事業は対1937年比で1941年は約6倍の増加である」（農林事務官　間瀬　一「長期建設と漁業組合」大日本水産界『水産界』1939（昭和14）年2月号　p4より）。このように漁業協同組合への改組が進展してゆく中で経済更生運動の事業体としての組織体裁が整備されて行くのであるが、同時にそのことは「国家機関」としての末端組織に組み込まれて

行く過程でもあった

[12] 大日本水産会発行『水産界』「第一回全国漁業組合大会開かる」1939年6月号 pp64-69
[13] 伊勢新聞社発行『三重経済年鑑』1944（昭和19）年版　p52
[14] 同上書　p53
[15] 水産社『日本水産年報第六編　大東亜戦と水産統制』1942年12月 pp99-100
[16] 伊勢新聞社発行　『三重経済年鑑1944年版』　p49
[17] 同上書　p50
[18] 同上書　p51
[19] 浜島漁協組合史編さん委員会『浜島漁協のあゆみ』1991年8月31日　p115
[20] 前掲14）同上書　p119
[21] 尾鷲市『尾鷲市史　下』1969年6月 p 506
[22] 西川　洋・大林日出雄著『三重県の百年』山川出版社　1993年1月30日　p240より
[23] 錦町漁業協同組合　『昭和三十一年六月調　錦町漁業の変遷』　1957（昭和32）年5月10日　pp173-174

第Ⅷ章　戦後復興期の三重県水産業

第1節　戦後直後の状況

1. 全国的状況

　日本の敗戦の結果、アメリカを中心とする連合国軍の占領支配下に置かれ、すべての権限は GHQ（General Headquarters　連合国最高司令官総司令部）に集中した。国内の水産行政もその指揮の下に置かれたのである。戦後の日本の漁場は 1945（昭和 20）年 9 月 27 日に、いわゆる「マッカーサー・ライン」によってきわめて狭い区域に制限された（図 8-1）。その後、1946（昭和 21）年 6 月 22 日、1949（昭和 24）年 5 月 25 日に第二次、第三次の漁区の拡張が行われ、さらに 1950（昭和 25）年 5 月 11 日、特例的に

図 8-1　マッカーサー・ライン

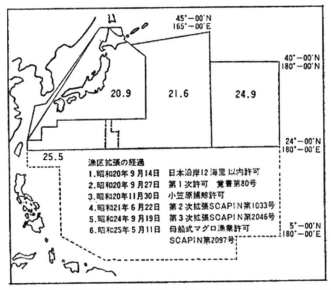

出所：出所：岡本信男著『日本漁業通史』水産社　1984 年 10 月 18 日　p 230

母船式マグロ漁業のための漁区拡張が行われたが、全面的に漁区制限が撤廃されたのは、1951（昭和26）年のサンフランシスコ講和条約による日本の占領下からの一応の自立以降である。他方、漁船は戦争中に軍の徴用船として輸送船等に利用されたため、アメリカ軍の潜水艦などによって沈められ、多大な損失を被った。おもな漁業種類別漁船隻数喪失率を見ると、捕鯨船は44.9％、汽船トロールは78.3％、機船底びき船は32.8％、カツオ・マグロ漁船は57.5％、イワシ揚繰網漁船は33.1％、運搬船は52.5％、母船が100.0％、雑漁業が73.0％となっている[1]。

また、日本各地の農漁村には、多くの漁村青年達が軍の徴兵によって戦地で命を落とし、また、捕虜となり生き延びて戦地から帰還した復員兵、戦中・戦前の中国東北部の旧満州、台湾など日本の旧植民地からの引揚者、軍事産業を始めとする工業の崩壊によって膨大な失業者の発生、このような失業、あるいは半失業の過剰人口が存在していた。漁村に関して近藤康男は、当時の状況を次のように述べている。「戦後の日本漁業は、漁船を失い、漁場を閉ざされ、引揚者など労働力のみいたずらに多く流れ込み、漁村は農村とともに失業人口のプールであった」[2]と。このように戦後直後の日本漁業・漁村の状態は、きわめて悲惨なものであった。

さらに戦後直後の激しいインフレーションと漁業用燃油、漁業資材の不足によって漁民の暮らしと経営は、きわめて窮迫した状況にあった。とくに漁業活動にとって必要不可欠な漁業用石油備蓄は、1939（昭和14）年には重油383,288kℓ、軽油71,490kℓ、燈油21,943kℓ、合計476,721kℓであったのが、1945（昭和20）年には重油が対39年比ではわずか8.7％の33,315kℓ、軽油が同じく9.7％の125kℓ、燈油が14.5％の3,187kℓ、合計が43,627kℓとなり、全体として漁業用石油備蓄量は1939（昭和14）年比で1945（昭和20）年は9.2％となり、大幅な低下となった。

こうした生産手段の圧倒的な不足に加えて魚価の問題があった。戦中の「鮮魚配給統制規則」による魚価統制は、1945（昭和20）年11月20日に全面撤廃されたが、異常とも言える魚価高騰を示したため、1946（昭和21）年3月16日に公布された「水産物統制令」に基づいて再び公定価格によっ

表8-1　戦後物価指数の推移

(1934年～36年の平均=100.0)

年月	卸売物価	小売物価
1945年9月	367.8	311.8
10月	377.4	316.0
11月	405.5	318.0
12月	674.8	617.4
1946年1月	793.6	691.5
2月	876.6	835.0

出所：山口和雄編『現代日本産業発達史ⅩⅨ水産』p398　財団法人公詢社出版局　1965年8月10日

て決められ、政府の統制下に置かれた。こうした公定価格の魚価と当時の激しいインフレーションによる漁業資材の価格高騰との"鋏状格差"（＝シェーレ現象）によって漁民の経営は危機的状況を呈するようになった（漁業資材は表8-1の卸売物価指数を参照）。このような鋏状格差の中で"ヤミ価格"による魚の売買が横行した。一方、各地の漁村では、許可なしの小型底曳網漁業などの密漁による違法操業、ダイナマイト爆破による、いわゆる「ダイナマイト漁法」などが行われ、資源の乱獲と漁業秩序はきわめて混乱した状態にあった。

　当時の国民生活は、戦後の"食糧不足"とインフレーションの高騰により極度の窮乏に陥った。インフレーションに関しては、前掲表8-1に見られるように1946（昭和21）年2月には卸売物価、小売物価とも1934～36年を100.0とした基準で約8倍の高騰となっている。こうした異常な物価高騰の中で国民の食糧不足も深刻なものとなり、餓死者が出るなど危機的状況であった。とくに食糧増産がGHQの占領政策の緊急の国内秩序維持のための最優先的課題となった。日本漁業は、米と並ぶ食糧増産の一翼としてタンパク源確保という重要な国民的課題を担わされたのである。

　しかし、当時、前述したように漁業生産を行うべき漁船、漁網などの生産手段が戦争の結果、極度に不足しており、また、敗戦に伴い、漁船建造も制限が行われていたが、政府は1945（昭和20）年12月24日に閣議決定で木造船12万トン、鋼船21万トンの建造許可を含む日本漁業の復興5カ年計画を発表した。これには、強い制限政策を行ってきたGHQも許可した。1946（昭和21）年の5月13日、8月10日、11月23日に、それぞれ第一次建造許可、第二次建造許可、第三次建造許可が出された。翌1947（昭和22）年7月にも第四次建造許可が出されたが、これはすでに第三次の漁船建造により制限された漁場内での過剰操業が深刻となってきたため、漁

船の建造は許可されず、運搬船の建造だけが認められた。漁船の建造計画は、基本的には第三次計画で終了し、1947（昭和22）年6月以降、当時、日本漁業の主力とされた以西底曳網漁船、およびカツオ・マグロ漁船の代船建造の方針がとられ、翌年の1948（昭和23）年からはすべての漁船建造に関して代船建造方式が採用された。しかし、日本水産、大洋漁業の大手水産会社の南氷洋捕鯨は、こうした代船建造許可から対象外とされ、1946（昭和21）年以降、特例的に捕鯨船の代船なしの建造許可が与えられた。これはタンパク源確保の中で鯨肉の供給がきわめて重要視されたためである。この2大漁業会社は、これを契機に会社の再建がはかられたが、戦前期、水産界において大きな位置を占めていた"ビッグ・スリー"のひとつであった日魯漁業は、企業の活動の主な舞台がソ連領であったカムチャッカ、沿海州などであったため、戦後は多くの社員が抑留され、ソ連領土内にあった会社財産のすべてが没収され再建が大幅に遅れた。

　こうして日本漁業の再建は、ともかくも日本国民へのタンパク質食糧の確保という国民的課題を背負わされ、主要な生産手段である漁船建造を中心に急速に進んでいった。しかしながらこうした漁船建造は、主として捕鯨船、以西底曳網漁業、カツオ・マグロ漁業などの戦前期における前述した大手水産会社、あるいはその系列化にあった主力漁業に限定され、圧倒的多数の漁業者が着業していた沿岸漁業は再建には至らず、先に述べたような厳しい状況の下にあり、沿岸漁業と漁村は膨れ上がった人口による過剰就業状態のまま置かれていた。

2. 三重県漁業の戦争による影響

　三重県漁業も戦争による影響は全国的状況と同様であった。表8-2に見られるように1945（昭和20）年の終戦時の漁獲量は、1933（昭和8）年水準の46.1％にまで下がった。養殖生産量も1945（昭和20）年には1933（昭和8）年時点の約3.4％にまで激減した。三重県は、戦前・戦中から伊勢湾の機船船曳網漁業（俗にバッチ網漁業と称す）、揚繰網漁業、明治期に効率的漁業と言われた打瀬網漁業、志摩周辺の刺網漁業、八田網漁業、熊野灘方

表8-2 三重県における漁獲量（養殖を含む）

単位：貫

	沿岸・遠洋合計	沿岸漁業	遠洋漁業	養殖業
1933年	16,467,323	12,936,781	3,530,542	1,244,823
1934年	14,852,369	11,410,984	3,441,385	1,689,888
1935年	13,505,473	11,128,873	2,376,600	1,611,831
1936年	14,302,319	9,916,359	4,385,960	287,311
1937年	13,933,588	9,804,708	4,128,880	312,176
1938年	15,221,279	10,319,677	5,001,602	249,282
1939年	13,920,416	9,195,164	4,725,252	208,065
1940年	13,223,197			179,466
1941年	15,191,623			385,581
1942年	15,221,935			275,938
1943年	12,921,400			234,035
1944年	14,897,058			153,439
1945年	7,601,159			42,284
1946年	7,464,748			60,797
1947年	9,975,629	7,314,857	2,298,476	363,306

出所：三重県経済部水産課「三重県水産要覧昭和24年版」p 31 より作成
空欄は、資料不足のため不明、また遠洋漁業は今日の沖合漁業

面のブリ定置網漁業、サンマ棒受網漁業、カツオ・マグロ漁業などの沖合・沿岸漁業が盛んであり、戦中の漁獲量も一定程度の量を維持してきた（表8-2参照）。とくに沿岸漁業による漁獲量のウェイトが大きく、それが総漁獲量の減少を下支えしたものと考えられる。

戦争による影響と敗戦直後の状況を漁業・養殖業の生産の動向によって戦前1937年から戦後直後1946年までの推移からもう少し詳しく述べよう（表8-3参照）。

(1) 漁船漁業

魚種別漁獲量に関しては、魚類の中でイワシが最大のウェイトを占めており、1946（昭和21）年で見ると総漁獲高の40.5％となっている。その次は、ブリの10.1％、アジの6.6％の順となる。これらの魚種は回遊性であり、漁期になると沖合から沿岸に接近し、比較的沿岸に近いところでも漁獲が容易であり、地曳網漁業などでも漁獲が可能であった。戦中・戦前と比較し、もっとも漁獲量の減少が著しい魚種はカツオである。カツオは、1941（昭和16）年の漁獲量と比較し、1946（昭和21）年はその6.7％にまで激減した。

表 8-3　　魚種別漁獲量

単位：貫

漁獲物	1937年	1939年	1941年	1946年	48年8月から49年7月まで	漁獲物	1937年	1939年	1941年	1946年	48年8月から49年7月まで
総漁獲高	16,533,430	17,779,737	21,115,219	7,797,822	13,904,314	貝類合計	1,496,650	1,206,203	1,706,430	943,528	1,310,060
魚類合計	13,488,057	14,987,830	16,323,574	5,381,950	8,811,539	アワビ	86,042	86,640	94,010	102,927	387,455
イワシ	2,502,184	2,985,696	2,837,510	2,181,219	2,182,463	サザエ	218,727	113,393	53,962	121,743	121,904
カツオ	3,195,829	3,984,193	5,316,068	356,133	864,732	ホタテガイ				106	
サバ	398,786	326,830	340,049	107,864	727,701	ハマグリ	329,326	326,432	1,335	222,000	204,040
マグロ	690,422	711,729	506,061	211,521	195,021	カキ	99,613	66,816	320,652	60,860	45,184
カジキ	23,224	32,733	12,276	31,720		アサリ	243,054	156,757	461,528	34,225	150,562
ブリ	1,730,875	304,692	743,989	543,826	675,046	トリガイ	14,920	55,254	161,498		
サメ	64,260	43,925	33,995	52,804	294,391	アカガイ	17,451	1,040	5,460		
タイ	35,593	31,847	62,256	24,483		真珠貝	284,281	274,145	361,850	14,939	400,915
クロダイ	53,033	45,857	74,512	6,552		その他の貝	203,236	125,456	246,135	386,728	1,234,613
カレイヒラメ	72,306	77,354	92,949	40,946		その他の水産動物合計	461,084	660,725	517,531	321,433	95,813
サワラ	69,811	67,251	36,186								
アジ	351,672	318,557	657,744	357,781	472,201	イカ	106,919	89,637	97,852	132,784	368,809
トビウオ	11,091	4,807	5,117	3,154		タコ	86,082	21,523	132,288	51,226	
サンマ	440,410	512,081	749,295	118,780	428,531	エビ	63,949	68,446	22,797	22,894	317,115
ボラ	125,214	109,813	160,393	104,473	77,924	イセエビ	71,264	57,813	93,320	36,403	
コノシロ	179,927	98,065	63,739	53,763		クルマエビ				55,891	105,224
マス	5,790	6,120	8,002	638		ナマコ	100,441	90,689	43,969		
タチウオ			38,457	4,648		その他	32,429	242,617	70,414	72,904	347,625
グチ				2,790		藻類合計	1,087,639	924,979	2,567,684	1,150,911	2,548,102
アユ	32,746	34,625	25,453			ワカメ	76,761	93,596	234,979	43,665	116,778
コイ	4,536	4,055	15,199	23,363		アマノリ	14,370	21,785	468,767		
ウナギ	29,060	23,605	48,987	3,875		テングサ	173,440	87,290	80,270		428,807
その他	2,284,762	5,264,355	4,495,337	1,151,617	2,893,529	ヒジキ			96,755		32,792
						その他	823,068	722,308	1,686,913	1,107,246	1,969,725

備考：漁獲高空欄は資料不足のため不明
出所：三重県経済部水産課「三重県水産要覧　昭和24年度版」

その他にも、マグロ、サバ、なども減少し、それぞれ 1941（昭和 16）年との比較で 41.8％、31.7％となっている。このような主要魚種の漁獲量の減少、とくにカツオ・マグロ漁業は、沖合・遠洋漁業の対象魚種であり、マッカーサー・ラインによる漁区の制限が加えられた上に、さらに漁労手段の中でももっとも重要な漁船数の減少・老朽化、燃油の不足によるところが大きい。

(2) 真珠養殖業

　志摩・度会地域の真珠養殖業に関しては、戦争によってもっとも被害を被った。真珠養殖業は、ヨーロッパ・アメリカ向けの輸出産業として外貨獲得の一翼を戦前期において担わされてきたからである。まず真珠養殖業の業者数は、1940（昭和 15）年に最大の 360 業者となり、その後、統計値がなく、1948（昭和 23）年には 141 業者と大きく減少した。これは、1941（昭和 16）年 7 月のイギリス・アメリカ両国の「敵国資産凍結令」等の状況に対応するために日本養殖真珠水産組合が国内体制整備の一環として同年 11 月に経営廃止決議を行い、翌 1942（昭和 17）年に自主的に事業経営を廃止し

たためである。筏台数も1935（昭和10）年に25,000台であったが、1945（昭和20）年には2,000台と激減した。この筏数の激減は、1941（昭和16）年の太平洋戦争の開始とともに、海外ヨーロッパ・アメリカ市場が失われたことが最大の原因であろう。表8-3に見られるように真珠貝生産量も1941（昭和16）年にアメリカ市場への「駆け込み」増加によるピークを迎えたが、1946（昭和21）年には、1941（昭和16）年比較で4.1％にまで激減した。

(3) ノリ養殖業・カキ養殖業

伊勢湾北勢、南勢地域を中心とするノリ養殖業も同様である。1941（昭和16）年の生産枚数は、黒ノリ、混ぜノリ、青ノリの合計で111,416,960枚であったが、1946（昭和21）年の生産枚数は、1941（昭和16）年と比較して、わずか約5分の1の12,011,500枚にすぎなかった。志摩地域中心のカキ養殖業は、1941（昭和16）年との比較で同様に減少しているが、1939（昭和14）年との比較では8.9％の減少に止まっている。このようにカキ養殖業などの一部の国内消費向けの養殖業は、戦争による被害はそれほど大きくはなかった。

(4) 生産資材の不足

戦後直後の漁獲量の大幅な減少は、主に戦時中の軍部による徴用、およびアメリカ軍の攻撃による撃沈で漁船隻数の減少・老朽化、漁業資材・漁業用燃油の不足の深刻化によるものである。例えば、1946（昭和21）年12月1日現在の三重県における漁船の状況は、次のようであった。まず、①稼働中の漁船数－5,475隻、②操業中の発動機船数－2,001隻、③燃料欠乏のため休業中の発動機船数－1,004隻、④現在、修理中の発動機船－135隻、⑤漁業シーズンの出航に適さず、使用していない漁船－7,786隻となっていた[3]。

このように大半の漁船が燃料欠乏、老朽化のために使用できない状態であり、稼働中の漁船、操業中の発動機船は合わせて全体の45.6％であった（稼働中の漁船の中に操業中の発動機船も含まれると考えられるが、そうする

と38.0％となる）。過半数の漁船が稼働していなかったことになる。1947（昭和22）年4月に漁業用のガソリン、灯油および軽油、重油、

表8-4　漁業用燃油等の割当量と実際の供給量

	農林省による割当量	供給量
ガソリン	5,270 リットル	1,930 リットル
灯油および軽油	168,000 リットル	62,787 リットル
重油	425,000 リットル	241,814 リットル
機械油	33,330 リットル	15,242 リットル

出所：国立国会図書館憲政資料室蔵 GHQ SCAP 文書 00982

機械油の割当量と三重県漁民が実際に受け取った供給量は、表8-4に見られるようにガソリンで36.6％、灯油および軽油で37.4％、重油で56.9％、機械油で45.7％にしか過ぎなかった。

また、その他にも夜間操業のためのカーバイト灯の不足も深刻であった。GHQ資料によれば、次のように述べている。「（三重県の）漁師たちは、夜間出漁に欠くことのできないカーバイト灯が入手できない悩みを訴えている。彼らの言うところでは、カーバイト灯を買うことができるかも知れないと九州まで出かけて行くそうである。ところが、今までのところ、公定価格はもとより、闇値でも手に入らなかったという」。[4]

(5) 漁業戸数（世帯数）、漁業従事者数の変動

一方、漁業戸数、漁業従事者数は、三重県においても復員、旧植民地からの引揚げ者などにより膨れ上がり、戸数は戦中の1935（昭和10）年～1945（昭和20）年が平均約12,000戸、従事者数は63,000人前後で推移していたが、公表されている1947（昭和22）年の数値では、この時期と比較し、戸数では約1.5倍の17,621戸、漁業従事者数は約1.3倍の83,482人となった（表8-5参照）。

表8-5　三重県水産業戸数・従事者数

	戸数（戸）	従業者数（人）
1935年	11,734	61,355
1936年	12,139	64,869
1937年	12,229	63,416
1938年	12,122	63,466
1939年	11,865	63,266
1940年	12,154	63,305
1941年	12,453	63,960
1942年	12,371	61,993
1943年	11,979	58,397
1944年	11,559	56,816
1945年	15,367	76,016
1946年	17,019	83,573
1947年	17,621	83,482
1948年	17,195	84,182
1949年	14,600	77,878

出所：三重県経済部水産課
「三重県水産要覧　昭和二十四年版」1950年4月

第Ⅷ章　戦後復興期の三重県水産業　123

表 8-6　郡別漁業従事世帯・従事者数

	(1) 従事世帯数	従事者数	(2) 1910年漁家戸数	(1) / (2)
伊勢湾（北勢中勢南勢）	3,274	19,192	3,458	▼ 0.9%
志摩郡	4,123	22,269	2,206	▲ 86.9%
度会郡 (伊勢湾側)	503	3,087	2,119	▲ 17.5%
（外海側）	1,987	10,530		
北牟婁郡	3,033	14,294	1,614	▲ 87.9%
南牟婁郡	1,570	7,499	767	▲ 104.7%

出所：三重県経済部水産課「三重県水産要覧　昭和二十四年版」
1950年4月 1910年の数値は表 5-1 より

　このように戦後直後、戸数においても従事者数において公表されているものだけでもかなり大幅な増加となった。
　郡別ではどうであろうか。1949年12月末調査の表 8-6 に見られるように伊勢湾の北勢・中勢・南勢を合わせた従事世帯数 3,274 世帯、従事者数は 19,192 人、度会郡（伊勢湾側、外海側）は 2,490 世帯、13,617 人、志摩郡は 4,123 世帯、22,269 人、南・北牟婁郡は 4,603 世帯、21,793 人となっている。世帯計は 14,490 世帯、従事者数計は 76,871 人となっている。少し遡るが 1910（明治 43）年の漁業従事世帯数と戸数と比較したものが、この表の右端の（1）/（2）である。増加は▲、減少が▼で示したものである。伊勢湾（北勢・中勢・南勢）が 0.9％の減少、度会郡は 17.5％の増加、それに対して志摩郡が 86.9％の増加、北牟婁郡が 87.9％の増加、南牟婁郡が 104.7％の増加となっている。
　このことから伊勢湾の漁村は、とくに名古屋市、伊勢湾側北勢部を中心とした都市化の進んだ地域の漁業外就労、度会郡では農業等の自営業への労働力需要が一定程度存在し、そこへ吸収されていることを示しており、志摩郡、南北牟婁郡などでは、漁業労働力需要が雇用機会、あるいは自営漁業としての吸引力が大きいことがわかる。このように都市近郊の外部労働市場の存在の濃淡により、地域差が存在するが、とくに都市から離れた純漁村部の漁業外労働市場の雇用機会が少ないところでの漁業従事がかなり大きく増加していることが注目に値する。

3. 主要漁業・養殖業の状況

　三重県における主要な漁業・養殖業の地域別の状況について述べよう。表8-7は1949（昭和24）年における三重県の主要な漁業の概要である。伊勢湾のイワシヒシコ揚繰網漁業が従業人数2,400名、機船船曳網漁業（バッチ網）が3,150名、伊勢湾の打瀬網漁業が960名、そして熊野灘のブリ大型定置網漁業が1,200名、中型定置網漁業が1,700名となっている。熊野灘方面を中心とした大山下火光利用アジ・サバ揚繰網漁業が900名、熊野灘方面南牟婁郡のサンマ棒受網漁業が2,536名、同じく熊野灘方面の火光利用八田網（ランプ網）が3,150名、火光利用イワシ・アジ・サバ揚繰網漁業が1,150名、鳥羽周辺の沿岸カツオ一本釣り漁業が1,440名、そして最大の従業人数を収容している熊野灘方面の遠洋カツオ・マグロ延縄漁業が

表8-7　主要漁業の概要

漁業種類名	統数	基本従業員数	従業人員	標準一統当たり漁船のトン数及び隻数	漁期	平均一統当たり水揚高		
						1947年	1948年	1949年
						貫	貫	貫
伊勢湾イワシヒシコ揚繰網	30	80	2,400	網船18ﾄﾝ　2隻 手船3ﾄﾝ　2-3隻	8-12月	80,000	120,000	40,000
魚目揚繰網	28	25	700	網船10ﾄﾝ　2隻 手船2ﾄﾝ　2隻	10-4月	10,000	10,000	10,000
機船船曳網（ばっち網）	105	30	3,150	網船15ﾄﾝ　2隻 手船2ﾄﾝ　2隻	3-12月	45,000	50,000	46,500
サワラ流網	55	7	385	5ﾄﾝ　1隻	8-12月	1,000	1,000	1,000
打瀬網	240	4	960		1-12月	1,000	1,000	1,000
志摩郡沖合イワシヒシコ揚繰網	4	65	260	網船20ﾄﾝ　2隻 手船3ﾄﾝ　2隻	12-6月	40,000	30,000	10,000
大山下火光利用アジサバ揚繰網	15	60	900	網船20ﾄﾝ　2隻 手船2ﾄﾝ　2隻	5-8月	35,000	15,000	25,000
タイ巾着網	5	60	300	網船20ﾄﾝ　2隻 手船3ﾄﾝ　3隻	4、5、10月	10,000	12,000	5,000
サンマ棒受網	135	210	2,536	大型95ﾄﾝ　1隻 小型25ﾄﾝ　1隻	10-4月	-	20,000	15,000
サンマ流網	57	10	570		11-3月	15,000	10,000	20,000
東経130度以東底曳網（1艘曳）	19	12	245	23ﾄﾝ　1隻	9-5月	25,000	25,000	25,000
火光利用八田網（ランプ網）	210	15	3,150	網船5ﾄﾝ　2隻 手船1ﾄﾝ　4隻	5-12月	10,000	10,000	10,000
火光利用イワシアジアバ揚繰網	23	50	1,150	網船18ﾄﾝ　2隻 手船2ﾄﾝ　2隻	9-5月	5,000	8,000	10,000
沿岸カツオ竿釣	120	12	1,440	8ﾄﾝ　1隻	3-12月	8,000	7,000	10,000
カツオマグロ揚繰網	7	80	560	網船20ﾄﾝ　3隻 手船5ﾄﾝ1隻　1ﾄﾝ6隻	5、6、7月	40,000	50,000	50,000
大型定置網（ブリ大敷）	17	80	1,200	曳船13ﾄﾝ　1隻 持船5ﾄﾝ　5隻	12-5月	70,000	80,000	70,000
中型定置網（夏敷）	50	30	1,700	曳船10ﾄﾝ　1隻 持船4ﾄﾝ　3隻	2-11月	40,000	40,000	40,000
小型定置（小敷、八角網）	50	10	500	曳船3ﾄﾝ　1隻 持船3ﾄﾝ　2隻	2-11月	10,000	10,000	10,000
遠洋カツオ釣りマグロ延縄漁業	97	カツオ65 マグロ30	4,800	95ﾄﾝ　1隻	カツオ5-10月 マグロ12-3月	80,000	60,000	60,000

出所：三重県経済部水産課「三重県水産要覧　昭和24年度版」

4,800名となっている。1カ統あたりの従業人数のもっとも多いのは、伊勢湾イワシヒシコ揚繰網(あぐり)漁業、熊野灘方面のカツオ・マグロ揚繰網(あぐり)漁業、同じく熊野灘方面の大型定置網（ブリ大敷網）漁業であり、1カ統あたりそれぞれ80名となっている。

　このように伊勢湾、鳥羽方面、熊野灘を問わず労働力多就労型の漁業が主力をなしていたのである。こうして戦後、陸上産業の多くが崩壊している中にあって、膨大な漁村過剰人口を多就労型の漁業種類が吸収し、こうした漁業が有力な就労機会として存在していたことに注目してよい。こうした多就労型の漁業を支える労働力の状況に関して伊勢湾の、とくに北勢地域を中心とした1951年の社団法人水産事情調査所の実態調査が当時の状況をよくとらえられているので紹介しよう。

　「三重県側に於いても・・・漁民及び漁業労働者の生活は工業乃至商業と離れては存在し得なくなっている。四日市市のある漁業労働者の家庭は反物の行商人であり、妻は加工業の『日雇い』人夫なり、或は網勘製網工場（当時、四日市市に存在した製網工場名）から出る網縫いの内職を行い、娘は網勘製網工場の女工であり、長男が山忠丸（伊勢湾揚繰網(あぐり)漁船　13.44トン×2隻　三重県経済部水産課『三重県水産要覧　昭和二十四年版』p66）に乗組員で漁業に従事し、漁が悪ければ父と共に反物の行商に出かける」[5]。

　戦前から伊勢湾方面の北勢地域は、四日市を中心に製網工場、繊維工場などをはじめとする製造業が集中していた地域であったが、戦後は、過剰化した多数の半失業的人口が堆積していた地域となった。このように女性を含む家族全員が細々とした自営業も行いながら漁業関係をはじめとして、さまざまな雇用機会に労働力として吸収されていたことがわかる。そして漁業の側から見れば、当時の伊勢湾の揚繰網(あぐり)漁業は、1隻当たりの乗組員数が10.5人となっており（船団全体ではなく）、漁業種類の中で1隻あたりの乗組員人数がもっとも多かった。そのために漁業雇用機会として大きな意義があった。揚繰網(あぐり)漁業に限らず、戦後の伊勢湾の沖合漁業が過剰化し遊休化した多数の労働力吸収の受け皿となり、そのことによって成り立っていたと言えよう。ちなみに同じく前述注5）によれば、伊勢湾内漁業の漁業種類別漁船隻

数、人員、1隻当たりの従事人数（乗組員数）は次の表8-8の通りである。定置網漁業（おそらく現在の小型定置であろう）、流し網漁業、打瀬網漁業、桁網漁業、刺網漁業、手繰網漁業などの少人数の小生産的家族漁業も多数存在しており、また、その他の種類の漁業も多数の雇用者が存在していたことがわかる。ここで特別漁業権漁業と言われる

表8-8　伊勢湾漁業種類別隻数・人員

	隻数（隻）	人員（人）	1隻当り従事人数（人）
定置	522	2,081	3.9
特別漁業権漁業	952	6,232	6.5
流し網	130	355	2.7
船曳網	558	5,495	9.8
打瀬網	720	2,384	3.3
揚繰網	301	3,183	10.5
桁網	1,160	2,752	2.3
刺網	1,215	2,667	2.1
手繰網	149	555	3.7
計	5,709	25,704	4.5

注）特別漁業権漁業は地曳網漁業である。また、船曳網は機船船曳網漁業であり、別称バッチ網漁業のことである。
出所：社団法人水産事情調査所『漁場調整予備調査報告（Ⅲ）伊勢湾漁場利用状況調査（富田町　鬼崎村）』（1951（昭和26）年3月）

ものは、戦前から盛んであった地曳網漁業である。これに関しては、すでに明治期の個所で述べたように網元個人経営のものと村落共同の経営（＝村張り経営）が存在していたようである。したがって雇用者が従事するものと村民自身が従事するものとに分かれる。

4. 水産物"闇流通"とバッチ網漁業の規制問題

　水産物流通の面においては、当時、統制下におかれており、魚介類の販売は公定価格で行われていた。しかしながら前述したように漁業資材の高騰によって、安価な公定価格との"逆ザヤ"のために漁民たちは公定価格での供出ではなく、ヤミ価格によって販売する者が続出した。GHQが三重県で1946（昭和21）年11月10日から20日まで行った調査によっても公定価格で販売した魚介類は、33.5％であり、残りの66.5％はヤミ価格で販売されていた[6]。また、1947（昭和22）年12月20日から31日までのGHQの調査によっても統制下の供出率は、34.7％に止まっている[7]。水産物の「闇流通」について、GHQ調査は次のように述べている。

　「県の水産課長、県警察および漁港側との会見により、次のような事態が

確認された。すなわち、魚類の闇取引が引き続き大量に行われていること。警察は、公判の記録が実証しているように厳しい行動をとりつつあること。三重県には操業中の漁港が 133 あること。本県の漁業者が用いている漁船は、小さいものも含めて計 9,178 隻あること。本県で漁獲した魚は、岐阜、滋賀、三重、愛知、大阪、京都および奈良の諸県に分配されていること。三重県内での消費量は、週捕獲量のうちわずか 320 トンにすぎないこと。‥‥漁業者が現在供出している魚の量は、県の要求量の 30％ であること。『闇のシンジケート』が効果的に働いていること。さらに大量の魚の闇取引が海上で行われていること。量は多くはないが（家畜用の）魚の飼料の闇取引が農家によって常に行われていること」[8] などである。

以上のような警察権力による取り締まりの外に、三重県の漁業の戦後直後の厳しい状況に対し、三重県としてどのような諸施策を講じたのであろうか。県知事は、1945（昭和 20）年 10 月 27 日に、それまでの清水知事に代わって小林知事が就任し、同年の 11 月 27 日に 1946（昭和 21）年度の予算案の提出議案の趣旨説明において最初の水産諸施策を次のように述べている。

「・・・水産物の増産確保に付いて申し上げます。国民栄養資源の確保の一方途として、県下各種の内水面を利用して之に鯉類の種苗を放流し、又県下の主要河川に稚魚を放流し、又県下の主要河川に稚魚を放流して淡水魚族の増殖を図りますと共に海面漁業の積極的増産に付きましては、浅海利用の増殖と致しまして県下の適地を選択し、ハマグリ・アサリの増産を図りますと共に、本県における沿岸重要漁業たる火光利用漁業は、集魚灯の光源資材たる石油、カーバイトその他の資材の配分が、終戦後もなお円滑を欠く状況に鑑みまして、集魚灯を電化し集魚能率を大ならしめ、もって漁獲の増加を図るとともに漁業経営費の低減を図りますため電気集魚灯充電設備に対しまして助成を行うことと致したのでありますが、同時にその他水産物の需給の円滑に取引の公正と価格の適正化を図り、および水産共同施設助成を致しまするに要する経費をも計上いたしたのであります。」[9]

こうした知事の答弁からも「国民栄養資源の確保」のために三重県漁業の再建と「取引の公正と価格の適正化」がいかに急務であったかがうかがわれ

るのである。この最初の水産予算の編成においては、①内水面魚種、ハマグリ・アサリの増殖事業の推進、②集魚灯の電化、③水産物流通の円滑化、取引の公正化と価格の適正化が重点的な課題とされた。とくに③の水産物流通と魚価問題に関しては、1945（昭和20）年11月20日に前述したように「鮮魚配給統制規制」が撤廃され、魚価の高騰と闇流通が増加したため、イワシなどが公定価格の10倍、20倍に跳ね上がった。このような異常な価格の暴騰ともいうべき状況が生じたため、三重県としての強い警察権力による規制をはじめとする対応に迫られたのである。

　本格的な三重県漁業再建のための復興政策に関しては、1948（昭和23）年2月18日の県議会での、いくつかの漁業問題に対して質疑応答がなされている。その際に、当時、はじめての民選の青木知事は、次のような点の答弁を行った。第一には、漁港、船溜まりの復興である。このためのセメントの入手が絶対必要であること、そのために努力を行っていること。第二には、水産試験場の拡充、復旧の問題、加工施設の建設、製氷設備の拡充などである。第三には、揚繰網漁業、バッチ網漁業の規制問題である。この県議会においては、戦中に破壊された水産関連の社会資本の復旧・拡充、伊勢湾の終戦直後から急増したバッチ網漁業に対する規制の問題が初めて取り上げられたのが大きな特徴であった。とくにバッチ網漁業規制問題は、愛知県バッチ網漁船の操業もあり、水産議員であった丹羽虎太郎が次のように発言していることからもその規制問題がきわめて深刻となってきたかがわかる。

　「只今論議されておりますバッチ網の問題、及びあぐり網の問題でありますが、・・・（中略）・・・バッチ網が七十五統、あぐり網が二十三統あるのであります。これを桑名郡の天王崎から二見の立石までの沿岸線を二十四里とわれわれはいっておりますが、その沿岸線に一列に並べますと網が重なって、一杯になるのであります。これを以て伊勢湾広しいう人は伊勢湾を解せざる人であります。・・・（中略）・・・九十二統に今新規出願が二十九統あるのであります。之を合わせると実に百二十三統の多きに達し伊勢湾は網と網とが重って一杯になるのであります。・・・（中略）・・・我々三月から自滅の一途を辿らんとする四苦八苦の苦しみをしているものを、如何にして救

済するかどうするかということに付いて二十一日には漁業者大会を開かんとして準備中であります。」[10]

その他にもこの県議会では、熊野灘におけるサンマの豊漁による高知、香川、和歌山県漁船の三重県への入漁問題が松本松太郎県議によって質問が行われた。このように当時の漁業をめぐる状況は、伊勢湾における過剰操業、他県からの入漁など深刻な問題が存在していた。

第2節　漁業制度改革と5ポイント計画

1. 漁業制度改革

1947（昭和22）年1月22日に農林省水産局企画課を中心に第一次漁業制度の改革案が出された。しかしながら漁業権の組合集中という点が、アメリカを中心としたGHQに拒否された。これは、1946（昭和21）年に中国国内の蒋介石の国民党軍と毛沢東の共産党軍の内戦が勃発し、アメリカとソ連との対立が厳しさを増す中でアメリカを中心としたGHQがソ連のコルホーズ（＝集団農場）と同じ社会主義的なものと見なしたためである。その後、第二次案が同年6月22日に出されたが、これは専用漁業権を全漁民の三分の二以上で構成する漁民公会を設立し、そこに集中させるとし、その他の漁業権は個人、会社などに与えられるとされたが、これもGHQの受け容れるものとならなかった。結局、1948（昭和23）年の7月に出された第三次案がようやくGHQに認められた。しかし、第三次案では、漁業協同組合の優先性がまったく陰をひそめ、個人、会社に対する優先性が全面に出されたため、経済関係閣僚懇談会でも否決された。そして漁業協同組合の優先性を認めさせた第四次案が1949（昭和24）年11月に29日の国会をようやく通過した。

この新漁業法（戦後漁業法と称される）は、旧漁業権である定置漁業権、区画漁業権、専用漁業権、特別漁業権を廃止し、あらたに定置漁業権、区画漁業権、共同漁業権を設定した。さらに漁業権の自営者免許の原則を明らかにし、旧明治漁業法において存在しなかった一県一海区を原則とする海区漁業調整委員会を設立した。漁業法第1条には、「漁業者および漁業従事者を

主体とする漁業調整機構の運用によって水面を総合的に利用し、もつて漁業生産力を発展させ、あわせて漁業の民主化を図ることを目的とする。」と謳われており、この漁業調整機構として漁業者による選挙によって選ばれる民選委員と知事の任命による学識経験者からなる海区漁業調整委員会が位置づけられているのである。

　新漁業法は、旧漁業法と異なり、とくに漁業権の私権としての性格が著しく制限され、第一には、適格性と優先順位により免許が与えられ、旧法のような旧漁業権者が優位となる先願主義をとらず、共同漁業権のように漁業協同組合にのみ与えられるもの、定置漁業権は多数の組合員である漁業者組織（漁業協同組合、漁民会社、等々）に優先順位の第一としたこと、多数の漁業者が営む区画漁業権の篊(ひび)建て養殖、カキ養殖を共同漁業権のように漁業協同組合に与えられる組合管理漁業権となったこと、第二に、漁業権の担保性、譲渡性は原則として認められていないこと、さらに貸付はいかなる場合においても認められていないこと、すなわち私権としての性格に対する制限である。第三に、漁業権の存続期間を旧法の 20 年間から定置・区画漁業権は 5 年、共同漁業権は 10 年とし短縮したことである。こうして公的な性格を強く持った私権としての内容を明確なものとした。

　戦後の新しい水産業協同組合法も新漁業法が成立する 1 年前の 1948（昭和 23）年 12 月 25 日に公布された。この水産業協同組合法が漁業法に先立って成立した理由として、第一に、当初、政府は水産業団体法の改正と漁業制度改革を同時並行的に進めていたが、各地の漁村の状況が十分把握されていなかったという事情があり、そのために漁業者組織の再建を目的とした水産業協同組合法の成立をまず優先させたためである。それと第二には、戦時中の中央水産会が 1947（昭和 22）年 11 月に閉鎖機関に指定され、指導機関が存在しなかったこと、さらに漁業会が戦時中、1941（昭和 16）年の鮮魚介配給統制規則に基づき水産物配給の独占権を握っていたが、1947（昭和 22）年の鮮魚介配給規則により、戦時中の統制規則が廃止されたために独占的な地位を奪われ、業者との競争にさらされたことなど水産業団体の中での混乱が見られたことである。さらに第三には、農業団体の再編が 1947（昭

和22）年10月に施行された農業協同組合法によって、すでに完了していたことである。

この法律の主な特徴は、以下の通りである。
(1) 旧法が地域住民の加入を認めているのに対して漁業者が主体となったこと。
(2) 協同組合原則にのっとり加入脱退の自由が認められたこと。
(3) 行政の下請け機関的役割から組合の自主性が拡大され、組合員、または会員のために直接奉仕することが目的とされたこと。
(4) 漁業生産組合、および水産加工業協同組合の規定が盛り込まれたこと。

こうして、漁業協同組合の漁民の協同組合としての性格を明確にしたのである。この法律の施行にあたっては、まず、水産業協同組合法の制定が先行し、各漁村にこの法律に基づく漁業協同組合、および漁業協同組合連合会、業種別組合が設立されたのである。しかし、この新しい法律に基づく新漁業協同組合の設立は、なかなか思うようには進まなかった。「法施行後六ヶ月を経た（昭和）24年8月末でも、新組合数は811にすぎず、設立見込み組合数の20％にも満たなかった」[11]と言われている。

三重県においても水産業協同組合法にもとづく漁業協同組合が戦時中の漁業組合解散後の135の漁業会にかわって設立された。しかし、当初、非常に経済的にも脆弱な弱小組合が族生した。その後、これらの弱小組合の整理統合、財務処理基準令にもとづく自己資本の増強、自然淘汰による消滅などの結果、1952（昭和27）年現在で177組合となった。その内訳は、漁業協同組合が161組合、漁業生産組合が5組合、水産加工業協同組合が11組合であった。漁連組織は、この他に3つ設立された。三重県漁業協同組合連合会（1949（昭和24）年10月15日設立）、伊勢湾漁業協同組合連合会（1950（昭和25）年1月19日設立）、桑名漁業協同組合連合会（1952（昭和27）年7月5日設立）である。信漁連ははじめから一つの三重県信用漁業協同組合連合会（1949（昭和24）年10月14日設立）であった。

漁業制度の改革は、水産業協同組合法の制定を前提として新漁業法が施行され、実施に移された。旧漁業権は、この施行2年以内に消滅させて新漁

業権を免許した。そして旧漁業権者・入漁権者・賃貸権者に対して 30 年以内に償還する漁業権証券を交付した。ただし、旧漁業権者であった漁民団体に対しては、これを担保にした融資が行われた。

　三重県においては、こうした漁業制度の改革がどのように行われたであろうか。

　まず、三重県の漁業権の漁業制度改革以前の行使状況について述べよう。1948（昭和23）年7月1日現在の旧漁業権の所有状況のうち、専用漁業権の数が 262 であり、そのうち漁業会所有が 249、町村所有が 13 であった。定置漁業権は、漁業会所有が 258 存在し、そのうち休業中が 122、着業中が 136、これらの着業中の定置漁業権は賃貸しされており、地元の個人がそのうち 68、地元の共同経営へは 51 である。地元外への賃貸しは 17 となっている。また、個人所有の定置漁業権は 42 であり、そのうち休業が 8、着業中が 42 であった。着業中の定置漁業権は、権利者である個人ないし地元非権利者との共同経営であった。区画漁業権に関しては、漁業会所有が 213、休業が 47、着業中が 166 となっている。この着業中のうち地元への賃貸しが 134、地元外が 32 となっている。個人所有の区画漁業権は 5 である。そのうち 1 が休業中であるが、あとの 4 は着業中である。特別漁業権については、漁業会所有が 574、そのうち休業しているのが 130、地元業者に賃貸ししているが 441、地元外への賃貸しが 3 である。個人の所有は 3 である（1947（昭和22）年度）[12]。

　三重県においては、いずれの漁業権においても個人所有が少なく、戦時中に漁業組合を改組した漁業会所有が大半を占めていること、休業している漁業権は定置網漁業権で 40.7％、区画漁業権で 21.6％、特別漁業権で 22.5％存在した。また、休業以外の実際に稼働している定置漁業権、区画漁業権、特別漁業権においては賃貸が多いことが特徴である。定置漁業権では 45.3％、区画漁業権では 74.1％、特別漁業権では 76.9％が賃貸となっている。とくに区画漁業権の賃貸が多いのは、戦前からの御木本真珠等の真珠企業によるものであろうと考えられる。こうした旧漁業権者に対して内水面旧漁業権者を合わせて 560,623 千円、そのうち海面の旧漁業権者について

は、555,865千円が補償額として決定された。

新漁業権への移行によって、表8-9を参照すれば明らかなように旧漁業権件数は約56.5％に減少した。これは、特別漁業権の一部が漁業権漁業からはずされたことを考慮しても大幅な減少となった。従来の専用漁業権と小型定置、特別漁業権のほとんどが共同漁業権に組み入れられたが、この漁業権の整理統合による減少が大きな要因である。しかし、区画漁業権は、戦後の真珠養殖の好況を反映して新規参入者も多く、1952（昭和27）年10月調べでは権利数が307件となっており、経営体数は1,147経営となっている。この経営体数は、1948（昭和23）年の改革前が141経営体数であったから約8.1倍の爆発的な増加振りである[13]。

表8-9 新旧漁業権の切り替え（1952（昭和27）年12月31日現在）

旧	件数	新	件数
専用漁業権	266	共同漁業権	168
定置漁業権	263	定置漁業権	76
区画漁業権	214	区画漁業権	491
特別漁業権	557		
計	1,300	計	735

出所：三重県水産課「三重の水産 1954」p57より作成
ただし、内水面漁業については除いた。

こうした新漁業権への移行は、旧漁業権者と新漁業権者、各漁村の思惑などが入り乱れ、さまざまな紛争が生じた。まず、熊野灘方面のブリの定置網漁業権をめぐって当時の『伊勢新聞』は1951年5月26日付けの記事で「漁業権めぐる紛争　現地にきく」「"漁場荒らされては破滅""進出拒むは非民主的"　両者の言い分」という題名で詳細に記載している。そこでは、尾鷲、松本、九鬼の場合と桂城村島勝、白浦の場合という2つのケースに関して述べている。まず、簡単に言えば、九鬼村側の言い分として、「明治34年の明治漁業法制定以来、50年間の努力によって日本一と銘打たれた現在の九鬼村の定置網漁業が新漁業法によって、今まで大して実績も上げていな

かった尾鷲、および松本の定置網漁業者が進出し、魚道を抑えきるような張り方をされれば、九鬼村の定置網漁業者は破産の憂き目にあう」というものである。他方、尾鷲、松本の定置網漁業者の側は、「今度の漁業法の目的が羽織漁民（漁網・漁船などを所有し、明治漁業法下の権利が与えられてはいるが、実際に本人は漁労活動に参加せず漁労長などに任せ、水揚げからの収奪のみを行う寄生地主的漁業者）をなくして漁業を民主化する所にあるという点から、九鬼村のそれは新漁業法の目的にそむく、尾鷲および松本の定置網を現在のところより少し南に移動させれば良いことだ」という主張であった。

桂城村島勝、白浦の場合は、少し九鬼と尾鷲、松本のケースと異なり、後者は既存の定置網漁業者同士の紛争であり、定置網の敷設場所に関するものであったが、前者の島勝と白浦の場合、島勝は三重県下でも最初に定置網を始めた漁村であったが、白浦は戦後の新漁業法によって明治以降、休眠状態にあった定置網漁業を別の場所に移動させ、新たに始めようとしたことから島勝側は魚道を遮られ甚大な影響を蒙るということで紛争となったものである。

これら2つのケースは漁業調整委員会に持ち込まれ一応の調停に持ち込まれたが、島勝と白浦の紛争は白浦側が旧漁場に少しばかりの新漁場が付け加えられたような調停案は飲めないとして強硬に主張し、その後も問題は継続した。

さらにその他にも真珠漁場をめぐる紛争、共同漁業権をめぐっての紛争も起きた。1952（昭和27）年2月3日付けの『伊勢新聞』は、「海の改革その後の歩み 『真珠紛争』筆頭に海区委困らす難問続出」という見出しを載せ、次のように述べていることによってもうかがい知れる。「・・・切替え審査が行われている真珠区画漁業権は志摩郡浜島町の養殖業者と漁協組の対立、神原と五カ所の漁場の争奪、間崎の旧漁業者と新漁業者の対立のほか七、八カ所の競願で免許をめぐって紛争が続けられる模様。◇共同漁業権では免許をめぐって紛争をつづけていた志摩郡神島漁協組と答志の漁協組の問題が共有漁場とすることで解決したが行使方法が残されており、和具漁協組と間

崎漁協組の問題はいまだに同一漁場をめぐって紛争を続け漁場の免許は決定していない」。

発足後、間もない三重県漁業協同組合連合会（以下三重県漁連）も県漁民の立場から『漁連時報』第3号に「漁業制度改革の後に来るもの－時の問題－」という論説を載せており、当時の漁連の考え方を知る上で興味深い。

「新漁業法施行以来、海区漁業調整委員会を中心とした漁場再配分のための努力も、個々に漸く結実し、本年9月1日を以って真珠区画漁業権を除く、一切の漁業権が切替えられたのである。これによって殆どの漁業会が解散し、新権利保有主体としての協同組合の地位が大きくクローズアップしたわけである。

漁業生産力を発展させ漁業の民主化を図ることは、日本の民主化並びに経済再建の重要な一環である。与えられた漁場を高度多角的に利用し、その漁場の持つ生産力を最高度に発達せしめる事が、今後の協同組合に課せられた最も重大なる使命と云わなければならない。

今次漁業制度の改革方式そのものには、協同組合にとって相当不満の点を内包しているのであるが、この件については今後の漁民の政治活動によって、法律改正にまで及ぼさなければならないのであるが、当面の問題は、

　　1　民主的な漁場行使の方法
　　2　その行使を合理化するための経営体の整備
　　3　漁場の管理方式及び保護育成の問題
　　4　漁獲物の処理販売機構施設等

これに関する多くの問題が、今直ちに取上げ実行に移さなければならない段階に到達しているのである。勿論、組合によって各々その性格を異にする以上、取上げるべき問題の比重も種々異なることは当然である。然しながらこれが決定にあたっては、あくまでも漁民の総意の反映したものでなければならないのである」[14]。

多少長い引用となったが、要するに当時の三重県漁連は、漁場利用と漁民の総意の結集、漁場の管理・保全と管理主体（＝漁協）の問題、販売施設の整備などの漁業協同組合を基軸とした今日に通じる漁業の民主主義的原則の

確認と漁協の販売力の強化などの漁業制度改革の漁民主体の形成による実質化の問題を提起していたのである。

1949（昭和24）年頃から日本経済は、復興金融金庫の融資による石炭と鉄鋼の増産をリンクさせた、いわゆる「傾斜生産方式」下で基幹産業の再建が軌道に乗り始め、戦後直後の悪性インフレーションも、一応、収束し始めた。さらに政府は、この年の4月、日本経済の荒治療ともいうべき有名なドッジ・ラインを強行した。ドッジ・ラインは、それまでのアメリカからの対日援助に依存せず、日本経済の自立化をめざし、国内のインフレーションを財政金融引き締めにより一挙に収束させ、1ドル＝360円の単一固定為替レートを設定して日本の貿易をドルとリンクさせ、軌道に乗せようとするものであった。そのために強力な金融引き締め政策が行われ、金融的基盤の脆弱な水産業は大きな痛手を被った。こうした経済状況の中での漁業権証券の発行は、証券の換金化が急がれることが明らかとなり、ブローカー等の暗躍が予想されたため、系統側は漁協系統組織（信漁連）に証券を集中させ、取扱いを農林中央金庫に一元化させるよう運動を展開した。当初の水産庁構想は、水産金融特殊機関の設立であったが、これは成立するに至らなかった[15]。

三重県における1951（昭和26）年度の証券資金化額は、2億6,000万

表8-10　漁業証券資金化の内容（1951（昭和26）年度）

事業計画	件数	事業費(万円)	内　訳
漁業生産の協同化	46	3,300	浅海増殖事業
定置漁業の経営	30	8,400	ブリ、マグロ、イワシ
真珠養殖の自営	21	3,200	真珠貝の採苗
網漁業の自営	12	1,300	
小　計	109	16,200	
共同利用施設	17	950	共同販売所の新設補修
〃	5	260	加工場の新設
〃	14	1,030	組合事務所の新設補修
〃	15	2,230	貯氷庫、製氷冷凍施設
〃	12	1,210	漁港の諸施設
〃	10	1,020	その他の施設
小　計	73	6,700	
その他		3,100	
合　計	182	26,000	

出所：「漁連時報」第11号　1952（昭和27）年5月20日

円であり、内訳は買上償還が180百万円、担保融資が80百万円であった（合計5億6,000万円）。これが対象となったのは、県内145組合のうち135組合であり、表8-10に見られるように、主には漁業生産基盤の拡充に充てられ、件数にして109件、総額の62.3％に相当する16,200万円が支払われた。内訳は浅海増殖事業に46件、3,300万円、ブリ、マグロ、イワシの定置網漁業の経営に対して30件の8,400万円、真珠貝の採苗に対して21件の3,200万円、網漁業の自営に対しては12件の1,300万円となっている。さらに共同販売所の新設補修、加工場の新設、組合事務所の新設補修、貯氷庫、製氷冷凍施設、漁港の諸施設、その他の施設などの背後施設に対して、73件、計6,700万円が支払われた。残りはその他の3,100万円である。このように三重県における漁業証券の資金化は、主要沿岸漁業の経営安定化と生産基盤の拡充に大きな役割を果たした。

2.「5ポイント計画」と漁区の拡張

当時、ドッジ・ラインの強行は、中小漁業者、漁家の経営を極度に逼迫させ、過剰操業による乱獲問題を醸成させた。こうした事態に直面したGHQは、1951（昭和26）年2月に「日本沿岸漁民の直面している経済危機と、その解決策としての5ポイント計画」を発表した。この5ポイント計画は、次のようなものである。

第1ポイント　乱獲漁業の今後の拡張を停止し、漁獲操業度に所要の逓減を行なうこと
（小型底曳網漁業の現状は特に危機に瀕している）
第2ポイント　各種の漁業に対し、堅実なる資源保護規則を整備すること
第3ポイント　漁業取り締まり励行のため、水産庁と府県に有力な部課を設けること
第4ポイント　漁民収益の増加
第5ポイント　健全融資計画の樹立

この5ポイント計画の勧告にもとづいて日本政府は、次ぎのようなものを主な政策として実施した。

第1には、小型底曳網漁業・中型機船船曳網漁業の減船、サンマ漁業の整備、アグリ網漁業の調整

第2には、資源保護法の制定・公布

第3には、漁業取り締まりの強化

第4には、漁船損害保障法の制定

　三重県においても伊勢湾を中心とする小型底曳網漁業の減船整理が行われた。伊勢湾においては、従来から小型底曳網漁業は許可制となっていた打瀬網、貝桁網等を始め、許可、無許可船を合わせて約1,000隻の三重県船と、三重県船の約3倍の隻数を持つ愛知県船との入会い操業となっており、かつてから無許可、違反操業が絶えなかった。こうした状況の中でGHQの「5ポイント計画」にもとづく小型底曳網漁業に対する規制が行われたのである。また、それに先だって1951（昭和26）年9月1日に「三重県漁業調整規則（三重県規則第52号の1）」が制定された。三重県は、同年10月に「三重県小型機船底曳網漁業整理対策委員会」を設置し、計画としては、小型底曳網漁船隻数を103隻、1,157トン、40,686馬力の削減を決めた。整理実績の状況は、小型底曳網漁船の隻数105隻、トン数1,131トン、馬力数4,548馬力であった。したがって達成率は、隻数では102％、トン数では98％、馬力数では11％である。さらに三重県は、翌年の1952（昭和27）年3月10日にも「三重県小型機船底曳網漁業取締規則（三重県規則第16号の2）」を制定し、小型底曳網漁業の許可、最高制限馬力を10馬力とし、禁止海域、罰則などを定めた。

　以上のような小型底曳網漁業の再編整理と合わせて、この時期、とりわけ三重県遠洋漁業にとって一条の光を投げかけた出来事は、マッカーサー・ラインによって漁場が日本の周辺海域に制限されていたものが図8-1にみられるように次々と漁区の拡張がなされ、1951（昭和26）年のサンフランシスコ講和条約に基づく日本の占領体制からの一応の自立の翌年、1952（昭

和27）年4月に廃止された。こうして次々とマッカーサー・ラインの拡張がなされてきたのは、日本国内の食糧危機が進行し、46年5月の「食糧メーデー」に見られるような社会不安が醸成され、きわめて深刻な社会問題となっていたからである。

　三重県カツオ・マグロ漁業にとって、マッカーサー・ラインの拡張は、戦前から赤道付近までカツオ・マグロを追ってきた遠洋漁業者にとって、まさに"千載一遇のチャンス"となった。三重県の場合、カツオ一本釣漁業が主体であり、マグロ延縄漁業は、いわば"裏作漁業"であったが、一本釣漁業による漁獲量は、戦後直後の1946（昭和21）年の漁獲量が503,198貫であったが、その後、若干の資源変動による差はあるが、200万貫前後を維持しており、ほぼ4倍となった。こうしたことによっても漁場の拡大に伴って安定した漁獲量を維持していることがわかる。

第3節　三重県漁業・養殖業の復興

　1951（昭和26）年9月1日から1952（昭和27）年8月31日の知事許可漁業、自由漁業、区画漁業権漁業、共同漁業権漁業、定置漁業権漁業などの総水揚げ高は、数量にして21,510,311貫（＝80,664トン）であり、金額にして4,402,381千円である。金額で見ると、最大のウエイトを占めているものは、区画漁業権漁業、すなわち養殖業の34.5％である。次いで許可漁業の24.1％、定置漁業権漁業の16.6％、共同漁業権漁業の14.9％、そして最後に自由漁業の9.9％の順となっている。養殖業は、主には真珠養殖業が大きなウエイトを占めており、当時の三重県における基幹的な位置を占めていた。

　戦後、著しい発展を示した漁業は、熊野灘方面のカツオ・マグロ漁業である。まず、その発展について述べる。

1. 熊野灘方面のカツオ・マグロ漁業の発展と定置網漁業

（1）遠洋カツオ・マグロ漁業

戦前における三重県の遠洋かつお・まぐろ漁船は、志摩郡・度会郡、および南北牟婁郡の熊野灘を中心として伝統的なカツオ釣り漁業を主とした操業であった。そして 1932（昭和 7）年に鋼船化と無線電信の建造架設により、飛躍的に沖合化が進展した。1934（昭和 9）年時点のカツオ・マグロ漁船の隻数は、111 隻を数えるに至った。その後、戦時中の軍の徴用等により、漁船数の 80％を失うという決定的な打撃を被った。しかし戦後再び不死鳥のように蘇った。それは前述したように 1946（昭和 21）年、1949（昭和 24）年の第二次、第三次漁区の拡張が強力な"カンフル剤"となったからである。こうして、それまでマッカーサー・ラインによって日本周辺の狭い漁場に閉じこめられていた三重県熊野灘の遠洋・沖合漁業もカツオ・マグロ漁業を先頭に発展の兆しが見え始めた。そして 1951（昭和 26）年のサンフランシスコ講和条約による連合国による日本占領の終了によって全面的にマッカーサー・ラインは撤廃され、遠洋カツオ・マグロ漁業の本格的な発展がもたらされた。

　こうした状況を 1949（昭和 24）年の第二次漁区拡張時の雰囲気を当時の『伊勢新聞』の記事が次のように伝えている。「（第二次）漁区拡張にわく県下の水産業　年四億円の増収　カツオ・マグロ正月には新漁区のが食膳へ」の見出しで三重県の水産課の談話を述べている。「総司令部から漁区かく張の発表が行われ、水産県である本県もわきたっているが、県水産課ならびに県カツオマグロ漁組の意向を聞いてみると　県水産課　現在かく張区域への出漁可能の遠洋漁船は、九十五トン以上で本県は十七隻あり、一隻年間八万貫のかつおまぐろを漁獲する能力をもっており、かく張地域は世界のかつおまぐろの最優秀漁場であり、十七隻が出漁すれば、従来より百三十万貫の増獲は大丈夫で、金額にして四億円の増収となる。いままでは年三百万貫の水揚目標であったが、二十四年度は五割増の四百五十万貫の水揚目標をたて、まず第一船として十一月上旬のまぐろ漁期に一斉に出漁、年末までに一航海を終わる計画で、正月には新漁区の質のよい"まぐろ"が県民の食膳をにぎわすだろう」[16]と。

　三重県におけるカツオ・マグロ漁業の特徴は、カツオ一本釣漁業を表作と

して、裏作としてマグロ延縄漁業を操業するというものであった。こうしたカツオ・マグロ漁業の遠洋漁業での位置は、金額において1951（昭和26）年度で見れば、遠洋漁業漁獲金額の約98％を占めるなど圧倒的なものであった[17]。このように三重県のカツオ・マグロ漁船の特徴は、第一に、4月から9月までのカツオ漁獲高に大きく依存し、1952（昭和27）年度実績で見るとカツオ一本釣り漁業による漁獲高が23億3,800万円に対してマグロ延縄漁業の漁獲高が6億7,200万円となっており、マグロ延縄漁業の漁獲高はカツオ一本釣り漁獲高の28.7％に過ぎない。第二には、チャーター船方式と呼ばれる東京都、東北地方あたりのカツオ・マグロ業者が三重県の漁船をチャーターして操業を行うカツオ・マグロ漁船が一定のウエイトで存在していたことである。これは、「オーナー（漁船所有者）が装備の整った漁船を提供し、操業に必要な経費の一切を負担する。一方、請負人は漁船員の雇い入れなどの労務管理、操業に必要な資材等の購買管理、海上での操業管理等について一切の責任を負う。その代償として船主取分のなかから5人代を世話料として受けとるというものである。請負人は岡船頭または漁労長本人である」[18)19)]。1953（昭和28）年5月調べでチャーター船は50隻、許可船は80隻、合計130隻が存在していた。第三には、こうしたマグロ兼業船が1960（昭和35）年以降の高度経済成長期には逆転し、マグロ専業船が主体となり、また、この期を境にチャーター船方式もそれまでの増加傾向から減少に転じた。

　1945（昭和20）年後半からのカツオ・マグロ漁業の発展は、めざましいものがあったが、その反面、漁場の遠隔化による操業の危険性とアメリカの南太平洋のビキニ環礁で行われた水爆実験による甚大な被害などの事件もあり、痛ましい犠牲も伴っていたことを忘れるわけにはいかない。三重県として大きな事件としては、宿田曽村を根拠地とする第十一東丸の遭難と、第五福竜丸事件による三重県遠洋漁業への影響である。第十一東丸の遭難は、遭難者47名というきわめて多くの犠牲者を出した。当時の『伊勢新聞』（1953（昭和28）年2月23日）がこの事件に関して次のように記事を載せている。この遭難は、翌日の『伊勢新聞』で県水産課長談として「私としては戦後の

新造船のため資材その他の関係から造船が粗雑だったのが原因ではないか」
と述べており、こうした指摘もあながち誤りではないと思われる。

「四十七名絶望か　宿田曽漁師乗組み第十一東丸遭難
〔横浜〕三崎漁業無線から第三管区海上保安本部へ廿二日午後八時までの通信
によると、大洋漁業所属カツオ漁船第十一東丸（一四四トン）－鈴木賢也（二九）
船長ら四十七名乗組－は、同日午前一時から静岡県石室岬南方二百四十マイル
の海上（北緯三十度四十分、東経百卅八度）で、荒天のため表船員室から浸
水、間もなく右舷に約四十度に傾いて同一時過ぎSOSを発したまゝ連絡を
絶ち、第四管区から"こうず"が現場に急行した。これよりさき漁船第八幸福
丸はSOSを受信、同九時半現場に到着したが、『船影を認めず』と報告してき
ており憂慮されている。また、現場近くにあった東邦水産漁船第十八東邦丸も
現場に向かった。」[20]

　第五福竜丸事件は、1954（昭和29）年3月14日、焼津港所属のマグロ
漁船である第五福竜丸が南太平洋のマグロ漁場での操業中にアメリカの統治
領であったマーシャル諸島ビキニ環礁における水爆実験による大量の放射能
を浴びた事件である。この事件によって放射能マグロの投棄、マグロ価格の
暴落によってマグロ漁業者は、多大な被害を被った。三重県鰹鮪漁業協同組
合としても1955（昭和30）年2月の組合総会において「ビキニ水爆に対す
る救済資金返済に関する決議」を行った。この決議においては、①アメリカ
からの200万ドルの慰謝料の速やかな支給、②慰謝料の支給が遅れるなら
ば融資金額の返済期限の延期等の要求事項を農林大臣・水産庁長官・大蔵大
臣あてに送った[21]。また、三重県議会も政府に対して「遠洋漁業保護育成
についての意見書（陳情書）」を決議した。
　こうして三重県のカツオ・マグロ漁業は、多大な犠牲を伴いながら漁場の
遠隔化と資本装備の高度化によって1950年代後半に発展したが、この時期、
カツオ・マグロ兼業船から三重県のマグロ漁業の専業化が進展し、宿田曽、
礫浦などの志摩・度会地域が中心となった。漁船規模も1955（昭和30）年

には250トン型が主体となったが、「1956年（昭和31年）には田曽浦で792トンのマグロ漁船が建造され、それ以降は搭載型母船式マグロ船を含めて建造数が増加した。とくに1955年～57年の3か年間は大型マグロ専用船の建造が集中した」[22]。

このような1955年以降のマグロ専用大型漁船を中心とする遠洋漁業の発展によって急浮上したのが、「三重県遠洋漁業基地」構想である。具体的には、四日市市にマグロ漁業基地、尾鷲港をカツオ漁業の基地として、その他、浜島港・宿田曽港・波切港などもカツオ漁業基地としてあがっていた。その後、1962（昭和37）年に四日市市に四日市市営魚市場として開場したが、遠洋マグロ漁船の水揚げ量は計画を大幅に下回り、この市場には大遠冷蔵1社が進出したのみであった。この時期は、マグロ漁業の発展のために、県レベルでの漁場開発と教育施設を兼ねた指導および練習船の建造が要望されていたが、三重県立大学水産学部の航海実習を兼ねた県漁業指導船大勢丸（579トン）が1957（昭和32）年に建造されたことが注目に値する。三重県としても1955年以降に県庁の主導の下でカツオ・マグロ漁業の遠洋化、大型化を基軸として産業的な確立を図ろうとしていたと言えよう。

このような背景には、1953（昭和28）年に発効した2年間の時限立法である「許可等についての漁業法の臨時特例法」があったことが注目されてよい。この法律によって講和条約発効後のマッカーサー・ラインによる漁場制限撤廃後の日本漁業の遠洋化と漁船の大型化が飛躍的に促進された。すなわち、この法律は、20トンから70トンまでの漁船に対し、100トンまでの増トンの許可、70トンから95トンまでの漁船に対し、135トンまでの増トン許可、95トンから100トンまでの漁船に対し、150トンまでの増トンの許可、100トン以上の漁船に対しては限度なしの増トンが許可された。そして、さらに70トン未満漁船の100隻以内の新規許可、および240隻以内の兼業許可が行われた。こうして「沿岸から沖合へ、沖合から遠洋へ」という日本の水産政策の伝統的路線が、この時期に再び積極的に打ち出され、三重県もカツオ・マグロ漁業の漁船の大型化と漁場の遠隔化が推進された。

(2) 熊野灘地域を中心とするブリ定置網漁業

定置網漁業では、とくに熊野灘を漁場とするブリ定置網漁業が主たるものである（図8-2参照）。ブリ定置漁業の漁獲量は、ブリのみで1951（昭和26）年（4月～3月）において1,197千貫となっており、トップの長崎県に次ぐ全国第2位の地位を占めていたが、図8-3に見られるようにしだいに減少傾向をたどる。1961（昭和36）年には2,539トンの漁獲量となり、全国7位の地位に下がった。漁法的には、終戦後の1950（昭和25）年に北牟婁郡須賀利漁場で二重落網が採用され、効率的な漁法が導入された。経営体数は1951（昭和26）年が30ヵ統、1955（昭和30）年が26ヵ統、1958（昭和33）年が25ヵ統と減少する。1955（昭和30）年2月の県議会に対して三重県漁連は、「ぶり定置漁業資金借入に対する県の損失補償について」の陳情書を提出した。これは、ブリ定置網の漁獲が1955（昭和30）年度不漁であり、それに伴う借入金に対する補償と融資の陳情である。

当時、ブリ定置網漁業は、網場の従事者が50人から99人が中心的な勢力となっているような多就労型の漁業であった。そのうちでも多くの村民が出資し、就労する村張り的共同経営が主体であったので、不漁に伴う損失は

図8-2　ブリ定置網漁場図（1953.10現在　着業¿ 休業¿）

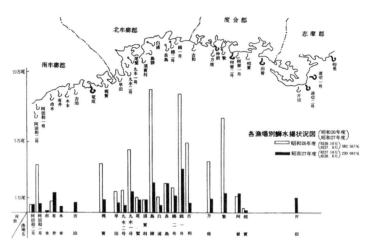

出所：三重県水産課『三重の水産』　昭和29年　p18より引用

漁村経済そのものを揺り動かす深刻な問題でもあったのである。ちなみにマグロ定置網を含めた数字であるが、1953（昭和28）年の経営体数が30経営であり、そのうちの26経営が共同経営であった。しかし、こうした共同経営も1958（昭和33）年には14経営に減少する。

三重県におけるブリ定置網漁業は、終戦直後から1952（昭和27）頃まで豊漁が続き（図8-3参照）、収益性の高い漁業と見なされていた。しかし、零細な沿岸漁民には資本力も技術力も不足していたために、ブリ定置網漁業の村張り的共同経営の多くが、「大洋漁業（現マルハ）、漁村外の個人漁業資本家からの資本・技術などを導入し、なおかつ、彼らを実質的なブレーンとして経営に参加させる場合も存在した」[23]。大洋漁業などの大手水産会社は、当時、敗戦による海外漁場の消失によって余儀なく国内の沿岸漁業へも進出を図っていたのである。しかし、豊漁は続かず、業績の悪化の中で次々と撤退する。

図 8-3　定置網漁業漁獲量

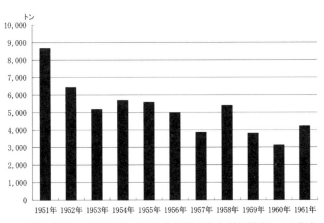

出所：農林省三重統計調査事務所「三重県農林水産統計年報」より作成

2. 伊勢湾の漁船漁業・ノリ養殖業の復興と確立
　　　　　　－バッチ網漁業・小型底曳網漁業、ノリ養殖業－
(1) バッチ網漁業・小型底曳網漁業

　沿岸・近海漁業の漁船漁業は、大臣許可を除いた知事許可漁業、定置漁業権漁業、共同漁業権漁業、自由漁業などが存在するが、主要な漁船漁業である知事許可漁業について述べよう。

　知事許可漁業は、表8-11を参照すれば明らかなように金額においても、数量においても伊勢湾を漁場とする機船船曳網漁業（以下バッチ網漁業と称す）のウエイトがきわめて高かった。機船船曳網漁業は、15トンの網船が2隻、火船が1隻、その他運搬船が1ないし2隻の船団操業となっており、総勢30人を基本とする船団であった（前掲表8-7参照）。漁期は、3月から5月のイカナゴ漁、7月から11月までカタクチイワシ漁である。1951

表8-11　許可漁業種類別漁獲高（昭26.9.1～昭27.8.31）

許可漁業種類	件数	漁獲高		比率（％）	
		数量（貫）	金額（千円）	数量	金額
機船船曳網	105	8,298,937	663,915	72.71	62.51
横曳網	88	100,311	13,040	0.88	1.23
ヒシコ揚繰網	28	728,749	58,300	6.39	5.49
サワラ流網	49	21,903	21,903	0.19	2.06
クルマエビ流網	88	1,110	2,777	0.01	0.26
狩刺網	29	101,600	10,160	0.89	0.96
カレイ・ボラ刺網	117	106,840	10,684	0.94	1.01
タイ巾着網	6	19,609	15,687	0.17	1.48
カツオ・マグロ旋網	12	152,362	38,091	1.33	3.59
火光利用夏季アグリ網	6	42,914	4,291	0.38	0.40
火光利用小型アグリ網	15	25,295	2,530	0.22	0.24
火光利用中型アグリ網	16	291,586	29,159	2.55	2.74
魚目アグリ網	22	7,588	1,011	0.07	0.10
サンマ流網	22	53,242	4,818	0.47	0.45
サンマ棒受網	56	35,966	3,237	0.31	0.30
四艘張網	5	87,157	1,046	0.76	0.10
火光利用地曳網	4	1,060	530	0.01	0.05
火光利用八田網	92	143,757	14,376	1.26	1.35
アジ・サバ揚繰網	8	219,370	21,937	1.92	2.06
アジ・サバ棒受網	10	13,333	1,600	0.12	0.15
小型底曳網	590	960,705	143,106	8.42	13.47
計	1,368	11,413,394	1,062,196	100.00	100.00

出所：三重県水産課『三重の水産』昭和29年 p16

図 8-4　バッチ網漁業見取り図

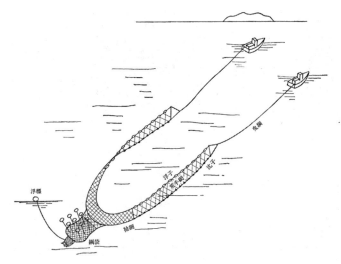

出所：金田禎之『日本漁具・漁法図説』成山堂書店
　　　（1977（昭和 52）年 3 月 18 日）p128 より引用

（昭和 26）年の許可漁業種類の漁獲量の 72.7％、金額の 62.5％をバッチ網漁業が占めており、他の漁業を圧倒している。終戦以前は、コウナゴの漁獲のみが許可されていただけでカタクチイワシ、マイワシの漁獲は沿岸の地曳網漁業と揚繰網漁業と競合することから許可されなかった。しかし戦後、食料事情の逼迫と漁網、ロープ、燃油等極度の不足により、揚繰網に比較し 20〜30％の少量資材で漁網がすむことと、漁法の効率的なことから、ヒシコイワシ（カタクチイワシ）の漁獲が許可され、その統数は飛躍的に増加し、揚繰網漁業の着業数を上回った。1945（昭和 20）年には 37 ヵ統であったが、ヒシコイワシの漁獲許可が出された 1947（昭和 22）年には、一挙に 2 倍強の 84 ヵ統となり、翌年の 1948（昭和 23）年には 105 ヵ統となった。しかし、愛知県側のバッチ網漁業の許可統数の増加、主要な漁獲対象のヒシコイワシの盛漁期が 7 月から 9 月の夏期に集中し、鮮度保持の困難・加工処理能力の問題で価格が低迷し、たびたび"大漁貧乏"の様相を呈してきたため、

図8-5　バッチ網漁業分布図

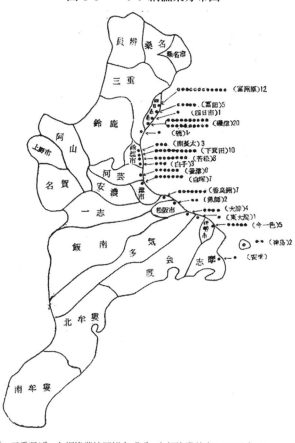

出所：三重県ばっち網漁業協同組合『ばっち網漁業読本』1955年11月p9より作成

しだいに着業統数は減少してきた。そして1958（昭和33）年に63ヵ統となった。1960（昭和35）年以降、価格低下の中で自主操業調整などが行われるようになった。

　図8-5は1955（昭和30）年7月のバッチ網漁業の伊勢湾における分布図である。三重郡の富洲原12統、礒津20統、鈴鹿市の下箕田10統、若松8統など伊勢湾の北勢地方に集中していることがわかる。北勢地域は地曳網が多かった。地曳網漁業は、ヒシコイワシを主な漁獲対象としており、バッ

チ網漁業も同じである。また、バッチ網漁業は漁法的に地曳網から発展したものと考えられ、地曳網時代からの村張り的共同経営の経営形態が生かされているものが多かった。

次いで大きなウエイトを三重県漁業において占めていたのは、同じく伊勢湾を操業海域とする小型底曳網漁業であった。小型底曳網漁業は、1953（昭和28）年の着業統数が512ヵ統であったが、1956（昭和31）年が974ヵ統となった。さらに1958（昭和33）年には1,365ヵ統、1962（昭和37）年には1,823ヵ統となり、飛躍的に増加した。こうした小型底曳網漁業の規模は、1958（昭和33）年現在で見ると、3トン未満が1,037ヵ統であり、約76.0％を占める。このように漁船規模の小さなものが多いのが特徴である。小型底曳網漁業は、伊勢湾海区が中心であり（戦後、三重県の海区は伊勢湾海区、志摩・渡会海区、熊野灘海区の3つに区分された）、縦曳きと横曳きの2種類がある。漁獲対象は、縦曳きの場合がエビ、カレイ、カニ、コチなどであり、横曳きの場合がカタクチイワシ、マイワシであったが、このような急激な統数の増加は、新たにアサリ、ハマグリ、バカガイなどの貝類資源が増加し、これらも漁獲対象としたためである。小型底曳網漁業の漁獲量では、1953（昭和28）年が2,981トンであったが、1958（昭和33）年には約3倍の9,197トンにまで増加した。しかし、その後は減少する。

(2) 伊勢湾のノリ養殖業

ノリ養殖業は、1951（昭和26）年の経営体数が3,606経営体であったが、翌年の1952（昭和27）年が4,112経営体、1955（昭和30）年には4,352経営体と50年代に急激に増加する。こうした経営体の増加は、1940年代中頃に伊勢湾内の主に松阪地区から伊勢地区を中心とした中勢地区（河芸郡から東黒部）の青ノリの生産増加、そして1950年代後半からの桑名地区を中心とした黒ノリの生産増加によるところが大きい。中勢地区では、もともと黒ノリが主体で秋ノリ（黒ノリ）の種付けが一部で可能であり、愛知県の黒ノリ養殖地帯へ種苗を供給していた。しかし、中勢地区では、大正期の大口築港完成による潮流の変化によって、黒ノリの養殖のための漁場条件が悪

化したため、1954（昭和29）年頃より松ヶ瀬、猟師を中心として網ひびが導入され、その後、青ノリ産地として大きく変貌を遂げた。青ノリの生産量は、1952（昭和27）年が70,426千枚、1955（昭和30）年が64,582千枚、1958（昭和33）年が94,497千枚、1960（昭和35）年が42,543千枚となり、1958（昭和33）年をピークに、その後、生産量は低下する。

　黒ノリの生産量は、1952（昭和27）年が33,214千枚であったが、1955（昭和30）年に16,555千枚と減少し、さらに1957（昭和32）年が14,396千枚と大きく減少した。しかし、1958（昭和33）年に21,963千枚と増加し、1960（昭和35）年には75,711千枚と飛躍的に生産量は増加した。これは、浮き流し養殖による沖合養殖が技術的に可能となったためである。浮き流し養殖は、1960年代の初頭から急速に普及し、黒ノリ生産量は飛躍的に増加する。こうして1950年代後半に入ると、中勢地域を中心とした青ノリ養殖業地域も黒ノリ養殖へと転換する。例えば、1952（昭和27）年度の中勢地区（河芸郡から東黒部）の青ノリ生産量は、黒ノリ、混ぜノリを含めたノリ全体量の91.6％であったが、1961（昭和36）年度には、66.2％とウエイトが低下していることによってもそのことはうかがい知れる。

　こうした三重県のノリ養殖業の発展において大きな役割を果たしたのは、三重県漁連を中心としたノリ共同販売体制の確立である（表8-12参照）。終戦直後の1947（昭和22）年11月に北勢地区（木曽岬から鈴鹿市）の桑名市内の5つの漁業組合が、まず統制解除に伴ってノリ共販を開始し、1949（昭和24）年の水産業協同組合法施行後に、この5漁協による桑名漁業協同組合連合会を設立し、漁業権を連合会に集中し、本格的な共販体制を確立した。この共販の入札権は、桑名海苔商業協同組合に属する地元、名古屋、知多のノリ問屋であった。桑名ノリは、戦前から全国的に優良ノリの産地であり、こうしたブランド化によって戦後も生産の発展をみた。

　こうした桑名漁連以外に、当時、中勢以北の約30漁協が参加する伊勢湾漁連と三重県下全域にわたる三重県漁連の3つの漁連が存在した。伊勢湾漁連によるノリ共販は、主に中勢地区の松ヶ崎、天白、香良洲などの6組合による青ノリ生産によって発展したが、1955（昭和30）年に入って伊

勢市の問屋の不渡りによる伊勢湾漁連の赤字問題をきっかけに 1960（昭和35）年に三重県漁連との合併を行い、合併後の三重県漁連のノリ共販は飛躍的に拡大した。

　三重県漁連は、三重県の沿岸漁業を中心とした漁連であり、購買面において漁業用の燃油に重点を置いていたが、他方では松阪市、伊勢市のノリ養殖業に対する共販にも力を注いだ。入札権をもっていた問屋は、南勢ノリ問屋協同組合に属する約 18 社であった。1952（昭和 27）年には、松阪市にノリ共販所を、さらに 1954（昭和 29）年には南勢ノリ共販所を設立した。こうした三重県漁連のノリ共販体制の拡充によって、表 8-12 に見られるように参加組合も 1950（昭和 25）年の約 10 組合から 1957（昭和 32）年には約 5 倍の 51 組合、1961（昭和 36）年には 70 組合まで発展した。共販実績も 1951（昭和 26）年の 21,000 千枚から 1961（昭和 36）年の 134,000 千枚まで約 6.4 倍にまで増加した。

　その他、三重県のノリ業界にとって大きな問題となったのは、1954（昭和 29）年頃からの「韓国ノリ輸入問題」である。この問題は、結局、1965（昭和 40）年までもつれ込んだが、全漁連と全海苔連による「のり流通協議会」の輸入ノリに関する生産者団体の一元的なノリ取扱組織の設立によって幕を閉じた。三重県漁連でも 1954（昭和 29）年 8 月 28 日に当時の石原会長他漁業者代表が東京の全海苔会館で韓国海苔輸入需給調整協議会を開催し、対策について協議したが、具体的結論が出されずに終わったことを「漁連時報」第八三号で報告している。

表 8-12　三重県漁連の共販実績

	参加漁協	数量（千枚）	金額（千円）
1950 年	10		55,500
51 年	15	21,000	71,900
52 年	17	63,000	23,947
53 年	16	44,000	7,569
54 年	21	43,000	69,900
55 年	31	50,000	20,950
56 年	41	62,000	89,400
57 年	51	62,000	40,900
58 年	51	48,000	49,300
59 年	51	45,000	73,000
60 年	57	74,000	18,000
61 年	70	134,000	58,000

出所：三重県漁連
宮下章「海苔の歴史」全国海苔問屋協同組合連合会 pp1,064 － 1,065 より作成

「
輸入韓国海苔に対する報告会

　韓国ノリ輸入に対し全国海苔生産業者の間に強い反対の狼煙が掲げられ、水産界に話題を投げかけながら、遂に1億枚の輸入決定を去る7月21日にみたが、これはあくまでも一方的な決定であり、これは国内生産者の猛烈なる反対を押し切ったものであり、未だ国内商品としてその流通の域すら達せない内に、早くも輸入商社、問屋側では追加輸入の気運さえ濃厚であるという。

　この事は生産者としては昨年の13号台風で被害を受け、漸く復旧成り、生産力を高めようとする矢先に大きな支障を来し、価格維持の面からも益々深刻であると思われるためにこれが対策の樹立に全海苔組合でも問題の善処に乗り出した。

　即ち8月28日全海苔会館に於いて韓国海苔需給調整協議会を開き、本県からは石原会長他漁業者代表が出席して、生産者の立場より輸入海苔に対処する具体案を討議し、生産業者擁護の線を強く押し、韓国海苔輸入代金の3.5％を生産業者に還元する案が出されたが、具体的結論を出すに至らなかったので、態度保留となった。

　又更に此の機会に海苔増殖の保護並びに助長、改善に関する必要なる施設と調査の実施及び研究、その他海苔流通調査等の強力なる組織力の結集機関を早急に設置する件に関して、その具体方を強く要望した。

　以上当日議題となった大略を、県下ブロック会議の席上、代表から報告があり、今後、団結を固くし、輸入ノリに対する生産者に不利益のないよう関係当局に強く要望することを決議し、報告会を終えた」[24]とある。

3. 志摩郡・度会郡を中心とする海面養殖業

(1) 真珠養殖業

　三重県の真珠養殖業は、すでに述べたように明治後期に本格的に志摩半島を中心に養殖が開始されたが、「1951（昭和26）年に実施された漁業制度改革に伴う漁場の解放と、海外市況の好況及び沿岸漁業不振による沿岸漁業

者の真珠養殖業への転換移行が行われた結果、養殖業者の増大と同時に生産量も増加し、1961（昭和36）年の生産量は43,753kgを記録した。全国の真珠生産高からみた三重県の地位は60％で第1位を占めている。真珠養殖筏の増加に伴い、養殖の中心である英虞湾においては密殖のへい害が現れてきた。即ち、薄巻き珠が増加し、従来の養殖期間では浜揚げができず、養殖期間の延長を余儀なくされ、この質的低下を補うため必然的にさらに筏数を増加させるという悪循環を繰り返すこととなった。また、夏期の高水温による環境の変化に伴うへい死率の増加等、歩留りも著しく低下し、この傾向はさらに五ヶ所湾、的矢湾にも及んだ。このため、養殖業者の中には、県外の瀬戸内海、四国、九州方面に新規漁場を求めて進出するものが増加し、業界の不安を招来するに至った。このような情勢に対応するため、県では真珠関係業者の強い要請を勘案し、1957（昭和32）年6月10日『三重県真珠養殖事業条例』を制定し、筏の登録制を通じて、年次計画による筏数の規制を行ない、1961（昭和36）年度をもって一応当初の計画を完了した」[25]。

　業者数は、終戦直後から急増し、1952（昭和27）年が1,147業者であったのが、1960（昭和35）年には2倍強の2,343業者となった。また、真珠の浜揚げ量も1950（昭和25）年が1,724kgであったが、1957（昭和32）年には約8倍の13,746kgとなった。1957（昭和32）年の『三重県真珠養殖事業条例』による筏台数の各地区の登録の実態は、表8-13に見られるように英虞湾がもっとも多く、三重県全体の6割前後を占めている。また、英虞湾における1台あたりの区画面積を含む関係海域面積は、きわめて狭く、最低の123.8坪となっており、三重県の平均の222.5坪の約半分であった。

表8-13　真珠筏年次別地区別登録筏台数　単位：台

地区	1957年	1958年	1959年	1960年	1961年
鳥羽	4,965	4,405	4,537	5,443	5,831
的矢	7,897	7,149	6,687	5,575	5,525
英虞湾	55,561	50,320	45,516	38,367	36,613
五ヶ所湾	10,933	11,222	10,502	9,358	9,059
南島	7,193	6,161	5,612	4,268	3,997
紀州	2,627	2,445	2,227	1,836	1,694
合計	89,176	81,702	75,081	64,847	62,719

出所：三重県農林水産部『三重の水産1963』p20

こうしたことから英虞湾において前述した密殖による弊害が最初に現れたのである。

また、真珠養殖業の発展に伴い真珠母貝養殖業の着業者数も急増し、母貝養殖のみ、母貝養殖と真珠養殖を行う業者を合わせて1955（昭和30）年度時点で892業者であったが、1958（昭和33）年度では2,043業者となった。生産量も1951（昭和26）年が37,541kgであったが、1957（昭和32）年には37倍の1,386,311kgとなった。このような真珠母貝業者の急増と並行して真珠母貝の生産量が増加したが、三重県漁連もこうした真珠母貝生産の急増に対して1954（昭和29）年11月の「真珠母貝対策協議会」を開催し、次のような結論と漁連としての要望をまとめた。

「・・・二ヶ月前、稚貝一万二千円呼値の明朗も日と共に暴落の一途を辿り、現在では貫わずかに数百円という現況で、然かも買付もつかないといった有様である。多額の資本投下によって、貧困にあえぐ零細漁家の経済に活を入れんとした関係漁協の苦心も、今「ルイ卵」のあやうきに直面しているといっても過言ではない。十八日度会会館に開催せられた真珠母貝対策協議会も、この意味で誠に重要な意義を持つものであった。席上真剣な意見の交換が行われたが、結論として出たのは、

　一、母貝生産も需要に応じた必要最小限のものでなければならない。この為には母貝協議会が中心となって確実な生産計画を策定し、各単協は、この線に沿って計画的な事業遂行を確認する。
　　（この対策としては近く来年度計画の為の代表者会議を開催して具体案の決定を急ぐ事とする）
　二、業者の母貝生産は絶対に禁止すべきであり、この取締については強力に当局に要望する。
　三、漁業法の改正を強く推進し、真珠生産の恒久的対策を確立する。
　　　以上の諸点であるが、時たまたま、真珠区画漁業権切替えの漁場計画の検討せられる時とて、漁業調整委員会を初め県当局の善処が要望せられるわけである。逆説的な言い分かも知れぬが、適確

な真珠の計画生産を強行する道は各々の業界が真に一本の体制を確立し

一、真珠核生産の計画化

一、漁場（免許）の適正化

一、母貝の漁協による生産

一、真珠業者の珠の計画生産

一、製品の枠付けと加工業者の統制等一貫した対策が一日も早く実現されなければならない。」[26]

(2) カキ養殖業

　その他の養殖業としては、カキ養殖がある。カキ養殖に関しては、鳥羽周辺の鏡浦、的矢、船越、立神などが中心であった。1948（昭和23）年の筏台数と養殖面積、生産高は、表8-14に示されている。生産量の推移は、表8-15に見られるように、1953（昭和28）年がむき身で90トン、その後、ジグザグするが1960（昭和35）年には102トンとあまり変化がみられないが、殻付きは1955（昭和30）年が278トンであったのが、1960（昭和35）年には453トンとなり、飛躍的に増加する。しかし養殖経営体数は、

表8-14　カキ養殖業

地区名	養殖戸数戸	筏台数台	養殖面積坪	1948（昭和23）年度生産高（貫）
安楽島	1	20	1,000	385
鏡　浦	71	340	625,000	17,323
的　矢	11	374	245,800	8,700
飯　浜	1	9	50,000	192
波　切	6	26	80,000	422
立　神	25	250	126,300	9,571
船　越	7	217	172,173	7,540
片　田	9	86	16,415	2,550
布施田	125	68	34,000	1,900
和　具	2	65	32,500	793
間　崎	3	21	2,050	470
越　賀	6	10	1,000	220
神　明	11	140	11,000	3,361
鵜　方	5	88	30,000	2,096
浜　島	1	18	3,000	135
南　海	10	460	50,875	2,202
長　島	2	165	36,430	2,876
引　本	6	211	81,000	3,000
合　計	138	2,568	1,353,543	63,736

出所：三重県経済部水産課「三重県水産要覧昭和二十四年版」

表 8-15　カキ養殖生産の推移

	経営体数	むき身 (トン)	殻付き (トン)
1949 年	138		
53 年	211	90	
54 年	114	133	
55 年	114	39	278
56 年	175	104	626
57 年	156	98	588
58 年	150	87	523
59 年	148	68	405
60 年	163	102	453
61 年	180	116	701
62 年	189	155	933

出所：農林省三重統計調査事務所
「三重農林水産統計年表」

1949（昭和24）年の138経営体から1960（昭和35）年の163経営体まで漸増する。カキ養殖業の本格的な発展は、表8-15に見られるように1960（昭和35）年以降の高度経済成長期である。

(3) ハマチ養殖－志摩、度会、熊野灘方面

　魚類養殖業は、1957（昭和32）年に県水産試験場の尾鷲分場において試験的に生け簀使用のハマチ養殖が成功し、試験場の指導の下で翌年の1958（昭和33）年から志摩・度会および熊野灘漁村で漁業者による養殖が始まった。1958（昭和33）年の経営体数は、4経営であったが、翌年の1959（昭和34）年には19経営に増加し、さらに1960（昭和35）年には22経営、1961（昭和36）年には41経営となった。養殖ハマチ放養尾数も増加し、1958（昭和33）年が6,000尾、1959（昭和34）年は91,000尾、1960（昭和35）年は301,000尾、1961（昭和36）年が765,000尾となっている。このようにハマチ養殖業も高度経済成長期に本格的な発展を見るようになる。ハマチ養殖の他、カンパチ、シマアジ、カワハギなども養殖され始めた。1962（昭和37）年の養殖尾数は、カンパチ12,300尾、シマアジが2,000尾、カワハギが17,000尾となっている。志摩・度会地域の漁村では、ハマチの単独養殖のみである。他魚種の混養は見られない。このような魚類養殖業の発展にとって重要な条件であったのは、種苗であるモジャコの採捕による県内自給が可能であったこと、および餌料の原料である伊勢湾などで漁獲されるカタクチイワシ、コウナゴの自県内供給も可能であったことである。

第4節　漁業経営の就業構造

　三重県の沿岸漁業は、小規模・零細な経営が多かった。これは戦前からの一貫した構造であり、戦後も伊勢湾漁村、度会（伊勢湾側）・志摩漁村、度会（太平洋側）・南北牟婁郡の熊野灘漁村の押しなべて同じような戦前来から引き継いだ構造であった。三重県全体の1948（昭和23）年時点の漁船の動力・無動力別で見ると、動力船が6,069トンに対して無動力船が8,927トンとなっており、零細な無動力船のウェイトがトン数で見ると59.5％も占めている。

　地域別の個人経営世帯の専業・兼業別では、表8-16の1954（昭和29）年の第二次漁業センサスで見ると、専業が多いのが伊勢湾2,732世帯の17.6％、熊野灘1,654世帯の18.9％である。こうした傾向とは逆に、専業個人経営が少なく全体の経営体数に対するウェイトが低いのは、度会郡の173世帯の7.8％、そして最後が志摩郡の140世帯4.1％となっている。伊勢湾、熊野灘の専業個人経営の経営体数の多さ、およびウェイトの高さは、すでに述べた遠洋・沖合漁業、ノリ養殖業が発達し、それに対応したものである。度会郡、志摩郡の専業個人経営の数の少なさとウェイトの低さは、兼業による小規模な沿岸漁業者が多いためであろう。しかし、こうした志摩郡と度会郡においても違いもある。志摩郡は第一種兼業、なかでも自営兼業が第一種と第二種を合わせた兼業全体の約3分の1を占めているのに対して度会郡は第二種兼業の割合が61.1％を占めている

　また、度会郡の第二種兼業の中でも「自営兼業と被傭をおこなうもの」が717世帯、兼業全体の35.0％を占めている。この2つの地域のいずれも自

表8-16　地域別専兼別個人経営世帯数　　単位：世帯

	総数	専業	兼業 (a)+(b)	第一種兼業				第二種兼業			
				総数 (a)	自営兼業のみのもの	自営兼業と被傭を行うもの	被傭のみのもの	総数 (b)	自営兼業のみのもの	自営兼業と被傭を行うもの	被傭のみのもの
伊勢湾	2,732	482	2,250	1,039	495	235	309	1,211	899	237	75
度会郡	2,221	173	2,048	796	443	218	135	1,252	360	717	175
志摩郡	3,427	140	3,287	1,947	1,002	812	133	1,340	365	908	67
熊野灘	1,654	312	1,342	706	210	222	274	636	98	328	210
合計	10,034	1,107	8,927	4,488	2,150	1,487	851	4,439	1,722	2,190	527

出所：農林省農林経済局統計調査部「第二次漁業センサス」1954年1月1日調査

表 8-17　主な収入源別漁業従事者世帯数

	総数	自営漁業	共同経営漁業	自営農業	その他の自営産業	漁業被傭	漁業以外の被傭
伊勢湾	2,443	141	280	801	150	853	218
度会郡	2,015	42	141	408	153	1,006	265
志摩郡	4,310	178	106	777	562	1,988	699
熊野灘	3,333	9	424	407	147	2,024	322
合　計	12,101	370	951	2,393	1,012	5,871	1,504

注：「自営漁業」は「過去1年間に、漁船を使用しないで、海面において自家の漁業に30日以上従事した者のいる世帯
出所：農林省農林経済局統計調査部「第二次漁業センサス」1954年1月1日調査

営との結びつきが強く、こうした自営の中では、おそらく農業との結びつきが強いものと考えられる。こうして地域の漁業発展の程度に合わせた漁業への依存度が地域的な差として現れているのである。

「主な収入源別漁業従事者世帯数」を表した表8-17から兼業の内容を考察する。漁業従事者世帯とは、漁業から収入を得て従事した者がいる世帯をいう。また、センサスの「自営漁業」とあるのは、「過去1年間に漁船を使用しないで海面において自家の漁業に30日以上従事した者がいる世帯」を指す（漁船を使用した従事者がいる世帯は個人経営となり、表8-16の別のカテゴリーとなる）。すなわち漁業従事者世帯という側からどのような業種との結びつきがあるのかということがわかるのである。

三重県全体として、どの地域でも、もっとも多いのが漁業被傭であり、総数5,871世帯となっている。総数のうちに占める構成比は48.5％を占め、次いで自営農業が2,393世帯、同じく18.8％となっている。郡別では、前述の伊勢湾、熊野灘の漁業の発展した地域では、漁業被傭が伊勢湾で34.9％、熊野灘で60.7％となっている。とくに熊野灘地域での漁業被傭の高さが特徴的である。伊勢湾では自営農業も多く、32.8％とほぼ漁業被傭と同水準である。伊勢湾地域では、専業のウェイトも高いが、第二種兼業比率も高く、その主な収入源別でみた場合、兼業業種が農業である。したがって伊勢湾地域では、明治からの半農半漁型の小規模な経営が層厚く存在していた構造がそのまま引き継がれていることになる。そして度会郡、志摩郡の両郡は、ともに漁業被傭がそれぞれ49.9％、46.1％と第二位の自営農業を

大きく離しており、この2つの地域では、漁業被傭のウェイトの高さが注目に値する。このように三重県全体としては、第Ⅵ章で述べたように1920年代の漁業出稼ぎ状況と同様に、沖合・遠洋漁船漁業の発展に必要不可欠な漁業労働力が、この時期にも豊富に存在していたことが明らかとなる。すなわち三重県の沖合・遠洋漁業の資本制漁業は、こうした地域内、県内漁業労働市場の豊富な存在（＝潜在的過剰人口）を基盤として歴史的に成立してきたことがわかるのである。

第5節　漁業団体の設立と動き

　漁業団体の発足は、1948（昭和23）年12月15日に、それまでの統制団体的性格の強かった水産業団体法にかわって「水産業協同組合法」が公布され、翌年の1949（昭和24）年の2月15日に施行された。この法律の制定により、あたらしく民主的な「漁業協同組合、漁業生産組合及び漁業協同組合連合会、水産加工業協同組合及び水産加工業協同組合連合会並びに共済水産業協同組合連合会」（「水産業協同組合法第二条」）が全国的に設立された。

　こうした全国的な動きに対応して三重県においても、1949（昭和24）年に多数の漁業協同組合が設立され、さらに1949（昭和24）年10月13日に伊勢市において新生の各漁業協同組合の59地区の代表が参加し、三重県漁業協同組合連合会の創立総会が開催された。この総会では、連合会の定款、規約、事業計画等の承認と役員の選出が行われ、初代会長には、石原円吉が選出された。また、専務理事には里中政吉、井上栄一が選出された（設立の認可は2日後の15日である）。他方、1950（昭和25）年1月19日に中桑名郡、三重郡、河芸郡、一志郡、多気郡の一部、桑名市、四日市市、鈴鹿市、津市などの30地区の漁業協同組合の参加による伊勢湾漁業協同組合連合会も会長を丹羽虎太郎とし設立した。三重県漁連は、当初、宇治山田市岩淵町に事務所が所在し、翌年、津市桜橋通りに移転した。伊勢湾漁連の事務所は津市栄町であった。また、1952（昭和27）年7月5日には桑名郡に桑名漁業協同組合連合会が設立された。この連合会は、すでに述べたように黒ノリ共販のための連合会であり、他の二つの連合会とは性格を異にするもので

あった。伊勢湾漁連の設立は、「水協法の施行実施の段階で従来の三重県水産業会が外洋に偏し、内湾に対する施策が少なかったので内湾独自の業務運営によることが妥当であり、そのようにすることが漁業形態を事にする外海と内湾との漁民の利益増進に一層有効である」[27]との考えから三重県漁連とは別に設立されたものである。その後、伊勢湾漁連が 800 万円の欠損金を出したことにより、伊勢湾漁連内で三重県漁連との吸収合併をめざす気運が高まり、1961（昭和 36）年 7 月に三重県漁連は、伊勢湾漁連を吸収合併して名実ともに三重県沿岸漁業者を中心とした漁業団体となった。

　こうした 1949（昭和 24）年の水産業協同組合法施行以降、三重県では漁業協同組合の設立を土台として連合会組織が設立されたが、漁業協同組合の経済事業の基盤である預金状況はきわめて悪かった。1950（昭和 25）年 1 月期における預金状況を他の銀行その他、農協がそれぞれ 11,598 百万円、3,194 百万円であったのに対して漁協は、わずか 35 百万円であったことによってもうかがい知れよう[28]。また、1952（昭和 27）年事業年度分で見ると、沿岸出資漁協のうち県が調査した約 48.1％にあたる 50 組合が損失金を出している。

　三重県漁連も 1951（昭和 26）年 4 月施行の農林漁業組合再建整備法[29]の適用を受けるなど、財務内容の悪化に悩んでいたが、さらにこれに追い打ちをかけるように 1953（昭和 28）年の台風 13 号による漁連の三木浦工場の損壊などにより、新たに 1953（昭和 28）年 8 月 8 日公布施行の農林漁業組合連合会整備促進法[30]の適用を 1956（昭和 31）年 1 月に受けた。しかし、三重県漁連の整促借入金も整促期間が終了する 1 年前の 1959（昭和 34）年 6 月に三重県信漁連に完済し、事実上、整促は達成された。

　三重県信用漁業協同組合連合会は、伊勢市において当初会員数 59 漁業協同組合の参加で創立された。初代会長には、尾鷲市の県議であった浜田正平（1949（昭和 24）年 10 月～1954（昭和 29）年 5 月）が選出された。同年の 11 月 1 日に設立の認可を受け、伊勢市岩渕町の漁連内に事務所を置き、業務を開始した。1950（昭和 25）年 2 月に「大漁定期貯金」という名での農林中央金庫に呼応して第 1 回割増金付定期貯金の消化に努めた。初年度

末の主要勘定は、出資金が 810 千円、預金が 2,110 千円、貸付金が 11,210 千円、貯金が 3,955 千円、借入金が 8,510 千円、債務保証が 16,550 千円、損失が 245 千円となっていた。1950（昭和 25）年 9 月に事務所が三重県漁連とともに津市桜橋通りの水産会館へ移転した。1951（昭和 26）年 5 月に尾鷲市に最初の信漁連の出張所を設立した。三重県信漁連の信用基盤にとって大きな跳躍点となったのは、1951（昭和 26）年 11 月の漁業制度改革の旧漁業権の消滅に伴う補償としての漁業権証券の交付であった。これにより総額 541,200 千円の預託を三重県信漁連が受けた。1952（昭和 27）年には第一回の増資を行い、年度末出資払込額 25,000 千円となり、漁協の資金需要の増大に対応した。さらに同年の年度末には、貯金額が初めて 1 億円を突破し、さらに 1958（昭和 33）年度末には貯金高が 5 億円を突破するなど、確実に三重県漁業の生産の回復が裏付けられるようになった。1955（昭和 30）年度決算において、はじめて 607 千円の出資配当が行われた。このようにして三重県信漁連の信用基盤は固まり、1960（昭和 35）年以降の高度経済成長期に大きな発展を遂げる。

　その他の漁業団体も続々設立された。1949（昭和 24）年 5 月 30 日には、三重県鰹鮪漁業協同組合が設立された。この組合は、もともと 1946（昭和 21）年 4 月に二重県遠洋漁業者組合として、すでに設立され、翌年の 1947（昭和 22）年 9 月に三重県鰹鮪組合と改称したものを水産業協同組合法の施行とともに業種別組合として改組したものである。

　1950（昭和 25）年 10 月 25 日には、真珠養殖漁業協同組合が設立された。これも水産業協同組合法に基づいて設立されたものであり、後には全国真珠養殖漁業協同組合、さらには同連合会へと改組が行われた。同年には、水産業協同組合法によるものではないが、三重県定置網漁業協会が設立された。1951（昭和 26）年に入ると、共済事業を行う組織として全国水産業協同組合共済会の下部組織として三重県支部が 4 月 1 日に設立された。また、同年 12 月 20 日に組合員数 98 名で三重県ばっち網漁業協同組合が設立された。1952（昭和 27）年 4 月には三重県漁船保険組合が、同年の 3 月 31 日に漁船損害補償法の制定に伴い設立された。1952（昭和 27）年 12 月 27 日に

中小漁業融資保証法が公布され、漁業者の金融機関からの借入金に対する保証業務を行うため、翌年の1953（昭和28）年6月1日に三重県漁業信用基金協会が設立された。

このようにして三重県において、1949（昭和24）年の水産業協同組合法の施行以降、1955（昭和30）年までの期間に、次々と、この法律に基づく漁業団体が設立され、三重県漁業の復興と確立のために大きな役割を果たしたのである。しかしながら次に述べるように三重県漁業の復興は、淡々としたものではなく、伊勢湾沿岸を襲った伊勢湾台風を始めとした台風被害、チリ地震による津波の被害、そして戦中から海軍工廠として重工業化が進み、戦後は石油化学工業化が極度に進んだ四日市港周辺漁場での汚染の深刻化などのさまざまな問題を抱えながらの困難な過程であった。

第6節　伊勢湾の漁場環境問題、伊勢湾台風と漁業被害

1. 漁場環境問題の発生

本県の漁場環境問題は、とくに伊勢湾の四日市市周辺漁場の汚染が終戦直後から問題となっていた。1951（昭和26）年1月に四日市漁業協同組合の組合長である藤村芳松が四日市市議会に対して陳情を行っている。

「・・・近時、四日市市の飛躍的の発展と相俟つて四日市港の発展はまた飛躍的でありまして、水利の便により大工場が四日市港岸に誘致せられました事は、私等は四日市市民として、四日市市発展の為双手を挙げて賛意を表するものであります。

処が、近時、右の大工場より廃棄する硫酸、石油、其他悪液の為に魚介類は死滅し、魚類は港外に退避して寄り付かず、「のり」の如きは油粕が付着して生産でき得なくなり、偶々漁獲されたる鮮魚も油臭くて食用とならざる実情にて買手なく、組合員其他四日市港近海にて漁業其他に従事し生活する私等は全く生計費も得られない状態に陥りました。つきましては、大工場より悪液其他薬品等を四日市港に投棄せしめざる様何分善処をせられ、私等の生活の保障せられん事を組合員其他を代表して茲に陳情に及びましたものであります。

昭和二十六年一月十二日
　　　　四日市漁業協同組合
　　　　　　　組合長　藤村芳松
　　　四日市市議会議長　山本三郎　殿　　　」[31]

　このように終戦直後からすでに化学工場による廃液問題が深刻化し、翌年の1952（昭和27）年1月18日に伊勢湾漁連主催で津市の水産会館において四日市・楠地区のノリ、ハマグリ、ウナギ養殖業者約50名を集め、工場汚水対策を検討した。さらに2月2日には三重県が漁業関係者と工場関係者等を集め、合同協議会を四日市市立図書館で開催した。当時は、工場側も浄化装置を付けず、そのまま海に垂れ流しをするという状態であった。とくに強い懸念を表明していたのは、前述した四日市漁協に所属するノリ養殖業者であった。以下、当時の『伊勢新聞』は「工場汚水に漁民が抗議　魚介類が減る一方　死活問題だと騒ぎ再燃」と伝えている。

　「"伊勢湾の魚介類の水揚げが激減するのは工場汚水の排水による"とその原因をめぐって工場側と漁民が紛糾して丸二年、このほど発表された県衛生部、同水産試験場川越分場の科学調査結果による調停もむなしく物別れとなったため、こんどは県ならびに関係地区の津、四日市両市代表らが円満解決に乗り出した。
　ことの起こりは、戦後伊勢湾の魚介類が激減の一途をたどっているのは四日市市の県下主要産業の十一工場から流れる汚水による、とくに四日市、三重郡楠、津海岸地方の漁民は廿三年度末から工場代表に"何とかして欲しい"と申し入れたが、工場側は浄化設備に一千万円以上もかかり、また、被害は汚水による直接原因ではないと双方の意見が対立、ついには科学調査を依頼したところ、短い調査日数では正確な結果が判らず、去る十八日県水産会館で開かれた両者協議会もラチがあかず難航、漁民側は戦前と現在までの漁獲表を作成、原因はほかにないと、解決がつかなければ中央までもち出すと強硬な態度をしめしているので、県では捨てておけないと二月二日四日市市立図書館に伊勢湾ノリ関係漁民のほか工場代表と津、四日市両市代表などを集め合同協議会を開く

ことになった。」[32]

　1950年代後半に入ると、四日市周辺漁場での狩刺網、小型定置網によって漁獲されるスズキ、ボラなどに異臭がみられるようになり、石油化学コンビナートの操業に伴う漁場汚染がしだいに深刻さを増した。そして1960年前後からの高度経済成長期において四日市異臭魚問題、「四日市公害」問題は社会的問題として大きく全国的にとりあげられようになった。

2. 伊勢湾台風来襲の被害

　三重県の沿岸漁業は、かつてから台風の来襲と地震による被害によって深刻な影響を受けていたが、1959（昭和34）年9月26日に紀伊半島に上陸した伊勢湾台風は、記録的な大雨、異常高潮や瞬間風速50メートルを超える暴風などかつての台風被害とは比較にならない程、大きな被害を三重県にもたらした。とくに沿岸地帯の被害は大きく、防波堤、護岸等は各所で寸断され、漁業面において甚大な被害をもたらした。水産関係の被害状況は、三重県が出した報告書に詳細に述べられている。

「　伊勢湾台風による水産関係の被害状況
　　　　（昭和三四年一〇月一〇日現在）
　　　　　　　　　　　　　　　　　　　三重県

　このたびの伊勢湾台風は、九月二六日午後六時二〇分、紀伊半島南部に上陸し、昭和二八年九月の一三号台風以上の暴風雨となり、午後七時三七分には、津地方に於いて瞬間最大風速五一.三mという地方気象台開設以来の記録となった。熊野灘沿岸、志摩半島及び伊勢湾沿岸では約一〇m前後の大波が打ち上げ満潮位の平差は約二m余の高潮であった。これがために、高潮による水害、風害及び高波によって伊勢湾沿岸、志摩熊野灘沿岸の全地域にわたり、膨大な被害となっており、水産関係の被害総額は、昭和二八年九月の一三号台風による総被害額三二億八,八〇〇万円を遥かに上廻り、八九億一,五七八万円の巨額に達している。部門別被害状況は別紙（略）の通りであるが、もっとも被害甚大なも

のは養殖関係であって六四億二、五三九万円を示している。そのうち被害の最も大きいものは、本県の特産品である真珠養殖であって、的矢湾・英虞湾・五カ所湾及び紀南の全漁場が壊滅的な打撃を蒙り、その被害額は五四億六一〇万円となっている。その他伊勢湾内ののり養殖、鰻養殖・外海のはまち養殖関係では網簎(ひび)、うなぎ及びはまち生簀施設の流失損壊等の被害甚大で漁期前の資材流失のため、本年度の操業は中止のやむなきを得ない状況である。

　次いで、伊勢湾内のひしこいわし製造を専門とする水産加工場を始め、漁具倉庫及び共同施設の流失倒壊が多く、その被害額は八億一、一九八万円となっている。漁港の被害は五四港に及び、その1／3は壊滅している状況で、その被害総額は七億五四四万円を示している。

　漁船の被害は高潮高波による流失損壊で、その隻数は五、五四四隻であって総隻数の三九％を占め、被害額は四億一、二七一万円となっている。

　漁具関係の被害は、操業中の雑定置網及び張込み準備中のぶり定置網の流失はもとより、倉庫に保管中の各種の漁具の流失破損は、三三、五三六件の多きに及び、被害額は四億二、九四五万円を示している。このように漁船漁具の損害と相俟って、生産施設の壊滅的損害は、漁村の復旧に相当の日時を要するものと思われる。」[33]

　こうして伊勢湾台風の被害はきわめて大きなものであったが、さらに追い打ちをかけるようにして翌年の1960（昭和35）年5月24日に南米に発生したチリ地震による津波のために太平洋沿岸域に大きな被害がもたらされたが、その中でも三重県は最大の被害を受け、水産関係だけでも被害総額は59億5,757万円となっており、とくに真珠養殖関係の被害は57億279万円に達した（次章のⅨ章でも述べる）。

[1] 水産新聞社編『水産年報』1948年版　p 19
[2] 近藤康男著『近藤康男著作集　第十一巻　日本漁業経済論』（農文協　1975年4月20日　p10より引用）
[3] 国立国会図書館憲政資料室蔵　GHQ SCAP文書『Mie　Military

Goverment Team APO710 Semi-monthly Activities Report, 1 December 1946』

4) 同上

5) 社団法人水産事情調査所『漁場調整予備調査報告（Ⅲ）伊勢湾漁場利用状況調査（富田町　鬼崎村）』1951（昭和26）年3月　p16

6) 3) と同上

7) 国立国会図書館憲政資料室蔵　GHQ SCAP 文書 00984 1947.1

8) 同上

9) 三重県「三重県議会史　第三巻　下」p 1941 より片仮名を平仮名にして引用

10) 三重県「1948（昭和23）年2月・12月　三重県定例議会・臨時議会速記録」pp264－266 より引用

11) （財）水産研究会編『戦后日本漁業の構造変化』（Ⅱ）p198

12) 三重県経済部水産課「三重県水産要覧　1949（昭和24）年版」

13) 三重県水産課「三重の水産　1954」p27

14) 三重県漁連「漁連時報　第3号」1951（昭和26）年9月

15) 岡本信男著『日本漁業通史』水産社　1984（昭和59）年発行　p244

16) 『伊勢新聞』昭和二四年九月二二日

17) 13) の p21 と p22 の「漁業種類別漁獲高より見た遠洋漁業の地位（昭 26.9.1 ～昭 27.8.31)」の図より試算した。

18) 大海原宏・小野征一郎共著『かつお・まぐろ漁業の発展と金融・保証』日本かつお・まぐろ漁業信用基金協会　1985（昭和60）年11月5日発行　pp151－152

19) チャーター方式という形態でのカツオ・マグロ漁業が、三重県に特殊的に存在した理由として前掲書の著者の大海原宏は次のように説明している。「第1は、漁労長を中心とした地縁血縁関係の濃い漁船員集団が形成されているのが常態で、これらがすぐれたカツオ釣り技能を有していたこと。第2は、三重県下の漁村にはこれらの漁船員集団から分枝を生むことが可能なほど豊富な漁船員が存在したこと。第3は、一切の操業経費を大仲経

費として水揚高から先取天引できる分配方式が制度的に確立していたこと、これによって洋上での操業管理と陸上での漁船（固定資産）管理を分割しえたこと、などがこれである。」（同上書 p152）

20) その後も1955（昭和30）年に三重県立水産高校の練習船「三重丸」の遭難、1961（昭和36）年の和具のカツオ・マグロ漁船「第二源吉丸」の遭難、39年の浜島町のマグロ漁船「第三幸喜丸」の遭難、そして1979（昭和54）年にはジブラルタル海峡近くでのペルー海軍の潜水艦と接触し、沈没した尾鷲のマグロ漁船「第二十五長久丸」事件などがある。

21) 三重県鰹鮪漁業協同組合蔵「昭和二九年度理事会・総会事項書議事」

22) 18）と同上書 p 149

23) 拙稿「漁業制度改革顛末記－定置漁業権をめぐる紛争－」（三重県『三重県史研究』第9号　1993（平成5）年3月31日発行）p75より引用

24) 三重県漁連「漁連時報　第三八号」1954（昭和29）年9月

25) 三重県農林水産部編『三重の水産　1963』p19より引用

26) 三重県漁連「漁連時報　第四〇号」1954（昭和29）年11月25日

27) 松島　博著『三重県漁業史』（三重県漁連　1969（昭和44）年10月15日発行）pp393－394

28) 12）と同上資料　p98

29) この再建整備法の特色は、「具体的には、自己資本不足額に対しては利子補給金を交付せず、その代わりに増資額に対して増資奨励金を交付」（水産業協同組合制度史編纂委員会編『水産業協同組合制度史』第二巻　水産庁発行　1971（昭和46）年3月31日　p630）したところにある。

30) この法律は、28）の農林漁業組合再建整備法によって農業に比較すれば、漁業の場合、順調に漁業協同組合、連合会の再建整備が進展していったが、組織的基盤の脆弱性や財務上の欠陥があまりにも根深いものがあったため、新たな法律の制定により補完する必要があった。

31) 四日市市役所蔵「昭和二三年六月起　経済委員会書類　議会事務局」

32) 1952（昭和27）年1月28日付け『伊勢新聞』

33) 三重県「伊勢湾台風による水産関係の被害状況」三重大学生物資源学部蔵

第IX章　高度経済成長下の三重県漁業

第1節　高度経済成長と漁業

　1960（昭和35）年11月、激しさを極めた「日米安保条約の改定」反対運動によって岸信介内閣が総辞職をした後に「国民所得倍増計画」を新政策の目玉として登場した池田勇人内閣は、「国民総生産の規模の倍増を今後10年間に実現する」ということを目標に積極的な高度経済成長計画を打ち出した。その具体的目標を次の5点とし、公表を行った[1]。

　　第一は、社会資本の充実。
　　第二は、産業構造高度化への誘導。
　　第三は、貿易と国際経済協力の促進。
　　第四は、人的能力の向上と科学技術の振興。
　　第五は、二重構造の緩和と社会安定の確保。

　このような5つの目標の下で①積極的な国債の発行を含む公共投資、1962（昭和37）年の全国総合開発計画（旧全総）の実施（これは、さらに1969（昭和44）年の新全国総合開発計画へと引き継がれる）、②こうした旺盛な公共投資によるインフラの整備によって外部経済の効果を生みだし、重化学工業化の一層の促進と太平洋岸のベルト状の臨海工業地帯の形成が進んだ。これは、「エネルギー革命」の名のもとに石炭から石油への転換と結びついた石油化学コンビナートの形成が主たるものであった。③1964（昭和39）年4月にIMF8条国、GATT11条国となり、貿易の自由化、および資本の自由化による開放経済体制への移行が行われた。④マンパワーの創出とアメリカ・ヨーロッパの技術水準へのキャッチ・アップ。⑤一連の構造政策による産業構造の二重性の解消、すなわち「後進的部門」とされていた繊維産業などの軽工業部門の中小企業のスクラップ化、農林漁業部門からの労働力の排出と小規模・零細経営の切り捨て、漁業部門では残存漁家の専業化

から企業化へ、すなわち沿岸漁業部門の合理化・効率化を通じて残存経営の都市勤労者との所得均衡化が政策的に推進された。

　こうした財政投融資諸施策の実施による有効需要の創出は、鉄鋼・電力・化学などの装置型産業、および大量組立型産業といわれる自動車などを含む重化学工業を中心とした大手独占企業の活発な設備投資を呼び起こした。また、「二重構造」と言われた農林漁業からの労働力の流動化政策（マンパワーの創出）による若年齢層を中心とした低賃金労働力の大量の供給は、大手独占企業の設備投資による労働生産性の上昇と相まって労賃コストを下げ、高利潤の獲得を可能とした。1960（昭和35）年から1974（昭和49）年の第一次オイルショックまでの長期間にわたり、年平均の対前年度比の国民総生産（GNP）の伸び率が10.5％という驚異的な高度経済成長を達成した。その後の短期の「転型」不況（1962年）、深刻な「構造」不況（1964年）を乗り越え、日本の経済は早くも1968（昭和43）年に西ドイツのGNPを超えた。この日本の経済成長は、戦後の「世界の奇跡」とまでも言われた。さらに毎年行われる総評等の労働組合の"ヨーロッパ並みの賃金を！"のスローガンを掲げた"春闘"による賃上げ闘争もインフレ率を上回る実質賃金上昇によって勤労世帯の所得上昇に積極的に寄与した。このような結果、個人消費支出も増加し、当時「三種の神器」と呼ばれた"電気洗濯機、テレビ、電気冷蔵庫"などの耐久消費財を中心に国民生活に普及し、「生活の洋風化・多様化」と呼ばれる生活様式の変化が現れてきた。

　日本経済の高度成長は、以上のような対外依存度の高い石油への転換を産業の土台として政府による旺盛な公共投資、さらに日本銀行の信用創造に支えられた積極的なオーバーローンによる市中銀行への貸出し、市中銀行のさらに企業集団への貸し出し、株式や社債の発行といった直接金融ではなく、日銀からの間接金融に支えられ、それが企業の設備投資を潤した。こうした政府－企業のいくつかの要因の積み重ねのうちに引き起こされたものである。そしてなによりも労働者側の"春闘"を通じて大企業高利潤の一部が数を増した労働者群の側にも回り、とくにその結果、国民の可処分所得の増大による家電製品等の耐久消費財の国内消費需要を中心とした民需の拡大に連動し

たという、このような背景が GNP を押し上げ、高度経済成長を支えた土台となっていたことに注目してよい。すなわち資本―賃労働の好循環が国内市場を拡大し、それが企業の設備投資を一層、促進する資金の流れが形成されたのである。

　高度経済成長期の国内消費市場の拡大は、漁業にも大きなインパクトを与え、「魚価高騰依存型成長」と言われた日本漁業の構造変化を生じさせた。沿岸漁業は、とくに魚価上昇の恩恵を受けた部門と言われている。廣吉勝治は、次のように述べている。「(昭和) 33 年から (昭和) 47 年に至る過去 15 年間の漁業生産は、量で約 2 倍、金額で約 4 倍の伸びであった。すなわち、需要のプル要因に立ち遅れざるを得ない漁業という特性から物的生産の伸びよりも価格のそれの方がはるかに急角度であったのである。とりわけその価額増加の寄与が大きかったのが沿岸漁業である。15 年間の沿岸漁船漁業では、生産量はほとんど一定、生産額は約 4.4 倍、浅海養殖業の場合、量で約 8.5 倍の推移を示し、総じて魚価の上昇効果の最も大きかった部門が沿岸漁業であった」[2] と。

　日本漁業は、高度経済成長の下で、水産物市場の拡大と価格上昇という成長条件が与えられた。しかし、他方では高度経済成長に伴う農山漁村からの大量の労働力の都市部への流出という前述した「労働力の流動化」現象が引き起こされ、漁村の若年層を中心として、農山漁村地域の過疎化が深刻化し始めたのである。産業別就業者数中の農林漁業の就業者数の比率は、1960 (昭和 35) 年の 32.7％から 1970 (昭和 45) 年の 19.3％にまで大きく低下し、他方、製造業などの第 2 次産業の就業者の比率は同時期に 29.1％から 34.0％へ、サービス業などの第 3 次産業の就業者の比率は、38.2％から 46.6％へとそれぞれ逆に比率を高めた。また、第 1 次産業以外の就業者の増加数のうちに占める第 1 次産業からの流出数の割合は、1956 (昭和 31) 年から 1960 (昭和 35) 年の期間では 59.6％、1961 (昭和 36) 年から 1970 (昭和 45) 年までの期間では 54.6％に達していたのである[3]。

　農山漁村からの労働力流出は、当時、高度経済成長の中で日本の産業構造の後進性、すなわちいわゆる「二重構造」を解消させる「千載一遇のチャン

ス」とされた。これが中小企業を含めた一連の「構造改善政策」のねらいであった。換言すれば、農山漁村と都市の所得格差が拡大する中で重化学工業を中心とする大手独占企業の資本蓄積のための新たな労働力の確保＝「労働力の流動化」と残存した経営による農林漁業生産力の生産性を高めさせることによって農山漁村地域住民と都市勤労者との所得を均衡させ、同時に第一次産業の産業的確立を図ろうとするものであった。

しかしながらこうした反面、日本経済の高度成長は、石油などのエネルギー資源をはじめとする原材料の海外からの輸入に大きく依存しており、地理的に、これに便利な太平洋側、瀬戸内海の臨海工業地帯を中心とした漁場の埋め立てを進行させた。その結果、漁場の汚染、そして水俣病、四日市公害などの重大な環境問題を発生させた。とくに海面の埋立ては、臨海工業地帯周辺の沿岸漁業への深刻な影響を与え、漁民によるさまざまな公害反対運動が激しく起きた。海面の埋め立てについて言えば、例えば、瀬戸内海の埋め立て面積は1955（昭和30）年が1,177haであったが、1970（昭和45）年には15倍の17,489haとなった。また、臨海工業地帯化による工場排水、都市化による家庭排水による瀬戸内海の赤潮被害件数も1967（昭和42）年が8件、1968（昭和43）年が12件、1969（昭和44）年が18件、1970（昭和45）年が35件と飛躍的に増加した[4]。

第2節　「漁業の基本問題と基本対策」と沿岸漁業構造改善事業

漁業部門では、1960年代の高度経済成長が始まる直前の1958（昭和33）年6月に漁業制度調査会設置法が制定され、翌1959（昭和34）年4月に農林漁業基本問題調査会が設置された。この調査会は、1960（昭和35）年10月に「漁業の基本問題と基本対策」を答申した。この答申の中で、とくに沿岸漁業の所得・生活の格差是正を政策の目標とし、そのためには「家族的経営ではあるが比較的高度な生産技術や設備を取り入れ経営利潤まで期待しうる高能率な経営、いわば『企業的漁家経営』を積極的に育成することが必要である」[5]との認識が示された。こうした答申に基づいて1963（昭和38）年8月に「沿岸漁業等振興法」が第43回国会で成立した。この「沿振

法」において中心的な内容をなしているのは、沿岸漁業の構造改善である。

他方、当時の漁業の独自な背景として次のような事情もあった。すなわち、「漁業の民主化と、漁業生産力の発展を目的とした（昭和）24年の漁業制度改革が実施されてから10年、漁業生産力の発展は目覚ましいものがあったが、それにもかかわらず、遠洋漁業と沿岸漁業間の漁業生産力不均衡という内部矛盾に突き当たっていた。これに加えて従来から一貫してとられてきた『沿岸から沖合へ、沖合から遠洋へ』という漁業展開政策が国際的な漁獲規制の強まりによって行詰りを見せ始め、臨海工業地帯の広がりによる沿岸漁場の荒廃、過剰投資の傾向という現状認識の上に立って、漁獲量中心の増産政策から、漁業所得の向上、経営安定化へと政策の転換を図らざるを得ない時期に到達していた」[6]。

沿岸漁業の構造改善事業の実施にあたっては、「都道府県の申請に基づいて国が調査地域の指定を行い、二年間にわたる調査を実施して、地域漁業の問題点や対策の基本構想を明らかにしたうえで年度別事業実施計画が作成される。補助および融資の対象となる事業種目は多種類にわたり年次で変更もあるが、主要なものを挙げると、補助事業では、①漁場改良造成あるいは漁場整備事業、②大型魚礁設置事業、③浅海漁場開発事業、④経営近代化促進対策あるいは漁業近代化施設整備事業（ア養殖漁場造成、イ養殖および蓄養施設設置、ウ漁船漁業近代化施設設置、エ処理加工施設設置、オ流通改善施設設置）など、また融資事業としては、①沿岸漁業構造改善推進資金、②沿岸漁業近代化資金などであった」[7]。

第1次沿岸漁業構造改善事業は、1962（昭和37）年度から1973（昭和48）年度まで12年間にわたって実施されたが、全国では42地域が指定を受け、補助事業費の合計額は414億円（うち国費が171億円）、また融資事業費は261億円（うち制度融資額209億円）に達した。続いて1971（昭和46）年からは、第2次構造改善事業が開始され、指定地域を108カ所に拡大し、「今後増大する需要に見合った沿岸漁業生産物の効率的、安定的な供給の確保と、真に近代的な沿岸漁業経営の確立を図ることが」目標とされた。こうして第1次構造改善政策が沿岸漁業を中心とした所得格差の是正、

企業的漁家の育成、労働力流動化という、いわば漁業部門と他産業部門とのバランスという点に重心が置かれていたとするならば、第２次構造改善事業は、水産物の安定的供給のための漁業部門の確立という国民経済的な位置づけが色濃く出されてきたと言っても過言ではなかろう。とくに第２次構造改善事業では、「養殖業の新興」、「資源培養型漁業の育成」、「栽培漁業の導入」などの「育てる漁業」の新興が沿岸漁業の漁船漁業と並ぶ柱として位置づけられた（第２次構造改善事業に関しては、次の第Ⅹ章で扱う）。

　こうした沿岸漁業等振興法による沿岸漁業の構造改善政策の実施とともに、漁業法の一部改正、水産業協同組合法の一部改正などの制度の一部改革がなされた。漁業法の一部改正に関しては、それまでの個人あるいは法人に与えられていた区画漁業権の免許を組合管理漁業権として漁協に与えられる特定区画漁業権となったこと、このことによって真珠を除く多くの区画漁業権が特定区画漁業権となった。区画漁業権の中に組合管理漁業権が設定されたことは、当時、新たにブリ類養殖、ノリ養殖などの養殖業の発展が顕著となり、従来の小規模な漁船漁業に代わって零細沿岸漁村の基幹漁業として多数の漁民が着業するという状況が生まれてきたからである。また、水産業協同組合法の一部改正も正組合員資格の「30日から90日までの間」の漁業従事日数から「90日から120日の間」に引き上げられた。すなわち水産業協同組合法も正組合員資格を専業的経営者を主体とする性格が強く打ち出されたのである。

　この構造改善事業の推進のための「沿岸漁業等振興法」の法案が国会の決議に上程される以前に漁業団体から、この法案に対していくつかの意見が寄せられた。三重県においても三重県漁業協同組合連合会も次のような厳しい意見書を全国漁業協同組合連合会に一次、二次にわたり検討し提出している。一次の意見書の特徴的な点だけを紹介する。

「1　大綱案全体を通じて意図しているところは判るが、外洋に面した所謂漁船漁業を主体とする真の意味の沿岸漁村に対する積極的な施策が打ち出されていないのは遺憾である。2　地区漁協が沿岸振興の担い手として、今後の体質改善に積極的な期待が寄せられているとき、大綱案ではどうも地区

漁協不振の色彩が全体を通じて強い。法案に漁協の役割を明示して、その存在を漁民に浸透させる必要を痛感する。‥‥3　第一章総則について‥‥（3）第11の漁村地方に於ける企業の振興と漁場喪失、海水汚濁等の関係を明確にし、漁民に対する被害が各種の面で報われる施策を確認すべきである。‥‥‥‥

　要するに沿岸振興として全国的視野に於て漁業の基本方策が講ぜられようとしている現在、法案は一定の地域に限定される心配が強い。<u>沿岸振興である以上、指定を受けない地域が取り残されることのないよう十二分の考慮が払われなければならない</u>‥‥」と[8]。

第3節　三重県の「答申」と構造改善事業

　三重県においても1963（昭和38）年3月18日に三重県農林漁業基本対策審議会が「三重県農林漁業の基本的施策に関する答申」を公表した。その中で漁業部門の三重県における構造問題と課題・対策に関しては、「第3章　漁業の基本課題と基本対策」に述べられている。「第1節　三重県漁業の基本課題」において、まず、沿岸漁業の問題点に関しては、「三重県の漁業は、伊勢湾漁場と志摩・度会漁場および熊野灘漁場の三つの特徴的沿岸漁場をもち、沿岸漁業資源も比較的恵まれているが、各漁場とも多種多様の沿岸漁業者が密集して、次のような問題を包蔵している」と述べ、以下のような点を指摘している。(1)経営規模の零細性と(2)生産性の低さである。そして(3)臨海工業地帯の発展に伴う漁場条件の悪化を挙げ、「伊勢湾沿岸においては、臨海工業地帯の造成等に伴う漁場の埋立および工場汚水によって漁場が失われ、あるいは悪化している。また、外海においては尾鷲湾および桂城湾を中心として電源開発に伴う放水によって漁場条件の悪化という問題に直面している」と述べている。ここでは、とくに三重県の3つの地区の漁業構造の特色と工業開発による漁場環境の悪化問題について述べていることが注目に値する。

　次に「中小漁業の問題点」については、(1)資本効率の低さを挙げ、とくに三重県は、「ばっち網漁業、あぐり網漁業等は、その漁場が沿岸漁場と

隣接し、あるいは重複しているので、これらの漁業と沿岸漁業との競合を調節するため、種々の制限および禁止がなされている。このため投下資本の効率は悪く、生産性を低下させる一因となっている」。(2)労働条件の悪さについては、「中小漁業においては、常時20～50人の従事者を抱えているが、労働条件は不安定で、漁業の特異性から就労条件に恵まれず、給与その他の雇用条件も悪い」と指摘している。このように三重県漁業の歴史構造的な面と漁場環境問題などに触れており、当時として全国の答申と異なり、企業的経営への方向性を一面的に追随するのではなく、三重県の特徴としての小規模・零細な漁業経営構造の問題を鋭く指摘している。また、「中小漁業の問題点」に関してはその労働環境の悪さにも触れていることが注目に値する。

1.3つの地域の漁家経営の構造と政策的課題

以上のような現状認識を明らかにした上で「第2節　基本対策」では、(1)沿岸漁業の構造改善対策として次のような施策を提起している。

「沿岸漁業は、家族労働を中心とした漁家によって利用される漁場の上に成り立つ経営であるが、漁家経営の大半は零細経営であるので、漁業所得のみでは生活し得ない経営が多い。今後の沿岸漁業の構造改善の方向は、より少ない就業者によって、より生産性の高い漁業を営むことにあるので、就業者の減少を図りつつ、経営構造の改善対策を推進すべきである。とくに、三重県の沿岸漁業は、漁場および漁業種類により地域差が明確であるので、地域の実態に応じて効率的な施策を推進すべきである」。次いで伊勢湾地区、志摩・度会地区、熊野灘地区という3つの地区の漁業経営の特質について次のように述べている。「(イ)伊勢湾地区の漁業は、ばっち網漁業を中心とする漁船漁業とのり養殖業が大宗をなしている。漁船漁業は、この地域の工業化の進展に伴って若年層が他産業へ吸収されたため、他の地区に比べ高令者による操業が増大しつつある。また、経営規模別では、5トン未満の零細経営が多く、漁船漁業の中核であるばっち網漁業は豊凶の差が著しい魚族を対象としているため経営は不安定である。のり養殖業についても同様に工業化の影響がみられるが、人工採苗等の養殖技術の進歩によって、漁場の悪化を

克服し生産の向上を図っている。(ロ)志摩・度会地区（の漁業）構成面では、瀬付および回遊性魚族を対象とした漁船漁業とリアス式海岸の入江を利用した真珠養殖が中心をなしている。また、根付資源にも恵まれているため採貝採藻業（海女漁業）も盛んであるが、その対象とするいせえび、あわび、さざえ等の根付け資源は、年々減少傾向にある。経営面では、経営規模別にみると、真珠および真珠貝の養殖は零細経営が圧倒的に多く、漁船漁業は、瀬付き魚族を対象とするため、3トン未満の零細漁船漁業が多い。また、この地区はかん水養殖業とくにはまちのいけす養殖が盛んになってきたが、真珠養殖漁場との競合、飼料流通の不円滑、稚魚人工ふ化の技術的、企業的未開発等の問題を有し、必ずしも経営は安定せず、せっかく生産性の高い漁業へ転換したもののやはり零細な個人経営が圧倒的に多い。(ハ)熊野灘地区は、生産額では沖合遠洋漁業の比重が高く、経営規模では30ないし40トンの比較的大規模なものが多いが、とくにこの地区は外洋性海況であるので、回遊性魚族が多く5トン前後の漁船漁業が圧倒的に多い。また、はまちのかん水養殖が盛んで県下のはまち総生産量の70％をこの地区で生産しているが、種苗流通の円滑さに欠け、飼料についても需給体制が確立されていないので経営は安定していない。ぶりを主な対象とする大型定置網漁業は、漁況の変動が激しく、最近生産の減少が著しいので経営は不安定であり、加えてぶり定置は、村張り的な経営であるため、経営の近代化は阻害される面が多い」。

　以上のように、3つの地域の経営構造の特色を明らかにし、「経営構造の改善」では次のように述べている。「階層別の生産性は、地曳網階層がもっとも低く、ついで小型定置、3トン以下の漁船階層も低いが、大型化するほど生産性が高くなっている。本県の沿岸漁業経営体においては動力0〜5トン階層が多いが、この階層は、低い生産性を示しており、漁業就業者の大半がこの階層に属する点からも積極的な対策が必要であって、生産性の低いこれらの階層を生産性の高い漁船漁業および浅海養殖業等へ移行を図るべきである。とくに、浅海養殖業は資本集約度の高い漁業であり、しかも技術の進歩向上とともに、その生産性の向上も大きく期待しうるので、積極的にそ

の振興を図るべきである」。

2. 浅海養殖業の政策的課題

　浅海養殖業は、三重県では真珠養殖業をはじめ、歴史もあり、そのための振興策が積極的に打ち出された。以下がそれである。「浅海養殖業の振興のための条件を整備するため、次の諸政策を講ずべきである。a 海藻養殖　のり養殖は、伊勢湾を中心にして行なわれているが、最近、工場廃水、災害等により漁場喪失または漁場価値の低下がみられるが、未利用漁場が相当あるので、今後は人工採苗、沖取養殖等新技術の導入によって新漁場を開発し、また既存漁場については、収益性の低い青のりから収益性の高い黒のりへの転換を推進する必要がある。のり漁場造成のために養殖適地に防波さくおよび防波導流提等の沖合保全施設を設置し、また既存漁場を改良するために耕うん整地等を行なう必要がある。志摩・度会地区および熊野灘地区においては、てんぐさ、わかめ等についても新技術の導入と投石、種付等によって増殖を図る必要がある。b 魚類等の蓄養殖　はまち、かんぱち、しまあじ、ふぐ、たこ、くるまえび等のかん水養殖は、生産性が高い漁業であるので、積極的にその振興を図るべきである。とくに、魚類等の蓄養殖は種苗と飼料の円滑な供給が望ましいので、これらの円滑化を図る施策が必要である。すなわち、種苗については、積極的に種苗の生産を行なうとともに、種苗供給施設の設置が必要である。また、飼料については、飼料の保蔵、輸送についての施設を整備して流通の円滑化を図る必要がある。志摩・度会地区および熊野灘地区においてはこれらの養殖適地が多いので、未開発漁場を積極的に開発するため、沖合養殖保全施設の整備を図る必要がある。c 真珠養殖　真珠については、その振興と経営の安定化を図るために、真珠の価格安定と品質の向上を図る必要がある。そのためには、需要面との関連における計画生産を行なうとともに、価格の不安定を防ぐため、系統漁業協同組合組織による共同販売をより一層推進しなければならない。とくに、志摩・度会地区にすでにある真珠養殖漁場は、密殖等により漁場価値が低下しつつあるので、真珠の品質向上のため漁場環境の改善を図る必要がある」。

「中小漁業の構造改善政策」に関しては、生産性の低さから①経営合理化対策と②労働関係の改善が唱われている。

3. 漁業就業者問題と対策

さらに「就業者対策」に関しては、「三重県の沿岸漁業は、従来過剰就業の傾向が強く、就業者数は増加の傾向にあったが、最近における他産業のめざましい成長に伴い、新規補充就業者の大幅な減少、若年層の他産業への転職等ようやく過剰就業解消の機運がみられるようになっている。しかし、若年層の減少の結果、基幹労働力の不足、とくに新しい漁具、漁法を扱う技術者の不足等がみられ、就業構造は劣悪化しつつある現状である。しかもこの現象は、地域および漁種によって現れ方に差があり、とくに漁船漁業においては若年層が他産業または真珠養殖業へ多量に移動し、老令化が顕著であるのでこれらの事情を考慮のうえ、次の諸施策を重点的に実施すべきである。(イ)就業者の資質の向上と確保等－今後、養殖業の発展、漁船の大型化、漁ろう装備の近代化の進展および経営の企業化に伴い、これらの新しい技術と機械を扱う技術者の不足が顕著化するものと思われるので、学校教育との連繋を密にするとともに、漁民研修施設を積極的に活用して漁業者の資質の向上を図るほか、漁業における雇用賃金制度および労働環境を改善して、漁業に必要な基幹労働力を確保すべきである。(ロ)漁村職業訓練機関の設置等－外海の沿岸漁村は、立地条件が悪く、職業訓練が受けられないことが近代産業への流出を困難にしているので、転業を希望する漁業者のために漁村地帯に職業訓練機関を設置する等の措置を考慮すべきである。なお、観光地周辺の漁村については、その立地条件を活かした漁民の転職を図るべきである」[9]。

第4節　三重県漁業の生産構造の変化

高度経済成長期における三重県漁業は、表9-1に見られるように遠洋・沖合漁業の生産量の飛躍的増大と、他方では、海面養殖業、とくに1960年代後半の真珠・真珠母貝養殖業の不振の中から新たな転換魚種としてハマチ養殖業の発展による生産量の増大が特徴的である。要約的に述べるならば、こ

第IX章 高度経済成長下の三重県漁業

表9-1 三重県の漁業・養殖業生産量

単位：トン

年度	一般海面漁業	遠洋漁業	沖合漁業	沿岸漁業	ノリ養殖 千枚	ノリ養殖 バラノリ	真珠養殖	真珠母貝養殖	ハマチ養殖	その他養殖
1961	143,375	104,762		38,613	189,760	526	40	1,892	626	116
62	142,227	101,501		40,726	229,883	374	45	2,367	710	65
63	143,179	100,275		52,904	176,400	315	50	2,835	771	252
64	137,880	76,252		61,628	346,809	426	43	3,622	3,024	251
65	169,901	56,296	48,609	64,996	166,499	614	51	4,154	3,225	435
66	182,217	79,943	25,901	76,373	153,872	583	51	2,873	3,900	524
67	162,667	61,506	29,889	76,272	252,639	819	48	2,838	3,444	,311
68	153,381	63,315	26,557	63,509	264,176	775	39	2,624	4,943	,329
69	188,141	74,769	40,431	72,941	435,324	828	38	2,062	6,186	,409
70	184,033	73,043	48,423	62,567	610,042	810	25	580	10,382	1,384
71	190,067	65,530	65,384	59,153	489,154	1,119	15	301	12,596	1,904
72	204,703	83,053	65,584	56,066	523,583	1,045	10	41	16,903	2,537
73	246,867	96,011	82,532	68,324	773,247	1,137	9	3	18,488	3,477

出所：三重県農林水産部「農林漁業の動きと施策」三重県沿岸漁業等振興審議会委員調査資料 1967（昭和42）年3月1日（三重大学生物資源学部蔵）より作成

の時期は、①沖合・遠洋漁業の主力であるカツオ・マグロ漁業の漁船規模の大型化、とくにマグロ延縄専業船の登場と釣獲率の低下問題、②前述した沿岸漁業における漁船漁業の無動力船階層の減少と動力3トン未満階層の増加という沿岸漁家の中での当時としては生産性が高いとされた「中核的漁民」層の形成[10]、③熊野灘地帯のハマチ養殖業、伊勢湾の浮き流し技術よる漁場の沖出し化と冷凍網利用の新技術の導入によるノリ養殖業の発展、他方での④1966（昭和41）年から始まった、いわゆる「真珠不況」による真珠・真珠母貝養殖業の不振、⑤四日市周辺海域の「異臭魚問題」の発生、四日市市、尾鷲市などの火力発電所の建設、各種の地域開発に伴う漁場汚染問題の深刻化などが特徴的であった。換言すれば、三重県漁業は、全国的動向と同時にその歴史性に規定された地域的性格を持つとともに、高度経済成長期における工業開発による漁場環境の悪化という全国の漁業がこうむった「縮図」としての性格を持っていたと言える。

　三重県は、この時期、1957（昭和32）年に三重県漁業指導船大勢丸（579トン）を建造し、カツオ・マグロ漁業の発展のための積極的な漁場開発と国の「沿岸から沖合へ、沖合から遠洋へ」の推進を図ると共に、沿岸漁業に対しては、構造改善政策を初めとする「生産性の低い沿岸漁家の資本装備の改善と技術水準の向上」＝近代化政策の導入を図ってきた。前述したように漁

業構造改善政策は、1962（昭和37）年から始まり、人工魚礁の設置、ノリ漁場の造成、本格化したかん水養殖業のための漁場造成、無線局や冷蔵庫、加工施設・水産物荷さばき運搬施設等の生産から流通加工に至るまでの一連の基盤の整備を行った。

1. 熊野灘（志摩・度会、南・北牟婁郡）のカツオ・マグロ漁業の大型化の進展と経営問題

　三重県のカツオ・マグロ漁業は、前章でも述べたが、もともとカツオ一本釣り漁業が表作であり、裏作としてマグロ延縄漁業を行っていた。カツオ一本釣り漁業は、春（2月〜3月）カツオ魚群が南西諸島方面に姿を見せた時から始まり、漁場も漸次的に北上し、5月から9月が最盛期となる。そして11月の三陸沖漁場での操業で終了した。したがって12月から2月のつなぎの漁業としてマグロ延縄漁業などを裏作として行われたのである。こうしたカツオ一本釣り漁業を表作とし、マグロ延縄漁業を裏作とした漁船を兼業船と呼んでいた。兼業船は、本土を基地として日本近海から東は東経180度、西は東経100度、南は南緯10度程度が操業範囲であった。漁船の大きさは、

図9-1　遠洋カツオ・マグロ漁業漁場図

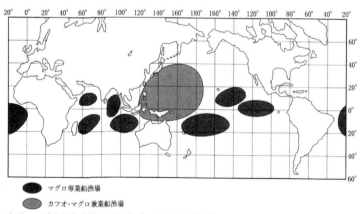

出所：三重大学生産資源学部蔵「三重県の遠洋漁業」より

100トンから200トンのものが多かった。しかし、1950年代後半に入ると300トン以上の大型マグロ延縄専業船が導入されるようになった。1959（昭和34）年には、大型のマグロ延縄漁業専業船は12隻となり、もっとも大きいものは792トンに達し、このような超大型マグロ延縄船も出現するようになった。

　こうして従来からのカツオ一本釣り漁業の主体の兼業船（チャーター船も含む）と、マグロ延縄専業船による操業体制がこの頃に確立した。これらのマグロ延縄専業船は、兼業船と比較し、装備も優秀で太平洋、インド洋全域、そして大西洋にまで操業海域を拡大し（図9-1参照）、1航海80日から120日で年間3～4航海し、周年操業を行っていた。前述したマグロ基地操業も開始され、1957（昭和32）年から大西洋に進出した中村八十八所有の船籍を尾鷲港に持つ第15海王丸（331トン）は、ブラジルを基地とした、いわゆる「基地操業船」であった。こうした遠洋漁業を支えたのは、漁船の大型化とラインホーラー、ネットホーラーをはじめとする漁労技術の革新、魚群探知機などの電子機器類の導入であった。とくにマグロ漁業の漁船の大型化は漁場の遠隔化に大いに貢献した。

　1950年代後半からマグロ延縄漁業の専業船化が進展し、従来の兼業船、あるいはチャーター船などの100トンから200トン級の単船操業の経営と並んで300トンを越えるマグロ延縄専業船など複数の大型船を所有する経営階層が増加した。1964（昭和39）年の階層別経営体から1,000トンを超える上層経営体階層が出現し、高度経済成長期を通じてこうした経営体階層の比重が増した（後掲表9-4参照）。とくにこのようなマグロ延縄専業船の建造による大型化が進展した地域は、度会郡南勢町の宿田曽、礫浦であった。1968（昭和43）年現在で見ると、マグロ延縄専業船は、三重県全体で52隻あったが、そのうちの73.1％にあたる38隻が度会郡であり、残りは尾鷲市の8隻（15.4％）、北牟婁郡の6隻（11.5％）となっている。他方、兼業船の100トン以上の比較的規模の大きい漁船も度会郡が三重県全体の49.3％にあたる34隻と最大の隻数を誇っていた。次は志摩郡と尾鷲市を含めた16隻（23.2％）である。

表9-2 カツオ・マグロ漁業の動向

単位：千トン、百万円

年度	カツオ漁業			マグロ漁業		
	隻数	水揚げ量	金額	隻数	水揚げ量	金額
1963		25.1				
64	92	29.1		38		
65	100	36.5	3,653	39	22.8	3,586
66	104	57	4,934	40	25.5	4,755
67	105	41.9	4,942	38	21.7	4,335
68	107	37	4,709	42	29.4	5,399
69	109	45.2	6,299	54	32.9	7,137
70	102	48.6	7,545	64	27.8	8,349
71		40.8	8,987		27.6	10,266
72		68.5	13,586		22.3	9,209
73		78.1	19,026		17.5	9,041

出所：三重県農林水産部『三重県農林漁業の動き』各年版

　カツオ・マグロの漁業の動向は、表9-2に示されているが、この表を参照すれば明らかなように、マグロ延縄専業船の隻数の飛躍的増加がうかがわれる。しかしながらマグロ延縄専業船1隻あたりの水揚げ量は、減少傾向をたどり、1965（昭和40）年度が1隻あたり584.6トンであったが、5年後の1970（昭和45）年度には434.4トンとなった。このように1960年代の高度経済成長期を通じてマグロ漁場の遠隔化に伴う急激な大型化が進行したが、マグロ延縄専業船は、絶えざる釣獲率の低下に悩まされ、また、漁場の遠隔化に伴うコスト増大により経営の悪化を招来した。

　このような大型マグロ漁船に対して39トン型の比較的小型のカツオ・マグロ漁船も存在した。こうした小型のカツオ・マグロ漁船は、そのほとんどが個人経営であった。1963（昭和38）年3月25日の「三重県かつおまぐろ組合」の資料によれば、当時、兼業船が31隻、マグロ専業船が4隻、計35隻が操業していた。これらのうち会社組織が2隻、生産組合組織が3隻、その他はすべて個人であった。こうした39トン型カツオ・マグロ漁船の構成は、もともと20トン前後の沿岸漁業関係より大型化したものが12隻、大臣許可を処分して小型化したものが11隻、マグロ専業船の転換により職場を失った高齢乗組員または余剰船員収容のためのものが7隻、その他が5隻となっていた。

　カツオ一本釣り漁業の漁場は、3月下旬から11月下旬まで高知県土佐沖

から東北地方の三陸沖であった。兼業船の場合、冬期は休漁して船体機関の整備をするものが50％、つなぎの漁業としてマグロの幼魚であるヨコワ釣り、メジ釣りに従事する漁船が約40％、マグロ延縄漁業を行うものが10％程度となっていた。ヨコワ・メジ釣りの漁場は、千葉県の銚子沖漁場であり、マグロ延縄漁業は、伊豆から小笠原諸島海域での操業であった。兼業船によるカツオ一本釣り漁業の1隻あたりの水揚げ量は200～300トンであり、金額は1,500万円から2,500万円となっていた。裏作のヨコワ・メジの水揚げ量は14～16トン、金額にして300～400万円となっていた。また、マグロ延縄漁業による水揚げ量は、15～22トンであり、金額は200～500万円であった。このことから明らかなように39トン型カツオ・マグロ漁業の場合においても三重県では伝統的であったカツオ一本釣り漁業が主体であり、マグロ幼魚であるヨコワ・メジ釣り漁業、マグロ延縄漁業は、"つなぎ"にしか過ぎない。

　39トン型マグロ延縄専業船の漁場は、全国、ほとんど同じであるが、1月から5月頃までが伊豆、小笠原諸島付近で操業し、6月から12月はカロリン諸島、または台湾、フィリピン、バンダ海方面に出漁した。1隻あたりの水揚げ量は120～160トンとなっており、金額1,700万円から2,000万円となっている。こうしたマグロ延縄専業船は、「許可が不要と云う事で設備に対する投下資本が少なくて良いという考え方で5～6年前（注：1957、58年頃）に出来たのであるが、この種の漁船の急増により、釣獲率は低下し、且危険度が高いので乗組員の確保に苦労しており、殆ど土佐、徳島、和歌山県より求めている」[11]とある船主は述べている。

2. 沿岸漁業の構造変化

(1) 沿岸漁船漁業の経営の専業化

　高度経済成長期には、総トン数10トン未満の沿岸漁船漁業の経営体の中での1～3トン未満階層の肥大化傾向が見られるようになった。とくに「3トン前後の小型動力船漁家で、最近のジーゼル化のごとく技術水準、生産

力を高めており、家族労働力を中心としており、漁業への専業度をつよめている」（平澤　豊著『漁業生産の發展構造』未来社　1961 年 1 月 30 日 p328）ことを示し、「中核的漁民」層として当時の沿岸漁家漁業の担い手として政策的に位置づけようとしたのが沿岸漁業の構造改善事業[12]であったが、三重県においても同様な傾向が見られた。

表 9-3 は、1962（昭和 37）年から 1965（昭和 40）年までの三重県の沿岸漁船漁家経済の階層間格差を示したものである[13]。この表を参照すれば明らかなように、1962（昭和 37）年の階層間格差は、無動力船階層を 100.0 とした場合、漁業所得において 3 トン未満階層が 111.6 となっており、3～5 トンの 116.0、5～10 トンの 118.2 と比較して 3 トン以上の他階層よりも若干低いが、それほど大きい格差があるとは言えない。しかし、1965（昭和 40）年になると、無動力船階層を 100.0 とした場合、漁業所得においては、3 トン未満階層が 248.2、3～5 トン未満階層が 188.9、5～10 トン階層が 366.2 となり格差が拡大していることが明らかである。とくに当時、三重県の沿岸漁船漁業の最大の勢力を誇る 3 トン未満階層が 3～5 トン階層と比較し、漁業所得の面で 1964（昭和 39）年、1965（昭和 40）年に優位に立つようになった。3～5 トン未満階層の 3 トン未満階層よりも低くなる要因は、当時として雇用者が存在しているか、電子機器類、エンジン等資本装備率が 3 トン未満階層に比較して上昇するためであろうと考

表 9-3　漁船漁家経済の階層間格差

単位：千円

	無動力		3 トン未満		3～5 トン		5～10 トン	
	漁家所得	漁業所得	漁家所得	漁業所得	漁家所得	漁業所得	漁家所得	漁業所得
1962 年	968	319	674	356	436	370	941	377
1963 年	415	134	818	596	840	752	263	139
1964 年	630	238	743	649	660	527	437	324
1965 年	739	334	1,021	829	725	631	1,364	1,223
62/65 年	76.3	104.7	151.5	232.9	166.3	170.5	145.0	324.4
62 年階層格差	100.0	100.0	69.6	111.6	45.0	116.0	97.2	118.2
65 年階層格差	100.0	100.0	138.2	248.2	98.1	188.9	184.6	366.2

注1）1 戸あたり平均
注2）62 年、63 年の階層格差は、無動力を 100 とした場合の 3ﾄﾝ未満、3-5ﾄﾝ、5-10ﾄﾝの％で示したもの
出所：農林省三重統計調査事務所「三重県漁業の動向資料」1967（昭和 42）年 1 月 p43 より作成

えられる。すなわち当時としては、小資本の3トン未満階層が家族労働力の完全燃焼型であり、より効率的であったと言えるのではないだろうか。

1962年と65年の漁業所得の面を比較すれば、無動力船階層は、年間漁業所得が1962（昭和37）年の319千円から1965（昭和40）年には334千円へと、わずか約4.7％の増加したに過ぎない。3トン未満の階層は、1962（昭和37）年が356千円の漁業所得であったが、1965（昭和40）年には2.3倍の829千円となった。3～5トン階層は370千円から1965（昭和40）年には631千円となり、1.7倍の増加となった。また、5～10トン階層は、1962（昭和37）年の377千円から1,223千円となった。5～10トン階層はもっとも増加率が高い3.2倍となっている。このように3トン未満層が、この間、雇用型の5～10トン階層に次いで漁業所得の増加が大きかったのである。こうしたことから沿岸漁船経営体数においては、表9-4に示されているように「家族労作型」の3トン未満階層の比重が高く、全

表9-4　三重県の主とする経営体階層別経営体数

単位：経営体

	総数	漁船非使用	無動力船	1t未満	1-3 t	3-5 t	5-10t
1960年	11,973	—	971		3,801	293	110
61年	12,192	—	893		3,662	326	119
62年	12,214	—	709		3,483	331	130
63年	14,702	1,249	491	1,011	2,074	392	148
64年	16,084	1,264	615	1,111	2,160	393	166
65年	15,923	1,244	454	1,060	2,148	388	132
66年	16,081	1,252	414	1,156	2,298	455	119
67年	15,922	1,147	385	1,144	2,327	456	149
68年	14,905	1,097	187	868	2,169	537	94
69年	13,759	—	162	970	2,256	513	122
70年	13,501	—	148	1,043	2,399	518	122
71年	13,087	—	132	1,162	2,537	543	118
72年	12,867	—	119	1,131	2,556	534	145
73年	11,937	827	100	813	1,805	475	112

	10-30 t	30-100 t	100-200 t	200-500 t	500-1,000 t	1,000t以上	大型定置網	小型定置網	地びき網
1960年	59	112	58	7		12	34	169	43
61年	54	109	49	12	12		35	163	44
62年	58	103	39	16	13		33	144	41
63年	57	100	20	14	13		14	118	46
64年	82	93	15	15	9	4	35	138	37
65年	72	92	22	20	10	3	37	140	36
66年	72	88	23	17	13	3	36	150	35
67年	87	88	19	14	11	5	35	148	32
68年	102	89	31	20	9	9	21	137	28
69年	124	89	25	16	10	11	29	132	26
70年	137	91	21	19	8	14	32	134	24
71年	161	94	15	16	7	15	31	143	24
72年	165	91	9	21	9	15	32	155	26
73年	148	101	5	14	10	14	30	138	17

出所：東海農政局三重統計情報事務所「三重農林水産統計年報」

国的傾向と同様に沿岸漁船漁業のなかでの主勢力であった。

　漁業依存度（漁業所得／漁家所得）では、表9-3から算定すると無動力船階層は1962年が33.0％、65年が45.2％となっている。それに対して3トン未満階層は、62年が52.8％であったが65年には81.2％となり、さらに3〜5トン階層では、62年が84.9％であったが、65年には87.0％、5〜10トン階層では62年が40.1％であったが、65年には89.7％となっている。このように3トン未満階層の漁業依存率が飛躍的に高まったことが明らかとなる。こうして動力3トン未満階層といえば、小規模な家族経営であったが、経営的には他の階層と比較して安定した階層であった。

(2) 志摩・度会地域－真珠・真珠母貝養殖からハマチ養殖への転換－

　表9-5を参照すれば明らかなように1950年代後半から大きく発展してきた真珠養殖業、真珠母貝養殖業などの経営体の増加が1960年代中ごろにピークに達し、その後、減少傾向に転ずる。それらの養殖業に代わって熊野灘周辺、および志摩・度会方面の漁村を中心にハマチ養殖経営体（その他養殖業に含まれており、急激な増加の大半はハマチ養殖業である）が大きく増加

表9-5　三重県の主とする養殖種別経営数

単位：経営体

	ノリ養殖業	カキ養殖業	真珠養殖業	真珠母貝養殖業	その他養殖業
1960年	2,426	49	2,115	1,713	1
61年	2,676	67	2,076	1,887	8
62年	2,890	73	2,217	1,916	18
63年	4,025	61	2,121	2,677	71
64年	4,261	106	2,586	2,834	160
65年	4,474	106	2,911	2,435	139
66年	4,361	111	2,888	2,447	143
67年	4,523	105	2,820	2,241	186
68年	4,789	81	2,203	2,120	314
69年	4,513	76	2,195	2,102	388
70年	4,618	94	2,056	1,547	476
71年	4,965	109	1,735	695	585
72年	5,218	8	1,452	365	736
73年	5,176	77	957	64	865

出所：東海農政局三重統計情報事務所「三重農林水産統計年報」各年版
注）「その他養殖業」の1973年統計からブリ養殖業780経営体が別に記載されていたが「その他養殖業」に含めた。

してきた。真珠母貝経営体数は、1964（昭和39）年には、2,834経営体であったが、1974（昭和49）年には21経営体となり、大きく減少した。これは、1960年代後半からの『真珠恐慌』（浦城晋一）によって、それまで産業的確立を図ってきた真珠養殖業・真珠母貝養殖業は、大きな縮小を迫られたからである。こうした中で新養殖魚種であるブリの幼魚である3kgサイズのハマチの養殖業へ転換する養殖業者が続出した。ハマチ養殖は、1958（昭和33）年に県下で始めて尾鷲湾の三重県水産試験場尾鷲分場によって導入が図られたが、熊野灘および志摩・度会周辺漁村は、1960年代後半に本格的に導入され、"漁村丸ごと"ハマチ養殖業へ転換した地域も出現した。

『真珠恐慌』については、その命名者である浦城晋一がその経過について次のように述べている。「1967（昭和42）年に至って深刻かつ陰惨な『真珠恐慌』がわが国真珠産業を襲うに至った。この恐慌のメカニズムは複雑でここに簡単に述べることはできないが、発端は1966（昭和41）年頃の海外真珠消費国の景気後退である。これが今まで順調に伸びていた需要に頭打ちを与え、真珠の人気を冷却させた。景気はまもなく回復したが、これが契機となって海外真珠商達のビヘイビアに変化が生じ、その大量に持たれていた『在庫』品を武器として、わが国に対する『買い控えと買いたたき』が大々的に行われた。かくして輸出不振が起こり、さらに加工業→真珠養殖業→母貝養殖業へと不況は増幅して伝えられ、不況というにはあまりにも打撃の大きい、恐慌というべき混乱が現出したのである。恐慌は42年（1967年）、43年（1968年）と続き、44年（1969年）に入ってようやく収束の傾向をみせているものの、現在が『どん底』の状態にある。」[14]

三重県は、戦後、零細な真珠母貝養殖業者、真珠養殖業者の参入が相次ぎ、漁場の老朽化・過密化が進行し、病気などの発生により、歩留まり率の低下に加えて「真珠恐慌」によって養殖業者の経営は悪化した。とくに真珠母貝養殖業者は、経営規模も小さく、極度な経営難に陥った。その結果、表9-1に見られるように真珠母貝生産量は、1966（昭和41）年の4,154トンを最高に急激な減少傾向をたどる。このような状況の中で三重県も1968（昭和43）年7月に三重県漁業信用基金協会に対して緊急措置として特別融資を

行った。この特別融資は、協会からの資金融通についての利子補給であった。この協会からの特別保証は、次に見られるように真珠母貝養殖からハマチ養殖への転換資金も71件、75,100千円含まれていた[15]。

三重県漁業信用基金協会の特別保証数

①真珠漁協関係（運転又は転貸資金）	28件	195,200千円
②三真連集荷保管仮渡し関係	12件	75,801千円
③<u>母貝養殖よりハマチ養殖転換資金関係</u>	71件	75,100千円
合　　計	111件	346,101千円

こうして1960年代後半に入り、真珠母貝養殖業者の転換を含め、ハマチ養殖業が急速な成長を遂げてきたのである。経営体数は、図9-2に見られるように60年代後半から急速に経営体数が増加し、1972（昭和47）年には809経営体となり、過去最高となる。それにともなって養殖ハマチの収穫量もこのグラフで明らかなように1961（昭和36）年が626トンであったのが、1968（昭和43）年には6,186トンとなり、さらに1973（昭和48）年には18,488トンと大きく増加する。このように志摩・度会地区では、戦後直後から「雨後の筍」のように蘇生した真珠・真珠母貝養殖業からハマチ

図9-2　養殖ハマチ経営体数と収穫量

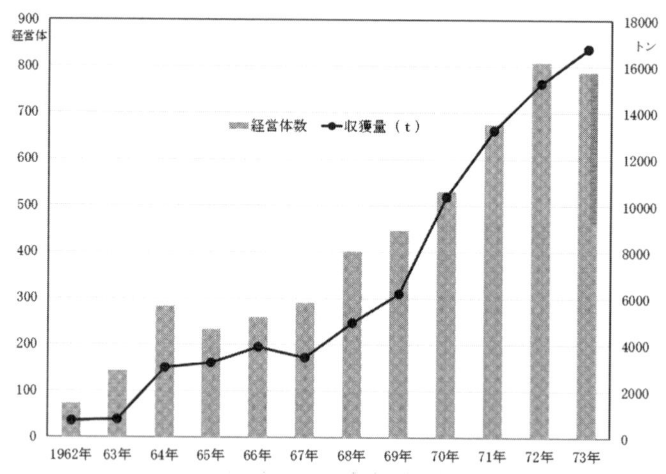

出所：東海農政局三重統計情報事務所「三重農林水産統計年報」より作成

養殖業へ急速な転換が行われた。ハマチ養殖業は、さらにカツオ・マグロ漁業の不振と減船による基幹漁業が縮小した熊野灘地区にも波及し、減船した船主、乗組員が着業するようになった。

かつて礫浦漁協の上野雅孝元組合長に私がヒアリングを行ったことがあったが、そのヒアリングによれば、こうしたハマチ養殖業が熊野灘方面を中心に着業が行われたのは、地元にハマチ養殖のための稚魚であるモジャコが4―5月の短期間であるが、水産庁の特別採捕許可により利益率の高い安定した漁業として成立したこと、こうしたモジャコ採捕により、三重県は県内需要だけでなく、県外出荷も含めた中で大きく収益を挙げることが出来た、という点をあげている。また、「ハマチ養殖漁業は70年代前半、かなり伸長し、熊野灘海域各浦浜での生産漁業として、その地位を確保した」。こうしたハマチ養殖業の成立は、次の4つの経済的意義を持ったと主張されていることが注目されよう。

第一は、「安定漁業としてそれぞれの漁業者の生活依存に資したこと」。とくに前述したように真珠養殖、真珠母貝養殖が1960年代後半に大きな痛手を被り、新たな転換養殖魚種を求めていた漁業者にとっては、まさに漁村の疲弊を救済する「救世主」的役割を担ったことは確かである。第二は、「漁協の信用事業、販売事業、購買事業、共済事業などの各事業面での組合の経営対策面での貢献が大きかった」。第三に「餌料供給の面での伊勢湾の基幹的漁業であったバッチ網漁業等によるヒシコイワシ漁業への貢献があった」。「これは、ヒシコイワシの価格維持、バッチ網漁業経営、産地流通業者などに対する経営安定化に大きくつながった」。第四は、「三重県漁連の各事業への連繋と系統取扱高の進展」である[16]。こうした諸要因によってハマチ養殖業の発展がもたらされたのである。

また、「ハマチ養殖については南勢地区＊は、単年養殖が主体であり、南島地区以南は、錦を除いて越物（2年もの）養殖が主流の形態から南勢地区の生産のハマチを12月から1月にかけて2年物用種苗として、三重県漁連を中心に需給調整事業として取り組み、需要に合った供給体制を維持すべく、南勢地区として良質の種苗を生産すべく、養殖技術の改良や健康な種苗生産

に積極的な取り組みが図られた」[17]。＊伊勢湾ではなく熊野灘に面した南勢地区

　養殖ハマチの収獲量の飛躍的増加によって三重県漁連による共同販売も開始され、本格的なハマチ養殖業時代を迎えた。しかし、はやくも1969（昭和44）年には類結節症による大量斃死が見られるようになった。また1970年代に入ると、漁場の過密化、漁場環境の悪化問題も取り上げられるようになった[18]。そして、それに加えて次のような経営問題が起きていた。三重県農林水産部の1973（昭和48）年度の『三重県農林漁業の動き』に記述がある。「ここ1～2年の餌料価格の高騰、販売価格の伸び悩み等、はまち養殖業をとりまく諸条件は悪化の傾向を強めており、このため年々生産コストは上昇を続け、収益性は低下している」と述べている。こうした経営問題は、もともと養殖漁場の狭さとも重なって70年代後半から80年代にかけて小規模な養殖経営体が多い三重県ハマチ養殖業の構造問題として、あらたな養殖魚種としてマダイ養殖業への転換を引き起こすこととなった。しかし、こうした漁場の狭さ、養殖経営の小規模性は、真珠・真珠母貝養殖時代から一貫して引きずってきた三重県の構造的問題でもあった。

(3) 伊勢湾地域のノリ養殖の技術革新と漁民層分化・分解

　伊勢湾を中心としたノリ養殖業は、図9-3に示されているように1966（昭和41）年以降、生産枚数の飛躍的増加傾向をたどっている。これは、1経営体当たりの生産枚数の増加が顕著となったことによるものである。表9-5の「主とする養殖種別経営体数」においては、ノリ養殖経営体数が着実に増加傾向をたどっており、1960（昭和35）年の2,426経営体から1965（昭和40）年の4,474経営体へ、さらに1973（昭和48）年の5,176経営体となり、対1965（昭和40）年比で15.7％の増加となっている。ノリ養殖業を「主とする経営」は、確かにこのように増加傾向にあった。しかし、その反面、表には記載しないがノリ養殖を「従とする経営」の大幅な減少が見られるようになったことである。1968（昭和43）年にはノリ養殖を従とする経営体が2,030経営であったが、1973（昭和48）年には705経営へと半分以下となったことによっても明らかである。

とくにノリ養殖から退出した経営体は、資本力の脆弱な農業を主体とする半農半漁の経営が多かった。こうした経営は、乾燥機などの設備投資が嵩むため、農業部面への経営比重を高め、ノリ養殖業からの撤退を図ったのである。こうしてノリ養殖業の残存経営における資本装備の高度化による生産性の上昇がはかられ、その結果、経営体数の増加率を超える生産枚数の増加が顕著となった。

ノリ養殖は、①人工採苗、②種付けしたノリ網の冷蔵保存、③浮き流し養殖の技術革新が60年代に普及し、これまでの河口域での潮の干満差を利用した伝統的な天然採苗に依存した支柱柵方式ではなく、沖合でも養殖が可能となったため、急速に各漁村に普及した。三重県でも三重県漁連発行の1964年12月の「漁連時報」には「のり豊作にうれしい悲鳴！―これからは消費拡大が必要―」と題して次のような報告がなされている。「のり養殖業は、伸び悩む沿岸漁業の中にあって、独り飛躍的に生産性の向上を誇っている・・・本県の作柄は、このまま極端な気象条件の変化がなければ有史以来の豊作となり、生産倍増は確定的であろう。生産倍増の要因は、漁期はじめから順調な水温の低下など一般的に気象条件がよかったことが挙げられ

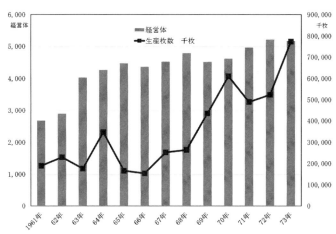

図9-3　ノリ養殖経営体数と生産枚数

注：経営体はノリ養殖を「主とする」ものである。
出所：東海農政局三重統計情報事務所「三重農林水産統計年報」より作成

るが、高度な養殖技術が普遍化したことも見逃せない。その他、従来の青のり漁場の黒場（＝黒ノリ漁場）転換が成功したこと、昨年の漁業権切替時に、県下全域で約30％漁場が拡大され、その結果、柵数を増加した地区、柵数は増やさないで漁場環境を改善した地区等気象条件とは別に生産倍増の要素もある」[19]。

　このような伊勢湾を中心とするノリ養殖業の発展は、1965（昭和40）年に入ってから急速に普及し始めた冷凍網による二期作、三期作などが可能となったこと、1950年代後半の浮き流し方式による漁場の沖出し化の一層の拡大、陸上の自動乾燥機などの導入によって大量生産・加工体制が出来上がったことである。しかしながら1960年代後半には、「本県におけるのり養殖は、伊勢湾北部を主産地として発展してきたが、臨海部への石油化学コンビナートの進出に伴って、近年漁場条件は悪化の傾向を辿り、最近では新漁場を求めてのりの主漁場は次第に伊勢湾南部に移行している」[20]とあり、工業開発とによる漁場条件の悪化が産地移動の要因として三重県農林水産部では指摘している。

　三重県漁連によるノリ共販事業も一層発展し、1966（昭和41）年10月には「中勢のり共販所」が完成し、続いて1968（昭和43）年11月に「南勢のり共販所」が完成した。「中勢のり共販所」は、松阪市鎌田町に建てられ、鉄骨造一部2階建、建物面積が2,329.77㎡（704.62坪）、敷地面積が7,273㎡（2,200坪）となっている。「南勢のり共販所」は、伊勢市船江町に建設され、敷地面積が7,040㎡、建物面積が倉庫棟2,249㎡、管理棟515㎡、上屋180㎡、計2,944㎡の鉄筋2階建であった。このような近代的なノリ共販所の設立によって販売事業の一層の促進が図られた。

3. 沿岸漁業の就業問題と経営階層移動

　三重県の漁業においても1960（昭和35）年以降の高度経済成長の中で漁家の子弟も他産業に従事する傾向が強まった。三重県漁連がすでに1959（昭和34）年度中学校卒業生の男子漁民子弟の進路について沿海地区の38校にアンケートを配布し、調査を実施したものに、それは端的に現れている。

「漁民子弟のうち、進学者の最高は66％、進学者皆無が7校あり、平均23.8％である。漁業従事者については、卒業生が漁業に従事しない学校が五校で平均37.1％である、更に卒業生の漁業従事実態の順位は、沿岸漁業従事者が約45％と沿岸漁業への依存度が一番高く、次に沖合漁業（32％）、養殖業（19％）、その他（4％）の順となっている。他産業従事者については、最高が87％、他産業従事者皆無が1校、平均39.0％であり、そのうち、工業は51.5％と過半数を占め、商業、その他の順となっている。更に漁業従事者190名に対し他産業従事者数は200名で、就職希望者は漁業以外に就職口を多く求めていることがわかる。

次に、(伊勢)内湾地区、志摩度会地区、紀州(熊野灘)地区の三地区に分けてみると、進学者については南へいくほど多くなっている。漁業従事者は志摩度会地区の48.4％が最高で、この地区における漁業への依存度は大きい。他産業従事者は内湾地区で50.5％と過半数以上を占め、この地区は漁業以外に就職口を多く求めている。

更に、各々の地区の特徴をみると、内湾地区は他産業への依存度が高く、紀州地区にあっては、三地区のうち進学者が一番多く、漁業従事者が一番少ないことである」。[21)]

このように漁民子弟の23.8％が進学、漁業従事者数190名に対し、他産

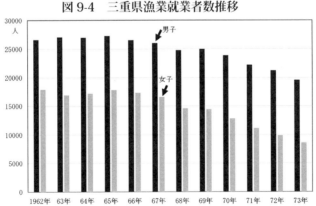

図9-4　三重県漁業就業者数推移

注　：経営体はノリ養殖を「主とする」ものである。
出所：東海農政局三重統計情報事務所「三重農林水産統計年報」より作成

業従事者数の方は 200 名と漁業従事者をオーバーしており、1959 年段階でも漁業外の他産業へ就職をする漁村の若者が増加してきたことがうかがえる。海上労働に従事する漁業就業者数も図 9-4 に見られるように 1965（昭和 40）年頃をピークにしだいに減少傾向をたどる。とくに 15 才から 29 才の若年漁業就業者数は、1962（昭和 37）年が 7,800 人であったが、1968（昭和 43）年には 5,021 人となり、そして 1973（昭和 48）年には 2,750 人と大きく減少する。漁業就業者数が 1965（昭和 40）年頃にピークとなるのは、真珠・真珠母貝養殖業がこの頃までに大きく成長し、経営体数も次に述べるように増加傾向をたどってきたからである。こうした養殖業の発展が沿岸漁業における漁業者の就業機会を拡大したことがわかる。

　三重県の漁業をめぐる状況は、長期的には、このような沿岸漁業の若年漁業就業者の減少と経営体数の漸減化が進行した。しかし、他方では既存の沿岸漁船階層からの漁船規模の拡大も進み、表 9-4 にあるように無動力船階層の大幅な減少に対して、3〜5 トン階層の 1960（昭和 35）年の 293 経営体から 1972（昭和 47）年の 534 経営体への約 1.8 倍化などに見られる沿岸漁船漁業階層の変動が生じた。また、沿岸漁船漁業に近い 10〜30 トン階層も 1960（昭和 35）年の 59 経営体から 1967（昭和 42）年には 149 経営体となり、さらに 1972（昭和 47）年には 165 経営体となるなど 1967（昭和 42）年以降、急激な増加傾向を示し、沖合漁業の経営階層においても中心は家族経営であるが、若干の雇用も含む小企業的な経営階層の肥大化傾向がみられるようになった。しかし、この経営階層に関しては、必ずしも沿岸漁船階層からの上向化したものとは言えず、マグロ漁業の不振から上層漁船階層からの転入したものも含まれている。

　このように高度経済成長期に三重県の漁業構造は、一方では、沿岸漁業経営の若年労働力を中心とした就業者数の減少と、他方ではノリ、真珠・真珠母貝養殖業の 60 年代中頃までの増加、漁船漁業では 1〜3 トン、3〜5 トン階層の肥大化、中小漁業経営下層の 10〜30 トン階層の 1967（昭和 42）年からの増加などの変化が生じてきた。さらに注目に値するのは、最上層である 1,000 トン以上階層も 1964（昭和 39）年の 4 経営体から 1972（昭和

47）年に 15 経営体へと大幅に増加したことである（前掲表 9-4 参照）。

　沿岸漁業における経営階層変化を捉え返すと次のようなことが言えるのではないだろうか。すなわち 1965 年までの高度経済成長前期には、主として沿岸漁船階層の 1 ～ 3 トン階層が主体であったが、前年比較の増加率で見ると 3 ～ 5 トン階層が 1960 年から 65 年の平均 6.0 ％であったのに対して 1 ～ 3 トン階層は同年平均マイナス 9.1 ％となっており、66 年から 73 年の同じく 3 ～ 5 トン階層が 0.9 ％であったのに対して 1 ～ 3 トン階層がマイナス 1.5 ％となっている。経営体数の上では 1 ～ 3 トン階層が依然として 3 ～ 5 トン階層を凌駕して多いが（前掲表 9-4）、増加率は 65 年までは 3 ～ 5 トン階層が 1 ～ 3 トン階層を大きく上回っている。そして 66 年以降 73 年までの期間はどちらの階層の増加率も停滞する。

　このような主として営む漁船漁業の経営階層の変動は、60 年代の後半以降のハマチ養殖経営体数の激増に対応した、小規模沿岸漁船漁業からハマチ養殖業への業種転換による移動とみることが出来る。とくにこの表は、「主として営む」が漁船漁業という観点から見ており、ハマチ養殖業などの海面養殖業は、三重県の場合、1 経営あたり小割台数（養殖施設）も少なく、単身労働力でも操業が可能であり、1965 年以降、経営内で「主とする」ものが養殖業であり、「従とする」ものが漁船漁業となっているのであろう。沿岸漁船漁業世帯の中での学卒若年層は、先に見たように漁業外他産業への就職、あるいは進学という形態での地元漁村を離れ流出し、全体として漁業就業者数の減少が起きる中で残存した経営体、あるいは若年層の流出後の家族の内で経営面でマイナー化した漁船漁業を高齢者が中心的に担い、残りの壮年層世帯主を中心とする家族がその労働力人数に対応した養殖規模を選択するという"脱雇用型経営"の在り方が 1965 年以降の動向で見られてきたのではないだろうか。それがもっとも明確化するのは、次の 70 年代である。

第 5 節　漁業団体の動き

　三重県における漁業団体の中でとくに、この時期に大きな問題となったのは、三重県沿岸地区の漁協の組織の小規模性と経済的基盤の脆弱性である。

1966（昭和 41）年度の「農林漁業の動きと施策」（三重県農林水産部）によると、次のような説明がなされている。

「県内の水産業協同組合は、四十一年十一月末現在で単位組合二百十八組合、連合会四会が設立されている。

地区沿海出資漁業協同組合は、設立当時から細分化され、旧市町村以下の地区を区域とするものが七〇％を占め、一組合当り平均正組合員数も二百三十人程度にすぎず、経営不振の漁協が少なくない。このため、三十八年度から弱小組合の統合による規模拡大が順次進められているが、さらに四十二年度からは法的な裏付けのもとに、漁協の合併が積極的に促進されようとしている。

業種別漁協では、真珠養殖漁協の発達が、本県の特徴となっており、三十八組合が設立されているが、組織の弱い組合が多く、経済機能を完全に果たしている組合は僅か六組合であって、組織の強化等により今後の発展が期待されている。また生産組合は、経営の合理化、協業の促進等を契機として漸次増加することが予想される。」[22]

こうした小規模・多数の漁協の存在は、1967（昭和 42）年 7 月 24 日に合併助成法が施行されたが、この法に基づき、その後、部分的には合併が進

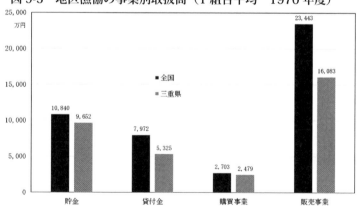

図9-5　地区漁協の事業別取扱高（1 組合平均　1970 年度）

出所：東海農政局三重統計情報事務所「三重農林水産統計年報」より作成

行したが、基本的に変化せず、1989年の平成年代に入ってから漁協の合併が本格的に進むこととなる。また、合併を促進するために三重県、三重県漁連、三重県信漁連、漁協の基金支出により財団法人三重県漁協合併対策基金が設立された。

三重県漁協の全国に比較しての事業別取扱高について述べよう。図

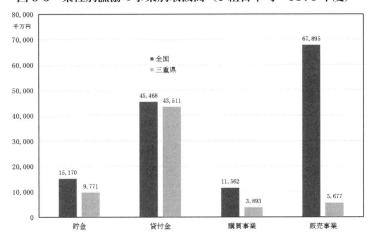

図9-6　業種別漁協の事業別取扱高（1組合平均　1970年度）

出所：東海農政局三重統計情報事務所「三重農林水産統計年報」より作成

9-5、図9-6は、1970（昭和45）年度における地区漁協、業種別漁協の事業別取扱高である。地区別漁協の事業別取扱高のどの項目も三重県は、全国よりも低い水準にあることがわかる。業種別組合においても同様である。とくに販売事業は、地区別漁協の場合が全国の68.6％、業種別組合の場合が8.4％にしか過ぎない。しかしながら、高度経済成長期を通じて漁協の販売事業の取扱高は増大していった。1961（昭和36）年度の販売事業は、地区漁協の1組合あたりの平均取扱高が7百万円であったが、1965（昭和40）年度には11百万円、1972（昭和47）年には246百万円となっていることによってもそのことがうかがわれる。

三重県漁連は、後述するが1961（昭和36）年発足の「三重県漁場を守る

会」、1971 (昭和46) 年4月の公害対策課の設立などに見られる漁場環境保全運動の中心的役割を担うとともに、受託によるノリ共同販売 (以下共販と称す)、買い取りによるハマチ共販などの販売事業も積極的に行い軌道に乗るようになった。図9-7は、三重県漁連の購買事業、製品事業、鮮魚・製氷冷凍事業の推移である。製品事業は主にノリ製品の取扱である。1963 (昭和38) 年度が1,976百万円であったが、1968 (昭和43) 年度が2.3倍の4,500百万円、そして1973 (昭和48) 年度は、対1963 (昭和38) 年比で5.2倍、これまでの最高の取扱高の10,357百万円に達した。また、養殖ハマチの買い取り事業のウエイトが大きい鮮魚・製氷冷凍事業の売上高も1963 (昭和

図9-7 三重県漁連の事業

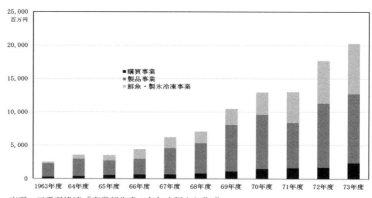

出所：三重県漁連「事業報告書」各年度版より作成

38) 年度の248百万円から1973 (昭和48) 年には、30.5倍の7,558百万円となった。こうして三重県漁連は、この時期、事業的に安定的な基盤が出来上がるのである。

　高度経済成長期は、漁船の大型化、機関換装、ノリ養殖業の機械化、漁船のFRP化による資金の需要は拡大し、貯金の増加、および制度資金の導入による貸出しの増加で貯貸率は顕著に上昇した。三重県信用漁業協同組合連合会の事業活動の拡大は、こうした漁業信用事業の中核とした役割の増大と系統金融の発展に大きく貢献した。とくに制度資金は、1963 (昭和38) 年

に農林漁業金融公庫受託業務が開始された3％の低金利沿岸漁業構造改善資金がある。また、1969（昭和44）年には低利で長期にわたる資金融資が漁業近代化助成法により可能となり、これを基礎に漁業近代化資金制度が創設された。これは、漁協貯金を原資として国、三重県、市町村からの利子補給を受けるなど自賄体制をベースにこれまでにない画期的な制度資金であった。こうした自賄体制が出来上がったのは、当時、全国的に展開された全国漁協貯金5,000億円運動が大きな原動力となった。その他には、1971（昭和46）年6月に漁協信用事業基盤強化を目的として相援基金が設立された。これは、漁協系統全体で信用事業の安定確立を図るものであった[23]。

　こうした漁業団体の他に、この時期に重要な水産関係団体の設立が行われた。その一つは、三重県漁業共済組合である。この組織は、1964（昭和39）年の漁業災害補償法の制定に基づいて9月19日に設立され、10月から事業が開始された。この事業は、①漁獲金額が不漁等により減少した場合の損失を補償する漁獲共済－根付け漁業、小型漁船漁業、中型以上漁船（20トン未満）及び定置漁業、②養殖生物および養殖施設が死亡、流失等により受けた損害を補償する養殖共済－藻類（ノリ）、貝類養殖（カキ、真珠、母貝）、魚類養殖（ハマチ、タイ）、③漁具が操業中に損壊する等により受けた損害を補償する漁具共済－定置網及びまき網の網地部分、その後、1974（昭和49）年度よりノリの収穫共済として試験的に実施された④特定養殖共済－ノリ養殖などの種類に分けられる。三重県において1964（昭和39）年度から1973（昭和48）年度までに漁獲共済の支払いが192件、金額にして140,153千円、養殖共済の支払いが6,750件、金額にして732,579千円、漁具共済が3件、金額にして1,909千円となっている。このように着実に漁業共済制度も発展し、沿岸漁業経営の安定化に大いに役立った。とくに三重県は、海面養殖業が高度経済成長期に大きく発展し、それに伴う事故も増加したが、そうした中での養殖共済の経営安定化に果たした役割も大きかった。

　1961（昭和36）年3月には、全国真珠養殖漁業協同組合連合会（以下全真連と略称する）が設立され、伊勢市に三重支部が5月に設立された。こ

の全真連の設立は、1955年以降、西日本一帯に真珠養殖業の着業者数が飛躍的に増加し、過剰生産が顕著となる中で、一元集荷体制の確立による計画出荷と真珠の品質の保持・バラツキの規制という差し迫った問題が背景にあった。こうしたことは、全真連の設立趣意書に次のように記載されていることによっても明らかである。そして1962（昭和37）年に、これまでの全国真珠養殖漁業協同組合は解散し、事業は連合会に継承された。

「　　設立趣意書
　今から二年有余以前、日本真珠振興会の理事会及び全国真珠養殖漁協組の総会において、時勢の進展に対処するため、早急に本連合会の結成が決議いたされ、爾来、全業界を挙げて推進に全力を傾注、日毎に気運熟し、漸く果実は実り、本日の盛儀を見るに至ったのであります。
　何故、連合会結成の必要に迫られたかと申せば、今を去る五十余年前に、三重県の英虞湾に発生した養殖真珠事業は、
　一、現在全国二十三府県で生産される状況
　二、本事業に携わる業者の数は三千名を超える実情
　三、年間生産量は一万四千貫を突破するの情勢
　四、その輸出額は、生産量の九七％、金額にして百億円
わが真珠業界は、このように急激に進歩発展してきたのであります。ところが、生産量の増加、輸出増進という喜ばしい反面、
　一、粗悪不良品の必然的生産増加
　二、サイズ別アンバランスによる、商品流通の障害
　三、市場価格の不安定
　という要因も発生し、輸出は、年々伸長の一途をたどりながら、このまま放置すれば将来は楽観を許さない状況になったのであります。
　この苦境を打開し、真珠業界百年の計を樹てるただ一つの途は、自主的調整、即ち輸出状況に見合った、サイズ別調整のとれた計画生産の実行であります。
　これには現在のような生産体制では、いろいろの面で支障を来たし、実施不可能であり、そこで考え出された施策が、真珠生産二十三府県にわたり、それ

ぞれの地域内に業種別真珠漁協を組織、これを土台に全国連合会を結成、中央、地方を通じ全国的統一のもとに計画生産の主旨徹底を図り、実行にうつさせようということになったのであります。

　同時に、計画的に生産された浜揚げ珠は、地区の漁協がそれぞれの実情に照らして、合理的に集荷を行ない、それを連合会一本の入札会で販売すれば、生産の基礎は明確となり、かつ市価の安定に役立つことになるのであります」[24]。

第6節　自然災害の発生と漁場環境問題

1. チリ地震津波による被害

　1960（昭和35）年5月24日、突然、襲ったチリ地震津波によって太平洋側の沿岸漁業に大きな被害をもたらしたが、もっとも大きな被害を被ったのは三重県の沿岸漁業であった。このため、県は津波災害を受けた水産業施設の災害復旧事業にかかる補助金交付等の規則を制定した。三重県の被害総額は次のような規模であった[25]。

総被害額	5,957,567 千円
（1）漁港関係	23,780
南島町古和浦漁港	1,000
紀勢町錦漁港	4,000
海山町島勝漁港	8,000
矢口漁港	8,000
明和町大淀漁港	330
南勢町迫間浦漁港	2,400
鳥羽市答志和具漁港	50
（2）漁船関係	6,411
（3）共同利用施設関係	7,650
（4）漁具関係	132,953
（5）真珠及び真珠貝養殖関係	5,702,790
（6）その他の養殖関係	69,643
（7）漁協購買品関係	14,700

とくに真珠及び真珠養殖関係の被害が大きく、全体被害額の95.7％を占めていた。三重県は前年度においても伊勢湾台風による被害を891,578万円受けており、この時も真珠養殖関係の被害が570,279万円と約64％を占めていたのに引き続き、この大津波による被害でさらに大きな痛手を被ったのである。しかし、前述したように三重県における真珠・真珠母貝養殖業は、1960年代後半の「真珠恐慌」による経済環境の悪化によって、その成長が中断されたが、それまでの間、こうした多大な自然災害にもかかわらず大きな成長を遂げたことは注目に値する。

2. 漁場環境問題－伊勢湾、熊野灘方面

(1) 北勢地域

　三重県の沿岸地域は、戦前、海軍工廠などの軍事工場などの重化学工業もあったが、戦後、伊勢湾に面する北勢地域を中心として石油化学コンビナート化が進行した。こうした臨海工業地域の建設の伴う異臭魚問題が四日市周辺漁村で顕在化した。1960（昭和35）年以降、石油化学コンビナート化は表9-6に見られるように一層激しく進行した。北勢地域のノリ養殖業が発展を遂げる中で漁場環境の悪化は大きな社会問題となった。また、松阪市などの南勢地域も1960年代後半に日本鋼管津造船所誘致のための漁業補償問題、一志郡香良洲町地先への日本石油精油所の進出計画、熊野灘地域では芦浜原発問題、尾鷲市の火力発電所建設問題など、この時期に工業開発に伴う環境問題・漁場保全問題などが大きな社会問題となった。

　北勢地域における最大の漁場環境問題は、四日市周辺での異臭魚問題であろう。1951年から四日市周辺での異臭魚の出現が大きな問題となってきたが（第Ⅷ章参照のこと）、1962（昭和37）年に磯津の漁業者が出荷した魚が市場から返却され、顕在化した。このため三重県も科学技術庁へ調査要請を行う一方、1960（昭和35）年に北伊勢汚水調査対策協議会を設置し、異臭魚の原因は石油化学工場等からの廃水中の炭化水素油分、フェノール分によるものと推定された[26)]。こうした中で1963（昭和38）年6月21日に磯

表9-6　四日市における石油化学コンビナート化

1952年	三菱モンサント化成四日市工場設立
53	三菱化成四日市工場設立
54	中部電力三重火力発電所起工
56	昭和四日市石油四日市製油所起工
57	三菱油化四日市工場設立
59	四日市合成東邦町に完成
60	日本合成ゴム四日市工場完成
61	松下電工四日市工場設立
62	江戸川化学四日市工場・味の素東海工場設立
63	中部電力四日市火力発電所・大協和石油化学・大協石油午(うまおこし)起製油所竣工
66	クラレ油化四日市工場・協和油化四日市工場設立
67	東邦石油樹脂四日市工場
68	高純度シリコン四日市工場、日本エアロジル四日市工場完成
70	新大協和石油化学・協和油化・中部ケミカル・上野製薬・大日本インキ化学工場・四日市帝産オキシトン四日市工場・日曹油化・日本ポリケミカル東洋曹達工業霞ヶ浦工場設立
71	四日市コンテナ埠頭（株）設立
72	霞ヶ浦緑地公園完成

出所：著者作成

　津漁協の漁民200名が中部電力の三重火力発電所に押し掛ける事件が発生した。これは、「磯津漁場での魚貝類の異臭は、三重火力発電所が四日市港内（石油化学各社の工場排水溜まり場）から冷却水を取り、内部川に排水（日産120万トン）しているためとして、6月2日に漁民は三重火力発電所に排水路の変更を迫った。この日（21日）は漁民代表、県、会社が話し合いを持ったが、会社の回答を不満とした漁民約200人が、発電所排水口閉鎖への実力行使寸前の状態となった」[27]。

　こうした異臭魚などに見られる水質汚染、大気汚染問題の発生によって三重県は、1963（昭和38）年7月に公害対策室を設置し、毎年、報告書を公

表した。その中に北伊勢漁業者に対する生活を補償するための対策と四日市周辺海域における異臭魚の分布状況について述べているのが興味深い[28]。

（資料）
「 北伊勢漁業者対策及び異臭魚の分布状況
(1) 北伊勢漁業者対策

　従来紛争は、工場の汚廃水にもとづく異臭魚による魚類の返品、値引不売等によるものであり、会社と漁業協同組合がその当事者になり交渉を重ね、最後は補償金という形で決着つけ、交渉が妥結しない場合、県が仲介を行ない問題の解決を計るということを繰り返していたが、これをもって紛争の解決の根本的な解決策にはならないので、県は、関係市町村及び工場の協力をえて、産業相互の協和を計るという見地から1億円の基金を造成し（県4,000万円、市町村3,000万円、工場3,000万円）、これを県の補助金として北伊勢の13漁業協同組合で構成する北伊勢漁業開発（株）に一括交付することとし、これをもって、鈴鹿市に恒久的施設として鉄筋アパートを建設した（総事業費約5,600万円）。これらの健全な経営の下に被害の多寡に応じ、収益の配分を行ない、行きづまりつつある沿岸漁業の漁家安定の一助とするよう努力している。

　また、アパート事業以外の収益事業については、ガソリンスタンド及び製氷施設等を考えているが、細部については目下検討中である。

(2) 異臭魚の分布状況

　異臭魚の分布については、前記したように現在調査中であるが、県では、1963（昭和38）年10月から北伊勢沿岸にある小型定置網を利用して、魚種別地区別に異臭魚の分布調査を行った結果、四日市港附近の富州原から楠町までは漁獲される魚種の異臭度は大きく離れるに従い、その度合は小さくなる傾向を示している。但し一時的には若松附近まで異臭の強いものが混在している。異臭度は魚種別には一様ではないが、概して浮魚（回遊魚）に油臭が強く、底魚は弱いか殆んどない傾向がうかがえる。これら異臭魚中、しらす、いかなご等の時期には、毎年相当量の損害があり、近年その傾向は一段と顕著になっている」。

図 9-8　四日市周辺漁場の異臭魚の分布

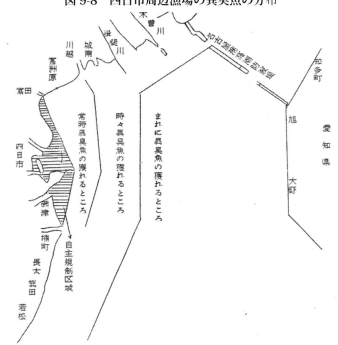

出所：三重県公害対策室「三重県における公害の現況と対策の概要」1964 年 4 月　p 21

(2) 中勢・南勢地域

　中勢・南勢地域では、伊倉津に中南勢工業開発を目的とした日本鋼管津造船所誘致のための漁業報償問題が 1967（昭和 42）年 5 月 12 日に解決し、関係漁業協同組合に漁業補償が行われた。香良洲漁協に 12 億円、米津漁協に 2 億円、雲津漁協に 7 億 7,000 万円の配分となっている。さらに同年 5 月 29 日に松阪の漁民が東京ニッケル松阪工場の操業を中止を要求する事件が起きた。これは、「東京ニッケル松阪工場は無公害という触れ込みで松阪市が誘致したが、工場廃液により魚類被害が出たため、漁民約 1,000 人が市に抗議した。この問題は 8 月 26 日に、会社側が関係 9 漁協に償い金として、総額 500 万円を支払い解決する。[29]
　さらに 1968（昭和 43）年 11 月に一志郡香良洲町に日本石油精製（株）

が日産30万バレル規模の工場建設を計画したが、翌年の7月14日に香良洲町の漁業者117名が三重県漁連のメンバーとともに上京し、関係各方面に進出反対陳情を行った。このような結果、1969（昭和44）年10月に三重県も事実上の白紙還元した。こうした工場進出計画は、1969（昭和44）年9月と1970（昭和45）年4月11日に公表された一連の三重県の中南勢開発試案の基づくものであった。第2次試案では、津市から伊勢市沿岸までの地域に6ブロック5千万平方メートルの埋立地を造成し、製鉄、鉄鋼、石油化学、電力などの企業を誘致するというものであった。これに対して鈴鹿から志摩にかけての漁業者は、1970（昭和45）年4月21日に「伊勢湾工業開発反対漁民会議」を結成し、運動を展開した[30]。

(3) 熊野灘地域

熊野灘地域における最大の問題は、中部電力による原子力発電所の建設計画であろう。1963（昭和38）年12月1日の新聞各紙に中部電力が南島町、紀勢町にまたがる芦浜、長島町の紀の浜、海山町の大白池に予定と報道され、にわかに原発問題が表面化した。翌、1964（昭和39）年2月10日に海山町長島町の7漁協、次いで2月23日に古和浦漁協の総会、南島町の他の6漁協も次々と反対決議をあげ、3月13日には南島町全漁民大会を開催し、さらに翌々日、南島町7漁協の「南島町漁協連絡協議会」において原発反対決議が行われた。3月16日には海山町、長島町、紀勢町、南島町の15漁協が、三重県漁連を本部とする原発反対漁業者闘争中央委員会を結成した。そして5月14日に第1回原発反対漁民大会を津市の水産会館で開催し、約500人の関係漁民と約2,000名の県内漁民が集まった。会場では、大会決議、大会宣言を採択した。

大会宣言は、当時の三重県の沿岸漁業を取り巻く状況をよく伝えており、次のようなものであった。

「　　　大会宣言

本県における産業構造は、われわれのかつて経験したことのない速さで変貌

している。われわれは、あらゆる機会に新設される工場群が漁業に及ぼす影響を憂慮し、漁業との関連を重視した慎重な取扱いを要請するほか、ときに建設絶対反対を要望して積極的に対策を講じてきたが、われわれの主張は殆ど無視され、その結果、伊勢湾内はもとより熊野灘沿岸に至る漁場の環境は近時とみに悪化しつつある。しかるに、今また全国屈指の好漁場である熊野灘沿岸に原子力発電所を建設し、各種漁場を侵害しようとしている。よってわれわれは、本日ここに三重県漁民大会を開催し、従来の漁業公害問題に対する反省の上に立って、県下漁民が一致団結した運動体制を整備し、原子力発電所の建設計画を放棄させるため一大運動を展開することを誓う。

右宣言する。　　昭和三九年五月一四日
　　　　　　　　　　原発反対三重県漁民大会　　　　　　」

　7月27日に原発建設予定地を芦浜にするという正式決定が発表され、8月11日に津球場で原発反対県下漁民大会が3,000名で開催された。
　こうして1964（昭和39）年、現地の南島町を始めとする4町の漁民、および三重県漁連を中心とした原発反対の体制が構築され、強力な反対運動が展開された。1965（昭和40）年に入ると、南島町では、地域住民を含んだ反対運動が行われるようになった。5月30日に南島町原発反対住民大会が3,000名参加の下で開催され、11月20日には「南島町原発反対対策連絡協議会」が発足した。そして1966（昭和41）年9月20日に中曽根康弘を中心とした衆議院特別委員の一行の視察を実力で阻止するという、いわゆる「長島事件」が発生した。原発反対運動は、このように地元を始め、三重県漁連の中に設立された「漁場を守る会」が主体となり、大きく盛り上がり、やがて1967（昭和42）年9月21日の田中三重県知事の「原発に終止符を打ち、白紙還元をする」という声明が出され、終結したのである[31]。
　熊野灘地域においては、原発問題の他に尾鷲市における火力発電・精油所設置問題も1961（昭和36）年1月からもちあがった。これに対して三重県漁連も反対運動の先頭に立ち、3月25日には尾鷲市で水産業者大会を開

催し、1,200名余の漁民の参加の下、決議文を採択した。こうして尾鷲市の火力発電・精油所設置問題は、その後、70年代前半から80年代前半まで長期間にわたる交渉が続けられた。

[1] 勝又壽良著『戦後50年の日本経済』（東洋経済新報社　1995.3.2発行）pp106 － 107

[2] 廣吉勝治「市場条件と漁業成長」（漁業経済学会編『漁業経済研究』第22巻第1号1975. 12　p35）

[3] 橋本寿朗・長谷川信・宮島英昭著『現代日本経済』（有斐閣　1999.4.15）pp123 － 124、および三和良一　原　朗編『近現代日本経済史要覧』（東京大学出版会　2007. 9.27）p7を参照

[4] 伊東正雄「瀬戸内海の汚染と漁業被害」人間環境問題研究会編集「環境汚染と漁業被害」（環境法研究　第1号　有斐閣　1974.12）pp104 － 119

[5] 『農林水産省百年史』編纂委員会編『農林水産省百年史　下巻　昭和戦後編』（『農林水産省百年史』刊行会刊行　1981（昭和56）年1月15日）p627

[6] 水産庁漁業振興課監修『第二次沿岸漁業構造改善事業の解説』（新水産新聞社　1972（昭和47）年10月15日）p5

[7] 5）と同上書　p628

[8] 三重県漁連発行「漁連時報」第一〇六号　一九六一年一月

[9] 三重県農林漁業基本対策審議会「三重県農林漁業の基本的施策に関する答申」1963（昭和38）年3月18日 pp55-64

[10]「中核的漁民」論に関しては、当時、水産庁にいた平澤豊が次のように規定している。「私が家族労働を中心とする三屯前後の漁民を中核漁民と呼ぶのは、この層が将来の沿岸漁業の生産力の担い手であり、かつ一船当たりの従事人数を減少させつつ家族労働力を中心とし近代技術をとりいれ、一人当たりの漁業所得を高め、経営の安定化を図りうる層であるからである。」（平澤豊『漁業生産の發展構造』未来社　1961年1月30日出版 p330）

[11] 三重県かつおまぐろ組合「39屯型かつお・まぐろ漁船実態調査」（1963（昭

和38)年3月25日　三重大学生物資源学部蔵)

12) 沿岸漁業における構造改善の目標に関しては、水産庁漁業振興課監修の『沿岸漁業構造改善事業の解説』(新水産新聞社　1963年10月1日発行)に次のように記載されている。「沿岸漁業の構造改善における目標は農業における自立経営ということでなしに企業的経営の育成においたのである。企業的経営の持つ意味は二通りあって、その一つは、主として雇用労働力に依存する資本経営をいい、他の一つは、型は家族的経営であるが、経営には比較的高度の生産技術、設備をとり入れ投下資本に対する利子部分や地代部分のみならず経営利潤をもあげ得るような高能率な家族的経営をいう」(p9)。

このように目標は、資本経営、および労賃範疇のみならず利潤範疇をも獲得し得るような家族経営においている。現実的には、重点として分解基軸上にあった平澤が言うような「3トン前後」の小生産的漁業経営が対象となり、その階層の底上げが課題となっている。

13) 三重県農林水産部「農林漁業の動きと施策　1964(昭和39)年度　－三重県農林漁業動向報告」p84

14) 浦城晋一『真珠の経済学的研究』東京大学出版会　1970.3.30「はしがき」より引用

15) 『1968(昭和43)年度　業務報告書』三重県漁業信用基金協会より

16) 上野雅孝元礫浦漁協組合長からのヒアリングによる。

17) 同上

18) 同上の上野雅孝元礫浦漁協組合長によれば、ハマチ養殖業による弊害を3つにまとめられている。「一つは密殖による魚病の発生とへい死率の上昇、二つは、赤潮問題などの餌料の大量投餌によるものと考えられる自家汚染による漁場環境汚染の問題、三つめは抗生物質の多用によると思われる変形魚の多発」である。

19) 三重県漁連発行「漁連時報」第140号　1964年12月

20) 三重県農林水産部「農林漁業の動きと施策　1968(昭和43)年度－三重県農林漁業動向報告〈漁業編〉」pp31－32

[21] 三重県漁連「漁連時報」第100号　1960（昭和35）年6月25日
[22] 三重県農林水産部「農林漁業の動きと施策　1966（昭和41）年度－三重県農林漁業動向報告〈漁業編〉」p111
[23] 三重県漁業協同組合連合会・三重県信用漁業協同組合連合会・三重県漁業共済組合編「系統の歩み　この十年」1979（昭和54）年10月　pp66－72
[24] 全国真珠養殖漁業協同組合連合会「設立認可申請書・設立許可書」1961（昭和36）年3月　三重大学生物資源学部蔵
[25] 「チリ地震津波による水産関係の被害状況　1960（昭和35）年5月30日現在　三重県」（三重大学生物資源学部蔵）より作成
[26] 松本巌編著『解説　近代三重県水産年表』（水産社　1985（昭和60）年10月）p39参照
[27] 同上書p40参照
[28] 三重県公害対策室「三重県における公害の現況と対策の概要」（1964（昭和39）年4月）　pp19－21
[29] 26）と同上書　　pp43－44参照
[30] 三重県漁連「ぎょれん」1969（昭和44）年3月　「中南勢開発構想に反対する－第二の四日市は許すまい－」を参考。
[31] 石原義剛編　「われら＜漁民＞かく斗えり－芦浜原発反対闘争資料集－」を参考。

第X章 低成長期の三重県漁業・養殖業
－二度にわたる"オイルショク"と200海里問題－

第1節 第一次、第二次"オイルショック"と漁業

　1973（昭和48）年10月6日、第4次中東戦争が勃発したのをきっかけとして、サウジアラビア、イラクなどの産油国（OPEC）は原油生産の削減、原油価格の大幅引き上げによる「石油戦略」を打ち出し、"第一次オイルショック"が引き起こされた。この結果、原油価格は大幅に引き上げられた。例えば、アラビアンライトの1バーレル（159リットル）当たりの公示価格は、オイルショック以前の4倍強にまで跳ね上がった。日本は「油漬け経済」と言われたように60年代に強力に推進された「エネルギー革命」により、それまでの石炭から石油へ転換し、その依存度が他のOECD諸国と比較し、きわめて高かった。国内の第1次エネルギーに占める石油の比重は78％にも上り、石油の対外依存度は、OECD諸国の平均67％に対して99.7％とそのほとんどが海外からの輸入にたよっていたのである。その結果、石油製品を中心に卸売物価が1974（昭和49）年1月から30％以上も上昇した。そしてその後、消費者物価も上昇し、いわゆる「狂乱物価」と呼ばれる激しい物価上昇が起きた。この1973年の秋から翌年まで続いた第一次オイルショックにより日本経済は、戦後、はじめて前年比実質GDP（国内総生産）成長率がマイナスを記録した。これ以降は、高度経済成長期のような年成長率が10％を超えることはなくなり、日本経済は長期間に渡る低成長時代へと転換したのである。

　このようなドラスティクな形をとった物価上昇の背景には、次の様な事情も働いていた。その事情とは、"オイルショック"が起きる2年前に、これまで日本の貿易黒字を支えてきた1ドル＝360円の固定相場制が1971年8月のニクソン・アメリカ大統領の金とドルとの交換停止、12月にはそれ

に伴う為替レートの切り上げ、1ドル＝308円となる、いわゆる"ニクソン・ショック"が引き起こされたことである。その後、1973年2月には完全に変動相場制に移行し、戦後の世界経済を支えてきたアメリカのドルを基軸とするIMF体制が崩壊した。こうした60年代後半の日本経済の"いざなぎ景気"を支えてきた対外輸出の条件が失われることによって国際競争力が大きく低下するという悲観論が支配的となった。このような円切り上げに伴う円高不況に対して日本政府による対応は過剰なものとなった。それは、いわゆる"列島ブーム"を引き起こした"オイルショック"前年の72年6月に「日本列島改造論」を提唱した田中角栄内閣による金融緩和と公共投資の財政出動によって過剰なマネーサプライが行われたからである。これによって企業の民間投資も増加傾向を示したが、これは高度経済成長期を支えた設備投資ではなく民間住宅投資の寄与が大きく、企業活動は設備投資よりも企業内で過剰化したマネーが地価の上昇を見込んだ土地、株式などの金融資産投資にまわり、これによる投機が引き起こされた。後の"バブル"期ほどではないにしても日銀マネーの過剰供給によるインフレーションが進行していたのである。こうしたインフレーションの進行を劇的なものとしたのが、この"オイルショック"であった。

　また、消費者が将来のインフレ＝カネの価値の減少を予想して「買い急ぎ」、「買いだめ」に走ったこと、売り手も「売り惜しみ」によるトイレットペーパー、洗剤などの日用品が見かけ上、品切れ状態となったことによって需給が逼迫し、消費者物価が大幅に上昇したのである。その後、政府、日銀によるきびしい引き締め政策によって、物価高騰は急速に鎮静化に向かった。

　漁業部門において第一次オイルショックは、他産業と同様に深刻な影響を与えたが（図10-1参照）、とくに中小漁業経営はきわめて厳しい局面に立たされた。1975（昭和50）年『漁業白書』は次のように述べている。「（昭和）49年（1974年）の中小漁業経営は、燃油をはじめとする漁業用諸資材価格が年間を通じて高水準で推移したほか、雇用労賃や金利負担の増大等コスト圧力が強まる一方、生産物価格の上昇率は一般物価のそれに比べて著しく鈍化し、収益状況が極端に悪化するという極めて深刻な状況に陥った。…

かつお・まぐろ漁業をはじめとして主要業種のほとんどが悪化している。…49年の中小漁業経営体の平均漁業収入は、生産物価格の上昇によって前年に比べ9.8％の伸びを示したが、前年の伸び27.5％を大幅に下回った。これに対し漁業支出は、減価償却費がやや前年を下回った以外は油代の89.8％増をはじめとして、各支出費用とも増加したため、その伸びは、前年に比べ18.1％増と漁業収入の伸びの約2倍に達した。このため、漁業粗利益は前年の37.4％に減少し、漁業売上粗利益率も3.5％と、かつてない水準に落ち込んだ」[1]。

こうした中小漁業の厳しい経営悪化を招いた要因として、これまでの「生産物価格の比較的高い上昇率と燃油価格等の漁業用諸資材価格の長期的安定という恵まれた経営的条件の下で一般の景気の動向の影響を余り受けることなく」[2]、他産業に比較して有利に経営を維持できていたが、その条件が失われたという点が大きい。その後、省エネが叫ばれ省エネ型漁船の建造など

図10-1　水産物と関連主要品目の卸売価格指数の対前年増減率

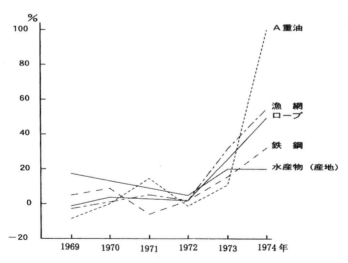

資料：日本銀行「物価指数年表」及び農林省「水産物流通統計年表」
注：水産物は、生鮮品総合である。
出所：水産庁『昭和50年度　漁業白書』より引用

の研究も行われるようになり、燃油多消費型・高コスト型の中小漁業経営からの構造転換が進められた。

一方、沿岸漁業も「漁船漁業、海面養殖業ともに、漁業支出の増加率が漁業収入の増加率を上回った。このため、漁業所得は、沿岸漁業では増加したものの前年の伸び率を下回り、海面養殖業では前年の所得を下回るなど、極めて厳しい条件下に置かれた」[3]。

第一次オイルショックが鎮静化した後、1979（昭和54）年に入って再び卸売物価は上昇する。1980（昭和55）年4月には前年同月比24％の上昇となった。この最大の原因は、イラン革命の勃発を契機とした原油価格の大幅な引き上げであった。こうして第二次オイルショックが引き起こされたのである。この第二次オイルショックは、第一次オイルショックと異なり、消費者物価の上昇にはさほど大きなインパクトを与えず、消費者物価の上昇率は一桁代にとどまった。こうした要因としては、次の3つの要因が作用したと考えられている[4]。第一に、日銀が物価抑制のため5回にわたって公定歩合を引き上げるなど、早目、早目に金融引き締め政策をとったこと。第二に、第一次オイルショックの時は、物価上昇に伴う賃金上昇が前年度比32.9％と、空前のものとなったが、第二次オイルショックの時の賃金上昇率は、1979（昭和54）年が前年比5.8％増、1980（昭和55）年が6.7％にとどまったことである。第三は、インフレ心理の差である。第一次オイルショックの時は、田中元首相の「日本列島改造論」がブームを呼び、これが需給の逼迫の大きな要因となったが、第二次オイルショックの時はそうした消費者、企業心理が働かなかった。

しかし、日本漁業にとっては、第一次オイルショックによる影響よりも、第二次オイルショックによる方が深刻であった。三重県おいても図10-2に見られるように漁業用A重油は、確かに第一次オイルショックの1974年に上昇したが、その上昇よりも第二次オイルショックの1979年から82年までの期間、異常な上昇を続けていることがわかる。その後、低下傾向を示すが、1978年以前の水準には復帰していない。このような漁業用A重油の高騰によって日本漁業と同じく沖合から遠洋へと漁場の外延的拡大をベース

図 10-2　A 重油三重県内価格の推移

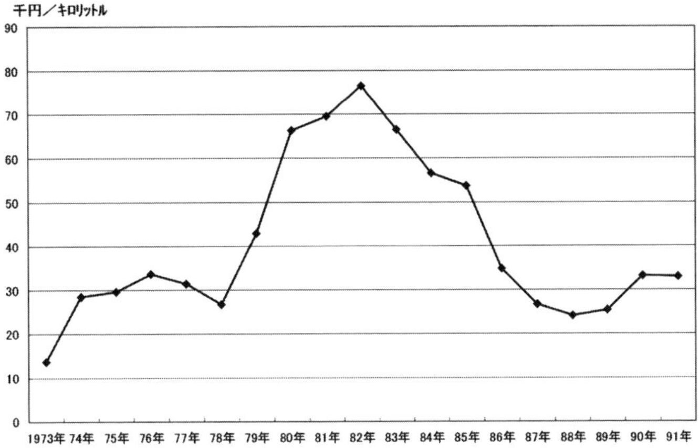

出所：岩崎洋右「かつお一本釣漁業の存続条件」漁業経済学会編『漁業経済研究』
　　　第 36 巻第 3，4 合併号　p 15 より一部を替え引用
注：三重県近海鰹鮪漁協の県内購買価格（年平均）91 年は 1 〜 9 月分

に成長を遂げてきた三重県遠洋・沖合漁業も大きな影響を被る。とくに高度経済成長期に主力漁業のひとつであったカツオ・マグロ漁業は遠洋化が進展し、発展過程をたどってきたが、二度にわたる"オイルショク"によりA重油以外にも漁網、漁業用ロープ等石油製品の高騰により、経営費の増大による経営危機を招来した。

第 2 節　米・ソの 200 海里問題の影響

　前述したように日本漁業は、2 度のオイルショックによる深刻な経営的危機を誘発したが、さらに遠洋・沖合漁業は「200 海里問題」の発生によって決定的な方向転換を余儀なくされた。1977（昭和 52）年春に、国連で海洋法をめぐる議論が行われている最中に突如としてアメリカとソ連が相次いで 200 海里を宣言し、これによって「沿岸から沖合へ、沖合から遠洋へ」という基本路線の上に歴史的に漁業の発展を遂げてきた日本漁業は大きな打撃を被った。とくに大きな影響を受けたのは、北洋漁業などを始めとする遠

洋漁業であった。北洋漁業は、日本漁業の生産量をリードしてきた練り製品原料であるスケトウダラを始め、サケ・マスなどがアメリカ、ソ連などの200海里内漁場の資源となり、それまでの総漁獲量の三分の一を占めていた水産資源の操業海域が失われ、北海道、東北地方を基地とする北転船などは大幅な減船を余儀なくされた。それに伴う大量の離職漁船員の問題が深刻なものとなった。また、その後、大型イカ釣り漁業、三重県の遠洋カツオ・マグロ漁業なども外国200海里内の漁業活動における入漁料の高騰などによって大きな影響を被った。こうして日本の遠洋漁業の縮小化が進行する中で日本の200海里内の漁業である沖合・沿岸漁業を中心とする漁業構造の再編が現実問題として提起されてきたのである。

　しかし、この時期に、とくに注目すべきことは、「漁業危機＝安価なタンパク源の減少」が叫ばれ、沿岸域の水産物を始めとする魚価上昇が顕著となり、さらにそれが前述した1979（昭和54）年の第二次オイルショックと相まって、一層、漁獲量増大へのドライブがかかったことである。図10-3は、この時期の魚価の動きを示したものであるが、とくに沿岸漁業魚価の上昇がいかに著しかったがわかる。こうした魚価上昇に支えられて一方では、沿岸

図10-3　遠洋・沖合・沿岸漁獲物価格の推移（実質）

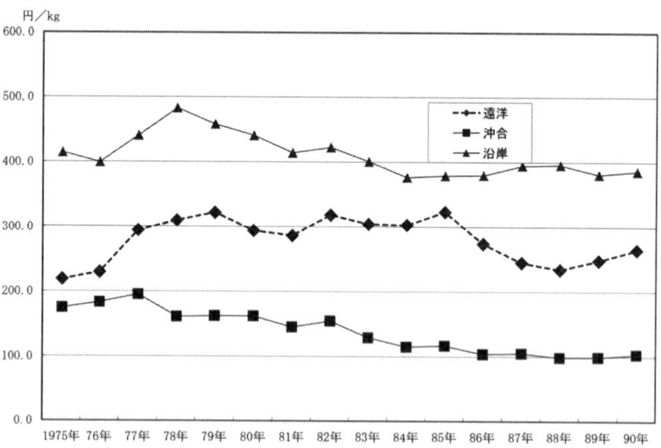

注：卸売物価指数より算出。1985年を基準年としてデフレートした。
出所：農水省「漁業・養殖業生産統計年報」「漁業動態統計年報」より作成

漁船漁業経営などの漁船漁業階層の漁船規模の大型化・高装備化を指向する大型設備投資が旺盛に展開された。以下、拙稿であるが、この時期の沿岸漁船漁業の設備投資に関して記述したものである。

「沿岸漁船漁業経営は、1973 年秋の第一次オイルショック、1977 年の海洋法問題の発生等を契機として、著しい魚価上昇に遭遇し、これによる漁船の大型化、漁船機関の高馬力化など大型の固定資本の経営負担を魚価上昇によって吸収して行くという経営の選択を行ったのである。そのような"大型投資ブーム"の中で下位階層から3～5トン、5～10トン階層へと、上位階層への漁船の大型化傾向が現れてきた。とくに5～10トン階層は、そうした生産力規模拡大の先頭に立ち、経営体数の顕著な増加を示した。このような漁船規模の大型化＝上向化運動は、1978 年頃を転機とした魚価低迷以降、しだいに下火となる。この 1978 年までの時期は、全体として魚価上昇に引きずられ、燃油の高騰にも関わらず、旺盛な固定資本のつぎ込みによる"規模の経済"が経営論理として作用し続けた。膨張する減価償却費・雇用労賃などの漁業支出を魚価上昇に転嫁していったのである」[5]。

アメリカ、ソ連の 200 海里宣言から 5 年後、1982（昭和 57）年 4 月 30 日の第三次国連海洋法会議で国連海洋法が正式に採択され、日本も賛成を投じた。この条約は 1994 年 11 月に国会を通過し発効した。こうして 200 海里海洋法体制が動かしがたい世界の海洋秩序となり、日本の 200 海里内の漁場を中心とする資源管理が強力に行政的に推進されるようになった。また、日本の伝統的な資源管理方法、あるいは新たに各漁村で自主的に決められた資源管理型漁業も推進されるようになった。日本は 1996 年に国会で批准され、それに伴い TAC 法と呼ばれる「海洋生物資源の保存及び管理に関する法律」が発行し、この法律によって三重県では知事配分として定められたサンマ、ゴマサバ・マサバ、マイワシ、マアジ、スルメイカなどの 7 魚種のうち 5 魚種の漁獲割当量が義務付けられた。

こうした 200 海里内の資源管理型漁業（TAC, 自主管理を含めて）が漁業部門で受け入れられた背景には、当然のことながら第一には、これまで日本漁船が操業を行ってきた外国の 200 海里内漁業ができなくなり、あるいは

操業が可能としても入漁料の高騰により日本漁船側のコスト圧力が増し、遠洋漁業からの撤退を余儀なくされ、日本近海200海里内漁業に依存しなければならなくなったことである。第二は、第二次オイルショック後の燃油の上昇により遠洋・沖合漁業を中心とした経営階層の経費の増大圧力が増して経営を圧迫してきたこと、第三には、図10-3に示されているように78年をピークに沿岸漁業、および遠洋漁業の漁獲物の価格がしだいに低下傾向を示してきたこと。こうした要因が魚価上昇によって生産コストを吸収してきたメカニズムを機能しなくしたことである。沖合漁業も1985年を転機に価格低下を示すようになってきた。こうして2度にわたるオイルショックを契機にして生産コスト圧力の高まり、魚価の低下が資源管理への漁業者の意識の変化をもたらし、漁獲競争的志向を緩和し、協調的な資源管理型経営へと転換させたものと考えられる（しかし、サンマ漁業に見られるように沖合資本制的漁業から生業的な沿岸漁家に至るまでの重層的な漁業経営階層が同一魚種を対象としていたため、漁獲割当量に関しての調整が難航した問題もはらんでいたが）。そして第四には、長期的傾向であるが、しだいにエンジンの高馬力化、漁網・漁具の効率化が進み、水産資源の減少が顕在化しつつあったことである。そうしたいくつかの要因が働き全国各地の漁村の資源管理型漁業への転換が進行した。

第3節　第二次沿岸漁業構造改善事業と沿岸漁場整備開発事業
　　　　－"つくり育てる漁業"の政策による推進－

1. 第二次沿岸漁業構造改善事業

　第一次沿岸漁業構造改善事業が漁村の過剰就業問題の解消、および漁業従事者と他産業従事者と均衡する所得の実現、沿岸漁業における企業的漁家の育成を目標としていたが、第二次沿岸漁業構造改善事業は、事業実施期間が71年から1983年の13年間とし、目標を沿岸漁業生産の増大、生産性の向上および経営の近代化の促進、あわせて沿岸漁業従事者の生活水準の向上に置かれていた。なかでも具体的には、当時、生産量の増大が著しい海面養殖業に着目し、「地域の特性に応じて、漁場の改良、造成、新しい種類の養

殖業の導入、養殖管理技術の改善などを行ない、主産地化の方向に配慮しつつ、漁船漁業からの転換、養殖経営規模の拡大、生産の集団化、協業化など経営構造の改善に努める」[6]とした。こうして漁場整備事業、漁港施設などと合わせ施策が実施された。

　第二次沿岸漁業構造改善事業は、第一次のように全県一地域という方式からくる「総花主義的傾向の反省」から構造改善地域の指定方式とした。例えば、三重県では、第一次が三重県全体を対象地域としたのとは異なり、県内を4地域に分け、年次計画に基づいて順次実施するというものであった。4地域とは、①志摩・度会地域－阿児町、大王町、志摩町、浜島町、南勢町、南島町、②熊野灘地域－紀勢町、紀伊長島町、海山町、尾鷲市、熊野市、③伊勢湾口地域－二見町、鳥羽市、磯部町、④伊勢湾地域－鈴鹿市、河芸町、津市、松阪市、香良洲町、明和町、伊勢市である。こうした地域に蓄養殖の振興、漁船漁業の振興、流通改善のための漁業近代化施設整備事業、築磯、並型魚礁などの漁場改良事業、漁船漁業・養殖業経営のための近代化・転換事業などが実施された。

2. 沿岸漁場整備開発事業

　この時期は、「沿岸漁業の見直し」の風潮も高まり、第二次沿岸漁業構造改善事業の方向に沿って水産庁の沿岸漁場の整備開発と「つくる漁業」が積極的に推進されたことも大きな特徴である。1972（昭和47）年、73（昭和48）年頃から沿岸漁業に対して、第一に、国民食料としての水産物の安定供給を図る必要があるとの強い要請が高まってきたこと、第二に、第三次海洋法会議における漁場利用を巡る国際的な規制が強化され始めたこと、そしてそうした国際規制の強化に対して日本の遠洋・沖合漁業に対する懸念の増大と沿岸漁業に対する期待が高まってきたこと、第三には、高度経済成長と都市化の拡大の中で漁場の埋め立て、工場排水、生活排水などによる沿岸漁場の荒廃が進展した。こうしたことを背景として1974（昭和49）年5月に、全会派一致で国会を通過し、公布施行をみた「沿岸漁場整備開発法」は、沿岸漁業が直面していた、このような課題の解決のためと、沿岸漁場の整備開

発と栽培漁業の積極的促進のための特定水産動物育成事業という二本柱の事業推進を図る目的のために制定された。

　沿岸漁場の整備開発に関しては、(1) 魚礁の設置事業－750億円、(2) 増養殖場造成事業－1,000億円、(3) 沿岸漁場保全事業－100億円という3つの事業が、1976（昭和51）年度から1982（昭和57）年度まで第一次沿整事業として実施された。さらに1982（昭和57）年度から6年間の計画で第二次沿整事業が実施された（総事業費4,000億円）。とくに第二次沿整事業は、1977（昭和52）年の米ソ200海里宣言という状況下で日本の沿岸漁場の整備開発の重要性が緊急かつ必要不可欠なものとされてきたという情勢の下で実施された。

　他方、沿岸漁場整備開発法の第2の柱である特定水産動物育成事業は、「クルマエビやマダイのように種苗放流後の一定期間を地先の浅海域で生活する特定の水産動物を経済的に価値の高いサイズになるまで、地先水面での採捕を漁業者自らの努力に基づき自主規制することにより、放流効果を高らしめ、また栽培漁業を大きく前進させることを目的とした事業である。育成水面は特定水産動物育成事業をその中で効率的に実施するために漁協または漁連が都道府県知事の認可により設定する水面であり、本事業の実施上中核的役割を果たすことが期待されている制度である」[7]。

　各県において沿整事業がそれぞれ推進・実施に移されたが、三重県においては、この事業は「初年度おける組織的な取り組みが遅れたため、1976（昭和51）年度は46百万円、7か個所と低調であった。しかしながら、三重県沿岸漁場整備開発協会が1977（昭和52）年度に発足して以来、会員共々、関係機関の協力を得て積極的な運動を展開した結果、沿整事業は飛躍的な伸びを示し、1985（昭和60）年度における総事業費は、706百万円で初年度対比の伸び率は15.3倍にも達した。過去10年間の本県の沿整事業の実績は並型魚礁98か所、大型魚礁14か所、人工礁漁場1か所、小規模増殖場8か所、大規模増殖場1か所、養殖、造成2か所、漁業保全事業25か所となっている。このように、各地域に漁業特性を活かした魚礁等が設置され」[8]た。

第4節　海面養殖業の発展と環境問題

　この時期、ブリ養殖を始めとする魚類養殖が西日本一帯へ伝搬し、これまでの瀬戸内海を中心とした企業的な築堤式養殖から小規模な家族経営による小割生け簀養殖方式が本格化する。ブリ養殖業の発展過程について、第一段階は、1950年代後半から1978（昭和53）年頃までの1年魚ハマチ（3kgサイズ）を主体として関西市場を中心とした段階。この時期は主産地が瀬戸内海東部から西部の愛媛県、高知県へ、そして鹿児島県へとしだいに「耕境の拡大」が進んだ。これは、養殖方法が網仕切り方式からあまり設備投資に費用がかからない小割式へと転換したため、地域の自然的条件に制限されず養殖が可能となったこと、および沖合い養殖化が可能となったことによる。第二段階は、1979（昭和54）年頃の価格の暴落に伴う5kgサイズの多年魚育成への転換と関東方面への多年魚養殖ブリの販売市場の拡大期。これには、1978（昭和53）年の香川県漁連の神奈川県久里浜、1979（昭和54）年城ヶ島の出荷基地＝ストックポイントの設置、1980（昭和55）年の東京営業所の開設が大きな役割を果たした[9]。

　こうしたブリ類養殖業の発展は、マイワシ等の生餌の大量投餌と密殖によって養殖漁場の自家汚染をもたらし、魚病の発生などの問題を引き起こすようになった。これに対して水産庁は、1978（昭和53）年に「はまち養殖に関する指導方針」を策定し、各県はこれに沿って次々と県指導指針を策定した。これは、密殖を避け、適正放養尾数を定め、良好な養殖漁場環境を維持しようとするものであった。

　また、その他の養殖業では、この時期、北海道・東北地方のホタテ養殖業の発展も注目に値する。ホタテ養殖業は、1960年代後半に東北地方、北海道で本格的に確立し、養殖ホタテは、相対的な高価格の中で生産量を急増させ、北海道、東北地方の、かつての「出稼ぎ漁村」から多くの専業的漁家層を出現させ、「漁村の救世主」たる地位を獲得した。やがて、養殖ホタテも大量供給体制の確立によって「大衆商品化」し、従来、東日本に偏っていた市場も1970年代後半以降、全国に拡大した。こうして、ホタテ養殖業は産

業的な発展を遂げた。

　しかし、その反面、大量供給に伴う漁場の集約的利用の結果、この時期にホタテ養殖産地では、過密養殖によるへい死問題が取りざたされるようになった。地先漁場一面にホタテ養殖施設が敷設され、さらに沖合へと養殖漁場が広がるに及んで養殖漁場利用の過密化が進行し、大量へい死問題が無給餌型養殖業であるホタテ養殖においても発生するようになった。4万トンを超える大量収穫が始まった1975（昭和50）年に、はやくも青森県のむつ湾での大量へい死による約71億円の被害が発生し、7年間続いた。そして1994年、2003年、2010年にも大量へい死が発生した。1977（昭和52）年に北海道噴火湾においても6万トンを超えた頃から3年間続いた大量へい死問題と、餌であるプランクトンが影響していると考えられた貝毒問題が発生し、出荷が停止となった。そのためホタテ養殖漁家は大きな経済的打撃を被った。これに対して行政の指導による健苗技術の確立、貝毒が発生する夏場の出荷を避ける対応などによって、1978（昭和53）年以降、再び生産が回復に向かったが、漁場利用の自然力を超えた大量生産―供給体制が構造的圧力として継続し、こうした問題の発現は避けられないこととなり、漁場利用と管理のあり方が問われるようになった。

第5節　三重県漁業生産の縮小・停滞

1. 熊野灘方面（度会郡、南北牟婁郡）のカツオ・マグロ漁業の縮小化

　三重県全体の総漁獲量を見てみると、1973（昭和48）年には過去最高の299,916トンとなり、また、翌年、1974（昭和49）年に伊勢湾の代表的な養殖業である養殖ノリ生産量が過去最高の生換算で40,186トンに達し、海面養殖業生産量も過去最高の62,964トンとなった。図10-4には三重県の海面漁業・養殖業の全体の生産量が示されているが、この図によってもわかるように1983（昭和58）年頃までの総生産量は、ほぼ横這いとなっている。三重県漁業の中で顕著な縮小傾向にあったのが遠洋・近海マグロ漁業であった。熊野灘方面の遠洋・近海マグロはえ縄漁業、および沿岸マグロ一本釣り漁業との兼業を含めたマグロはえ縄漁業経営体数は1972（昭和47）年に

54経営体であったのが、1981（昭和56）年には27経営と半減する。とくに燃油を大量に使用する遠洋マグロはえ縄経営においてはA重油の高騰は大きな経営危機をもたらしたことに間違いない。

こうした第二次オイルショックの1979（昭和54）年頃から漁業経営体数の減少傾向をたどるまでは、マグロ漁業を中心とした遠洋漁業の発展が続いていたが、その陰で痛ましい犠牲を伴っていたことを忘れてはならない。とくに三重県は県独自で漁業指導練習船の大勢丸579トンの竣工[10]を含め、沖合・遠洋におけるカツオ・マグロ漁場の開発のために主導的な役割を果たしてきたが、その間にも多くの尊い命が失われたことを記憶にとどめておく必要がある[11]。1975（昭和50）年7月12日には、尾鷲市のカツオ漁船第十五万栄丸（284トン）が千葉県犬吠埼東方沖の太平洋で浸水沈没し、乗組員7名が犠牲となるなどの痛ましい漁船遭難事故が起きた。1979（昭和54）年7月には同じく尾鷲のマグロ漁船第二五長久丸がジブラルタル海峡

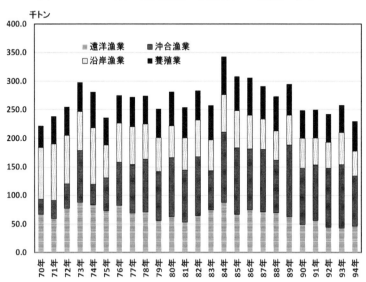

図10-4　三重県の海面漁業と養殖業の生産量の推移

出所：農水省東海農政局三重統計情報事務所「三重県水産累年統計表」
　　　（1996年3月）より作成

表 10-1 三重県のカツオ釣り漁船の隻数の推移

		1971年	74年	77年	80年	83年	85年	87年	89年	90年
遠洋	隻数	39	59	68	47	36	29	27	22	20
	平均総トン数	241	335	372	423	459	465	472	469	465
	平均船齢	3.4	3.3	4.7	7.0	9.1	9.6	10.3	12.8	14.8
近海	隻数	27	32	42	46	43	33	26	23	24
	平均総トン数	49	58	62	63	66	68	70	76	75
	平均船齢	4.4	2.5	2.9	4.4	5.2	6.1	6.4	5.7	6.6

出所：岩崎洋右「かつお一本釣漁業の存続条件」漁業経済学会編「漁業経済研究」
第36巻第3,4合併号 p14より引用
注 ：「近海」には総トン数135トン未満の遠洋カツオ釣漁船を含む

沖の大西洋で外国船と衝突し、沈没した（ただし幸運なことに乗組員は全員救助された）。

　三重県のカツオ・マグロ漁業は、すでに述べたようにカツオ一本釣りが表作であり、マグロ延縄漁業は裏作という特徴があった。カツオ・マグロ漁業は、1973（昭和48）年の第一次オイルショックに続く、1979（昭和54）年の第二次オイルショックによって資材費、設備費、そして前掲図10-2に見られるように燃料費（＝A重油）の高騰によってきわめて厳しい状況に追い込まれ、大きな影響を受けた。表10-1は、三重県におけるカツオ釣り漁船の推移である。この表でも明らかなように遠洋カツオ一本釣り漁船の勢力は、1977（昭和52）年の68隻をピークに急激な減少傾向を辿り、1985（昭和60）年には対1977（昭和52）年比で42.6％という大幅減の29隻となる。さらに1991（平成3）年には20隻と減少する。こうした遠洋カツオ一本釣り漁船の激減は、1972（昭和47）年の第二次中小漁業振興計画の構造改善業種指定によるマグロ延縄漁船から遠洋カツオ一本釣り漁業への転換による建造ブームによる漁船規模の大型化の促進という問題が底流として存在していたことに注目されて良い。これは、当時、マグロ資源の減少とマグロの水銀問題による魚価の低迷ということに触発された経営問題が顕在化したため、マグロ延縄漁業から遠洋カツオ釣り漁業への転換である。また、近海カツオ一本釣り漁船も1980（昭和55）年が46隻で最高勢力であったが、1987（昭和62）年には、対1980（昭和55）年比で56.5％の26隻となる。このように表作であるカツオ一本釣り漁船の隻数の大幅な減少は、漁船大型化のた

めのトン数の補充による自主的減船、および1975年、77年、79年が不漁であり、収益性の悪化によるものであろう。

1985（昭和60）年には、燃油価格も元の水準に落ち着いたが、他面では、カツオ釣り漁船の建造費がジリジリと高騰した。1972、73（昭和47、48）年頃の遠洋カツオ釣り漁船の建造費は、434トン型で2.8億円であったものが、1985、86（昭和60、61）年には、新トン数で499トン型の建造費が6.7億円となり、約2.4倍となった。さらに1990、91（平成2、3）年には9.8億円となる。近海カツオ釣り漁船も57トン型が1972、73（昭和47、48）年頃には0.7億円であったのが、1985、86（昭和60、61）年頃には2.3億円と跳ね上がる[12]。このように新船による建造費の高騰のため、新船への切り替えが迫っていたにもかかわらず、旧船による操業を継続させ、代船建造を困難にした。

こうしてカツオ一本釣漁業は、遠洋、近海を問わず1979（昭和54）年の第二次オイルショック以降、急激な減少傾向をたどることとなる。これに伴って兼業であるマグロ延縄漁業も遠洋が1978（昭和53）年の41隻から1985（昭和60）年には20隻へ、近海が1978（昭和53）年の47隻から1985（昭和60）年の18隻へとそれぞれ半減以下の勢力となった。

三重県の代表的な遠洋・沖合漁業であるカツオ・マグロ漁業の縮小は、こうした経営コスト圧力の高まりという要因と、他面では、この時期から深刻化し始めた乗組員の不足という労働力問題があった。この時期の労働力不足の要因となるものは、主に2つある。その第一は、近年の船員保険の拡充による55才からの年金支給が行われるようになったことによって退職し、乗組員の中での熟練船員の確保が困難となったことである（図10-5参照）。第二は、経営の悪化により歩合制度の下での船員取り分（代）の減少が若年労働力の確保を一層困難としたことである。このような熟練労働力のリタイアーと若年労働力不足の深刻化は、他県、とくに宮城県、福島県などの東北諸県からの乗組員の移入を促した。1986（昭和61）年の我々が行った遠洋カツオ一本釣漁船船主へのヒアリング調査によると、多い経営ではその割合が4割にも及んでおり、通常、3割程度がこうした諸県出身の乗組員であっ

た。そしてさらに乗組員の定着率の悪さと経営体間での移動の激しさなどの問題も引き起こした。こうした乗組員確保の問題が三重県カツオ・マグロ漁船の大きな減少をもたらしたもう一つの要因である[13]。

図10-5　遠洋カツオ一本釣り漁業の乗組員の年齢構成（1984年）

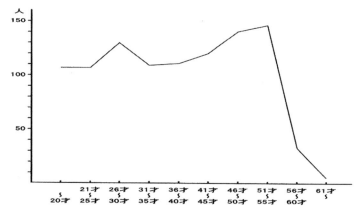

出所：社団法人　大日本水産会「昭和61年度中小漁業経営調査報告書
三重県南勢地域遠洋かつお漁業経営」昭和62年2月

2. 伊勢湾におけるバッチ網漁業

　伊勢湾における代表的な漁業としてバッチ網漁業があげられるが、この漁業はすでに述べたように戦前からの伝統的なものであった。第一次、第二次石油危機以降の1974年、79年においても表10-2に見られるように伊勢湾では、その勢力を基本的に維持している。とくにその中で四日市周辺に所在する磯津地区は、16ヵ統から18ヵ統へと増加している。そこで臨海工業地帯に隣接した磯津地区のバッチ網漁業が残存し、しかも増加している要因に関して若干、述べよう[14]。

(1) 磯津地区バッチ網漁業の事例

　四日市市には、当時、北から順に富洲原、富田、四日市、磯津と4つの漁協地区が存在していた。これら4つの漁協地区のなかでもっとも南にあり、鈴鹿川河口に磯津地区は位置する。磯津地区は、他の3つの地区が四

日市市内の埋立てと石油化学関係の工場が立地する所に位置しているのに比べ、主要幹線道路（国道23号線）からも離れ、いわば四日市市郊外に所在している。1987年の漁協の正組合員数は、293名となっており、この数字は四日市市管内4漁協正組合員総数の74.7％を占めている。磯津以外の地区における正組合員の減少が著しい要因は、1960年代の高度経済成長期から1977年まで継続した四日市港湾整備・拡張のための漁業権の消滅と公有水面の埋立てによるところが大きい。それに対して磯津地区は、四日市市港湾外に所在し、埋立てなどによる直接的な影響は、ほとんど受けなかったと言ってよい。さらに磯津地区は、バッチ網漁業を中心とした漁船漁業地域であり、他の3地域が地先海面を利用するノリ養殖業を中心としたものであったことと異なる点もあげられよう。バッチ網漁業の操業海域は、地元地先のみならず伊勢湾内の愛知県と三重県の協定区域内であり、地先海面の埋立ての影響はほとんど受けない。

表10-2　バッチ網漁業経営体数

単位：経営体

	三重県全体	伊勢湾	(内磯津)
1971年	39	39	16
72年	39	39	16
73年	47	46	16
74年	43	43	16
75年	44	44	16
76年	45	45	16
77年	44	43	16
78年	46	40	17
79年	47	41	18
80年	49	43	18
81年	47	42	18
82年	40	37	18
83年	48	43	18
84年	41	38	18
85年	42	39	18
1986年	39	36	18

出所：農水省東海農政局三重統計情報事務所「三重県漁業地区別統計表」より作成

　バッチ網漁業は、第Ⅷ章ですでに述べたように船団方式の多就労型の漁業である。調査時点（1988年）での乗組員の構成は、まず15～20トンの網引き船が2隻、12～13トンの魚探船が1隻、それに12～13トンの運搬船が3隻の計6隻となっている。乗組員は網引き船に2～3名、魚探船に1名、運搬船1隻に2名、計10～12名となっている。乗組員の平均年齢は55才前後となっている。かつてバッチ網漁業は、30～40名の乗組員を要したが、この頃には、乗組員不足によりかなりな省人化がはかられた。漁期は3月から5月まではイカナゴ漁、7月中旬から12月末まではイワシ漁となっている。休漁期間は1月から3月、5月下旬から7月中旬となっており、この期間は漁船・漁網の修理にあてられる。

礒津地区におけるバッチ網漁業が残存することができた要因に関しては、第一には、戦前からのバッチ網漁業が存在し、他地域のように個人経営によるものではなく、共同経営方式をとっていたことである。これは、戦前の地曳網漁業から継承された、いわゆる"村張り"経営であったことである。漁業者の各世帯が1株として平等出資し、そして世帯員から乗組員＝労働力を出し、収益は平等に分配し、乗組員は賃金プラス平等分配の利益（＝乗組員の所得として合計となるが）を受けるというものであった。こうして経営リスクの分散システムが機能していたということである。

第二には、操業における自主規制による価格維持、資源管理が行われてきたことである。回遊魚であるイワシ類に関しては、当時、マイワシの漁獲が全国的に豊漁であり、価格の下落が著しかった。そこで1978年に操業時間の規制を行った。78年以前は、各船団が午前3時頃から午後7時頃まで、ときには午後9時頃まで長時間操業が一般的であった。しかし、78年以降は午前6時から12時までを基本とし、漁模様があまりよくない時は、午後2時頃まで行う。その間、運搬船は伊勢湾内の主要産地市場へ価格が有利な市場を選択して5～6回水揚げを行う。大漁で値崩れが起きそうな場合は、操業を早々に切り上げる。

同じくバッチ網漁業の対象魚種である伊勢湾内に生活史を有するイカナゴに関しては、後の「沿岸・沖合漁業の資源管理型漁業への移行」のところで述べるので省略する。

第三は、共同経営方式の利益の分配方式の内容である。利益の分配は各船団で若干異なるが、調査した船団を例にとると、まず水揚金額から燃油代、氷代などのランニング・コストを差し引き、さらに差し引いた残りの金額の20％を漁船、漁具などの損耗・修理のための間接コストとしてファンドする。そして、それらのランニング・コスト、間接コストを差し引いた残額を＜役付き代なし＞の平等分配するのである。間接コストは、1983年～84年頃までは40％であったが、操業規制によって固定資本の損耗が低下したことと、漁業者所得を維持するため20％となった。また、不漁の時は、間接コストも、ランニング・コストも差し引かず水揚げ金額全体を平等分配す

る。また、最低保障賃金としては1人あたり7,000円を支給する。この7,000円という水準は、休漁期間に他産業（主に建設・土木作業）に雇われた場合の日賃金と同水準となっている。この最低保障は、この頃から乗組員としてバッチ網漁船に乗る世帯員が不足してきたため、同じ地区内で雇用を導入しようとする動きも出始めたからである。したがって陸上産業並みの賃金水準を設定する必要があったためである。

　第四は、漁業者自身による技術改良である。とりわけ省人化のための自動巻取り機の考案である。これにより、以前の揚網作業には、2隻の網引き船に30名程度必要であったが、この作業が一挙に4〜5名程度となり、まさに革命的と言えるものであった。このことによりしだいに深刻化しつつあった乗組員不足と漁労作業の効率化が飛躍的にはかられたのである。

　以上、とくに第二、第四は、当時の第一次、第二次オイルショックのA重油が高騰する中での漁業者自身の省エネ・省人化対応として大きな意義を持つものであった。

3. 海面養殖業の発展から停滞へ
　　　－伊勢湾、志摩・渡会、熊野灘－

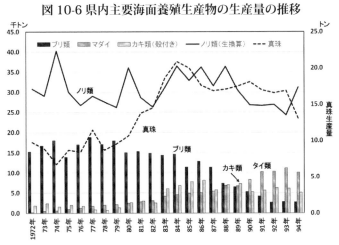

図10-6 県内主要海面養殖生産物の生産量の推移

出所：『三重県水産業累年統計表』より作成

三重県では戦前から伊勢湾のノリ養殖業、志摩・度会の真珠養殖業が盛んであった。図10-6は三重県の養殖生産物の収獲量を示したものである。この中でとくに注目をひくのは、70年代の後半からの養殖ブリ類の収獲量の減少である。

　表10-3は三重県における主要海面養殖業の経営体数の推移である。この表を参照すれば明らかなように最大の経営体数であった養殖ノリ類、および真珠の大幅な減少、次いで養殖ブリ類の経営体数は、1978（昭和53）年をピークとして急激に減少していることがわかる。後述するようにブリ類養殖業の場合、ブリ類から撤退した養殖経営は、当時、高価格で魚病にも強いとされたマダイへと養殖魚種を転換させ、"漁村丸ごと"と言ってよいほど大きく転換した漁村も多数現れるようになった。

表10-3　三重県内主要海面養殖業の経営体数の推移

単位：経営体

	ノリ類	真珠	ブリ類	タイ類	カキ類
1967年	6,300	2,930	290		177
68年	6,819	2,920	401		181
69年	6,942	2,657	446		173
70年	6,857	2,281	531		178
71年	6,801	1,939	676		181
72年	6,383	1,801	809	189	166
73年	6,420	1,577	788	265	187
74年	5,838	1,293	710	264	165
75年	5,289	1,269	694	307	170
76年	4,520	1,304	771	346	197
77年	4,331	1,281	794	377	218
78年	4,138	1,259	808	417	255
79年	3,973	1,275	769	460	253

出所：農水省東海農政局三枝統計情報事務所
　　「三重県水産累年統計表」より作成

(1) 熊野灘（度会・南北牟婁郡）のハマチ養殖業の発展と漁場環境悪化

　三重県におけるハマチ養殖業は、第Ⅸ章で述べたように、1957（昭和32）年に尾鷲の県の水産試験場の分場で試験的に開始され、その後順調に発展してきた。しかし1970年代に小割養殖の過密養殖によるへい死問題・自家汚染問題が発生し、また赤潮による被害が頻発するなど、これまでの生産拡大

路線から80年頃から大きな転換を余儀なくされた。三重県の養殖ハマチ経営体数は、1978（昭和53）年に808経営体を数え、過去最高となる。その後もしばらくの間、経営体数において全国一を維持した。しかし、80年代前半には長崎県などに追い抜かれる。こうした背景には、三重県のハマチ養殖業が、当時、平均小割台数3台という小規模な性格を単位とした経営によって担われていることが大きな特徴であり、自ずと養殖施設の拡大に限界が存在する。図10-7は1経営体当たりの収穫量を示したものである。この図を参照すれば明らかなように三重県の1経営体あたりの収穫量は、愛媛県、鹿児島県、香川県、長崎県、高知県と比較しても最も少ない。

　魚病に関しては、「昭和30年代のハマチ養殖が開始された頃、しばしば寄生虫症や中毒症に伴って流行するビブリオ症が知られていたに過ぎないが、1967（昭和42）年にノカルデイア症が発生し、次いで1969（昭和44）年に類結節症、1975（昭和50）年には連鎖球菌症が見られるようになった。三重県における魚病による被害額は、1977（昭和52）年が19億円、53年18.8億円、54年19億円と総生産額の10％前後を占め、そのうち連鎖球菌症によるものが80％以上を占めている」[15]。また赤潮被害は、毎年のように熊野灘方面で発生していたが、1984（昭和59）年の赤潮被害は甚大

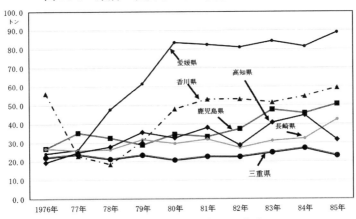

図10-7　県別1経営あたりの養殖ハマチ収穫量

出所：農水省統計情報部「漁業・養殖業生産統計年報」より作成

で三重県の英虞湾、五ヶ所湾から和歌山県の串本、大島までの熊野灘一帯で発生し、7月末から8月17日までの被害額は約10億円に達した。当時の『みなと新聞』は次のように記事を載せている。「三重県水産振興課の調べによると、五ヶ所湾一帯をはじめ同県下の養殖魚の損害は17日現在、ハマチ2年魚34万尾、その他29,000尾、マダイ2年魚224,000尾、その他3,600尾、アジ337,000尾の約100万尾が死に、被害総額は約10億円にのぼっている。現在、小康状態を保っているが、風向き、潮の流れなどで変化するため警戒を強めているものの被害の方はまだふえそうだ」[16]。

　三重県の1経営体あたりの養殖ハマチ収獲量は、70年代中頃、図10-7に見られるように鹿児島県、愛媛県、などの80年代に大型化する主産地とほぼ同程度の水準を維持していた。全国の養殖ブリ類の収獲量に占める三重県の占有率は、1975（昭和50）年が15％、1976（昭和51）年が17％、1977（昭和52）年には16％、1978（昭和53）年に14％、1979（昭和54）年には12％と年を追うごとに序々に低下していった。また、収獲量そのものも1977（昭和52）年に最高の18,848トンとなったが、1980（昭和55）年には15,034トンと大幅に減少する。1978（昭和53）年以降、鹿児島県、愛媛県などの県が増加傾向を示し、全国的にも増加傾向を辿ってきているのに対して、三重県は、逆に漸減傾向をたどる（表10-4参照）。

　これは第一には、1979（昭和54）年の関西市場での3kgサイズ養殖ハマチの価格下落が大きな要因となっている。こうした価格下落によって小規模

表10-4　養殖ハマチ類収獲量

単位：トン

	鹿児島県	愛媛県	長崎県	香川県	高知県	三重県	その他	合　計
1976年	12,761	15,907	14,079	5,945	11,884	17,029	24,181	101,786
77年	15,871	18,275	16,219	4,941	14,125	18,848	26,819	115,098
78年	16,096	23,817	17,575	4,077	16,144	17,116	27,131	121,956
79年	14,630	45,079	21,409	6,736	20,216	17,992	28,991	155,053
80年	16,878	41,820	19,617	9,399	16,187	15,034	30,514	149,449
81年	16,348	39,625	20,145	11,526	18,241	15,354	29,668	150,907
82年	18,451	37,411	17,097	13,412	13,251	14,901	31,963	146,486
83年	24,033	37,419	18,734	12,821	14,951	14,403	33,809	156,170
84年	22,337	34,914	17,741	11,554	15,175	14,670	36,555	152,946
85年	24,926	36,614	22,357	12,414	9,788	11,479	33,579	151,157

出所：農水省「漁業・養殖業生産統計年報」各年版より作成

な養殖業者は、養殖尾数を減少させるか、廃業に追い込まれるか、いずれにしても三重県のハマチ養殖業は大きな転換点を迎えた。全国的には、価格下落を転機として1979（昭和54）年以降、これまでの関西市場での3kgサイズを中心とした刺身向けハマチから5〜6kgサイズの3年魚を主体としたブリの切り身向けの関東市場への出荷が開始された。切り身は、主にスーパー筋を中心として販売され、ブリ市場の全国化が促進されたのである。こうした状況の中で三重県も多年魚対応を迫られたのであるが、小規模な経営構造を特徴とするハマチ養殖業は、次のような方向を選択した。（尚、三重県では5〜6kgサイズのブリも慣習的にハマチと称している）。

　もともと三重県のハマチ養殖業地帯は、当初、南勢町（現南伊勢町）の礫浦、迫間浦を中心にハマチ稚魚のモジャコ自家採捕地域からの当才魚（＝1年魚）養殖に始まった。当時、モジャコは他県への販売が主目的であり、モジャコの特別許可による採捕期間がおよそ1ヶ月間であり、「1ヵ月間で1年間が稼げる」という程、"実入りの良い"漁業であった。しかし、他県の産地もモジャコ採捕漁業を始めるようになり、モジャコ単価も下がった。他産地向けモジャコ販売出荷が1970年代後半に入ると、南勢町当才魚出荷→南島町（現南伊勢町）・尾鷲方面の2才魚養殖→多年魚ブリ販売という県内熊野灘地区内の地域間分業によって小規模経営でも可能な短期間での当才魚養殖が可能となった。このことによって従来からのモジャコの自家採捕からの一貫養殖を分離し、1979（昭和54）年以降の5〜6kgサイズの多年魚出荷も可能な条件が形成され、関東方面を中心とした多年魚出荷が行われた。こうした3kgサイズのハマチ養殖→5〜6kgの多年魚ブリ養殖の地域間分業は、後述するように三重県漁連の共販体制の確立と関東市場への市場対応によるところが大きい。

　第二には、ブリ養殖業から魚病に強いとされた養殖マダイへの転換が行われたことである。これは、漁場環境の悪化による魚病の発生等による歩留まり率の低下が大きな要因となっている。例えば、南島町（現伊勢町）の方座浦では、「小規模・零細な経営でも着業可能な条件が地域間分業によってきり拓かれ、多数の漁業者の着業が行われるようなったのである。しかし、

こうした前浜漁場におけるブリ養殖業への経済的依存度が高くなるにつれ、漁場環境が著しく悪化する。まず、1972, 73（昭和47、48）年頃には過密養殖による酸欠状態などが発生し、さらに1977, 78（昭和52、53）年頃からは、赤潮が発生した。こうした漁場環境が年々悪化する中でブリのへい死率も高まり、1986（昭和61）年度の2年魚にまで成長する間に当年魚のうち23％がへい死するまでに至った」[17]。

このような漁場環境の悪化に対して前述したようにすでに水産庁は、1978（昭和53）年に「はまち養殖に関する指導方針」を策定したが、それに基づき県も「三重県魚類養殖指導指針」を策定した。その中から主なものは以下のような項目である[18]。

①生簀（7×7m）1台当りの漁場面積は、700㎡以上とする。
②環境悪化を防ぐため、魚取揚げ後の生簀は放置しないで撤去する。
③放養量は10kg/㎡を標準とし、夏期には7kgを目安とする。
④異常魚（衰弱、遊泳異状など）は早く除去し、病疫の蔓延を防ぐ。
⑤漁場の水質は、日本水産資源保護協会が定めた「水産環境水質基準」を目標として維持する。但し、CODについては2ppm以下とする。
⑥養殖管理については(1)餌料の入手および解凍処理等　(2)給餌量の調整および投餌による汚濁防止　(3)へい死魚の処理　(4)魚病対策

さらに漁場の老朽化に対して、熊野灘一帯の各ブリ養殖漁村は、漁場の沖出し化をはかり、新漁場の開拓を行う。図10-8は、南島町の方座浦漁協地区における区画漁場の沖出し化の経過を示したものである。ブリ養殖業が始まった当初は、方座浦に最も近い漁場でブリ養殖業を行っていたが、1960年代後半には、すでにそれらの漁場が劣化し、消滅する。1971（昭和46）年、1972（昭和47）年頃には、1,037号、1,039号、1,040号、1,041号の各区画漁業権が設定されていたが、1975（昭和50）年に1,038号、1977（昭和52）年に1,036号が新たに設定され、しだいに区画漁業権漁場が湾口へと拡大する。さらに1979（昭和54）年には、1,036号区画漁業権漁場が追加され、1985（昭和60）年には、最も湾の入り口に位置する1,102号、1,103号が新たに設定され、それに伴って1,037号、1,036号の一部、1,038号の

図10-8 方座浦地区ハマチ養殖区画漁業権図

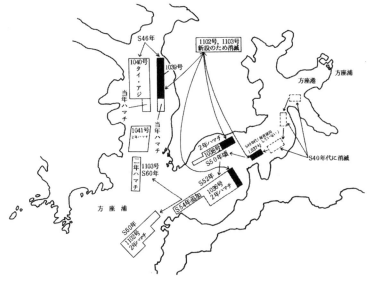

出所：拙稿「三重県ハマチ養殖業の存立構造－南島町方座浦地区の事例－」
西日本漁業経済学会編『漁業経済論集』第29巻 1989.1

一部、1,039号の一部が消滅する。消滅した区画漁業権の一部は、いずれも漁場劣化が進行した湾奥に位置している[19]。こうした漁場の老朽化への対応として漁場の沖出化、別な海域での養殖漁場の設置などの他、前述したように病気に強く、当時、養殖ブリに比べ相対的に高価格を維持していたマダイ養殖業への養殖魚種の転換が急激に図られるようになった。

　三重県における養殖マダイの歴史は、現南伊勢町である度会郡南島町、南勢町で60年代後半から始まった。これらの地域の漁村は、1960年代後半の「真珠恐慌」によって真珠養殖業、真珠母貝養殖業が不振に陥り、新たな転換養殖業種として養殖マダイが導入された。このように南島町・南勢町では、比較的早期にマダイ養殖業が着業されたが、尾鷲市などの南・北牟婁郡の熊野灘の漁村では、80年代前半から開始された。こうした背景に、熊野灘沿岸漁村では、生餌の残留餌料などが原因と思われる自家汚染による各種魚病、赤潮の発生によって歩留まり率が低下したこと[20]。さらに1985（昭

和60）年頃からは生簀網の防染剤であるTBTO（トリブチルスズオキシド）問題[21]をきっかけとして需要が減退し、それに伴って価格が暴落し、それを契機に熊野灘の養殖ブリ漁村は、新たな養殖魚種としてのマダイへと急激な転換を図った。この間の養殖魚種の転換の事情については、尾鷲市役所の栗藤和治と三重県尾鷲農林水産事務所の浜口勝則が次のように尾鷲市を中心に述べている。

「1970年代は稚魚期（0才魚）には6月～8月にかけて類結節症、8月～11月に連鎖球菌症に感染、2年魚（1才魚）では8月～12月に連鎖球菌症は周年感染が見られるようになり、類結節症の発生も長期化するようになった。そして最近では0才魚に限られていた類結節症が1才魚にも感染が見られるようになった。

環境面については1970年代にはいるとかなり深刻な問題になった・・・漁場環境の悪化と相俟って養殖ハマチに被害を与える赤潮の発生も多くなった。尾鷲湾では1973年に*Gymnodinium nagasakiense*による赤潮が発生し、初めて養殖業に被害が出た。その後、*G.nagasakiense, Heterosigma sp.*等を中心に赤潮被害は繰り返され、1984年には*G.nagasakiense*赤潮により熊野灘一帯に大被害がもたらされたことは記憶に新しい。このように魚病、環境悪化、赤潮の多発等による養殖条件の悪化により1977年をピークにハマチの生産量は減少へと向かうこととなった。ハマチ養殖を立地させ、発展させた条件が崩れたことになる。つまり、種苗、餌、漁場環境という優れた立地条件のうち、最も大切な、代替の効かない条件、優れた漁場環境がなくなった事になる。そして1980年代にはいると、全国的な生産量の増大、漁網防汚剤の問題等による生産地価格の低迷に見舞われ、マダイ等他魚種への転換がすすむこととなった。マダイ養殖は1970年代前後から始められたと思われるが、1980年代にはいると増加し、1985年には経営体数、施設数、生産額がハマチを上回るようになり、三重県下最大のマダイ産地となった。当初九州方面より入れていた稚魚が、種苗生産技術の向上により入手し易くなったこと、安定した歩留まり、全国的な需要の伸び等により生産拡大して行った」[22]。

三重県において本格的にマダイ養殖業が発展するのは、図10-9に見られるように1983（昭和58）年以降である。しかし、同図で見られるように90年代に入ると、経営体数は1990（平成2）年をピークに減少し、収獲量も頭打ちとなった。このように三重県のマダイ養殖業は、ブリ・ハマチ養殖業からの転換業種として熊野灘一帯の漁村に普及していったが、漁場の狭さ、経営規模の小規模性の構造をそのまま残し、また次に述べるように高齢者単身養殖業が多く、廃業などによる経営体数の減少が著しくなった。

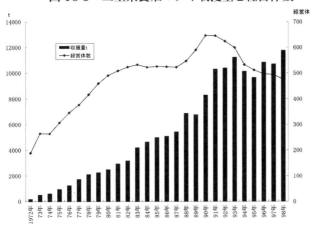

図10-9　三重県養殖マダイ収獲量と経営体数

出所：農水省「漁業・養殖業生産統計年報」各年版より作成

4. 就業者数の大幅減少と後継者不足の深刻化

　長期的な三重県の漁業・養殖業の動態を考察する場合の基盤ともいうべき漁業就業者数の変化、とりわけ年齢別の構成変化に関して考察を加えよう。年齢別構成の変化は、漁業・養殖業における世代交代を規定するものとして重視しなければならない。表10-5は、三重県における年齢別・男女別の漁業就業者数の推移である。まず、自営漁業就業者数は、1979（昭和54）年が最も多く19,810人となっているが、その後、漸減傾向をたどり、1989（平成元）年には1977（昭和52）年比較で14.5％減となっている。このように自営漁業就業者数の減少と、注目に値するのは、他方での高齢化の進行

表 10-5　三重県年齢別・男女別漁業就業者数

単位：人

	自営漁業就業者数							漁業雇われ就業者数						
	小計	男（歳）					女	小計	男（歳）					女
		15-24	25-39	40-59	60-	内65-			15-24	25-39	40-59	60-	内65-	
1977年	18,160	480	2,160	6,560	2,050		6,910	6,800						
79年	19,810	410	2,570	6,760	2,560		7,510	4,520	220	1,020	2,260	550		470
81年	19,660	490	2,080	6,710	2,580		7,800	4,030	170	900	1,930	520		510
83年	16,780	560	1,650	6,150	2,020	1,290	6,400	5,470	390	1,200	3,030	550	280	300
85年	16,910	470	1,250	6,290	2,510	1,630	6,390	5,110	390	990	2,950	450	130	330
87年	16,250	320	1,240	5,710	2,790	1,530	6,190	4,530	300	790	2,660	540	170	240
89年	15,530	180	1,400	5,050	2,900	1,290	6,000	3,840	190	820	2,280	320	160	230

出所：農水省「漁業動態統計年報」各年版より作成

である。具体的な数値では、次のようになっている。自営漁業就業者の男子の60歳以上のウエイトは、1977（昭和52）年時点では自営漁業就業者の11.3％であったが、1989（平成元）年には18.7％となり、とくに65歳以上の男子自営漁業就業者の高齢者が1989（平成元）年で8.3％となり、この年齢自営漁業就業者は表10-5に見られるように着実に増加している。また、漁業雇われ就業者数では、1989（平成元）年は1977（昭和52）年の6,800人から43.5％の大幅な減少となった。

　こうした高齢化の反面、15-24才、25-39才の若・壮年層に関してはどうであろうか。15-24才までの自営漁業就業者の中での人数は1977年が480人であったのが、83年に560人のピークとなり、1989年に77年比較で62.5％減の180人となる。25-39才では1977年が2,160人であったのが、79年以降漸減傾向となり、89年には対77年比較で35.2％減の1,400人となっている。自営漁業就業者数の中での15-24才と25-39才を合わせた合計就業者数の男子自営就業者数総数で占める比率は、1977年が23.5％から89年には16.6％へと約6.9ポイント低下した。次に漁業雇われ就業者数では、数値の記載がある1979年の人数で見ると、15-24才が220人であったが、89年には13.6％の減少の190人、25-39才では1979年が1,020人であったが、89年には19.6％減少の820人となった。自営漁業就業者と同様に<15-24才+25-39才>の男子漁業雇われ就業者総数に占める比率は、1979年が30.6％であったが89年には2.6ポイント低下の28.0％となった。このように自営漁業就業者の中での15-24才の大幅な減少、25-39才

の漸減傾向、そしてそれらを合わせた自営漁業就業者の漁業の中核的な年齢層のウェイト低下が特徴的である。漁業雇われ就業者では、もともと人数そのものが少ないことと、雇用と言っても血縁関係、あるいは同じ村落の地縁関係が多く、完全な他人雇用というものではないことがこれまでの我々の調査から明らかであり、こうしたことから変化は自営漁業に比較すると低下はそれ程大きくはない。

　漁業種類別で就業者数の動向について述べよう。1979（昭和54）年には、主な漁業種類別自営漁業就業者数の中でもっとも多いのは、ノリ養殖業の7,680人、次いで真珠・真珠母貝養殖業が3,230人、そしてハマチ養殖業の1,630人であり、これらの養殖業の就業者のウエイトは、73.9％（14,140人）を占めており、きわめて大きい。したがって養殖業の経営動向が自営漁業就業者数を左右する、大きな要因となっている。統計値は、途中で記載されておらず、記載のある3年後の1982（昭和57）年の自営漁業就業者数で見ると、ノリ養殖業は6,110人で20.4％の大幅減少、真珠・真珠母貝養殖業が3,530人で9.3％の増加、ハマチ養殖業の1,720人の5.5％の増加、養殖業全体では、12,930人であり、1979（昭和54）年比較で8.6％の減少となっている。したがって70年代後半の自営漁業就業者数の減少は、主にノリ養殖業者の減少が大きな要因である。

　主な漁業種類別漁業雇われ就業者数では、1979（昭和54）年にもっとも多かったのが、釣り・はえなわ漁業の2,420人である。釣り・はえなわ漁業雇われ就業者数は、雇われ就業者数の42.2％となっている。次いで定置網が1,020人（17.8％）となっている。この2つの漁業種類で60.0％を占めている。1982（昭和57）年の数値では、釣り・はえなわ漁業が2,120人で1979（昭和54）年比較で12.4％の大幅減少となった。さらに定置網は950人となり、6.9％の減少となっている。このように釣り・はえなわの大部分を占めるカツオ・マグロ漁業の不振が雇われ漁業就業者数の減少となっている。

　以上のように漁業就業者数の減少は、自営・雇われのいずれにしても漁船漁業の不振、海面養殖業ではノリ養殖業などの価格安-コスト高による、こ

の部門からの撤退が要因となっていることが明らかであろう。

第6節　沿岸・沖合漁船漁業の資源管理型漁業への移行

　我々が1999（平成11）年に行った三重県内の漁協に対するアンケート調査結果によって「資源管理組織がある」との回答は、51存在したが、そのうち最も多い年代が19％の1945（昭和20）年～1955（昭和30）年の漁業制度の改革の時期、および1960（昭和35）年～1970（昭和45）年の高度経済成長期であり、かなり以前から存在していたことがわかる。次いで戦前と1970年代後半の16％である。とくに注目に値するのは、この1970年代後半の時期である。この時期は漁業制度のような大きな改革がなく、資源減少に対する自主的な対応として漁業者が資源管理組織を結成していったことがうかがわれる。実際、この時期に三重県内で、いくつかの漁業者の自主的なグループによる資源管理が生まれてくるが、従来型の共同漁業権、特定区画漁業権などの組合管理漁業権を基盤とした漁協主導による漁場管理・保全とは異なる性格を持っている。それは、第一には、知事許可漁業、自由漁業などの複数漁協の漁業者が広域的な海域を操業する漁業種類における自主的なものであるということ、したがって第二には、同じ漁業種類内の同業者的な繋がり、グループが組織的主体となっていること、第三には、それが同じ漁協地区内の他の漁業種類を営む漁業者、あるいは漁業外の遊漁者との漁場利用をめぐる調整・ルール化にまで発展している地区も存在し、漁協の漁場管理・保全機能がそうした高次なレベルにまで発揮されている漁村も存在してきたことである。以下、70年代後半からの自主的な資源管理組織の実態について述べる。

1. 伊勢湾地域

（1）イカナゴのバッチ網漁業の資源管理
　伊勢湾におけるイカナゴ漁獲量は、図10-10に見られるように1970年代後半に入ってから急激な減少に見舞われ、イカナゴを漁獲対象とする漁業者

図10-10 伊勢湾におけるイカナゴ漁獲量

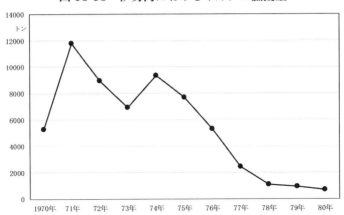

出所：農水省東海農政局三重統計情報事務所「三重県水産累年統計表」1996年3月より作成

の間から資源の自主的な漁獲規制を求める声がしだいに高まり、1979（昭和54）年頃から、とりわけ親魚の1,2月の漁獲を行わない、制限することなどを決定した。イカナゴは、伊勢湾内に生活史を持ち、水温が上昇する6月頃になると伊勢湾口の砂場で仮眠に入り、水温が下がる11月頃になると仮眠からさめ、再び活動を始め12月から1月頃に産卵する。ふ化した仔魚は、2月末には全長3cmのシラスとなり、イカナゴ漁業の漁獲対象となる。したがって親魚の漁獲を制限することは資源量の維持にとってきわめて大きな意味をもっていた。イカナゴ資源は、1960年代後半に漁船性能の向上、すなわちエンジンの馬力数の増大、網の規模拡大などによる資源の乱獲が行われ、それが原因と考えられる資源の急激な減少に直面した。また、1978（昭和53）年は、黒潮の大蛇行型に移行した時期と重なっており、12月から1月の産卵期に高温となり、そうした影響を受け、冬場に活動するイカナゴの仔魚、ふ化魚にとって明らかに環境条件も悪かった。

　このようなイカナゴ資源の減少は、バッチ網漁業者にとって経営上の大きな問題であり、イカナゴ資源の自主規制が行われたが、これに、さらに三重県、愛知県の水産試験場の科学的な資源調査に基づいて資源管理方式が行われるようになった。しかし、資源管理上の大きな問題は2つ存在していた。

その一つは、解禁日をいつにするかという問題である。これは愛知県と三重県との歴史的につくられてきた漁業生産のあり方の相違が根本問題として存在していた。3月頃から始まるイカナゴ漁の場合、愛知県側の漁業者は、イカナゴのシラス（仔魚）漁業に続いてイワシのシラス漁業へと漁業種類がかわるのに対して、三重県のバッチ網の漁業者は、イカナゴ漁が終われば、今度は5月ごろからイワシ漁を行う。したがって両県のバッチ網漁業者間の漁期間が異なる。愛知県側のバッチ網漁業者は、イカナゴのシラスの時期に漁労活動を集中的に行い、その後、イワシシラス漁業へと出来るだけ早く転換することを望んでおり、それに対して三重県側のバッチ網漁業の漁業者は、漁期間を出来るだけ長くし、その後のイワシ漁につないでいく。このような漁期間の考え方の相違は、主に愛知県のイカナゴ漁がシラス漁業を中心にし、シラス干しなどの加工品に製品化されるのに対して、三重県の場合は、とくに魚類養殖の餌料として大きくなってからも販売されるという商品化の方法の違いからくるものである。二つめは、イカナゴ資源の再生産のために親魚の最低限の保存尾数はどれくらいかという問題であった。三重県のバッチ網漁業者は、出来るだけ漁期間を長く保ちたいという意向を持っており、全体としての親魚の保存には賛成であったが、これがどの程度、保存すればよいかについては漁業者自身の考え方では解決出来ず、試験場の科学的な判断に任せるほかなかった。

以上のようなイカナゴの漁獲規制は、三重県においてはさらに7月中旬から10月にかけての夏期から秋期にかけてのバッチ網漁業のイワシ類の漁業規制にも発展した。イワシ類の漁業規制は、主に漁業者同士の自主規制としてバッチ網漁業協同組合を中心として取り決められたが、それはイカナゴ漁業規制が資源問題を契機としていたのに対して、マイワシの場合、価格問題がその契機となった。1978（昭和53）年にマイワシの価格が全国的な漁獲量の増大を背景に暴落したが、このことを契機として第一に、市場の休みとなる日曜日の前日の土曜日が休漁日として決められた。第二は、休漁期間を取り決めたことである。県の許可は一応、周年となっていたが休漁期間の盛漁期を除いた5月下旬から7月中旬、および1月から3月までの約4ヶ

月間と自主的に決めた。第三は、1日の操業時間を午前6時から午後0時頃までと取り決めた。しかし、漁が少ない時は、午後2時頃まで行われることがある。1978（昭和53）年以前においては、各船団は午前3時頃から午後7時頃まで操業が行われたことと比較すれば、かなりな操業時間の短縮となった[23]。

(2) 若松地区アナゴ豆板漁業

伊勢湾におけるアナゴ漁業は、1980年前半に若松沖でアナゴ資源が減少し、1985（昭和60）年頃に、当時の若松漁協が自主的に25cm以下のアナゴを10kgにつき500円で買上げ、再放流を行っていた（漁協合併による鈴鹿市漁協設立後は、豆板漁業者による自主的な小型魚再放流を行い、漁協による買上はない）。このようなアナゴ資源の減少をきっかけに知事許可漁業である小型豆板漁業者のグループが当時の若松漁協内で結成された。通常は、小型魚の漁獲を防ぐ方法としては、まず網の目合を大きくすることで対応する。しかし、アナゴの場合は目合が大きくても網に絡まって漁獲されてしまうため、逆に魚体を傷つけないように細かい目合の網で漁獲した後、選別して稚魚を再放流することとなった。また、従来、豆板網によるアナゴ漁はほとんど休むことなく、月に25日から28日間は操業されていたが、1975（昭和50）年頃から資源保全のため、若松地区漁業者の間で週休2日を義務づけた。土曜日は全面休業であり、もう1日は各自が自由に決めていた。また天候の悪いときや、アナゴが不漁のときはもちろんのこと、アナゴ加工業者にストックが多く、魚価が安くなることが予想される日は、出漁前に漁業者間で話し合って休漁とした。このような小型魚の採捕の自主的禁止・操業期間の短縮・魚価維持と言った他に、最近では、河川から流出するゴミなどの清掃も行っており、伊勢湾の漁場環境の保全活動も積極的に行っている[24]。

2. 鳥羽地域の資源管理

(1) 神島蛸壺組合の資源管理

鳥羽の沖合の神島では、古くから、刺網との兼業で生計を立てていたタコ壺漁業者が多く、そのような人々が集まって神島漁船組合を結成した。その設立時期は不詳であるが、最古の資料は慶応年間のものである。しかし、1960（昭和35）年頃に神島でも船曳漁業が急速に普及してからは、タコ壺漁業から船曳網漁業への転業が相次ぎ、各漁法を行う漁業者の専門化も進んだ。そのため、神島漁船組合は、1982（昭和57）年に船曳組合と蛸壺組合に再編成されたのである。すなわち神島蛸壺組合の設立年は1982（昭和57）年である。その構成員はタコ壺漁業者全員となっており、2000（平成12）年調査時点では13隻（2人乗）である。役員は、委員長と宿本（やどもと）と呼ばれる資料の保管者が各1名である。委員長は毎年選挙で選ばれ、宿本は全員が1年ごとに順番で担当することになっている。神島蛸壺組合の活動内容は、専ら各漁業者の利用するタコ壺漁場のくじ引きによる配分である。神島ではタコ壺漁場はスジと呼ばれ、それぞれに固有名称がついている。1999（平成11）年現在の共同漁業権漁場内には40あまりのスジがあり、それぞれが幅約50m程度しかないので、操業の安全を確保するために南東に向かって平行に並んでいる。半年に1回行われるくじ引きでは、1隻あたり4つのスジが当たるが、たとえどのくじを引いても漁場の豊度がなるべく均等になるように、その組み合わせには細心の注意が払われている。またスジが余っている場合でも、1隻が5スジ以上を使用することは禁止されている。これは資源保護のためというよりは、余ったスジをめぐる漁業者同士のトラブルを避けることが主な目的である。神島では、くじ引きに先立ちタコ壺漁業者全員の集会が開かれる。この集会では、近年の漁獲高を参考にしながら委員長が考えたスジの組み合わせが提案され、漁業者によって承認される。くじ引きは、毎年1月20日前後と8月17日にタコ壺漁業者全員で行われ、その結果は3月10日と9月10日の集会で仕方帳（しろちょう）と呼ばれる帳面に記載され、宿本が永久保存する[25]。

(2) フグ延縄漁業の資源管理

　渥美半島沖合のトラフグ延縄漁場は、三重県と愛知県の両県の共同漁場

であり、1975(昭和50)年以前において漁獲量もそれほど多くなかったが、その年以降、急激に資源量が増加し、三重県、愛知県は言うに及ばず自由漁業であることから静岡県の延縄業者を含めた漁業者の参入が相次いだ。この結果、トラフグ資源の配分に関して三重県の安乗漁協のフグ延縄漁業者と、愛知県日間賀島漁協の漁業者、そして静岡県の浜名漁協の漁業者との激しい漁場競合と紛争が起きた。そのようなトラフグ漁場をめぐる紛争の中で1978（昭和53）年から三つの漁協地区のフグ延縄漁業者によって自主的にトラフグ資源の管理と漁場行使のルールづくりが行われた。そのルールの内容は、その後も基本的に変わっておらず、調査時点の1996（平成8）年現在で見ると以下の通りである。

①操業規制
　フグ延縄漁業は、日の出から操業することとし、夜間や灯火を用いた操業は絶対禁止する。静岡県海域に入漁する場合は、午後1時までに縄揚げを終了し、愛知県及び三重県海域に入漁する場合は、10月及び11月は午後2時、12月以降午後1時に縄入れを終了することとする。
②愛知県沖の漁場で操業する漁船数は、1996（平成8）年度から愛知県フグ延縄操業船は161隻、三重県は42隻とする。毎年、操業船の調整はフグ延縄漁業者間で行う。1隻の釣り糸は600本以内である。針と針の間隔については7m50㎝以上とする。
③禁止漁具について（略）
④三県で一斉休漁日を設ける場合がある。公休日は各地区代表者が協議し、決定する。また、各県で設定した休漁日には同県海域に他県船も入漁することが出来ない。三県で定めた各項に違反したフグ漁船は、違反した日から終漁期の間で、操業禁止とする。また、水深32メートルまでの海域はフグ延縄・シラス漁業の共同漁場である。静岡船の静岡県海域における違反については、静岡県の申し合わせによる罰則を課するものとする。
⑤トラフグ資源保護のために、700g未満の小型魚は再放流すること。
⑥フグ延縄は日の出から操業を始め、3回操業（1番縄から3番縄まで）を

行う。朝6時に始まると、2番縄を始めるのは9時から9時30分頃である。愛知県の外海では愛知県の優先権が1番縄だけにある。三重県船は、6つに区切った外海の漁場に7隻入れる。

⑦操業期間は、10月1日を解禁日として、翌年2月末日が終漁日とする。

⑧事故に関しての取り決め（略）

⑨愛知県沖の漁場では、愛知と三重県両県共同漁場を除き6区画に分けて操業を行うこととし、操業船の調整はフグ縄漁業者間で行う。図3－6に示されるように137度4分20秒から137度7分90秒までの間は愛知県と三重県の共同漁場とする。137度7分90秒から137度29分50秒までの海域は1ブロックあたり3分60秒の大きさで、6ブロックに分ける。この海域は海岸から水深24メートルまではシラス漁業・外海底引き網漁業の操業区域とする。協議によれば、一番縄の場合に、三重県船は、1ブロックに対して7隻の入漁を認めるものとして、愛知県船の最深沖で操業する。これは、愛知県海域においては、愛知県船を優先として、三重県の船は愛知県の船の同意を得て操業することとなっているため、三重県船は比較的資源が少ない沖の方で漁獲する[26]。

第7節　漁業諸団体の動き

三重県の漁業団体は、この時期、①沿岸漁場整備開発事業の推進のための新たな団体の設立、②栽培漁業・水産資源保護などの沿岸漁業の発展を促進する「全国豊かな海づくり大会」が三重県漁連を始めとした漁業団体によって始められたこと。③三重県漁連の養殖ハマチを中心にした東京市場などへの出荷体制の確立などの動きが見られるようになった。

1．三重県漁場整備開発協会・三重県水産振興事業団の設立

前述したように沿岸漁場整備開発法の施行に伴い、1977（昭和52）年8月26日、沿海部の31関係市町村と133漁協が加入し、三重県沿岸漁場整備開発協会が設立された[27]。

さらに1978（昭和53）年10月4日に（財）三重県水産振興事業団が津

市の水産会館内に発足し、三重県の栽培漁業の確立に向けて大きな出発点となった。

「同事業団の内容は、
　(1) 新水産技術の開発
　(2) 水産種苗の斡旋および供給
　(3) 漁場の高度利用
　(4) 水産業の経営近代化
　(5) 水産公害対策
　(6) 漁場環境の保全、水産に係わる調査及び情報の提供

などとなっており、全国でも同種の組織が既に発足しているが、本県のように水産業全般に亘ったものは珍しく、県民一体となった事業推進に将来が期待されている。

　当面の事業
　(1) 赤潮対策事業
　(2) はまち養殖の人工餌料及び沖合養殖開発事業
　(3) 魚礁開発事業
　(4) 新食品開発事業
　(5) 種苗の供給事業
　(6) その他漁場の高度利用　　　」[28]

　以上であるが、こうした内容と当面事業に基づいて1978（昭和53）年度から1980（昭和55）年度の3カ年で浜島町に三重県栽培漁業センターを建設し、1981（昭和56）年度からアワビ、クルマエビ、アコヤ貝の種苗生産を行った。さらに1984（昭和59）年度から1986（昭和61）年度の3カ年で施設の増強を行い、1987（昭和62）年度からヒラメ、マダイ、トラフグの種苗生産を開始した。現在の施設は、1986（昭和61）年度完成したものであるが、アコヤ貝種苗生産施設（鉄筋コンクリート製2階建て　ただし2階は事務室などがある。延481.5㎡となっている）、アワビ採苗棟（鉄

筋ストレートガラス葺　720㎡)、屋外のアワビ育成水槽（鉄筋コンクリート水槽）、クルマエビ育成水槽（開閉型シート屋根）、魚類飼育棟（鉄筋スレート・一部ガラス葺　773.2㎡)、屋外マダイ親魚槽（鉄筋コンクリート水槽）、屋外ナンノクロロプシス培養槽、その他付帯施設合計 12,900㎡ となっている[29]。

2. 三重県の栽培漁業・漁場保全・資源保護運動

　この時期には、「全国豊かな海づくり大会」が 1981（昭和 56）年 9 月 26 日大分県で初めて開催された。三重県でも第四回「全国豊かな海づくり大会」が 1984（昭和 59）年 10 月 6 日に志摩郡浜島町で開催された。さらに翌年の 1985（昭和 60）年 10 月 5 日に第一回の「三重県豊かな海づくり大会」が開催された。第一回の大会テーマは、「育てよう楓の海に永遠の幸」であったが、南勢町五ヵ所浦の町民文化会館で漁業関係者ら約 1,100 人が参加して行われた。これ以降、毎年、各漁業県で開催されるようになった。

　このように、この時期、三重県漁連を中心として資源保護・漁場保全の運動が積極的に展開されたのであるが、こうした漁協運動の底流にあったのは、すでに 1955（昭和 30）年の日本水産資源協会の設立、1957（昭和 32）年の水質汚濁防止法制定に奔走し、水産資源の保護と漁場の保全を、戦後、早くから主張し、三重県漁業の再建に大いに貢献した石原円吉の思想が存在していたからである。日本水産資源協会は、設立翌年の 1956（昭和 31）年に東京築地の中央卸売市場で第一回放魚祭を開催し、1965（昭和 40）年度の放魚祭を最後に日本水産資源協会の放魚祭は終わりを告げたが、その後、日本水産資源協会は日本水産資源保護協会と発展解消し、放魚祭は前述したように大規模な「全国豊かな海づくり大会」となって結実したのである[30]。三重県においては、地域開発などで漁場環境問題と汚染魚問題が深刻化しており、そうした状況の中で「海と資源を守る」運動の下地は出来上がっていたと言えよう。

3. 三重県漁連の販売事業の推進

三重県漁連は、こうした運動と、他方では、この時期にノリ共販のための「のり流通センター」を 1987（昭和 62）年から操業を開始した。また、同年 6 月からは、大阪市の近鉄百貨店との共同出資会社である「ジャパンシーフーズ」が近鉄阿倍野店にテナントとしてオープンした。翌年の 1988（昭和 63）年 8 月 20 日には大阪府松原市に松原流通センターが操業開始され、外食産業への食材の供給などの事業を行うようになった。1989（平成元）年 4 月からは、「紀伊長島流通加工センター」が稼働し始めた。さらに 1990（平成 2）年 12 月に神奈川県三崎城ヶ島に「三浦活魚センター」が東京都を中心とする大都市圏への養殖魚類などの活魚の出荷基地が設立された。このように三重県漁連の販売活動は、1985（昭和 60）年以降、積極的に展開される。

(1) のり流通センターの設立
　「『のり流通センター』は、国、県の補助を含む約 7 億円の工費を投じて松阪市の漁連中勢のり共販売所跡地に建設された。・・・施設の特色としては、共販システム及び業務の電算化、加工場の設置とエアーシャワーの整備、見付・検査室への人工照明の採用、フォークリフト荷役と立型コンベヤーの導入（などである）。・・・この建物には、黒のりの集荷、検査、入札を行う設備があるほか、海苔海藻類の加工施設も整備されていて、県下の黒のり養殖業の拡充と価格の向上に大きく貢献するものと期待され」た[31]。今までは、中勢地区のノリ共販所であったため、場所も狭く、県下全体のノリの共販が出来なかった。そして採光の状態も悪く、ノリの評価があまり良くなかった。こうしたことと、荷捌き機能も優れた施設を要し、集荷などは民間業者に委託されたため、輸送コストの削減の一助となった。また、加工施設も存在し、付加価値向上も図られることとなった。

(2) ジャパンシーフーズ
　ジャパンシーフーズの設立の契機となったのは、1988（昭和 63）年 11 月 11 日に新装オープンした近鉄阿倍野店の生鮮食料品売場の大幅な改装と面積の拡大であった。近鉄百貨店は、いうまでもなく関西方面における有

力電鉄系ターミナル百貨店の一つである。新会社設立のための資本金は3千万円であり、近鉄百貨店側が2千万円、三重県漁連側が1千万円であった。近鉄百貨店側が三重県漁連をパートナーとして選んだ理由は、まず、第一には、三重県が近鉄沿線で至近距離にあり、輸送体制が整備されていること。第二には、三重県で漁獲される魚種が豊富であり、ハマチ、マダイ、ヒラメなどの養殖も盛んであり、また関西方面では、三重県と言えば"伊勢志摩のとれとれの魚"などの当時のグルメブームの中でのイメージが定着していることである。第三は、三重県漁連の取扱高が、北海道漁連、長崎県漁連に次いで大きいことであった。そして第四には、三重県漁連が、当時、傘下の137漁協市場ばかりでなく、全国の新鮮な魚貝類を集荷出来る体制を持っていたことである。さらに三重県漁連としては、自県産の魚貝類の販売強化のためのマーケテイングを強化する事が出来るからである。

ジャパンシーフーズは、前述したように近鉄阿倍野店の鮮魚売場（400㎡）のテナントとして入っているばかりでなく、1988（昭和63）年8月20日に大阪府松原市に松原流通センターを建設した。この流通センターには、敷地面積3,555.06㎡（1,077坪）、建物面積述べ1,249.63㎡であり、合計66トンの活魚水槽（10トン水槽4台、6トン水槽2台、5トン水槽2台、2トン水槽2台）と冷凍冷蔵庫378トン（冷凍庫マイナス30℃ 134トン、冷蔵庫マイナス5℃ 159トン、冷蔵庫マイナス5℃ 85トン）の他、急速解凍機、自動真空包装機、自動梱包機などの諸施設を有する蓄養加工配送センターとして関西一円の営業給食、集団給食などの外食産業への食材の供給の他、スーパーへの卸売りも行っている[32]。

(3) 紀伊長島流通加工センターの設立

「この施設は、紀伊長島港の埋立地に水産物中核流通加工諸施設整備事業として、国の補助を受けて建設されたもので、総工費は3億5千万円」であった。「当地区で水揚げされるイワシ、サバ等の多獲性魚やカツオ、マグロ類の付加価値を高め、魚価の安定を図ると共に、これまでは小規模な加工業者が多く、塩干物が中心であった当地区の加工業を、消費者ニーズの変化に対

応した新しい加工形態へと転換を図るモデルケースとしての役割を果たそうとするものである」[33]。

(4) 三浦活魚センターの設立

　三浦活魚センターは、1984（昭和59）年の三浦の三重県漁連の出荷基地を拡充・整備したものであり、1990（平成2）年に12月に工事が完成し、翌年から事業を開始した。敷地面積は、666㎡であり、延べ面積は680.04㎡である。この活魚センターは、三重県漁連の関東以北への養殖魚の出荷基地として建設されたものである。蓄養施設は、海上生け簀が6張、ヒラメ用の陸上水槽が25立方㍍（10立方㍍×1槽、5立方㍍×3槽）、作業用台船（活シメ作業用）、出荷処理場延床面積240.20㎡、製氷・貯氷施設（プレートアイス）自動製氷施設10トン／日、自動貯氷施設20トン、排水処理施設等が設置されている。

　三崎港に拠点を設けたのは、まず東京都に近く、養殖ハマチ、養殖マダイの鮮度維持が容易であることである。午後10時にハマチを三崎でシメ、それを東京築地市場に午前2時頃までに出荷できる。こうしてもっとも魚肉がおいしい時に食卓に乗せることが可能となった。三浦活魚センターが完成する以前は、千葉県館山に1979（昭和54）年11月に養殖ハマチの出荷基地を設置し、年間40億円程度の販売を行ってきたが、館山がイワシの水揚げ港であり、面積的に余裕もなかったことから1984（昭和59）年に三崎に出荷基地を移した。しかし、それは岸壁と海面を利用した簡単なものであり、加工施設は存在しなかった。また、生け簀も7〜8台と少なかった。こうしたことから本格的な活魚センターの構想が立てられ、三浦に活魚センターが設置されたのである。

第8節　漁場環境・保全問題

　この時期は、まず1973（昭和48）年5月に熊本大学医学部が熊本県有明町で第3水俣病患者を発見したことを契機に、水銀問題が再びクローズアップされ、さらにその前年1972（昭和47）年に政府が内海の魚から高濃度

のPCBが検出されたことを発表し、この問題によって魚に対する安全性が全国的に問題となった。これに対して魚に対する消費が著しく低下し、漁業者、および関連業者は大きな打撃を受けた。三重県では、6月30日に県生鮮魚介類流通異常事態改善対策本部が調査分析した資料に基づき、三重県内での魚介類のカドミウム及び水銀汚染は厚生省の基準値以下である、という安全宣言を行った。また、この時期は、県内の赤潮による漁業被害も増加し、1969 (昭和44) 年度が3件であったのが、1973 (昭和48) 年度にはその9倍の27件に及び、被害額も50万円から59,108万円に飛躍的に増大した。こうしたことに示されているように、この時期は、これまでのような企業の産業排水が原因となる漁場汚染、水産資源の汚染といったパターンだけでなく、三重県であれば、伊勢湾周辺の都市化に伴う生活排水などの住民生活のあり方からも漁場汚染が複雑かつ大規模に進行したことが特徴である[34]。

1. 伊勢湾の漁場環境問題

(1) 長良川河口堰問題

1974 (昭和49) 年3月29日に、長良川内水面漁協と桑名市の赤須賀漁協の共催で「長良川河口ぜき建設反対集会」が桑名漁港で開催され、集会とその後、水上デモを行った。これは、1968 (昭和43) 年10月に閣議で「木曽川水系水資源開発基本計画」が決定され、長良川河口堰の建設計画が進められてきたが、1973 (昭和48) 年に流域全体の漁協を中心とする原告団2万6千名が内水面漁業への影響から建設差し止め訴訟を行った。

しかし、その後、1978 (昭和53) 年に岐阜県知事が河口堰着工に同意を行い、続いて1978 (昭和53) 年3月に内水面漁協との折り合いがつき、原告団は河口堰建設工事差し止め訴訟を取り下げた。これに対し、1982 (昭和57) 年4月に流域住民が改めて差し止め訴訟を提訴した。1987 (昭和62) 年に三重県は、県の利水負担の一部を愛知県側が引き受けることで同意した。さらに1988 (昭和63) 年には最後まで反対を表明していた三重県側の赤須賀漁協など3漁協が河口堰の着工に同意し、河口堰の建設が始まっ

た。その後、流域の生態系保全の立場から環境問題として全国に運動が広がった。

(2) 住友電工と雲津川下流3漁協との水質規制協定

1975（昭和50）年1月24日に久居市進出の住友電工の工場排水に関して、雲津川下流の伊倉津、米津、香良洲の3つの漁協は、地先漁場に対する影響から水質規制に関する協定を住友電工側と締結した。しかし、住友電工の工事着工が遅れ、1984（昭和59）年に改めて3漁協は、この協定に対し、進出期間中の状況の変化が大きいとして新協定の締結を求めた[35]。

(3) 伊勢湾の油濁事故

この時期には、全国的に油濁問題も取り上げられるようになり、三重県においてもいくつかの油濁事故が相次いだ。まず、1975（昭和50）年3月3日に伊勢湾でシンガポール船籍のゴールデンサンレイ号（48,000トン）が東亜共石名古屋精油所の原油をおろした際、流出事故を起こし、知多半島西岸のノリ養殖業に被害が出た。1978（昭和53）年11月8日にも四日市港沖で、タンカーの原油流出事故が起きた。これは、昭和四日市石油アウターシーバースで、石油荷揚げ中のタンカー隆洋丸（117,609トン）から原油が流出したものであった。これにより四日市、磯津、楠町、鈴鹿のノリ養殖が大きな被害を被った。翌年の1979（昭和54）年1月19日にも再びタンカーによる原油流出事故が発生した。前年の原油流出事故に続いて、同じ昭和四日市石油アウターシーバースで、リベリア船籍のワールドエンデバー号（105,316トン）が原油荷揚げ中に流出事故を起こし、四日市、磯部、楠町、鈴鹿のノリ養殖業に大きな被害が出た。

このように油濁事故は、伊勢湾を中心として毎年のように起こり、その度にノリ養殖場を始めとする漁場に対する被害が生じた。表10-6は、油濁等による突発的漁業被害発生件数の推移である。この表で特徴的なことは、第一には、地域別では伊勢湾がもっとも多いことである。第二には、油濁によるものが毎年起きていること、第三には、原因者不明のものが多いことであ

る。全国的には、1975（昭和50）年3月3日に漁場油濁被害救済基金が設立され、原因者不明の被害についても救済処置がとられるようになった。

表10-6　油濁等による突発的漁業被害発生件数の推移

単位：件

区分 年度	総数	種類別		原因者別					地域別			
		油	その他	船舶	陸上工事	土木工事	その他	不明	伊勢湾	志摩度会	熊野灘	内水面
1979年	4	3	1	-	1	-	-	3	3	-	-	1
80年	17	6	11	3	2	3	-	9	12	-	1	4
81年	14	3	11	2	3	-	7	2	9	4	-	1
82年	17	9	8	2	1	1	4	9	6	6	3	2
83年	6	6	-	4	2	-	-	-	3	-	1	2
84年	6	2	4	2	1	-	-	3	3	1	-	2
85年	9	6	3	1	2	-	2	4	4	3	-	2
86年	12	8	4	4	1	-	1	6	7	-	1	4
87年	4	2	2	-	-	-	2	2	3	-	-	1
88年	7	5	2	4	1	-	-	2	4	2	-	1

出所：三重県『環境白書』1989（平成元）年版　p169

2. 熊野灘方面の原発問題

　熊野灘海域においては、1967（昭和42）年の芦浜原発問題が当時の田中知事の下で「凍結宣言」が出された。しかし、1984（昭和59）年11月23日に紀勢町議会での町長の受け入れ発言によって芦浜原発建設問題が急浮上した。県は、1984（昭和59）年度予算に調査費など3,000万円の関連予算を計上した。翌年の1985（昭和60）年2月に度会郡南島町の古和浦、方座浦、神前浦、奈屋浦、贄浦、阿曽浦の各漁協は、23日から27日に行われた通常総会で芦浜原発計画への反対を決議し、反対の意志を再確認した。3月14日には、方座浦漁協は、漁協への中部電力（株）からの1億3,000万円の預金を返上した。さらに6月には県議会が「芦浜原発立地調査推進」を決議した。同月に南島町の7漁協に所属する漁民2,000名が参加し、「原発反対決起大会」を開催した。9月には南島町議会は、「芦浜原発反対決議」を21年ぶりに再確認した。その後も、こうして原発問題は、紀勢町長の受け入れ発言によって再燃した（その後、2000（平成12）年2月の北川知事の県議会での芦浜原発計画の白紙撤回の表明によって終止符が打たれた）。

3. 三重県全域の赤潮問題

　赤潮による被害は、1975年以降も毎年のように頻発しており、とくに1979（昭和54）年は97件と最大の発生件数であった（図10-11参照）。赤潮による被害状況は、表10-7に示されているように、一応、判明している推定額でも1984（昭和59）年の約14億円を始め、1980（昭和55）年から1988（昭和63）年まで約23億円の被害を出している。このように被害

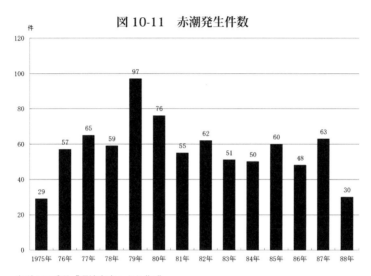

図10-11　赤潮発生件数

出所：三重県「環境白書」より作成

表10-7　赤潮による養殖業被害の状況（推定値）

	被害総額	被害対象	地域
1980年	406,431千円	ハマチ、アコヤ貝	南島町・南勢町
81年	報告なし		
82年	331,622	ハマチ、アジ、アサリ	南島町・南勢町・伊勢湾
83年	79,200	ハマチ、アジ	南島町・南勢町・尾鷲
84年	1,378,192	ハマチ、アジ、真珠貝、ノリ、アワビ	南勢町・熊野・伊勢湾
85年	20,610	ノリ、ハマチ、アジ	南島町・南勢町・伊勢湾
86年	63,751	ノリ、ハマチ等魚類	伊勢湾・志摩・度会・尾鷲
87年	23,719	ノリ、ハマチ、マダイ等	伊勢湾・志摩・度会・熊野灘
88年	不明	ノリ	伊勢湾

・1993（昭和58）年は貧酸素水によるものを含む
・被害額が不明のものも多く存在する
出所：三重県『環境白書』より作成

状況は、それぞれの年の発生した場所と赤潮の種類による違いが存在するが、継続的に毎年、赤潮被害が出ていることが特徴的である。さらに熊野灘、志摩・度会、伊勢湾と地域限定的なものではなく、三重県沿岸一帯に広域的に発生しているのももう一つの特徴である。

1978（昭和53）年6月13日の水質汚濁防止法の改正、および翌年5月8日の水質汚濁防止法施行令の改正により、三重県においても1980（昭和55）年7月から伊勢湾におけるCOD（化学的酸素要求量）の総量規制が導入されたが、これにより、「まず、増設の企業に適用し、来年（1981（昭和56）年）7月から既設の企業にも全面適用という段階措置になっ」[36)]た。

三重県漁連もこうした新設企業、既設企業に対するCOD規制に「発生源でその排出量を規制」することに対して賛意を示しながらも「削減目標を達成するためには、次のような対策が必要とされている」として、具体的な手順を提起している。

「1　下水道の整備
　1　総量規制基準の設定
　1　小規模排水対策
　1　教育、啓蒙」

さらに赤潮問題にも触れ次のように主張しているのが興味深い。「今回の規制は、有機汚濁だけを対象にし、赤潮の原因といわれる窒素、リン、合成洗剤は対象としていない。県当局では「三重県富栄養化防止対策連絡協議会」を設置し、窒素、リンについては、適量使用、併置併売、業界や国への無リン化要請等を指導実施していくこと、公的機関でのリンを含む合成洗剤追放を打ち出している」[37)]。

赤潮は、その後も発生しており、1990（平成2）年が30件、1992（平成4）年が35件、1994（平成6）年が42件となっており、依然として赤潮問題が漁場環境に与える影響は深刻である。そして伊勢湾のノリ養殖、五ヶ所湾の真珠養殖、魚類養殖などに与える被害は無くなってはいない。

1) 農林統計協会『1975（昭和50）年度　漁業白書』p97 より引用
2) 同上書 p110
3) 同上書 p87
4) 日本経済新聞社編『ゼミナール　日本経済入門』（1985（昭和60）年2月）pp131 － 132
5) 拙稿「沿岸漁船漁業の存立構造－1970年代以降－」漁業経済学会編『漁業経済研究』　第35巻第1号　1990.10
6) 水産庁漁業振興課監修『第二次沿岸漁業構造改善事業の解説』新水産新聞社　1972（昭和47）年10月15日　p15
7) 水産庁監修『つくる漁業』農林統計協会発行　1976（昭和51）年9月1日　pp66－67
8) 社団法人　全国沿岸漁業振興開発協会『沿整十年の歩み』1985（昭和60）年11月　p64
9) 拙稿「養殖ブリ類の市場構造の変貌と産地再編」漁業経済学会編『漁業経済研究』　第40巻第2号　1995.9
10) この大勢丸は、1957年（昭和32）4月25日、三重県水産試験場、三重県立水産高等学校、三重県立大学水産学部の共同利用を目的として建造されたものである。
11) 1961年1月7日和具のカツオ・マグロ漁船第二源吉丸（158トン）操業中のソロモン群島付近で遭難四名行方不明。1964年3月27日には、浜島町の第三幸喜丸（179トン）がバリ島南方のインド洋で遭難24名全員死亡。
12) 岩崎洋右「かつお一本釣漁業の存続条件」漁業経済学会編『漁業経済研究』第36巻第3、4合併号 1992年2月
13) 社団法人大日本水産会「水産庁委託事業　1985（昭和60）年度中小漁業経営調査報告書－三重県南勢地域における遠洋かつお漁業経営」1986（昭和61）年2月　p3
14) 拙稿「四日市市におけるバッチ網漁業の存立構造」漁業経済学会編『漁業経済研究』第33巻第1号　1988年11月30日発行

15) 柴原敬生「三重県下における被害の現状」全かん水養魚協会『かん水』No. 205　1981（昭和56）年12月5日
16) みなと山口合同新聞社「みなと新聞」1984（昭和59）年7月19日付け
17) 拙稿「三重県ハマチ養殖業の存立構造－南島町方座浦地区の事例分析－」西日本漁業経済学会編『漁業経済論集』第29巻 1989.1
18) 三重県漁連「みえぎょれん」第244号　1979（昭和54）年1月
19) 17) と同上論文
20) 全国的に、こうした漁場環境の悪化、それが原因と考えられる魚病の発生による経営の悪化問題が深刻になったが、これに対して水産庁は「持続的養殖生産確保法」を国会での審議を経て1999年5月21日に公布した。この法律は各漁協に養殖漁場改善計画を自主的にたてさせ知事が認定した。それと同時に特定疾病のまん延を防止するための対応施策も記載されている。
21) 1990年にこの薬剤を法律で輸入・製造・使用が禁止された。
22) 栗藤和治・浜口勝則「熊野灘での沿岸漁業をとりまく諸問題　魚類養殖の歴史と漁場環境の変化」（水産海洋学会編「水産海洋研究」第55巻第3号　1991　p252）
23) 拙稿「地域セクショナリズムを超えた漁業者間の共同－伊勢湾から見た県境－」財団法人三重社会経済研究センター『季刊　あすの三重』第101号　1996.4.1
24) 川原田麻子「漁業管理組織の特性と条件」1999（平成11）年度三重大学生物資源学研究科修士論文を参考にした。
25) 同上書
26) 高　健「自由漁業における資源管理の合意条件－三重・愛知・静岡におけるトラフグ延縄漁業経営を事例として－」1997（平成9）年度三重大学大学院生物資源学研究科修士論文　pp11－13を参考にした。
27) 三重県漁連「みえぎょれん」第235号　1977（昭和52）年9月
28) 三重県漁連「みえぎょれん」第242号　1978（昭和53）年11月
29) 浜島町の三重県栽培漁業センターの他に、三重県は、1996（平成8）年

度から三重県尾鷲栽培漁業センターを開設し、マダイ、トラフグ、アワビの種苗生産を開始した。

[30] 石原翁伝刊行会『石原圓吉翁傳』（昭和四十四年五月二十日発行）pp131-150 参照
[31] 三重県漁連「みえぎょれん」第 309 号
[32] 拙稿「新しい水産物流通　百貨店における水産物販売」（緑書房　『水産の研究』51　1991.3）
[33] 三重県漁連「みえぎょれん」第 325 号　1989（平成元）年 4 月
[34] 1974（昭和 49）年度の『漁業白書』によれば、「水質汚濁等が漁業に及ぼす被害の態様としては、①浮遊物、廃棄物の堆積に伴う低質の悪化等による直接的な操業不能又は操業能率の低下、②油濁、赤潮の発生、産卵場の荒廃、生育場の環境悪化、じ料生物の減少による水産生物の死滅、逃避又は生育不良、③重金属、PCB 等の有害物質の蓄積あるいは異臭魚等による漁獲物の販売不能又は商品価値の低下、④漁船、漁具等の破損、腐蝕等がある。」（財団法人　農林統計協会『1974（昭和 49）年度　漁業白書』p62）
[35] 松本巌「解説　近代三重県水産年表」（水産社　1985）を参考にした。
[36] 三重県漁連「みえぎょれん」第 258 号　1980（昭和 55）年 7 月
[37] 同上

第XI章　日本漁業の縮小再編と三重県漁業

第1節　バブル経済の崩壊と「平成不況」

　1980年代の後半において日本経済は、85年のG5のプラザ合意による急激な円高と土地価格、株価など資産価格の異常な高騰現象、いわゆる"バブル経済"に見舞われた。図11-1は、地価、株価、物価の上昇を1985（昭和60）年を100.0とした指数で示したものであるが、この図を参照すれば、資産上昇がいかに異常であったかが明らかである。とくに東京における一極集中の下で商業地価が1986（昭和61）年から上昇が著しくなり、これが地価全体を押し上げた。また、1980年代前半から1989（平成元）年まで続いた史上最低といわれた低金利時代は、経常利益の増益が続いていた企業の借入金を増加させ、当時の金融自由化による投資の選択肢の拡大と金融投

図11-1　時価・株価・物価の推移

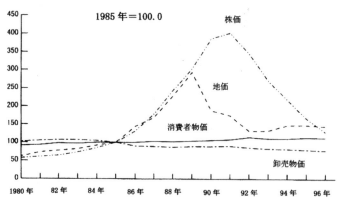

注：株価は日経平均株価（東証225種）、時価は6大商業地価格指数、消費者物価指数は全国消費者物価指数、卸売物価指数は総合卸売物価指数。
出所：日本銀行（1996）「経済統計年報」
資料：橋本寿朗・長谷川信・宮島英昭著『現代日本経済』（1996.8.30）p247より引用

資の有利性が増加したことも手伝い、法人企業による「財テク」を促進させた。こうして「実体経済と乖離した資産価格の高騰」が引き起こされた。金融自由化は、金融機関にとって金融コストの上昇を意味し、金融機関自身も、より有利な投資先を求めざるを得ないことから、いきおい有価証券などの株式投資、不動産投資などに向った。一般消費者の食生活面も"グルメブーム"と呼ばれた高級化志向が強く働き、若者層を中心としたレジャー的外食も増加した。

　しかし、こうした"バブル"も1989（平成元）年5月から始まった段階的な公定歩合の引き上げによる金融引締め策、1990（平成2）年4月から実施され翌年の12月まで継続した土地取引に対する総量規制によって1989（平成元）年12月に3万8,915円でピークをつけた株価は、急落し、翌年の1990（平成2）年の後半には2万2,000円まで下落した。また、多くの企業は銀行からの借り入れの際、担保に地価の上昇に対する絶対的な信仰であった"土地神話"も崩れ、図11-1で見られるように反転して大きな下落となった。3大都市圏の地価公示価格は、1992（平成4）年に11.6％低下であったが、翌年にはさらに14.7％も低下した。こうした地価の低下は、その後も続いた。こうして資産運用によって膨大な利益を見込んでいた企業をはじめ、大手銀行なども収益性が極度に悪化し、不良債権の整理と企業のリストラの時代が始まったのである。三洋証券、山一証券などの証券会社の倒産、市中銀行である北海道拓殖銀行の倒産、その他銀行の不良債権累積問題はその後も跡をたたず、これまで政府が戦後一貫してとり続けてきた金融業界に対する金融安定化・産業保護政策である「護送船団方式」のあり方が問題とされ、1996年の金融自由化政策であった"金融ビックバン"という荒治療によって解決を図ることを余儀なくさせた[1]。それ以降、1999年から大手銀行間の合併が次々と行われた。こうして、1990年初頭から2000年代初頭にかけての"平成不況"、あるいは"失われた10年"と呼ばれる長期間にわたる出口の見えない不況下に日本経済は置かれた。

　1991（平成3）年からのバブル経済の崩壊によって消費者の購買行動はどう変化したであろうか。図11-2は、可処分所得及び実収入の対前年実質

図11-2 可処分所得及び実収入の対前年実質増加率の推移（全国・勤労者）

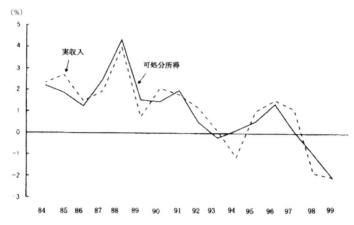

出所：総務庁「家計調査年報」より引用

増加率の推移である。1988（昭和63）年をピークとして可処分所得も、実質収入も対前年実質増加率は漸次的に低下傾向にある。とくに1999（平成11）年は最低となった。このように可処分所得、実質収入の増加率も年々低下傾向を辿り、食料支出もこれに伴い減少した。このような影響を受けて鮮魚介類の家庭内消費支出も図11-3に見られるように1992（平成4）年をピークに大きく減少している。1992（平成4）年と比較し1999（平成11）年の年間1世帯あたりの鮮魚介類消費金額は、19.8％の減少となった。このように家庭内消費において"バブル崩壊"以降、明らかに水産物の消費は減少傾向となった。

　このように"バブルの崩壊"した1991（平成3）年以降、個人消費などののびが鈍化し始め、かつてのグルメ志向は陰を潜め、デフレ下の消費不況が深刻化してきた。しかし、他面では、"バブル"期の消費者行動の選択的指向、"マス"としての消費指向から個性化＝多様化指向も継続した。すなわち「市場の成熟化」である。こうした「消費不況下の低価格指向が強まる中の市場成熟化」ということについても若干、敷えんしよう。

　「市場の成熟化」というカテゴリー自体は、マーケティング論などで使用されている言葉であり、一般的に言えば、供給過剰化傾向の下で需要増大の

図 11-3　年間 1 世帯魚介類消費支出

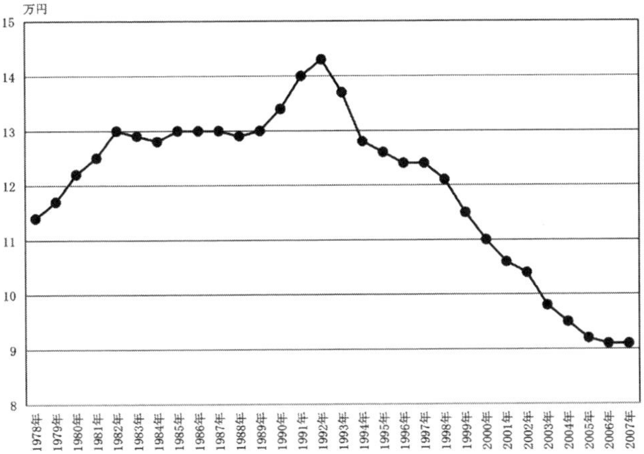

出所：総務庁「家計調査年報」より引用

鈍化時期に行われる企業戦略の市場概念の一つである。この需要の鈍化の時期においては、購買力は、新しい商品に向かうのではなく、これまでの商品の買い替え、補充などの既存商品の再購買へと向かう。こうした消費者行動に規定された市場の構造をいう。しかし、不況による個人消費支出の減退によって、とくにそうした再購買行動は、いっそう、価格指向的要素が強まってくる。とくに価格弾力性の高い水産物の場合はそうである。換言すれば、既存商品の再購買力は、より安価で同一使用価値のある商品の買い替えとして、価格指向の中での選択化が進み、高価な新製品に対しては、購買力の減退が起きるのである。こうした不況化の「市場の成熟化」のなかにあって、一面では、消費者の価格に対して、選択指向の狭まりが強く出てこざるを得ないのである。日常的な購買商品である食料品などにおいては、こうした傾向が一層強く現れ、消費者の"冒険心"もなくなり、安価な商品への購買力が増す。しかし、もう一面では、「消費の多様化・個性化」という"バブル期"に獲得した側面はそのまま生き続けており、低価格志向を含む市場の細分化はいっそう進行してきたものと思われる。

　こうした不況下における市場成熟期にある水産物市場は、食品の安全性、高鮮度化、調理時間の短縮などの獲得した便宜の水準を低下させることなく、

さらにまた、世代、あるいは地域性などのグループの細分化（あるいは個性化）した消費要求をより低価格＝低コストでいかに実現するかという、消費者ニーズが生まれてきた。こうした消費者ニーズにもとづき、生産者、あるいは水産物の各供給者が、これまでの自社商品に対する購買客の維持だけでなく、決められた「パイ」の中で、その出来るだけ多くの「分け前」にあずかろうとする。他社商品の自社商品の購買客への切り替えの促進を図るべく競争が展開されるのも通常の状態であれば、いわゆる商品の使用価値的「製品の差別化」としてこうした競争が行われる。そして、そうした「製品の差別化」の要素として価格要素が入り込んでくるのである。したがって、そうした水産物商品の低価格化は、供給側にとってなによりも輸送・デリバリーなどの物流を含めた広い意味での「流通過程に延長された生産過程」（K.Marx）の生産コストの低下が競争のカギを握ることとなる。

こうした水産物の低価格指向の強まりと消費の高度化・個性化という消費者ニーズに適応する水産物商品として海外からの安価な輸入ものが激増した。この時期は、それに加え、円高が一層高進し、1992（平成4）年末から

図 11-4　水産物貿易の推移

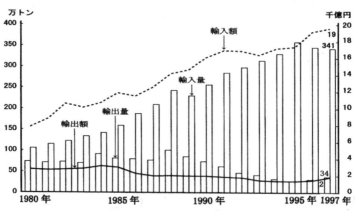

注：数量は、通関時の形態による重量である。
　　（以下、「貿易統計」においては同じ）
出所：農林統計協会『漁業白書』平成10年度 p11 より引用
資料：大蔵省「貿易統計」から再編

ドルに対する円レートが上昇し、1995(平成7)年3月には一時80円を切るまでとなった。こうした為替レートの上昇の結果、輸入が増加し、輸入価格を介して国内物価の低下が進展した。1994(平成6)年には、"価格破壊"という言葉が一般化した。こうした円高によってこれまで以上に水産物輸入額は増加し、天井知らずと言われるような状態が続いていた(図11-4参照)。また、国内水産物については、養殖ものを中心に供給が増加し、養殖水産物もコスト競争の様相を呈し、供給過剰による価格の低下が顕著となった。こうした中でかつては高級魚と言われた天然魚介類の養殖ものへかわることにより、大衆商品化が進展し、そのことがさらに市場を拡大した。

第2節 漁業の縮小と新しい傾向

1. 沿岸漁業経営体数の大幅な減少

輸入圧力を含めた水産物市場の低価格指向が強まる中で漁業生産構造にどのような変化が見られるようになったのか。1998(平成10)年における漁業経営体数は、約15万経営体となっているが、これは表11-1に示されているように1978(昭和53)年と比較して30.8%減となった。とくに大きなウエイトを占め、実数の上で大きな減少傾向を示したのは沿岸漁業経営体である。沿岸漁業経営体は、1978(昭和53)年の206,796経営体から1998(平成10)年には31%減の142,678経営体となった。1988(昭和63)年と比較して1993(平成5)年の沿岸漁業の経営体数の減少率9.7%よりも、1993(平成5)年と比較して1998(平成10)年が12.4%の減少率となり、バブル崩壊以降の時期における経営体数の減少が大きいことが注目に値する。ちなみに1978(昭和53)年から1983(昭和58)年の減少率が5.1%、1983(昭和58)年から1988(昭和63)年の期間の減少率は8.1%であり、しだいに減少率が高まっていることが特徴的である。中小漁業経営体も1983(昭和58)年の11,028経営体から1998(平成10)年には29.6%減の7,769経営体となった。大規模漁業経営体は、同じく1983(昭和58)年の221経営体から1998(平成10)年には139経営体へと約37.1%減の大幅な減少となった。

表 11-1 漁業経営体数

単位：経営体、％

	1978年	1983年	1988年	1993年	1998年	83年/78年	88年/83年	93年/88年	98年/93年
沿岸漁業経営体	206,796	196,190	180,377	162,795	142,678	△5.1	△8.1	△9.7	△12.4
中小漁業経営体	10,730	11,028	9,674	8,551	7,769	2.8	△12.3	△11.6	△9.1
大規模漁業経営体	208	221	220	178	139	6.3	△0.5	△19.1	△21.9

出所：農水省 各漁業センサスより作成

注1：沿岸漁業経営とは、漁船非使用、無動力船、使用動力船合計総トン数10トン未満、定置網、地びき網及び海面養殖の経営体をいい、中小漁業経営体とは、使用動力船合計総トン数10トン以上1,000未満の経営体をいい、大規模漁業経営体とは、使用動力船合計総トン数1,000トン以上の経営体をいう。

注2：△は減少率を表す。

　経営体数の減少のもっとも大きなウェイトを占めていた沿岸漁業に限って言えば、表11-2に沿岸階層別漁業経営体数の推移に見られるように減少数でも減少率の上でも沿岸漁船漁業経営階層の中で1トン未満、1〜3トンの減少とノリ、ワカメ養殖業の減少が著しい。1トン未満の漁船漁業階層は1978年時点の経営体数と98年比較では約11,743経営体が減少しており、それは25.4％の減少となる。1〜3トン漁船漁業階層は、1978（昭和53）年時点での経営体数は、46,237経営体であったが、1998（平成10）

表 11-2 沿岸階層別漁業経営体数の推移

単位：経営体、％

	1978年	1983年	1988年	1993年	1998年	83年/78年	88年/83年	93年/88年	98年/93年
漁船非使用	10,471	7,855	6,346	5,298	4,365	△25.0	△19.2	△16.5	△17.6
無動力船	2,964	1,636	786	467	285	△44.9	△52.0	△40.6	△39.0
動力船計	144,948	142,610	134,774	124,074	110,422	△1.6	△5.5	△7.9	△11.0
1t未満	46,203	43,945	41,619	39,189	34,460	△4.9	△5.3	△5.8	△12.1
1〜3t	46,237	42,032	37,336	31,650	26,255	△9.1	△11.2	△15.2	△17.0
3〜5t	33,384	36,477	36,191	34,664	32,169	9.3	△0.8	△4.2	△7.2
5〜10t	10,989	12,186	12,113	11,827	11,207	10.9	△0.6	△2.4	△5.2
大型定置網	1,217	1,162	1,179	1,126	1,068	△4.5	1.5	△4.5	△5.2
小型定置網	6,263	6,231	5,906	5,272	5,042	△0.5	△5.2	△10.7	△4.4
地びき網	655	577	430	346	221	△11.9	△25.5	△19.5	△36.1
小計	158,383	152,101	141,906	129,839	115,072	△4.0	△6.7	△8.5	△11.4
ノリ	24,913	19,056	13,903	10,181	7,733	△23.5	△27.0	△26.8	△24.0
カキ	3,924	3,785	3,410	3,365	3,352	△3.5	△9.9	△1.3	△0.4
真珠	1,755	1,882	2,077	2,010	1,699	7.2	10.4	△3.2	△15.5
真珠母貝	1,335	1,443	1,399	1,307	1,143	8.1	△3.0	△6.6	△12.5
ワカメ	6,870	6,393	5,541	4,189	3,205	△6.9	△13.3	△24.4	△23.5
ブリ	3,473	3,102	2,302	1,725	1,284	△10.7	△25.8	△25.1	△25.6
ホタテガイ	3,496	3,892	4,512	4,511	4,363	11.3	15.9	△0.0	△3.3
タイ類		1,271	1,484	1,423	1,258	−	16.8	△4.1	△11.6
その他	2,647	3,265	3,843	4,245	3,569	23.3	17.7	10.5	△15.9
小計	48,413	44,089	38,471	32,956	27,606	△8.9	△12.7	△14.3	△16.2
合計	206,796	196,190	180,377	162,795	142,678	△5.1	△8.1	△9.7	△12.4

出所：農林水産省 各漁業センサスより作成

注　：△は減少率を表す

年には43.2％減の26,255経営体となった。とくにこの漁船漁業階層は、表11-2を参照すれば明らかなように78年から5年ごとの減少率が9.1％→11.2％→15.2％→17.0％と5年ごとの減少率が大きくなっていることがわかる。

また、海面養殖業では、ノリ養殖業が1973（昭和48）年の37,161経営体であったのが、1998（平成10）年には約8割大幅減の7,733経営体となり、5年ごとの数値でも減少率が23.5％→27.0％→26.8％→24.0％となっており、ずば抜けて高い。藻類養殖業では、ワカメ養殖業も1973（昭和48）年の9,562経営体から1998（平成10）年には66.5％減の大幅減少となった。同じく5年ごとの減少率で追っていくと、6.9％→13.3％→24.4％→23.5％となっている。

魚類養殖業の三重県でも代表的なブリ類養殖経営体数は、1978年の経営体数が3,473経営体であったが20年後の98年には約63.0％減の1,284経営体と大幅に減少した。この養殖業もノリ養殖業と同様に5年後ごとの減少率が10.7％→25.8％→25.1％→25.6％となっており、経営体減少の激しさがわかる。

こうして沿岸漁業の漁船漁業と海面養殖業を分けて考察した場合に、漁船漁業に比べて海面養殖業の方の減少率が1991年以降の"バブル経済"が崩壊する以前から一貫して高い。これは市場の拡大に対応するため生産の増加圧力の上昇による価格低下によって競争環境が一層きびしくなり、設備投資圧力の重圧によって家族経営における漁業所得＝自家労賃部分も確保できなくなったことを証左している。その結果として、高齢者の単身経営化が進行し、やがて当該養殖業からの退出となったと考えられる。すなわち当該水産物をめぐる養殖部門内での生産力競争の激化の中での両極分解の作用が貫徹した姿であると言えよう。そうした両極分解も工業のように労働生産性の格差というものだけではなく自然的生産力の豊度差という要素が強く働き、とくにブリ類養殖業は生産性向上を目指して養殖漁場の集約的利用＝過密養殖の結果、"海の自然力"の限界を超え、"収穫逓減の法則"の作用が収益性に影響しているという点が重要である。

2. 漁業就業者数の減少

漁業就業者数については、減少数が経営体数と比較してもっと大きくなる。表 11-3 は、沿岸・沖合・遠洋漁業別就業者数の推移を示したものである。全体としての漁業就業者数は、1973（昭和 48）年の約 51 万人であったが、1998（平成 10）年には 45.7％大幅減の約 27 万 7 千人となった。沿岸漁業就業者の中でも「自営」が 40.1％の大きな減少となり、やはり、ここでもバブル崩壊以降の 1993（平成 5）年から 1998（平成 10）年の期間における減少傾向が大きく、1988（昭和 63）年から 1993（平成 5）年の 11.9％減に対して 14.7％減となっている。

これに対して沖合遠洋漁業就業者数の中でも大きなウエイトを占める「雇われ」は、1973（昭和 48）年の 110,558 人から 1998（平成 10）年には 34,747 人と約 7 割の激減となった。とくに 1988（昭和 63）年以降に約半減するなどバブル期からそれ以降の減少が著しい。このように漁業経営体数の減少と同様に、漁業就業者数も大きく減少傾向をたどっている。沿岸漁業の場合、経営体数、「自営」の就業者数は、バブルが崩壊した 1991（平成 3）年以降の時期における減少率が高い。

また、就業者の年齢階層も上昇し、自営漁業就業者の男子の 60 歳以上の年齢階層が 1978（昭和 53）年時点では 21.4％であったのが、1998（平成 10）年には 50.7％を占めるまでに至った。こうして自営漁業の沿岸漁家漁業就業者の高齢化が進展してきたのである。また、漁業雇われ男子就業者数も 1978（昭和 53）年時点では、60 歳以上が 8.0％であったのが、1998

表 11-3　沿岸・沖合・遠洋漁業別就業者数の推移

	1978 年	1983 年	1988 年	1993 年	1998 年	増減率（％）			
						83 年/78 年	88 年/83 年	93 年/88 年	98 年/93 年
計	478,148	446,536	392,392	324,886	277,042	△6.6	△12.1	△17.2	△14.7
沿岸漁業就業者	361,767	343,417	313,912	275,198	237,507	△5.1	△8.6	△12.3	△13.7
自営	304,444	290,445	261,964	230,812	196,914	△4.6	△9.8	△11.9	△14.7
雇われ	57,323	52,972	51,948	44,386	40,593	△7.6	△1.9	△14.6	△8.5
沖合・遠洋漁業就業者	116,381	103,119	78,480	49,688	39,535	△11.4	△23.9	△36.7	△20.4
自営	10,338	10,475	7,731	5,780	4,788	△1.3	△26.2	△25.2	△17.2
雇われ	106,043	92,644	70,749	43,908	34,747	△12.6	△23.6	△37.9	△20.9

出所：農林水産省　各漁業センサスより作成
注　：△は減少率を表す

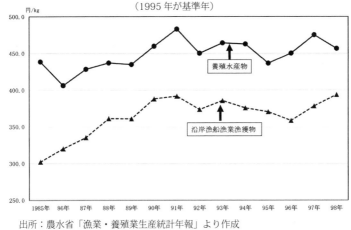

図11-5 沿岸漁船漁業、養殖業の漁獲物実質価格
（1995年が基準年）

出所：農水省「漁業・養殖業生産統計年報」より作成

（平成10）年には23.4％にまでウエイトを高めた。1986年に船員年金の改正が行われたため、55歳に乗船を辞める乗組員が増加したが、それでも60歳以上になっても主に中小漁業の漁船に乗り組んでいる雇われ就業者も再び増加してきた。

　この間の沿岸漁業の中で漁船漁業と養殖業について述べよう。実質価格は両方とも1991年にピークとなり、それ以降、すなわち"バブル経済"崩壊後、沿岸漁業の漁獲物は、沿岸漁船漁業、養殖業ともに図11-5に見られるように魚価の上昇が鈍化し、以前のような沿岸漁業にとって魚価上昇といった有利な市場環境は失われた。そうした中で沿岸漁船漁業は、この間、1経営体当たりの平均生産量は15トン前後で停滞している（図11-6）。魚価上昇も停滞傾向を示しており、生産額もこの間増加していない。漁業における漁業依存度も1985（昭和60）年が47.0％、1989（平成元）年のバブル期の魚価上昇下において47.9％と高まったが、バブル崩壊後の1994（平成6）年には40.9％と低下し、さらに1998（平成10）年には37.8％にまで低下した。こうして沿岸漁船漁業は、基本的に、こうした生産額でも単身操業の「家業としての経営」の継続がギリギリ可能な高齢者漁業[2]として存続している。ちなみに1998（平成10）年の漁業所得は、2,158千円となっており、年金

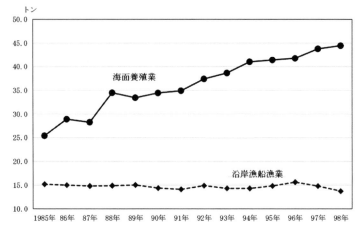

図11-6 沿岸漁家の1経営あたりの生産量推移

出所:農水省「漁業・養殖業生産統計年報」より作成

と合わせた高齢者世帯の再生産としては一応、可能な所得水準となっている[3]。

　しかしながら他方では、海面養殖業において価格上昇の停滞傾向の中で1経営あたりの平均生産量の増加が顕著となり、養殖規模の拡大が進行する。1経営体あたりの生産量は、図11-6に見られるように1988（昭和63）年比較で1998（平成10）年は約3割弱の増加傾向を示している。こうした規模の拡大は、魚類養殖業であれば、愛媛県、鹿児島県などの主産地内における廃業経営からの小割台数の集中化、ノリ養殖業においても全国的にこうした養殖施設の集中化による規模拡大傾向は見られる。また、ホタテ養殖業においても同様である。そしてもともと一定の規模を保持していた真珠養殖業などを含め、家族経営を基本としながら小企業的な家族経営[4]による規模拡大が進行している。すなわち価格低迷を量産指向によって費用価格の増大分を乗り切ろうとする対応が強く現れてきたのである。

　こうした養殖業には、後継者を確保した経営体も多く存在している。後継者を確保した経営が多い養殖業は、なによりも漁業所得の高さと言う点と前述した沿岸漁船漁業と異なり、漁業依存率が高いという点が大きな条件と

なっている。漁業所得の面では、1989（平成元）年が5,541千円であったのが、1998（平成10）年には6,031千円と8.8％増加した。また、漁業依存率も1998（平成10）年時点では60.5％を占めており、漁船漁業の37.8％よりもはるかに高い[5]。

　以上のようにバブル経済崩壊以降の魚価の低迷の中で沿岸漁業の経営主体は、一方で沿岸漁船漁業に見られる傾向としての単身「高齢者漁業」化と、他方で、多数の小規模零細養殖経営の退出、それと対照的に「２世代型」の小企業的な養殖業への発展も見られ、部分的には企業的経営の養殖業も一部では見られるようになった。こうした業種転換を通じて、すなわち小規模沿岸漁船漁業から養殖業へ、さらに養殖業種から別な養殖業種への転換という経路での沿岸漁業内部の経営の分化・分解が進行しているのである。

第３節　漁業規制の新制度の導入と漁協組織の再編

1.TAC制度の導入

　第Ⅹ章でも述べたが、TACとは、Total Allowable Catchの略であり、日本語では漁獲可能量と呼んでいる。1993（平成5）年11月に国連海洋法条約加盟国が60カ国に達し、翌年の11月に条約が発効した。わが国でも、この条約の批准に伴い1996（平成8）年に6月に締結国となり、7月20日に条約が発効した。この条約に基づき、他の国連海洋法条約関連法とともに施行された「海洋生物資源の保存及び管理に関する法律」（TAC法）によって、排他的経済水域を設定した沿岸国に対して、排他的経済水域における海洋生物資源について漁獲可能量（TAC）を設定し、保存及び管理措置を講じることを義務づけた。この法律は、これまでの漁業法、水産資源保護法に基づく従来の漁業管理を否定するものではなく、これを前提として新たな漁獲可能量制度を構築するものとなっている。この法律の目的として次のように規定していることによってもそのことは明らかである。

　「我が国の排他的経済水域等における海洋生物資源について、その保存及び管理のための計画を策定し、並びに漁獲量の管理のための所要の措置を講ずることにより、漁業法又は水産資源保護法による措置等と相俟って、排他

的経済水域等における海洋生物資源の保存及び管理を図り、あわせて海洋法に関する国際連合条約の的確な実施を確保し、もって漁業の発展と水産物の供給の安定に資することを目的」としている。

こうして 1996（平成 8）年 10 月において基本計画が定められ、政令で指定された特定海洋生物資源として、サンマ、スケトウダラ、アマジ、マイワシ、マサバ及びゴマサバ、ズワイガニの 6 魚種、および 1997（平成 9）年からスルメイカについても漁獲可能量の対象魚種とした。

2. 持続的養殖生産確保法

1999（平成 11）年 5 月 21 日に「持続的養殖生産確保法」が公布、施行されたが、この法律は、70 年代前半から急激に生産量を増加させてきた養殖業の生産基盤である漁場の改善と、海外からの重大な伝染性の疾病の侵入、国内におけるまん延防止措置をとることに大きな目的がある。第一条に、「この法律は、漁業協同組合等による養殖漁場の改善を促進するための措置及び特定の養殖水産動植物の伝染性疾病のまん延の防止のための措置を講ずることにより、持続的な養殖生産の確保を図り、もって養殖業の発展と水産物の安定に資することを目的」と述べられている。

もともと養殖に適した漁場の多くは、閉鎖性の海域に存在しており、水深も浅く漁場環境の悪化を招きやすい。それに近年における魚類の過密養殖による残餌が原因と思われる魚病の発生、無給餌養殖の貝類養殖における排泄された糞、擬糞（取り込んだプランクトン等のうち食物としないで粘液とともに排出するもの）、養殖施設に付着する生物の死骸等による漁場環境への負荷が増大しており、漁場環境の悪化が進行している。とくに近年は、養殖ブリ、養殖マダイなどのイリドウイルス、養殖クルマエビの PAV などのウイルス性の疾病が増加傾向にあり、細菌性疾病等を含めた被害額も 1995（平成 7）年には 291 億円となり、史上最高となった。こうした魚病の発生の基本条件としての過密養殖による漁場環境の改善が必要かつ緊急な問題として提起されてきたのである。そして当然のことながら、こうした漁場環境の改善は漁協を主体として取り組む必要があることから漁協による漁場改善計画

を立て、都道府県知事がそれを認可するというシステムをとっている。漁場改善計画には、①対象となる水域及び養殖水産動植物の種類、②養殖漁場改善の目標、③養殖漁場の改善を図るために必要な施設及び体制の整備等を定めることとなっている。

　特定疾病のまん延防止措置では、特定疾病を「国内における発生が確認されておらず、又は国内の一部のみに発生している養殖水産動植物の伝染性疾病であって、まん延した場合に養殖水産動植物に重大な損害を与えるおそれがあるもの」と規定し、もし都道府県知事が「特定疾病がまん延するおそれがあると認めるときは、そのまん延を防止するため必要な限度において」、次のような命令をすることが出来る。「一、特定疾病にかかり、又はかかっている疑いがある養殖水産動植物を所有し、又は管理する者に対し、当該養殖水産動植物の移動を制限し、又は禁止すること。二、特定疾病にかかり、又はかかっている疑いがある養殖水産動植物を所有し、又は管理する者に対し、当該養殖水産動植物の消却又は埋却を命ずること。三、特定疾病の病原体が付着し、又は付着しているおそれのある漁網、いけすその他農林水産省令で定める物品を所有し、又は管理する者に対し、その消毒を命ずること」（第八条）などである。

　こうして海面養殖業は、この法律に基づいて漁場の改善と特定疾病の海外からの侵入を防ぐ体制が構築されたのである。

3. 漁業協同組合の組織再編

　1997（平成9）年5月22日に全漁連の通常総会において、「漁協系統事業・組織改革のための指針－新海洋秩序への移行に伴う漁協系統事業・組織強化の実践方向－」を承認し、21世紀に向けた漁協系統事業・組織の改革に着手した。こうした改革に着手せざるを得なかった理由としては、この指針によれば、第一に、日本漁業の漁獲量の減少、輸入水産物の増加、魚価の低迷等による漁業経営の悪化、漁業就業者の減少と高齢化の進展、第二には、漁協系統事業の縮小傾向、系統組織体制の脆弱性と相まって漁協経営の悪化、第三は、経済構造の変革、市場競争の進展と経営の自己責任が問われる時代

に入ったこと。第四は、TAC 制度の導入を踏まえ、「海の上の協同運動」により資源の適切な管理に資することが重要といった情勢認識と、以下の今後の漁協系統の果たすべき役割からである。

そうした漁協系統の果たすべき役割とは、第一に、資源管理、漁場造成に取り組み、組合員の営漁・生活の向上に貢献すること、第二には、付加価値の向上に取り組み、高品質かつ安全な水産食品の提供、第三には、海洋レクリエーション等と漁業の調和、海の美化と環境保全、第四には、地域の活性化・福祉向上と漁業・漁村への国民的な理解の浸透といったものである。

以上のような基本認識と漁協系統の果たすべき役割の下で、第一には、系統全体のスリム化によりコストを削減し、組合員の負託に応えられる事業展開を行うこと、第二には、自己責任を果たし得る業務執行・管理・運営体制の早期確立をはかること、第三には、安定的な事業利益を確保し、財務内容の健全化を実現すること、などの従来の枠を超え、事業組織強化を加速させる新たな方策の必要性から具体的な漁協系統組織強化の実践方向を明らかにした。こうした漁協系統組織強化の実践的方向の中で各県においては、自立漁協の構築が目指されている。この自立漁協の要件とは、第一に総合的な事業機能の発揮、第二には、経済事業体としての経営体制の確立、第三は、事業利益と健全な財務内容の確保、第四は、協同組織としての運営方法の確立、第五は、新海洋秩序下の資源管理への積極的な取り組みである。こうして全漁連は、新たな漁業をめぐる情勢の変化と漁業系統組織としての再編計画を明らかにしたのである。

第 4 節　三重県漁業の縮小と再編

1. 漁業構造の動態

三重県の漁業は、90 年代、マイワシの激減を初めとして各種の魚種の漁獲量も減少傾向にある。こうしたことを反映して経営体数も 1991（平成 3）年の 9,805 経営体から 1996（平成 8）年には 8,164 経営体となり、さらに 1998（平成 10）年には 7,312 経営体となり、1991（平成 3）年対比で 25.4％の減少となった。また、図 11-7 を参照すれば明らかなように男子年

図 11-7　三重県男子年齢別漁業就業者数の推移

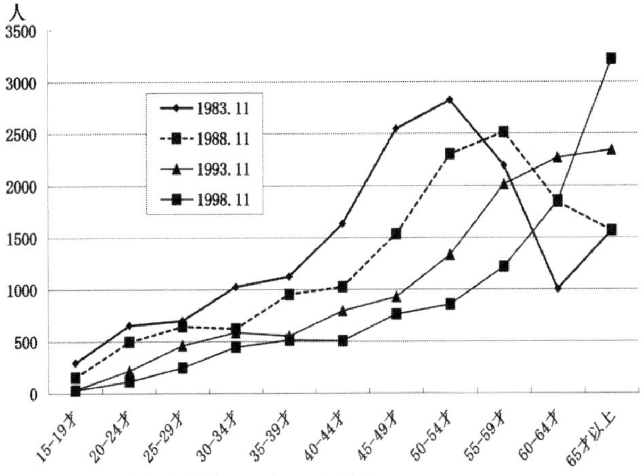

出所：農水省各年次漁業センサスより作成

齢階層別漁業就業者数も 1983（昭和 58）年には、50-54 才がピークであったのが、1988（昭和 63）年には 55-59 才、1993（平成 5）年には 65 才以上がピークとなっており、さらに 1998（平成 10）年には 65 才以上が突出して高くなっている。こうして年々高齢化が進み、1998（平成 10）年時点の 60 才以上の男子漁業就業者が占める比重は 51.9％となり、全体としての三重県漁業の「シルバー産業」化は一段と進んだ。また、若手の後継者不足も深刻化している。男子漁業就業者数のうちの 30 才未満の比率は、1983（昭和 58）年が 10.6％、1988（昭和 63）年が 9.5％、1993（平成 5）年が 6.2％、そして 1998（平成 10）年には 4.1％ときわめてわずかとなった。30 才未満の男子漁業就業者人数も 1983（昭和 58）年の 1,653 人から 1998（平成 10）年の 400 人と約 4 分の 1 の大幅減となった。こうして三重県の漁業を担う若・壮年漁業労働力が大きく減少しつつある。こうした労働力の減少と高齢化が漁業経営体数の減少の大きな要因となっているのである。

次に、遠洋漁業、沖合漁業、沿岸漁業の生産量・金額について 1991（平成 3）年のバブル経済崩壊以降の動向について簡単に述べよう。

表 11-4 は三重県漁業の生産量と金額を示したものである。生産量は

表 11-4　三重県漁業・養殖業生産量・生産額推移

	生産量（トン）					生産額（百万円）				
	計	遠洋漁業	沖合漁業	沿岸漁業	養殖業	計	遠洋漁業	沖合漁業	沿岸漁業	養殖業
1988年	273,536	69,880	91,869	51,091	60,696	96,907	16,732	11,609	20,504	43,728
89年	294,912	62,755	125,540	52,132	54,485	105,769	17,685	14,654	23,003	45,645
90年	248,827	49,347	98,435	52,236	48,809	117,792	17,400	15,746	22,565	57,703
91年	249,906	56,568	97,052	46,822	49,464	113,524	15,328	15,029	22,786	55,788
92年	242,326	44,734	103,034	45,418	49,140	104,161	14,487	14,973	21,266	48,834
93年	257,855	43,173	110,939	56,124	47,619	105,212	14,142	15,559	22,238	48,661
94年	229,990	46,711	87,144	43,785	52,350	100,176	13,040	14,186	18,703	49,757
95年	223,515	48,628	80,763	48,704	45,420	95,452	12,993	13,466	20,833	44,001
96年	203,668	42,215	80,569	39,260	41,624	86,308	13,120	14,415	17,210	37,735
97年	219,650	44,757	92,897	39,763	42,233	88,205	14,000	16,336	18,091	36,528
98年	197,651	48,529	67,573	39,308	42,241	81,039	14,022	14,658	17,841	31,490

出所：農林省東海農政局三重統計情報事務所「三重県漁業の動向」各年版より作成

1989（平成元）年が約30万トンと最高となったが、その後、漸次減少し、1998（平成10）年には最低の約20万トンとなった。

とくに沖合漁業漁獲量の減少が大きく響いている。1989（平成元）年の漁獲量の46.2％も減少している。この減少の大きな要因は、イワシ類の減少である。1989（平成元）年のイワシ類の漁獲量が約10万トンであり、1998（平成10）年はその5分の1の2万トンと激減する。他方、生産金額に関しては、1990（平成2）年の117,792百万円をピークとして、やはり1998（平成10）年の81,039百万円が最低となる。沖合い漁業の生産金額は、安価なマイワシなどが獲れなくなったが、カツオ、マグロ類などの漁獲が比較的安定していたこともあり、全体としては安定している。カツオ・マグロ類の漁獲金額は、海面漁業の漁獲金額の約5割を占めている。しかし、沿岸漁船漁業、海面養殖業の生産金額は減少傾向にある。これは、漁獲量・収獲量の減少によるものである。

2. 熊野灘（度会・南・北牟婁郡）の沖合・遠洋漁業

三重県の代表的な遠洋漁業である遠洋マグロ延縄漁業は、1991（平成3）年の漁労体数が21であったが、1998（平成10）年には19漁労体となった。遠洋カツオ一本釣り漁業は、1991（平成3）年には20漁労体存在していたが、1998（平成10）年にはこれも減少し、14漁労体となった。このように遠洋カツオ・マグロ漁業は、明らかに縮小過程にある。

沖合漁業は、若干、異なった傾向を示している。例えば、近海カツオ一本釣り漁業は、1991（平成3）年が23漁労体であったのが、1998（平成10）年には17漁労体へ、近海マグロ延縄漁業は1991（平成3）年が14漁労体であり、この漁業種類は1998（平成10）年現在も同様な勢力を保っている。また、小型底引き網漁業は、1991（平成3）年が721漁労体であったのが、1998（平成10）年には804漁労体と増加傾向にある。このように沖合漁業の中でも小型底引き網漁業の増加傾向が見られるが、その他の、とりわけ沖合漁業の代表的なまき網漁業等は多就労タイプの漁業であり、乗組員不足が大きく影響し、漁労体数も減少傾向にある。1989年当時調査した熊野灘に面する度会郡錦地区の中型まき網漁業経営の実態に関して述べる。

(1) 度会郡錦地区中型まき網漁業の事例

この錦地区は戦前からマグロを中心としたまき網漁業が、もうひとつの錦地区の基幹的漁業である大敷網漁業と並んで1960年代中頃まで盛んであった。しかし60年代の後半にハマチ養殖業が導入され、地域の基幹的位置を占めるようになってから地元の若年労働力がハマチ養殖業へ吸収されるようになり、まき網漁業の乗組員の確保が困難となってきた。また、中型まき網漁業もマグロ漁業を1980年頃に廃業し、その後、マイワシ、サバ、アジ等の多獲性大衆魚を対象とするものへと転換した。

錦地区の中型まき網漁業の概要（表11-5参照）は、1989年現在、下記のようになっている。これら6経営は、1981年から83年の間に新造、または中古船の購入となっている。トン数は19トンから33トンの中型まき網漁船となっている。F、T、KE、KYが生産組合の経営形態をとっているが、これは家族・親戚による共同経営となっている。こうした血縁関係による経営が熊野灘一帯の沖合・遠洋漁業経営ではかつてから多いことが大きな特徴である。

主な対象魚種は、いずれのまき網漁船もマイワシ、アジ、サバなどの前述した多獲性魚である。H、F生産組合、T生産組合D、KE生産組合は、1982年まではカツオ・マグロあぐり網漁業を兼営していたが、いずれも廃

表11-5 錦地区まき網漁船の概要（1989年現在）

	購入年	備考	トン数	その他
(有) H	83年	新造	33	87年倒産
F生産組合	81年	改造	19	
T生産組合	81年	新造	29	
(有) D	82年	新造	33	
KE生産組合	82年	中古船購入	29	
KY生産組合	81年	新造	19	

出所：ヒアリングより

業した。というのは、マグロあぐり網漁業は、1960年代中頃まで錦地区の沖合20マイルから30マイルの沖合であったが、70年代中頃からは50マイルから100マイルまで漁場海域が遠隔となり、錦地区のあぐり網漁船では漁船規模が小さく、操業が困難であったためである。表11-5をみてもわかるように1981年から83年にかけて新船建造、あるいは中古船の購入が相次いでいるが、これは従来の2そう引きから乗組員の人数が少ない1そう引きへの転換をはかったためである。こうした転換は、第一義的には乗組員の確保が困難となってきたからである。とくに錦地区の場合、乗組員のほとんどが地元であり、自ずと労働市場が限定され、狭隘である。2そう引きあぐり網漁業の場合、例えばF生産組合では、1船団が19.9トンの網船が2隻、13.2トンの灯船が3隻、そして運搬船が1隻の構成で55名の乗組員となる。こうした2そう引きに対して1そう引きあぐり網漁船では、1船団20名で操業が行われる。したがってきわめて大きな省人化となる。かつて多就労型の2そう引きあぐり網漁業は、漁村の雇用機会としての意味が大きかったが、今日のように漁業就業者が減少傾向にあり、また、この地区でも1970年代に熊野灘一帯で急速に導入が始まったハマチ養殖業へと1972年には漁村経済の中心的な位置を占めるようになり、それまでの経済的地位をあぐり網漁業から交代した。かつての乗組員の漁家の世帯員がハマチ養殖業の着業を開始し、その面からもあぐり網漁業への乗組員不足が深刻化したのである。そして、こうしたあぐり網漁業もハマチ養殖業を兼営するようになり、錦地区全体として共同経営を支えてきた個々の世帯が自立し、家族単位となる養殖経営漁村へと変貌を遂げつつあった。

また、㈲Hの87年の倒産に見られるようにまき網漁船の省人化対応による経営の立て直しも必ずしも容易でないことがうかがわれる。それは量産型

のまき網漁業の対象魚たるマイワシ等の低価格問題である。こうしたまき網漁業経営の収益性の低下が共同経営から個々の養殖経営への転換を促進した要因であろう。

3. 海面養殖業

(1) 伊勢湾のノリ養殖業

　海面養殖業は表11-6に見られるように1991（平成3）年以降も全国的傾向と同様、全体として減少傾向にある。とくにノリ養殖業は1991（平成3）年比較で1998（平成10）年は、約42.3％の大幅減（1,028経営体）となった。これは、乾燥機などの陸上設備がきわめて大掛かりなものとなり、設備投資にかなりな費用がかかることである。そして、"ノリとタマゴは物価の優等生"と言われたようにノリ養殖経営は、生産コストの増加圧力を大量生産で吸収してきたが、規模拡大に伴う労働力の不足も深刻化し、ここに至って小規模な半農半漁型の経営は退出・廃業せざるを得なくなって来たからである。すなわち養殖業の中でノリ養殖部門は、陸上の他の産業部門と同様に技術の革新による生産性向上によって低価格化を実現しえた唯一の部門であったと言ってよいだろう。同時にそのことは、たえざる設備投資のコスト上昇圧力に経営が構造的に組み込まれることを意味する。こうしてノリ養殖業は、生

表11-6　三重県海面養殖業経営体数の推移

	ノリ養殖	カキ養殖	真珠養殖	その他の貝類養殖業	ワカメ養殖	ハマチ養殖	マダイ養殖	その他魚類養殖業
1991年	1,781	348	1,167	83	365	137	646	239
92年	1,677	376	1,160	109	363	107	624	240
93年	1,489	378	1,152	188	363	114	599	232
94年	1,386	382	1,134	126	371	110	533	211
95年	1,366	393	1,100	139	362	90	512	191
96年	1,247	403	1,057	139	350	62	497	184
97年	1,103	411	1,027	138	342	58	495	158
98年	1,028	415	958	130	331	54	475	166
98年/91年	▼42.3	19.3	▼17.9	56.6	▼9.3	▼60.6	▼26.5	▼30.5

注　：▼は減少率を示す
出所：東海農政局三重統計情報事務所「三重県漁業地区別統計表」より作成

産力競争における経営階層間の両極分化・分解が進行し、半農半漁の経営体をはじめとする小規模経営は、ノリ養殖業から退出する経営体が増加してきた。

(2) 志摩方面のカキ養殖業

しかしカキ養殖業とその他貝類養殖は、逆に増加傾向にある。カキ養殖業は、1991（平成3）年比較で1998（平成10）年は19.3％の増加傾向を示している。また、その他貝類養殖は、56.6％の顕著な増加傾向を示している。カキ養殖業に関しては、1988年をピークとして、それまでの養殖マガキの一大産地であった広島県の養殖漁場の汚染が進み、漁場生産性の低下が引き起こされ、広島県の養殖カキ産地の独占が揺らいできたことと、三重県側産地、とりわけ志摩地方の「的矢のカキ」などのブランド化が消費地市場で進展したことと関連している。

(3) 熊野灘（度会・南・北牟婁郡）のマダイ養殖業

他方、魚類養殖業経営は、この間、経営体数の減少と残存経営の規模拡大

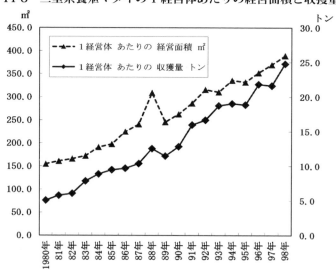

図 11-8 三重県養殖マダイの1経営体あたりの経営面積と収穫量

出所：東海農政局三重統計情報事務所「三重県漁業地区別統計表」より作成

傾向が顕著に現れてきたことが特徴的である。マダイ養殖業について言えば、図 11-8 に見られるように養殖マダイの 1 経営あたりの経営面積と収穫量は、この間、増加傾向にあり、規模の拡大が進展してきたことがあきらかである。魚類養殖業に関しては、同じ漁村内で廃業して空いた漁場を残存した養殖業者に漁協が分配することによって各養殖漁村での規模の拡大が着実に進行してきた。とくにこれが全体的に本格化するのは、次の第XII章で考察を加える 2000 年代に入ってからである。

(熊野灘尾鷲市三木浦地区の事例)

我々が 1998 (平成 10) 年に行った尾鷲市調査から三木浦地区の事例について述べる。歴史的に見た場合、三木浦地区は、以前、遠洋カツオ・マグロ漁業がさかんに行われていた遠洋漁業の母村であった。しかし、遠洋カツオ・マグロ漁業が収益性の悪化から廃業し、それにともなって元の船主がハマチ養殖業へと転換し、血縁・地縁関係にあった失業した乗組員の就労機会として最初から企業的な養殖経営を着業したのである。したがって三木浦地区の場合の養殖規模＝養殖施設台数は、雇用機会を考慮したものとなっているのが特徴である。しかし、ハマチ養殖も歩留まり率の低下、TBTO 問題の発現によって急激に他の熊野灘養殖漁村と同様、より魚病に強く、魚価も当初高かったマダイ養殖へと転換した。

1997 (平成 9) 年度における三木浦地区のマダイ養殖経営は 19 経営体である。そのうち 13 経営体が雇用者を導入している小企業的経営が主流となっている。漁協の小割台数の制限は、一応、1997 (平成 9) 年から 1 経営あたり 7 台 (それ以前は 5 台) と制限されているが、雇用者 1 名 (ただし漁協の組合員) につき 3 台を増設できる。また、後継者 1 名につきこれも 3 台を増設できる。そして最大小割台数は、普通 20 台までである。平均年間生産金額は、3,500 万円から 4,000 万円程度である。後継者は、7 経営体に存在している。そのうち最大の 21 台の小割を所有する有限会社の S 水産は、年間生産金額が 5 億円程度であり、後継者も 3 名従事し、さらに雇用者も 8 名存在する企業的経営である。

三木浦地区において、S水産のような企業的経営はこの1経営体のみであり、大部分のマダイ養殖経営は次のような特質を持つ小企業的経営である。第一に、経営の主体は家族労働力であるが、これに加えて一部追加的な雇用労働力を導入していることである。第二には、後継者や漁協の組合員でもある雇用者を経営内に導入することが規模拡大の条件となっていることである。こうした雇用者には、先に述べたように三木浦地区の歴史的な基幹漁業でもあるカツオ・マグロ漁業をリタヤーした乗組員が多く、かれらのあらたな就労の場ともなっている。第三は、こうして一定程度の規模拡大と小企業的経営の再生産が可能な養殖生産システムを構築していることである。

4. 小括

　以上のように"バブル"経済崩壊後の「平成不況」の継続の中で三重県漁業・養殖業は、1991（平成3）年以降、全体としての経営体数の減少、および漁業就労者数の減少、さらに60才以上の高齢者漁業が5割を占めるなどの漁業生産力の縮小が明らかとなる。この中で漁獲量の減少は、金額の減少をもたらした。とくに沿岸漁業、海面養殖業に、その傾向が著しい。沿岸漁船漁業の生産金額は、1990（平成2）年比で1998（平成10）年は20.9％の減少、海面養殖業は45.4％の大幅減少となっている。こうして全体的傾向としては、沿岸漁船漁業・海面養殖業を中心とする漁業生産力の縮小が大きな特徴となっているのである。しかし、海面養殖業で現れてきた新しい傾向として規模の拡大による小企業的経営も出現しつつある。例えば、前述した三木浦地区におけるマダイ養殖業経営もその典型的なものであろう。しかし、こうした小企業的経営も次の第XII章で述べるように2000年に入ってからはきわめて厳しい状況に立たされる。

第5節　海面のレジャー的利用の増大と漁協の対応

　近年の海面をめぐっては、漁業者の利用だけでなく、漁業外の都市住民による海洋レジャー的利用も盛んになってきたことが大きな特徴である。三重県における遊漁者数も増加傾向にある。ただし、1991（平成3）年のバブ

ル経済の崩壊以降は、若干、低下傾向にあるがそれでも長期的な趨勢においては増加傾向にあることは変わりがない。

表11-7 三重県種類別遊漁者数の推移

	1983年	1988年	1993年	1998年
船釣り	2,219	2,169	2,189	2,590
その他釣り	3,711	3,250	6,177	5,845
潮干狩り	5,812	8,708	9,687	7,348
その他	103	1,006	779	591
合　計	11,845	15,133	18,832	16,374

出所：各年次漁業センサスより作成

　表11-7は漁業センサスによる三重県の種類別遊漁者数の推移を示したものであるが、1983（昭和58）年が118万人であったのが、1993（平成5）年には188万人となり、1983（昭和58）年基準で1993（平成5）年は約6割の増加をみている。1998（平成10）年は1993（平成5）年に比較し、若干低下したとは言え、同様に1983（昭和58）年比較で4割弱の増加となっている。種類別では、家族づれで気軽に行える「潮干狩り」がもっとも多く、1998（平成10）年で全体の44.9％を占め、次いで「その他釣り」が35.7％、そして「船釣り」の15.8％となる。リピーターが多い「船釣り」が一貫して増加傾向にあることが、注目に値する。こうして近年では、県内漁村に多くの遊漁者が訪れ、「都市と漁村との交流」が盛んになってきた。

　伊勢湾、志摩・度会、熊野灘の3つの海区に分けて見ると、1983（昭和58）年では伊勢湾海区の遊漁者数は65万9千人であったが、1998（平成10）年では107万8千人と10年間で63％の著しい増加傾向にある。伊勢湾海区は1998（平成10）年における三重県全体の57％にあたる。これは、伊勢湾が愛知県などとの交通の便がよく日帰りが可能なことと、砂浜が多く、かつてから潮干狩りも盛んに行われてきたことも要因としてあげられる。志摩・度会海区の遊漁者数は、1983（昭和58）年が14万人であり、1998（平成10）年には47万4千人と2.4倍となった。三重県全体に占める1998（平成10）年の遊漁者数の25％である。志摩・度会海区の場合、民宿・ホテルなどの宿泊施設も整っており、愛知県、大阪などからの高速道路を利用した自家用車、あるいは近鉄線、JRの鉄道を利用した釣り、その他海洋レジャーなどを楽しむ都会からの滞在型の客が増加してきたものと考えられる。熊野灘海区においては、伊勢湾、志摩・度会と異なり、1983（昭和58）年が

38万5千人であったのが1998（平成10）年では33万2千人と、10年間で14％の減少となっている。これには、交通の便があまりよくなく、地理的に不便なところに漁村が所在し、愛知県、大阪府からの釣り客も滞在型でないと楽しむことがなかなか困難であることが影響しているものと考えられる。このように伊勢湾、志摩・度会海区が遊漁者数の増加傾向が顕著に見られ、熊野灘海区は逆に減少している。

こうした反面、遊漁者とのトラブルも増加傾向にある。1999（平成11）年に三重大学生物資源学部の資源経済システム学研究室が行った104の漁協に対するアンケート調査結果（54回答）によれば、トラブルが「ない」は21回答でもっとも多い。次いで「現在ある」との回答数は20回答である。注目すべきこととして、比率で見た場合、「現在ある」は、37.0％となっており、1987（昭和62）年に行った同様なアンケートの回答数の比率29.3％よりも多くなっていることが特徴的である[6]。また、「過去にあった（現在はない）」の回答数は、6回答であった。それらのトラブルの主なものをあげると、①漁業操業の妨げ・漁業権の侵害、②マナーが悪い（ゴミ問題）、③放流した貝類の無断採取、④禁止漁具の使用、⑤撒き餌による競合、⑥密漁、⑦他地区からの遊漁船・渡船が来る、ということなどである。とくに①と②がもっとも多い。

1. 漁協の海洋レジャーへの対応

三重県においても海面のレジャー的利用が進展している中で、1990（平成2）年6月29日に「水産業協同組合法の一部を改正する法律」が公布され、12月25日に施行された。これにより、新法の第11条第1項第6号の関係の「漁場の利用」の範囲を拡大し、最近における遊漁、ダイビング等の海洋性レクリエーションが増大している現状を鑑みて、漁協が遊漁船事業、海釣り施設の設置と運営事業を行えるようにした。このことにより漁業者と遊漁者との間の安定的な利用関係の構築と漁協の事業への貢献がはかられることを目的としている。三重県においてもこの法律に基づく組合自営の海釣り施設等が急速に増加し、組合事業の活性化に貢献しているところも存在する

ようになった。こうしたことを受けて後述するように三重県内の志摩・度会海区の漁協でも、しだいに組合自営での筏釣り等の事業を行う所も出現するようになった（表 11-8 参照）。

表 11-8　志摩・度会海区の漁協自営の釣り堀、釣り筏

二見町漁協	池の浦　釣り筏	4月～11月	1996（平成8）年3月
小浜漁協	釣り筏	周年	1995（平成7）年10月
千賀漁協	釣り筏、船釣り	周年	1992（平成4）年4月
安乗漁協	釣り堀	毎週火曜定休日	1997（平成9）年7月
	筏釣り	〃	1998（平成10）年7月
御座漁協青年部	釣り筏	4月～1月	1981（昭和56）年
浜島漁協	釣り堀	周年	1998（平成10）年11月
奈屋浦漁協	釣り堀	周年	1995（平成7）年（現在は業者へ委託）
方座浦漁協	釣り筏・ダイビング	周年	1994（平成6）年5月（現在は区に移管）
錦漁協	筏釣り	周年	1995（平成7）年5月
道瀬漁協	ダイビング	周年	1995（平成7）年4月

出所：ヒアリング

第6節　漁協組織の再編成－漁協組織の統合－

これまで述べてきたように、近年における三重県漁業の全体としての縮小傾向の中で漁協組織は、かつてから小規模な沿海地区に多数が点在しており、その経営基盤もきわめて脆弱なものが多かったがために、近年、経営問題が一層深刻化してきた。1995（平成7）年10月現在の沿海地区漁協数は合併により114漁協となったが、1983（昭和58）年の133漁協と比較すると、19漁協が減少している。残っている漁協の経営の現状は、1997（平成9）年3月末でみると、県全体の漁協の当期損失額が510百万円に上り、該当漁協は31漁協（全体の28.4％）に達する。また、当期未処分損失金が1,718百万円、35漁協（同32.1％）に上るほか、多額の固定化債権を含み損として有している。こうして三重県の漁協は、経営的に極めて厳しい状況にあると言える。

さらに三重県の1漁協あたりの規模に関して述べよう。表11-9は1995（平成7）年度における三重県と全国の1漁協あたりの規模の比較である。見られるように全国比で同水準であるのは、組合員数のみである。あとの出資金は39.9％、販売取扱高は43.7％、購買供給高は77.2％、長期共済保有

表11-9 漁協規模の比較（1995年度1漁協平均値）
単位：名、千円、％

項目	三重県	全国	対全国比
組合員数	265	265	100
職員数	6	10	60
出資金	42,373	106,185	40
販売取扱高	402,373	91,927	44
購買供給高	101,547	131,610	77
共済 長期共済保有高	964,577	1,776,047	54
共済 短期共済保有高	808,291	1,815,556	45
共済 漁協共済契約高	150,736	325,463	46
製氷・冷凍・冷蔵・加工事業取扱高	181,716	444,601	41
事業総利益	43,843	70,670	62

出所：三重県漁連資料より

高は54.3％、短期共済契約高は44.5％、漁業共済契約高は46.3％、製氷・冷凍・冷蔵・加工事業取扱高は40.9％、最後に事業総利益は62.0％となっており、全国平均を下回る数値が軒並みである。このように三重県における漁協規模の零細性は一目瞭然であり、かつてから三重県においては漁協合併問題が取りざたされてきたのは、漁協規模の小規模性、すなわち事業規模の全国に比しての小規模性であった。

三重県の場合、こうした漁協組織の"基盤の脆弱性"に対する危機感から三重県漁連を中心として早くから漁協合併に取り組まれてきた。他県の多くの場合、どちらかと言えば行政主導型で合併事業が進められているが、三重県は漁協組織が中心となってきたところに大きな特徴がある。このような背景としては、前述したように歴史的に引きずってきた漁協規模の小規模性の問題が根幹にある。

三重県では、三重県漁連を初めとした水産6団体で1996（平成8）年1月に「10年後の三重県漁業ビジョン」を作成した。この「ビジョン」によれば、1987（昭和62）年に策定された漁協合併基本計画に基づいて「10年後の漁協を想定すると、漁協合併完全達成運動の推進により1市町村1漁協が達成され22漁協が実現し、さらに広域的な合併が進展していることが予測される」としている。こうした「ビジョン」に先立ち、すでにこれまで幾つかの漁協の合併が行われきた。90年代に入ってから、まず1990（平成2）年4月2日に鈴鹿市の5漁協が合併し、鈴鹿市漁協が設立された。続いて1992（平成4）年7月1日に二見町の3漁協が合併し、二見町漁協が設立、1993（平成5）年1月1日に海山町の5漁協が合併し、海山町漁協が設立、同年4

月1日に御浜町の阿田和浦、紀宝町の井田、鵜殿村の鵜殿の各漁協が合併し、紀南漁協が結成された。さらに同年7月1日に川越町、四日市市、楠町の6漁協が合併し、四日市市漁協が発足した。1994（平成6）年には、三雲町、松阪市の7漁協が合併し、松阪第一漁協が設立、1996（平成8）年11月1日には、伊勢市の6漁協が合併して伊勢市漁協が結成された。そして1999（平成11）年2月1日には、町屋漁協が津市漁協に吸収合併された。

　2000（平成12）年6月1日に熊野灘海区の南勢町、南島町の16漁協が合併し、3,585名の日本一の正組合員数を抱えるマンモス漁協である「くまの灘漁協」の設立がなされた。16漁協とは、田曽浦、宿浦、神原、五カ所浦、船越、中津浜、内瀬浦、迫間浦、礫浦、相賀浦、阿曽浦、慥柄浦、贄浦、奈屋浦、神前浦、方座浦の各漁協である。これらの漁協のうち奈屋浦漁協が本部となり、その他の元の漁協は支部となった。販売取扱高は79億円であり、購買供給高は33億円となっている。また職員数は125名である。この漁協の設立によって三重県漁連が推進する複数自立型の「県下7漁協構想」の具体化が一層進展することが予定されている。こうして平成年に入って次々と漁協合併が相次ぎ、合計53漁協が消滅し、あらたに合併8漁協が誕生した。三重県漁連の「県下7漁協構想」については、以下のようなものである。

　三重県漁連では、すでに「自立漁協構築のための漁協合併の試算」を明らかにしているが、それによると1998（平成10）年から14年の5カ年に自立漁協構築のための組織的基盤となる合併漁協の基準を示している。それは漁協各事業の今後の発展と調整、およびマリンレクリエーションに対応した漁場利用事業などの新しい漁協の役割に対応した事業の導入をはかり、①販売取扱高50億円、②組合員数3,000名、③漁業権の特性を踏まえた地域性ならびに行政区域を考慮し、次の7漁協に合併する計画である。まず、北のほうから①伊勢湾北（対象地区16漁協）、②伊勢湾南（対象地区9漁協）、③鳥羽市（対象地区16漁協）、④志摩郡（対象地区28漁協）、⑤度会郡（対象地区17漁協）、⑥紀州北（対象地区6漁協）、最後に⑦紀州南（対象地区17漁協）である。こうした2002（平成14）年までの合併計画は、現在の

合併漁協のさらなる再編成である。

こうして漁協合併計画が進んできた。前章で述べたように漁協合併のために三重県漁連は、1987（昭和62）年12月14日に三重県漁協合併推進本部を設置し、1988（昭和63）年4月に漁協合併対策室をスタートさせた。さらに1993（平成5）年4月1日に三重県漁協系統組織強化本部に改組して漁協合併推進室として再編成し、さらに1998（平成10）年4月20日に市町村会を加えた三重県漁協組織改革推進本部に変更し、今後の三重県漁業のサバイバルのための活動が積極的に行われてきた[7]。

第7節　三重県漁協信用事業体－"マリンバンク　みえ"－の設立

バブル期からしだいに本格化した金利の自由化は、1993（平成5）年度中に完了し、それまでの規制された金利は全廃された。貯金の商品設計は各金融機関の自由に委ねられ、今後の金融事業は、すべてオンライン化され、端末機による処理が前提となった。こうした金利自由化は、それに伴う調達資金のコストアップと金利変動に伴うリスクも増大し、定期性貯金のコストアップは全漁連の試算によれば、1994（平成6）年度で212億円となり、「漁協信用事業と信漁連両者の経常利益を吹き飛ばすだけでなく、さらに漁協の購販売事業等の利益のほとんどを食いつぶすこととなる」[8]と言われた。こうした金利自由化の嵐の中で信用基盤の脆弱な漁協信用事業の崩壊が危惧され、1990（平成2）年12月に全国漁連・信漁連・指導連・漁済組合長合同会議において全漁連が進めてきた「漁協信用事業組織強化方策について」を各都道府県に応じた漁協信用事業の組織強化のあり方を検討していくことが確認された[9]。こうした漁協信用事業の組織強化に方途については、各都道府県として①信漁連の直営、または合併の推進、または②1県1信用事業統合体の検討・推進のいずれかを選択することが求められた。

三重県における漁協系統信用事業は、「三重県漁協系統組織強化検討委員会」において検討が重ねられ、1992（平成4）年頃から開始され、1994（平成6）年4月には三重県漁協信用事業体が"マリンバンク　みえ"として名称を改称して発足した。これにより、県信漁連と漁協の信用事業とが統合さ

れた。1998（平成10）年度においては県内90漁協の信用事業の譲渡を終え、2000（平成12）年3月段階で本店を入れて8店にまとめあげた。こうして組織基盤の脆弱な三重県漁協系統組織の信用事業は信漁連と事業統合化によって1993（平成5）年から始まった統合化の第1次構想は一応終了し、1999（平成11）年から統合体の第2次構想が始まった。この第2次構想に関して三重県信漁連では、次のように述べている。

「‥‥5年前の統合体は（組織再編）の選択は、まさに当を得た対応であったと確信、評価したい。しかしながら、一方、事業の推進、運営面において課題があり、中でも資金量において業界不振、金融不安と情勢の悪化の影響のほか、組織再編の真の目的の理解度は希薄で、再編後の成果は、不本意な結果となっており、改めて信漁連の推進、指導力の欠如を大いに反省するものであり、改めて真の目的である組合員、利用者の暮らしに直結したサービス機能を発揮できる体制の確立など、その負託に応え、基本業務の拡大、そして合理化による経営体質の強化を図ることが急務の目標であり、そのためには個々の統合体は、信漁連支店としてその機能を発揮し、組合員、利用者はもとより漁村地域発展に貢献、寄与しょうとするもので、以下、合理化計画は会員各位のご理解の下、統合体（組織再編）第2次構想と位置づけたい」[10]

各漁協の信用事業の三重県信漁連への譲渡がなされ、統合移行の各年度における実績は次のようである。まず、1993（平成5）年の2月1日の養鰻漁協の信用事業の譲渡に始まり、1993（平成5）年度上期は25漁協が統合され、下期には28漁協となった。1994（平成6）年度上期には26漁協、下期には3漁協、1995（平成7）年上期には2漁協、1996（平成8）年上期には1漁協、下期には1漁協、1997（平成9）年度上期には3漁協、1998（平成10）年上期には1漁協、1999（平成11）年下期に信用事業の譲渡が行われ、2000（平成12）年3月現在、91漁協の信用事業の統合が終了した。

第8節　海の保全と水産資源の管理

1. 三重県水産業振興基本計画

三重県は、1994（平成6）年度から2000（平成12）年度までの1992（平成4）年度を基準年とした7カ年計画である「21世紀へ躍動する水産三重をめざして」と称する三重県水産業振興基本計画を策定した[11]。この基本計画の柱は次の3つである。(1)「豊かで希望に満ちた水産業の形成」、(2)「活力に満ちた漁村の経済基盤づくり」、(3)「海と漁業の文化に根ざした新しい漁村づくり」である。こうした3つの柱に沿って7つの施策体系が具体化された。

(1)「豊かで希望に満ちた水産業の形成」
　漁業経営の合理化、漁業団体の充実・強化、担い手の育成確保と高齢者対策などの社会構造にマッチした経営基盤の充実強化、および水産物流通体制の整備、付加価値の高い水産加工の推進などの需要構造の変化、消費動向に対応した供給体制の確立である。

(2)「活力に満ちた漁村の経済基盤づくり」
　栽培漁業の推進、漁場の整備・開発、資源管理型漁業の推進、収益性の高い養殖業の確立、遠洋・沖合い漁業の新たな展開、内水面漁業の振興などの海の生産力の向上と水産資源の適正利用である。また、漁場環境・生態系の保全、および試験研究機関の充実、先端技術への対応、水産情報通信システムの確立、普及指導の充実強化などの水産技術の高度化への行政支援である。1996（平成8）年には尾鷲市に尾鷲栽培漁業センターが稼働し、マダイ、ヒラメ、トラフグ等の種苗生産を開始した。

(3)「海と漁業の文化に根ざした新しい漁村づくり」
　この内容としては、漁港の整備、漁村環境の整備などの労働・生活環境づくりと海洋性レクリエーションとの共存、都市住民にも開かれた漁村づくりといった都市住民との交流促進等による、漁村社会の活性化である。
　とくにこの計画では、生態系の保全といった漁場環境の維持、国民の親水性レクリエーションのニーズの高まりに対応した漁業者サイドからの取り組みの強化、漁村文化の都市住民への開放と交流などの今日的な新しい状況に対しての行政の課題を明らかにした点が重要であろう。2000（平成12）年度以降に関しては、国が2000（平成12）年度に策定した「水産基本法」に沿った形での修正が加えられた。

2. 三重県漁連の系統運動の新たな展開

　三重県漁連は、漁協系統組織として資源管理型漁業の自主的推進のために1994(平成6)年11月に三重県下の漁協組合長会議において①小型魚の保護、②漁協間の連携による資源管理組織の結成、③定期休漁日、統一休漁日の設定、の3つの「資源管理型漁業推進決議」を行い、①の具体的な行動として「大きくなったらまたあおう運動」を展開してきた。「大きくなったらまたあおう運動」は、一つの魚種だけでなく地区ごとに対象魚種を定めて、みんなが小型魚の再放流運動を進め、全国的にも複合的な資源管理型漁業という点で先駆的なものであった。将来的な発展方向としては、1999(平成11)年10月15日の第5回三重県漁協大会において次のように述べている。

　「これからは、この運動を一歩進めて様々な漁業種類の人々が業種毎の資源管理の機能を理解して、全体的な管理手法を築いていく必要があります。つまり、一つの業種は放流された稚魚の採捕を行わず一定サイズ以下は再放流する。さらに、他の業種は産卵親魚を保護する等、全体で話合いを進めて資源を守っていく運動を展開することが必要です。また、漁業者だけでなく、遊漁関係者や県民各層にも再放流の運動を啓発していく必要があります」[12]。

　また、同時にこの大会において「豊かな漁場づくりと活き活きした地域づくり」といことも強調され、漁民自らも海を守る運動の展開と「森と川と海をつなぐ流域や県民を巻き込んだ総合的な環境保全運動」の一環として1997(平成9)年から続けられている「三重漁民の森」造成事業の継続が唱われた。

3. 漁業者による自主管理と海の保全

　第9次漁業センサス(1993(平成5)年)によれば、三重県内の漁業管理組織数は89組織であった。これは1988(昭和63)年の60組織よりも50%弱増加している。こうした漁業管理組織の中で「効果があった」の回答は87組織であり、とくに「操業秩序の維持」が79組織であった(表11-10参照)。次いで「魚価の安定」が47組織、「漁業経営の安定」が44組織、「漁獲量の安定」が42組織となる。

表11-10
三重県の管理組織の効果の内容

効果の内容	組織数	%
漁獲量の安定	42	48
漁業経費の削減	10	11
漁業者間の所得格差縮小	32	37
漁業経営の安定	44	51
魚価の安定	47	54
操業秩序の維持	79	91
その他	1	1

出所：第9次漁業センサスより作成

1991（平成3）年以降も、三重県内における漁業者による自主的な資源管理はこのように引き続き活発となるが、1999年（平成11年）の三重大学生物資源学研究科大学院生の川原田麻子が行った管理組織の関するアンケート調査結果からいくつか特徴点について述べたい（表11-11参照）。

漁協アンケート回答数47のうち、管理組織が存在するのは87組織であった。それらの活動内容に関しては、管理組織の半数以上が「漁期の規制」（64％）、「放流事業」（62％）、「漁獲サイズの規制」（57％）、「操業日数の規制」（52％）、「漁具・漁法の規制」（51％）、「漁場利用の規制」（51％）となっている。さらに「その他」の活動として、海浜・海底のゴミの除去作業、合成洗剤追放のための廃油石鹸普及活動、魚食普及活動などに取り組んでいる組織が47％も存在することが注目を引く。

表11-11
アンケート調査による活動内容

活動内容	組織数	%
漁期の規制	56	64
放流事業	54	62
漁獲サイズの規制	50	57
操業日数の規制	45	52
漁具・漁法の規制	44	51
漁場利用の規制	44	51
漁場の造成	38	44
遊漁の規制	21	24
漁獲量の規制	12	14
その他	41	47

出所：アンケート調査による

管理組織の今後の展望について、現在、活動を行うにあたって「何らかの問題がある」との回答は全体の34.5％となっており、その大部分は後継者不足の問題である。さらに今後、何らかの課題で新たに取り組む意志を持つ組織は、全体の37.6％存在し、その大部分は資源の保護と技術革新である。

こうしたことの他に、アンケートの自由記述欄において特徴的に見られるものは、海の環境保全の問題がある。例えば、次のようなものがある。「河川へゴミを捨てれば困るのは漁民である。・・・全体の人がゴミを一個でも川・海に捨てないような心得が必要かと思う」（ノリ養殖業者、採貝漁業者）。「10年前に漁場保全のために 10 隻あまりの漁船で自主的に海底清掃を行い、海底はきれいになった。しかし、それ以降は協力船が 1 〜 2 隻となり、現在は燃えないゴミとして出している」（小型底引き網業者）。「水質改善、環境改善運動の一環として安全せっけんの使用運動を行っているが、・・市民全般に広げてゆくことが必要である」。

　こうして多くの漁協では、資源の減少と漁場環境の悪化に対する危惧の念を抱いており、資源の管理、漁場の環境の保全を漁業者だけではなく、広範な市民を巻き込んだ運動にしていきたいと考えている[13]。

1) 橋本寿朗・長谷川信・宮島英昭著『現代日本経済』1998.8.30　有斐閣 p372
2) 高齢者漁業に関しては、拙稿「高齢者漁業」（八木庸夫編著『漁民』北斗書房　1992（平成 4）年 3 月 31 日）に高齢者漁業に関する定義を「「高齢者漁業」とは、一般的な意味での「高齢者による漁業従事」を示すものではなく、高齢者が基幹的労働力として中心的役割を担っている沿岸漁業をさす」（p202）とした。その特徴に関しては、次のように述べた。「第 1 に、基本的に海上作業において 1 人操業体制であること、第 2 に、長年の"経験・かん"が漁労作業に生かされる漁業であること、第 3 は、低コストな漁業種類であること、第 4 に、短い操業時間でも水揚げ金額が大きい高級魚介類を対象としたもの、といった幾つかの条件に適合する漁業形態となっている。とくに近年のコンピュータ電子機器類、その他省力機器の沿岸漁業への導入は、高齢者漁業を成り立たせていく上で技術的に大きな役割を果たした」（pp217 − 218）。
3) 農水省「漁業経済調査（漁家の部）」より
4) 「小企業的経営」という概念は、もともと農業経済学の分野で梶井巧が「自

らの労働に対して農業臨時雇用水準ではあれ、V範疇（＝見積もり家族労賃）が確立しており、かつ一般的な投資水準に見合う利潤率を自らの資本に確保でき、しかも剰余の剰余としての地代をも、かなりの水準で形成しうるという上層農」と主張されたことからきている。こうした「小企業農」が明らかに今までの農民の行動様式とは異なり、「借金としか考えられぬ農民と、融資と考えられることができる農民の質的差異を見ることが大事だという点にある」（梶井巧著『小企業農の存立条件』東京大学出版会 1973.9.30 p91）。

5) 3)と同上書

6) 佐野雅基「沿岸漁場における遊漁問題」昭和62年度三重大学大学院水産学研究科修士論文

7) 拙稿「21世紀への漁業組織づくり－三重県の構想から」全漁連『漁協』72号 1998.3 より一部転載

8) 全漁連漁協組織強化対策室「漁協信用事業組織強化方策について」全漁連『漁協』No.32 1991.7

9) 全漁連漁協組織強化対策室「漁協信用事業組織強化方策について」全漁連『漁協』No.30 1991.3

10) 三重県信漁連 1999（平成11）年

11) 三重県「21世紀へ躍動する水産三重をめざして（三重県水産業振興基本計画）」1995（平成7）年2月より一部引用

12) 第5回三重県漁協大会運営委員会「21世紀に向けた漁協運動」1999（平成11）年10月15日

13) 川原田麻子「漁業管理組織の特性と条件」1999（平成11）年度三重大学生物資源学研究科修士論文より一部引用。

第XII章　日本漁業の構造的危機と三重県漁業

第1節　日本漁業の構造的危機

1.2008（平成20）年の第三次石油危機と漁業経営

　2008（平成20）年、日本漁業は三度目の石油危機に直面し、きわめて危機的な状況に陥った。この石油危機は、中国、インドなどの新興経済発展国による石油需要の高まりによる需給のひっ迫を予想したニューヨークの原油先物市場へ金融機関、ヘッジファンドや商品インデックス・ファンドなどの投機資金が大量に流れ込んだマネーゲームがその要因であるとされている。こうした原油価格の高騰に漁船の燃油（A重油）を利用している日本国内の漁業者は、"業界始まって以来はじめて"の「漁業者によるストライキ」＝漁船20万隻の一斉休漁にまで発展した。

　1973（昭和48）年の第一次石油危機では、原油価格が1バレルあたり3ドルから一挙に12ドルへと4倍となり、翌年から2倍増の結果となった。1979（昭和54）年の第二次石油危機の際の原油価格は2.5倍となり、1バレルあたりの価格は30ドル半ばで落ち着いた。しかし、2000（平成12）年に入ってからの原油価格は2002（平成14）年の1バレル20ドル台から継続的に上昇し、2008（平成20）年7月に一時的に1バレル147ドルを突破し、2002（平成14）年の7倍以上の値上がりを記録した。その後、乱高下を繰り返し、2009（平成21）年4月に1バレルあたり40ドル台に落ち着いた。原油高騰を背景に、漁業用A重油（軽油取引税免除の軽油）価格は、2003（平成15）年後半の1リットル35円から2008（平成20）年8月の1リットル124.6円までのわずか5年の間に約3.6倍も上昇し、史上最高値を記録したのである。

　しかし、2008年の原油価格高騰と過去2回、第一次、第二次石油危機が発生した当時の日本国内の経済状況とは大きな違いがあることに注目する

必要がある。過去2回の石油危機の時期は、賃金上昇が継続し、国内市場において一定の購買力が形成され、魚価の上昇が見られたと言う点である[1]。こうした状況によって、とくに漁業部門においては、燃油価格高によるコスト増加分は魚価上昇により吸収することが可能であった。また、それに加えて1977（昭和52）年にアメリカ、ソ連の200海里宣言により国際海洋法秩序が定着する中での日本の漁業生産を支えてきた遠洋漁業、とくにその主力であった北洋漁業の大幅縮小による国内供給力の減少により、さらに水産物価格が全般的に上昇した。こうして1980年代初め頃までの長期にわたる"バブル"経済の時期に魚価が上昇し、日本漁業にとってきわめて有利な市場条件が存在した。

三度目の石油危機が発生した2008（平成20）年段階においては、次に述べるリーマン・ショック後の国内市場の低迷と縮小、魚価安が定着する中で、燃油高騰によるコスト増加分が価格に転嫁することがほとんど期待できなくなったという危機的状況が生まれた。図12-1を参照すれば明らかなように、1995（平成7）年を基準年とした価格の推移で見ると、魚価の動きには大きな変化がないが、これに対して燃油費は、2007（平成19）年に4倍強となる。1995（平成7）年以降、漁業用A重油と魚価は、明らかに、い

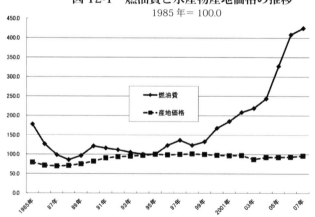

図12-1　燃油費と水産物産地価格の推移
1985年＝100.0

出所：農水省「漁業白書」、「漁業　養殖業統計年表」より作成

わゆる"シェーレ（鋏状格差）の拡大"が起きている。漁業用A重油の価格は、このように2000（平成12）年に入ってからジリジリ上昇を続けており、2008（平成20）年のみの突発的な出来事ではなく、近年の中・長期的な傾向である。確かに2008（平成20）年夏の1995（平成7）年を基準とした7倍という高騰は異常な出来事であった。

表12-1 燃油費が漁業支出に占める割合　　　単位：％

漁業種類	トン数	2002年	2003年	2004年	2005年	2006年	2007年
遠洋・近海カツオ一本釣	100～	14.6	18.6	18.0	24.1	24.7	29.0
遠洋・近海イカ釣	100～	16.0	15.4	17.8	23.9	27.8	29.0
沿岸イカ釣	10～20	16.7	16.9	18.1	24.7	30.0	31.4
遠洋・近海マグロ延縄	100～	16.1	17.2	17.3	23.3	24.7	32.1
小型底引網	10～20	11.1	12.8	12.7	15.2	24.2	29.9
沖合底引網	50～100	10.7	12.8	12.7	14.0	17.5	19.3
中小型まき網	50～100	―	5.3	6.0	6.7	11.2	11.6

出所：農水省「漁業経営調査報告」各年版より作成
注：中小型まき網漁業の2002年の数値なし

このような状況の中で、当然のことながら、この時期にA重油の燃油費を初めとした漁業諸資材の高騰が日本漁業の存続に深刻な影響を及ぼした。表12-1は、数値の連続性がとれる日本の中心的な中小漁業経営の燃油費の漁業支出に占める割合である。どの漁業種類においても2005（平成7）年以降の燃油費の漁業支出のなかでのウェイトが急激に上昇しているのがわかる。とくに遠洋・近海カツオ一本釣、遠洋・近海イカ釣、沿岸イカ釣、遠洋・近海マグロ延縄、小型底引網の各漁業は2002（平成14）年と比較し、約2倍のウェイトとなり、3割前後を占めるまでに至っている。

他方、日本漁業経営体の95％を占める小規模な経営沿岸漁船漁業においてはどうであろうか。図12-2沿岸漁船漁業経営階層の規模で最上層の5～10トン層[2]の燃油費、労賃、減価償却費、漁船・漁具費の主要な4項目の漁業支出をやや長期的に示したものである。2002年以降の、小規模な沿岸漁船漁業においても2006—08年の燃油費の上昇が注目に値する。グラフにはないが支出全体の中での燃油費のウエイトを比率で示せば、2001（平成13）年には、15.6％であったものが、2007（平成19）年には22.4％となり、6.8ポイントも上昇した。雇用労賃は2010年までジリジリと上昇傾

図 12-2　沿岸漁船漁業の 1 経営平均の油費・雇用労賃・漁船漁具費・減価償却費
5 ～ 10 トン階層

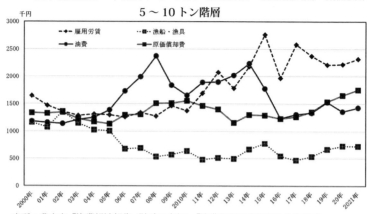

出所：農水省「漁業経済報告（漁家の部）」、「漁業経営調査報告」より作成

向であったが、それほど大きなものではなかったが、しかしその後、上昇傾向をたどり、2015 年以降、これら 4 項目の中で、もっとも大きな上昇を示している。固定資本投下の指標となる減価償却費は 2018（平成 30）年までは、比較的安定した傾向にあったが、それ以降上昇に転ずる。2008 年のまでは、このように沿岸漁船漁業においては、燃油費のみが全体の費用項目の中でウエイトを高めており、その後もしばらく高めの傾向が維持されていた。2015 年、16 年と下がり、安定した傾向を示している。それに代わって雇用労賃、減価償却費の上昇が顕著となった。しかし、中東をめぐる国際情勢も不安定であり、原油のほとんどを中東に依存する日本は再び原油価格上昇に直面する可能性が十分ある。

　長期の観点から見れば、構造的な問題として 1970 年代に沿岸漁船漁業経営は、もっとも費用項目の中で最大のウエイトを占めていたのが雇用労賃であった。例えば、1971（昭和 46）年には 45.0％も占めていたが、前述したように 70 年代から 80 年代中頃までの魚価の一貫した上昇の中で、急速に失われつつあった雇用労働力の枯渇に伴う労賃水準の高騰を省人化投資により、雇用労働力の比率を劇的に低下させ、家族労働力主体の経営へと転換させてきた。したがって 70 年代から 80 年代の長期間にわたり旺盛な設備投資に伴う減価償却費のウエイトは急速なカーブを描いて上昇する[3]。1971

(昭和46)年の減価償却費の漁業支出に占める割合は、14.1％であったが、1988(昭和63)年には2倍弱の28.2％にまで高まった。とくにバブル経済によって80年代中頃からの後半にかけて魚価は再び上昇する。こうした状況の中での設備投資意欲が再び活発化するのである。しかし、70年代と異なるのは、労働力多就労型の操業から単身労働力による操業体制の確立にともなう省人化投資―電子機器類の導入、効率的な漁具機器の導入など―が中心となっていることである。近年になると、図12-2に見られるように減価償却費は、再び労賃とともに上昇傾向をたどっている。しかし、魚価上昇によってコスト増加分を吸収できるようなメカニズムは働きそうにない。

同じく小生産的経営が中心である海面養殖業のコスト問題に関して述べる。海面養殖業経営は、養殖ブリと養殖マダイが代表的な魚類養殖である。これらの魚類養殖業は給餌型養殖業と呼ばれ、餌料の必要がないノリ、貝類養殖などの非給餌型と区別している。魚類養殖業経営コストの中でもっともウエイトの高い費用項目は餌料費である。

図12-3は養殖ブリ類と養殖マダイの家族(個人)経営[4]の餌料費が全体支出に占める比率である。餌料費は養殖ブリ、養殖マダイとも1993(平成

図12-3 費用中餌料費の比率

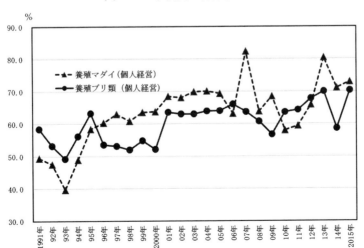

出所：農水省「漁業経済報告(漁家の部)」、「漁業経営調査報告」より作成

15) 年以降、ジグザグしつつも上昇傾向をたどっており、2000 (平成 12) 年に入ってから 70％を占め、2015 (平成 27) 年には、養殖マダイ、養殖ブリ類ともに餌料費は 70.0％を若干超える状況となった。このように魚類養殖経営のなかでの餌料費の高騰は、経営存続の死活問題となっている。もともと餌料は 1980 年頃から 400 万トンを超え、日本漁業生産量の 3 分の 1 を占めたマイワシの国内大豊漁によって、それを原料とする安価な生餌が大量に魚類養殖用に供給されたが、90 年代の後半には資源量が大きく減少し、かわってペルー、チリからのアンチョビーの魚粉が輸入されるようになった。しかし、近年、世界一の水産大国となった中国、そしてヨーロッパ等の大量買い付けにより、輸入魚粉価格が上昇してきた[5]。図 12-4 は、日本の輸入魚粉全体の 5 割程度 (2008 年) を占めるようになった国内輸入魚粉のシェアがトップのペルー産魚粉の輸入価格である。この図を参照すれば明らかなように魚粉価格は、90 年代の中頃から急激な上昇傾向をたどっている。

　以上のように日本の漁業・海面養殖業経営は、2000 (平成 12) 年以降漁業用 A 重油費、その後の雇用賃金、減価償却費、そしてコストの 7 割を占めるに至った餌料費の高騰により、きわめて危機的な状況ある。そもそもこ

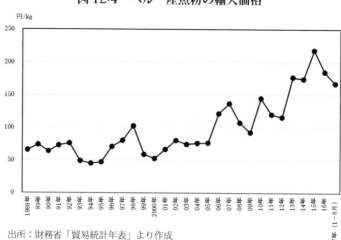

図 12-4　ペルー産魚粉の輸入価格

出所：財務省「貿易統計年表」より作成

れまで日本漁業経営が成り立ってきた基盤は、こうした漁業諸資材の供給が比較的安定した系統組織ルートによる漁協からの安価な購入に依存して来たからであり、近年の漁業生産手段市場における価格の上昇は、とくに小規模・零細な漁家の経営状況を悪化させている。同時に、漁業資材を供給してきた漁協系統組織自体の経営も悪化している。これまで小規模な沿岸漁家経営（10トン未満漁船漁業経営層、および海面養殖業）は、漁業部門の固定資本投資によるスケール・メリットによる生産性の上昇は働きにくく、コスト増加分をなんとか価格に転嫁させることによって存続してきた。しかし、90年代後半から次に述べるように水産物価格そのものも上昇を期待すべき水産物市場は、次に述べるようにかつてのような恵まれた状況にはない。

2. "リーマン・ショック" と魚価の低下

　2008（平成20）年9月にアメリカの大手投資銀行であり、証券会社でもあったリーマン・ブラザーズが低所得者向けのサブプライム・ローンによる負債総額6,130億ドルのアメリカ歴史上最大と言われた負債を抱えて倒産した。それを契機に世界金融恐慌へと波及した。日本は、"失われた10年"からやっと抜け出したかのように見えた2002（平成14）年2月から2007（平成19）年10月までの69ヶ月間に及ぶ期間としては、最長の景気回復の過程にあり、微弱ながら年率1.8％の成長が継続していたが、2008（平成21）年に一挙にマイナス6.2％へと第一次オイルショックを上回る戦後最大の落ち込みに陥った。これは、他の先進諸国に比較しても大きな成長率の落ち込みであった。ちなみに同年の震源地アメリカの成長率はマイナス2.8％、ユーロ圏はマイナス4.2％となっている。

　こうした状況の中で、とくに国内消費の冷え込みに大きな影響を与えて来たのは、90年代後半から2020年代に入った現在に至るまで長期にわたるの非正規雇用の増大など雇用の不安定化と低賃金問題[6]をはじめとする一連の国民生活の悪化である。こうしたことによる将来に対する生活不安の増大、さらにこの時期に次々と出された家計費を圧迫する公的負担増、消費税などによる自営業者の経営悪化等により、国内消費の冷え込みが一段と進ん

だことである（現在までも続くこのような国民生活の貧困化は、今や"失われた 30 年"とさえ言われている）[7]。こうした国内消費市場の落ち込みが、水産物市場にどのような影響を与えたのかに関して述べよう。

まず、国民生活の貧困化の指標として勤労者の平均賃金の動向に関して述べる。図 12-5 には、1991（平成 3）年を基準年とした名目賃金の男女合わせた平均賃金の対前年度比を示したものである。このグラフを参照すれば明

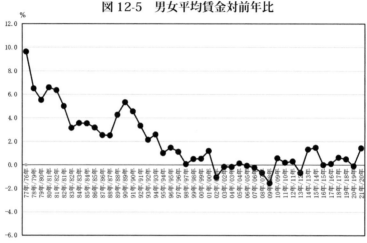

図 12-5　男女平均賃金対前年比

出所：厚労省「賃金構造基本統計調査」より作成

らかなように 90 年代に入ってから一方的に下がり始め、90 年代後半からの平均賃金の増加率が大きく落ち込み、リーマン・ショックの 09 年対 08 年の落ち込みがもっとも大きかった。そして 2020 年初めの現在に至るまでの長期間、ほとんど上昇が見られないことがわかる。こうしたことが当然のことながら水産物消費にも反映する。

図 12-6 は、1 世帯当たりの年間平均鮮魚購入量、生鮮肉の同じく購入量の推移の指標が示されている。この図からわかることは、鮮魚介類、生鮮肉は、ともに 90 年代後半から購入量は、低下傾向を続け、2004 年以降は生鮮肉の購入量は増加傾向に転じるが、逆に鮮魚介類は一方的に低下をたどっている。こうして 90 年代後半からの賃金の低下・低迷に規定され、国民の消費

図 12-6　鮮魚介・生鮮肉の購入量の推移

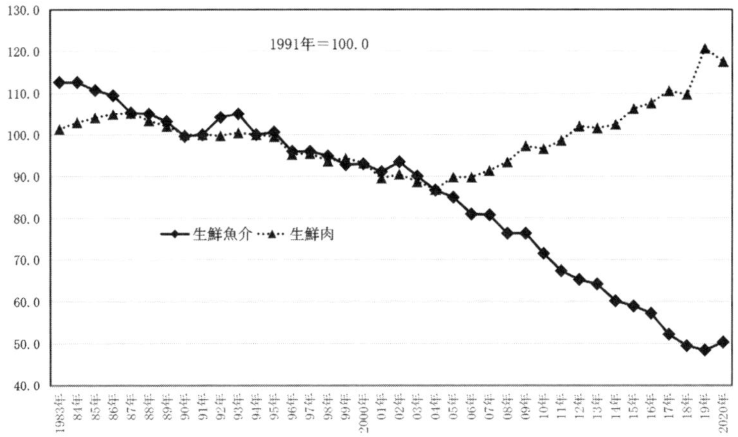

出所：総務省『家計調査年報』（二人世帯）より作成

の低価格指向が強まる中で代替関係にある鮮魚介類よりも一層安価な肉類消費にシフトする傾向が強まったと言えよう。それと、鮮魚介類の消費の減少を規定づけるもう一つの要因は、長期停滞傾向であるが、賃金上昇が望めない中で若い世帯おけるに妻の長時間労働を含んだ共稼ぎ世帯の一般化、結婚平均年齢の上昇と未婚化による男・女の単身世帯の増加などによって食生活の簡便化が進み調理時間もかからず、調理も魚介類に比べ容易な肉類への傾斜がこれまで以上強まったこともう一つ要因と考えられる。そしてさらに三つ目の要因は、これまでのように夫婦の加齢とともに子供が独立した世帯における「魚食指向」が強まるという傾向が希薄化し、若年齢世帯の"魚離れ"が見られるようになったことである。

　さらに図 12-7 は、国民 1 人あたりの水産物の純食料の年間供給（＝購入）量を示している。水産物純食料であるから先ほどの鮮魚介のみならず水産物全体と家庭内だけでなく外食も含めた計算結果である。

　先のグラフを参照すれば明らかなように、2000（平成 12）年以降、購入数量が急激に減少している。図 12-7 を参照すれば明らかなように、2001年に過去最高の 40.2kg となったが、2005（平成 17）年には過去最低の

図12-7　水産物の国民1人1年あたりの供給純食料

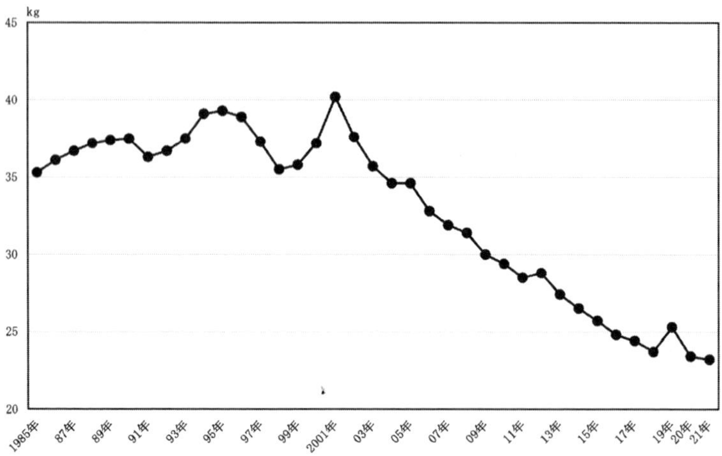

出所:「食品需給表」各年版より作成

32.4kgとなった。こうした要因としては、とくに輸入水産物に対する「安心・安全」の問題が大きくマスコミ等によって取りあげられ、また、国内でもウナギ、貝類などの産地偽装問題が発覚し、消費者の信頼を大きく裏切った事件が続発したことである。いわば、国民の可処分所得の低下による低価格指向が一段と進み、供給量が減少し、そうした中で、さらに「安心・安全」問題に触発された"魚離れ"が進行するという異常事態が生じている。これは、水産物需要の価格弾力性が高く、より価格の安い他の食品－畜肉等－に代替されたという問題が根本にあるためであろう。購入量は前掲図12-6を参照すれば明らかなように、この図からも生鮮肉が鮮魚介を2002（平成14）年以降、上回っていることによっても、より安価な畜肉へ消費がシフトしたことがわかる。

　以上の動向からうかがえることは、第一に、2000年代に入ってからの大きな問題として、国民生活の貧困化に伴う購買力の低下が畜肉に比較して価格代替性が高い水産物の消費の低下を招いているという点である。第二は、こうした国内市場全体に関わる構造的問題とともに漁業における特殊性として、それがかつてのように物的生産性を高めたとしても設備投資分を回収できるような収益性の上昇には結びつかず、"コスト割れ"を引き起こす状況

が次に述べるように度々起こるようになったこと。沿岸漁船漁業などでは家族経営で対応してきた5～10トン階層という上層においても中心的な家族労働力の高齢化に伴い最近ではやむなく雇用に依存せざるを得ない状況にあり、賃金コストが燃油費と合わせて上昇傾向を続けている。また、海面養殖のうちでもブリ類、マダイ養殖などの魚類養殖業は、前述したように餌料費の上昇が継続し、全体のコストの7割近くを占めるまでに至っている。これは、南米チリ、ペルーの魚粉価格の国際相場の上昇が大きく影響を与えている。また、最近では異常とも言える円安も大きく魚粉の価格上昇に強い影響を与えている。

3. 漁業経営問題の発現と構造的危機

　図12-8、図12-9、図12-10は、それぞれ漁船漁業の会社経営の漁業利益と資本装備率（乗組員1人あたりの投下固定資本額）、沿岸漁船漁家経営の漁業所得と投下固定資本額、ブリ類養殖家族経営の収益性を示したものである。まず図12-8の、漁船規模10トン以上の漁船漁業の会社経営の漁業利益と資本装備率に関しては、1992年以降、1997年を除いて漁業利益の赤

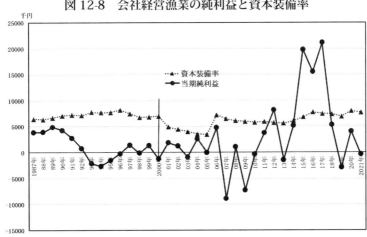

図12-8　会社経営漁業の純利益と資本装備率

出所：農水省「漁業経営調査報告」より作成
注　：2000年以降、統計値が雇用型と会社経営に分かれた。この統計値では、雇用型のみをグラフにした。

字が継続するという異常な事態が生じている。とくに1989年からの落ち込み、さらに2000年に入ってからも03年、07年、08年、09、10年、13年、19年、21年と落ち込みが著しい。このような企業的漁業経営の収益性の悪化は、日本の企業的漁船漁業の存続にも大きく影響し、1988年に約10万の経営体数が8年後の2006年には、約6万7千経営体となり、3割強が減少したことによってもうかがい知れるのである。資本装備率も2002（平成14）年には、ピークの9,519千円であったが、2007年には6,465千円となり、32.1ポイント低下する。このように企業的な漁業経営は、漁船の建造等の大型固定資本投資を極力抑えながらも2000（平成12）年に入ってからもたびたび赤字経営に転落するという、きわめて厳しい状況に置かれていることがわかる。

　10トン未満の小規模な沿岸漁船漁業経営は、図12-9に見られるように1991年に漁業所得が約280万円でピークとなり、その後、減少傾向をたどる。2005年には約220万円となり、バブル崩壊後、長期的に低下傾向をたどっている。この220万円の漁業所得では、家計費充足率が54.3％となり、「漁業だけでは暮らしてゆけない」という水準である。ちなみに漁業

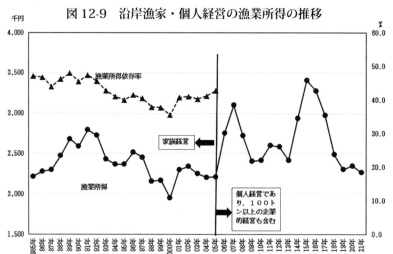

図12-9　沿岸漁家・個人経営の漁業所得の推移

出所：農水省「漁業経済調査報告（漁家の部）。2006年以降は「漁業経営調査報告」より作成

依存率は、1991年には47.3％であったが、2005年には42.7％となり、4.6ポイント低下した（2005年以降は統計のとり方が変わり「個人経営」となり、「家族経営」とは言えない企業経営も含まれている。したがって漁業所得依存率も統計からなくなった）。沿岸漁船漁業経営体は、漁業所得のみでの世帯維持は困難であり、漁業外所得296万円を補充することによって都市勤労者世帯の平均所得にぎりぎり均衡するという水準である。投下固定資本額も1991年以降、急激に低下し、2000年に底をつく。その後、2005年以降の漁業所得は、「家族経営」から「個人経営」となり、実質的に企業的な経営も含むことになり、そのせいもあってやや数字の上で回復するが、それでも300万円を超えるのが07年、15年、16年のみであり、基本的に厳しい状況には変わりない。このように沿岸漁船漁業経営体は、今日、漁家世帯を維持し、後継者を確保するという経営の正常な再生産＝維持可能水準にはほど遠いことが明らかである。したがって経済論理から見れば、今日の漁家経営の単身操業での労働力の高齢化が進行するのは必然的なプロセスである。

海面養殖業経営に関して述べよう。図12-10には、海面養殖のもっとも代表的なブリ類養殖家族経営の粗利益である。ブリ類養殖業経営の近年にお

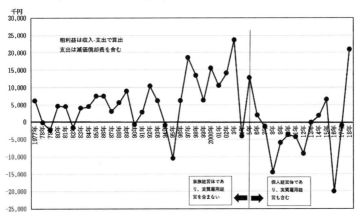

図12-10　ブリ養殖家族経営の粗利益（収入‐支出）

出所：農水省「漁業経済調査報告（漁家の部）。2006年以降は「漁業経営調査報告」より作成

ける特徴は、第一に、収益性の不安定化である。1994年、95年、2004年、07年から12年、そして16年、17年、とくに2007年以降はほとんどの年の収益がそれぞれ赤字となっている（ちなみに2019年、20年も赤字になっている）。第二には、5～6年を周期として漁業所得の落ち込みが現れることである。これは、ブリの稚魚であるモジャコが天然種苗であり、毎年の漁獲量が異なること、コマーシャルサイズの成魚になるまで2年から3年かかる。販売時期に生け簀を空にすることが出来ない場合、年を越して在池量（在庫量に相当するもの）が増加する。すなわち供給が不安定であり、過剰供給による価格下落の可能性が恒常的に存在している。第三は、図には示していないが、2003（平成15）年頃まで規模の拡大を図るべく固定資本投資が旺盛に行われ、その後、他の漁業経営の動向と同様、急激に投下固定資本額が低落する。

　以上のように、どの部門の経営においても2000（平成12）年以降の収益性の悪化とそれへの対応としての設備投資などの固定資本投資が極力抑えられてきた。しかしながらこうした経営対応にもかかわらず経営状況は、前述したように漁業用燃油費、餌料費の上昇に伴い、いっそう厳しい状況に陥っていることが明らかである。

　最後に全国の年齢別漁業の就業者数の動向に関して述べておく。表12-2が漁業センサスによる男女、および自営・雇われの区別なく合わせた2003年から2018年の数値である。総数では、2003年の238,371人から2018年の151,701人へと約36.4％減となった。全体としても、どの年齢階層においても減少傾向が続いているが、とくに「50～64歳」の階層の減少が大きく、約47.8％減となっている。次いで「30～49歳」の中堅層の減少

表12-2　年齢別漁業就業者数（男女、自営・雇われ）

	2003年	2008年	2013年	2018年	18年/03年(％)
総　数	238,371	221,908	180,990	151,701	63.6
15～29歳	13,524	14,392	12,390	10,444	77.2
30～49歳	57,911	52,756	43,330	37,450	64.7
50～64歳	87,447	78,950	61,630	45,690	52.2
65歳～	79,489	75,810	63,640	58,117	73.1

出所：農水省「漁業センサス」より

が35.3％減と続いている。さらに「65歳～」が2003年では、就業者総数の33.3％を占め、もっとも高い「50～64歳」の約36.7％に次いでいたが、2018年には「65歳～」が約38.3％となり、他の年齢階層を超えてもっとも高くなった。こうして長期にわたる日本漁業、および海面養殖業の経営の不安定化、収益性の悪化が漁業就業者数の減少と高齢化を推し進めた大きな要因と言えよう。とくに2008年―2013年のリーマン・ショック以降の減少が大きく、2003年―2008年の減少が約16万人に対して約2.6倍の約41万人に及んでいる（さらに2013年―2018年は約30万人の減少である）。

第2節　三重県漁業の動態

　三重県漁業は、2000年代に入ってから国内の経済・漁業の状況に規定され、また、三重県の特殊性として歴史的に小規模な経営が多いため、一層、厳しい状況におかれてきた。表12-3は、沿岸漁業層（漁船非使用、無動力船、1～10トン未満漁船階層、小型定置網）、中小漁業層、大規模漁業層の規模別で見た区分である。ただし、大型定置網漁業層の中には、企業的中小漁業層に含まれるものも存在する。まず全体の特徴としてみた場合、第一には、2003年から2018年の15年間の経営体数の減少が沿岸漁業層で4,194経営体から2,044経営体へと約51.3％減ときわめて大きいことである。これは、全国の同じ沿岸漁業層の41.2％減と比較しても10.1ポイントも上回っている（全国は102,367経営体→60,201経営体）。中小漁業層も299経営体から140経営体へと、この層も沿岸漁業層と同じく53.2％減と大幅な減少となっている。ちなみに全国は、29.2％減にとどまっている。第二には、経営体の減少が例外なくどの階層にもわたっていることである。第三には、

表12-3　三重県漁業経営体

単位：経営体

	漁船非使用	無動力船	船外機付き漁船	1トン未満	1－3トン	3－5トン	5－10トン	大型定置網	小型定置網	計	中小漁業層	大規模漁業層
2003年	546	6	1,198		1,221	540	470	29	184	4,194	299	3
2008年	359	4	792	154	838	574	443	30	146	3,340	264	3
2013年	302	2	601	162	750	492	331	24	101	2,765	185	1
2018年	222	2	423	119	542	382	267	25	62	2,044	140	2

出所：各年次漁業センサス

とくに経営体数の大きな減少が漁船非使用、無動力船、船外機付き漁船、1トン未満階層、1〜3トン階層の小規模・零細経営階層に集中的に見られることである。これらの階層を合わせた小規模・零細経営体数が2003年、2,971経営体であったが、2018年には1,308経営体へと約56.0％減と減少率も大きく、さらに沿岸漁業層の経営体数減少の約77.3％を占めるに至っている。こうしたことから、この15年間の小規模・零細沿岸漁業経営層の減少が全体の経営体減少の大きな要因であることが明らかとなる。

次に海面養殖経営体の動向に関して述べよう。海面養殖経営体数の増減を示したものが表12-4である。この表の数値を参照すれば明らかなように、第一には、全体的に2003年の2,006経営体から2018年の992経営

表12-4　三重県海面養殖経営体

単位：経営体

	魚類養殖					貝類養殖		その他水産動物類養殖	藻類養殖			真珠養殖	真珠母貝養殖	計
	ブリ	マダイ	ヒラメ	クロマグロ	その他魚類	カキ	その他貝類		ワカメ類	ノリ類	その他			
2003年	20	287	12	−	27	236	31	3	73	604		688	25	2,006
2008年	12	187	7	2	15	230	46	2	48	517	2	469	11	1,548
2013年	10	115	4	2	15	210	44	1	36	444	2	283	3	1,169
2018年	7	90	2	3	8	171	25		68	376	2	238	1	992

出所：各年次漁業センサス

体となり、50.5％大幅減となっており、この経営層も沿岸漁業層と同じく大幅な減少を示している。この減少率も全国の42.8％減（23,067経営体→13,201経営体）と比較し、7.7ポイント上回っている。第二には、その主な養殖種類が志摩・度会地域の真珠養殖と、伊勢湾地域のノリ類養殖である。真珠養殖は450経営体の減少、2003年比で2018年が65.4％減となり、ノリ類養殖は228経営体の減少、同じく37.7％減となっている。これらの経営体数の減少が海面養殖経営体数の全体の減少の66.9％を占めている。第三は、もともと真珠養殖、ノリ類養殖に比較し、経営体数が少なく、その減少数は少ないが、減少率がきわめて大きい海面養殖業が熊野灘地域（度会郡、牟婁郡）のマダイ養殖業である。2003年が287経営体から2018年には、約68.6％減の90経営体と大幅な減少率となっている。こうして、三重県の沿岸漁業の経営体数は、近年の経済環境の厳しさの中で漁船漁業、海面養殖業を問わずきわめて大きな減少に見舞われているのが特徴である。

以上のような三重県の経営体の動向を漁業就業者数で見たものが表 12-5 である。この表では、総数が 2003 年-2018 年の 15 年間に約半減したことがわかる。とくに「50 ～ 64 歳」の年齢階層の減少率が高く、約 6 割が減少した。すなわち、この年齢階層は高齢化による単身漁業からリタイアしたものであろう。しかし、反面、「15 ～ 29 歳」の若い層の減少率が 2 割弱となっており、人数が少ないと言え他の年齢階層と比較して、それほど大きな減少率ではないことに注目する必要があるように思う。これは、全体として経営の悪化による"脱漁家"が進む中で新たな担い手を確保した経営が現れた明るいきざしであると言えよう。自家漁業に従事している後継者数で見ると、漁業センサス数字で 2003 年が 651 人であり、総数の 10.3％を占めていたが、2018 年には 388 人と人数は減少するが、総数での率は 12.7％と 2.4 ポイント上昇した。こうした数値に示されているように具体的な経営形態・規模、漁業（海面養殖業を含む）種類は不明であるが少ないながら新たな担い手が育ってきていることを示すものと言えよう。

表 12-5　三重県年齢別漁業就業者数（男女、自営・雇われ）

	2003 年	2008 年	2013 年	2018 年	18 年/03 年（％）
総　数	12,261	9,947	7,791	6,108	49.8
15 ～ 29 歳	343	301	292	281	81.9
30 ～ 49 歳	2,274	1,861	1,413	1,140	50.1
50 ～ 64 歳	4,333	3,104	2,217	1,774	40.9
65 歳～	5,311	4,681	3,869	2,913	54.8

出所：農水省「漁業センサス」より

1. 伊勢湾漁村の漁業の実態

(1) 北勢地域桑名市赤須賀漁協地区

赤須賀地区の漁業史については、すでに第Ⅰ章、第Ⅲ章、第Ⅳ章で述べているので省くが、一言でいえば専業的漁村の形成が近世の時代から進んできており、1920 年代には「郡内屈指の漁業地」(『大正 15 年三重県漁業調査 北勢の部』) と呼ばれるほど漁船漁業と海上交通輸送の繁栄を誇った地区であった。戦後の 1960 年代—70 年代の高度経済成長期には、「工業開発の

ための干拓や埋立てなどによる地盤沈下に伴い、干潟の消失や漁場環境の悪化が起こり、漁獲量が急激に減少していった。そこで、漁業者の間でハマグリ資源の増殖、生産対策が強く望まれるようになり、組合長を中心に種苗生産の可能性について技術開発し、実用化に向けて」努力が行われた。「1982年には餌料プランクトンの安定供給の見通しが立ち、31万個もの種苗の大量生産に成功。さらに1990年には国の補助を受けて、「赤須賀漁協ハマグリ種苗生産施設」を整備。・・・1994年には河口堰に伴う漁業補償で、桑名市城南沖と長島町浦安沖にそれぞれ20ヘクタールの人工干潟を造成した。しかし、1995年に長良川河口堰の運用が始まり、河川の環境が激変。ハマグリの漁獲量は過去最低の0.8トンにまで落ち込んだが、種苗開発や漁場造成の甲斐あって、2008年にはハマグリの漁獲量が約1.5トンにまで回復した。こうしたことから当時、経済不況によって今までの会社勤めを辞め、地元漁業へのＵターンの人も増え始めた」[9]。

　1990年代は、91年の"バブル経済"の崩壊によって、とくに90年代後半に前述したように国内経済の不況が深刻となり、企業の業績不振により倒産が相次いだ時期であった。こうした社会状況を反映して漁業がその受け皿となり、Ｉターン、Ｕターンなどの新規参入が相次いだ時期であった。赤須賀漁協は、伊勢湾北勢地域に位置しており、名古屋への通勤県内であり、また桑名市内へも就労機会は存在するという都市型漁村である。したがって住居が赤須賀地区内にあり、家業としては漁業を行いつつも漁業以外の他産業就労も多い地域である。また、地区内漁業への後に述べるように祖父などに漁業経験を有する関係があれば、漁協としてＵターンは認めているが、地区外からのＩターンは受け入れていない。

　赤須賀地区は木曽川、揖斐川の両方の河川を有している。漁業は両方の河川でヤマトシジミ漁業を行い、河口域ではハマグリ漁業を行う。しかし、近年、木曽川でのヤマトシジミが捕れなくなり、ヤマトシジミ漁は揖斐川で行われている。しかし、近隣の城南漁協地区は木曽川でのヤマトシジミの漁業にのみ限定され、揖斐川での操業は認められていない。木曽川でのヤマトシジミの不漁のために、近年、城南漁協地区の漁業者はノリ養殖業に転換した。

したがって赤須賀地区は、ヤマトシジミ漁と自前で造成したハマグリ漁場の利用が可能となった。こうした河川と地先海面の漁場的有利さが赤須賀漁協の漁業の基盤となっていることは否定できないであろう。

表12-6は赤須賀漁協地区の営んだ漁業須類別経営体数である。計の実数は1経営体で複数の漁業種類を営んでいる場合があり、それを考慮した実際の経営体数である。この実数で参照すれば明らかなように赤須賀漁協地区の経営体数は減少傾向にある。とくに2003年から2008年にかけて31経

表12-6　赤須賀漁協地区の営んだ漁業種類

単位：経営体

	小型底引き網	船引き網	その他刺し網	ノリ養殖	計（実数）
2003年	114	8		8	121
2008年	88	2	3	2	90
2013年	81	3		1	84
2018年	54	11			58

出所：農水省「漁業センサス」各年次版
注 ：計（実数）は1経営体が複数を営んでいる場合は1経営体としている。

営が減少している。次いで多いのが2013年から2018年の26経営の減少である。こうした経営体数の減少は、とくに赤須賀地区は、河川でのヤマトシジミ、地先造成漁場でのハマグリの漁獲量の減少との関連が深い。河川環境の悪化が貝類の減少を引き起こし、それが経営体数の減少と連動しているのである。以前は、ヤマトシジミの漁獲量が安定しており、ハマグリ漁獲量が減少した時でも漁業経営の収入を支えるリスクの分散の役割を果たしてきた。しかし、近年、漁獲量は漁場環境の変化によってヤマトシジミも漁獲量が激減しており、ハマグリも漁獲が安定していない。こうした要因によって赤須賀漁協地区における漁業就業者の人数、とりわけ若い後継者数も減少してきた。

表12-7は男女を含めた漁業就業者の人数であるが、15-29才の人数が2013年の7人から3人へ、30-44才の中堅クラスの人数が17人から6人へと大きく減少した。しかし、漁業就業者の減少がもっとも多かったのは、15-44才の若年齢・壮年層ではなくて、60才以上の漁業就業者であった。2013年のこの年齢層が107人から2018年には42人となっており、

表 12-7　赤須賀年齢別就業者数（男女）

単位：人

	計	15-29才	30-44才	45-59才	60-74才	75才-
2003年	217		8	38	151	20
2008年	154		5	15	97	37
2013年	144	7	17	13	70	37
2018年	73	3	6	22	24	18

出所：農水省「漁業センサス」各年次版

　2013年比で2018年が60.7％の減少率となり、人数的にも65人減ときわめて大きいことがわかる。若い漁業就業者は、漁業での収入減により、他産業の就労へと転換したものと考えられる。赤須賀地区が都市型漁村であるので純漁村と異なり、漁家世帯も周辺労働市場に包摂され、若年労働力も居住は赤須賀にあり、そこからの通勤型となっているケースが多い。若年労働力にとっては、次に述べるような「いきがい」、「自分のペースで仕事が出来る」などの漁業労働の経済外的満足度を別とすれば漁業内労働による自家労賃の確立により、漁業と他産業就労との選択はトレード・オフの関係にあると言えよう。しかし、それが赤須賀地域からの労働力流出とならず、居住を赤須賀地域に置いたまま通勤という形での賃労働者化となる。

　なお、資源管理に関しては、赤須賀地区では、シジミ、ハマグリなどの貝類の漁獲制限を設けている。漁獲量は一人一日140キロ以内である。ハマグリに関しては、3～5センチの小さいサイズは一日5kgまで、7～8cm以上の大きいサイズは一日に15kgまでと決まっている。

　次に、表12-8～表12-10は、「三重大学生物資源学部　佐藤里咲2017年度卒業論文」の赤須賀地区青年部に対して行ったアンケート調査結果に関して述べよう。まず、Uターングループと親の後を継ぎ早期に着業したグループに区分した。表12-8はUターングループの概要である。このアンケー

表 12-8　Uターン型アンケート結果1

	年齢	漁師を始めた歳	漁師になった年	結婚しているか	年収（万円）	親は漁師か	他の就業経験	職種	その時の年収（万円）
A	47	40	2009	している	250～400	はい	あり	建設業	400～600
B	41	39	2014	している		はい	あり	運輸・通信業	400～600
C	40	34	2010	している	400～600	はい	あり	建設業	600～800
D	48	44	2012	している	250～400	はい	あり	建設業	400～600

資料：赤須賀漁協青壮年部アンケートより作成
出所：三重大学生物資源学部2017年度佐藤里咲卒論

表 12-9　早期就漁型アンケート結果

	年齢	漁師を始めた歳	年収（万円）	親は漁師か	他の就業経験	職種
E	36	19	400〜600	はい	あり	製造業
F	26	21		いいえ	あり	インフラ
G	28	21	まちまち	いいえ	なし	
H	22	19	400〜600	いいえ	なし	
I	44	18		はい	なし	

出所：表12-8と同上

表 12-10　Uターンタイプ・早期着業タイプの動機、意見

	漁師になった理由	赤須賀で働くいいところ	悪い点
	Uターン型着業タイプ		
A	元々漁師になることを決めていた。漁業が好きだから	自分のペースで仕事ができる。工夫次第でいろいろなことが出来る。	
B	勤め先の業務が合わなかった。自然の中で働きたかった。漁業が好きだから。	自分のペースで仕事ができる。工夫次第でいろいろなことが出来る。同業者同士の関係が良好。やりがいがある。	
C	元々漁師になることを決めていた。	自分のペースで仕事ができる。やりがいがある。	収入が安定しない
D	勤めていた会社の賃金に不満があった	自分のペースで仕事ができる。工夫次第でいろいろなことが出来る。やりがいがある。	収入が安定しない
	早期着業タイプ		
E	自然の中で働きたかった	やりがいがある	収入が安定しない
F	元々漁師になることを決めていた	自分のペースで仕事ができる。工夫次第でいろいろなことが出来る。やりがいがある。	収入が安定しない
G	元々漁師になることを決めていた。祖父にあこがれて。	自分のペースで仕事ができる。やりがいがある。	収入が安定しない
H	祖父がかっこよかった	工夫次第でいろいろなことが出来る。	収入が安定しない。同業者同士の付き合いが大変。
I		自分のペースで仕事ができる。	同業者同士の付き合いが大変。

資料：赤須賀漁協青壮年部アンケートより作成
出所：三重大学生物資源学部2017年佐藤里咲卒論

ト結果で特徴的なことは、第一に、Uターン着業年が2009年から2014年と比較的近年であり、着業した年齢が34才〜44才と一定の中堅的年齢であったことである。これは、いったん漁業外の職業に従事してからの参入であり、結構、若い時代の一定期間を前職業で生活していたことになる。この要因としては、前述したように1990年代の後半からの景気の悪化による企業活動の不振による離職と、地元赤須賀でのハマグリ漁場の造成が軌道に乗り始めてきたことがUターンによる参入に影響しているものと考えられる。第二は、全員、親が漁師であったということである。したがって漁業に関する知識は、父親がすでに漁師であり、親の時代から知っており、同じく表12-10の「漁師になった理由」にあるようにD以外の他の3人が「元々漁師になることを決めていた」、「漁業が好きだ」と回答しており、他産業に従事していた時期から地元漁業従事を予定していたことがうかがえる。第三は、前職について4人中3人が「建設業」と答えている。そしてその時の給与と現在の漁業所得との比較では、現在の漁業所得の方が100万円から150万円低くなっている。低い分は表12-10に見られるように「自分のペースで仕事が出来る」という"やりがいがある"との認識がその分をカバーしていると考えられる。また、前職も建設業であることから好況・不況に影響を受けやすく、ちょうど景気の悪化により雇用形態の設問はないが、それほど安定した職業ではなくなったことがUターンによる着業を促したものであろう。

次に早期着業グループに関して述べる。表12-9がこのグループの概要を示したものである。早期着業グループで特徴的なことは、まず第一に、Uターングループと異なり、当然のことであるが着業年齢が18才〜21才と若く、E、Fに見られるように以前、漁業外での職種で働いていた経験を持っているものも見受けられることである。第二は、「親は漁師か」という設問に対して「いいえ」の回答が5人中3人あり、若い時期の早くから漁業に着業したからといって親の家業を引き継いだ後継者というわけではない、ということである。もちろん赤須賀の同一地域に居住しており、「祖父が漁師であったと」F、G、Hは回答を寄せている。このように、なんらかの繋がりがあり、

漁業の仕事の魅力を感じていたことがきっかけとなっている。第三は、表12-10 に見られるように、このグループでも漁業の魅力を「やりがいがある」、「自分のペースで仕事ができる」という仕事の自由さに感じていることが多い。これは先のUターン着業グループでも同じような回答が多かった。

最後に両方のグループで共通する「漁業の悪い点」であるが、これは、やはり「収入が安定しない」という点である。この回答は、とくに近年のヤマトシジミ、ハマグリの資源がともに減少傾向にある事が大きく響いているものと考えられる。

(2) 南勢地域伊勢湾漁協地区（大淀（おいず）、今一色）

大淀漁村、および今一色漁村は、2006（平成18）年4月に伊勢市の旧伊勢市漁協、旧二見町漁協が合併して設立された伊勢湾漁協地区内にある。大淀は伊勢市の北にある明和町に所在し、今一色は伊勢市にある。どちらも伊勢湾南勢地域に属する。これら2つの漁村は、1992（平成4）年以前は、別な漁協地区であったが、この年に今一色漁協が江、松下漁協とともに二見町漁協になり、それがさらに2006（平成18）年に伊勢湾漁協となった。

こうした漁協合併が進んだのは、これらの旧漁協が急激な高齢化と地域漁業の衰退による事業の順調な継続が困難となってきたことが大きな要因であろう。歴史的にもすでに述べたように伊勢湾南勢地域は、農業地帯であり、半農半漁的零細な経営が多く、漁業はノリ養殖がメインであった。今一色漁村、大淀漁村共に2000年代に入ってから高齢化と小規模・零細化が進んだ経営が多くなった地域であるが、しかし2つの漁村の2000年以降の生産・経営構造に若干の違いが存在する。そこで、まず大淀漁村に関して述べる。

(大淀漁村)

大淀漁村は、表12-11 に見られるように経営体数が2003年から2018年の15年間で66経営体から33経営体へ半減した。とくに沿岸漁船漁業の上層であった5～10トン階層が2003年の20経営体から2018年の8経営体と半分以下となっている。とりわけ2013年から2018年の期間に17経営体から8経営体へと大きく落ち込んでいるのが特徴的である。この

表 12-11　大淀漁村の船階層別漁業経営体

	船外機付き漁船	1トン未満	3-5トン	5-10トン	10-20トン	20-30トン	ノリ類養殖	その他養殖	計
2003年		21	7	20	1	1	14		65
2008年	12	1	5	20	2	1	13	2	56
2013年	16		1	17			10	2	46
2018年	16			8	1		9	1	35

出所：農水省「漁業センサス」各年次版

経営階層は、貝桁網で操業する小型底引き網漁業であり、近年の経営体の急激な減少は、生産コストの増大や就業者の年齢階層の上昇が大きな要因である。小型底引き網漁船による貝桁網は、漁船で網を引っ張り、巻き上げ、その後、貝（アサリ、アオヤギ）の選別する。この作業の繰り返しであり、かなりな体力が必要となる漁業である。10〜20トンの中小漁業経営も1経営体、船外機付き漁船経営も16経営体、また、ノリ養殖経営も2003年の14経営体から漸減しつつ2018年には、5経営体が減少して9経営体となったが、この経営階層には後継者、および夫婦による生産活動が行われている。

　我々が行った2017年の調査によって、ノリ養殖経営の労働力構成に関して述べると、ノリ養殖経営の労働力構成では、ノリ養殖専業タイプで夫婦2人が2経営体、ノリ養殖＋漁船漁業の刺し網、篭漁で夫婦が2経営体、後継者＋夫婦の3人体制の労働力構成がノリ養殖＋漁船漁業の貝桁網3経営体、このタイプの貝桁網漁業の組み合わせで夫婦のみでノリ養殖を行っているものが2経営体、ノリ養殖経営専業ではあるが共同経営に参画している漁業経営が1経営体、計10経営体となっている。これは、おそらく調査では、個人のレベルでヒアリングを行っているので共同経営の回答が1人＝1経営体となっているが、他のノリ養殖経営との共同であるので経営としては9経営体となる。表12-12に見られるように「後継者あり」が2018年には3経営体であったので、この3経営体はノリ養殖経営であろうと思われる。

　船外機付き漁船漁業経営体が2013年、2018年に16経営体と半分弱の一定のウェイトを占めているが、これは船外機

表 12-12　後継者の有無

単位：経営体

	有	無	計
2003年	3	59	62
2008年	6	39	45
2013年	3	39	42
2018年	3	29	32

出所：農水省「漁業センサス」各年次版

漁船を使った採貝のみ、あるいは採貝を中心とした経営階層である。この漁業は、他の漁業と比較してコストがほとんどかからず、小型底引き網漁業のように重労働でないため高齢者でも操業が可能である。調査によると採貝漁業経営体は10経営存在している。労働力は夫婦のみの2人で行われている。これは、ジョレンという漁具を使用して人力で船から砂底を掘り、貝をすくいあげる簡便な昔から行われている漁法である。この船外機付き漁船の経営体が2008年から2013年、2018年に16経営体と増えている。この経営体の増加は、大淀漁村の漁業者の高齢化に対応したものである。

大淀漁村の漁業就業者は、表12-13に見られるように全体としても経営体数の減少と同様、2003年の136人から2018年の69人へと約半減している。そしてどの年齢階層も減少傾向にあるが、とりわけ40-59才の壮年齢層

表12-13　年齢階層別就業者数（男女）

単位：人

	20-39才	40-59才	60-69才	70才-	計
2003年	9	69	42	16	136
2008年	6	53	41	19	119
2013年	7	42	30	15	94
2018年	5	20	32	12	69

出所：農水省「漁業センサス」各年次版

の減少が著しいことがわかる。2003年には69人であったが、2018年には20人と7割強が減少し、この数値はきわめて大きいことが明らかである。この減少幅の大きさは、5～10トン経営階層の体力を要する小型底引き漁業経営の減少と関係がある。それに対して60～69才と70才以上を合わせた就業者数である60歳以上では2003年が58人であったのが、2018年には44人となっており、こちらは約24％の減少にとどまっている。

こうして年齢階層と漁業・養殖業の関係を見ると、大淀漁村の全体は、しだいに高齢化に対応した漁業・養殖業の構造になっていることが明らかとなる。夫婦2人構成の採貝漁業、ノリ養殖が主なものであり、これらの夫婦2人操業での漁業・養殖業は、2017年調査15経営体となり、全体の約4割を占めるに至っている。とくに小規模な採貝漁業の船外機付き漁船層の平均年齢は、2017年10月の調査時点で男子のみで73才となっている。

後継者を確保している漁家は、ノリ養殖＋貝桁小型底引き網漁業となって

おり、高齢夫婦＋後継者はノリ養殖に全員従事するが、後継者は体力の必要な小型底引き網漁業という基本的に家族内での分業となっている。さらにノリ養殖も共同経営を行っている漁家は2経営存在し、それと、これらの2経営を含めた他のノリ養殖業者の加工委託を行っている3経営が存在する。こうしたノリ養殖業の共同経営、あるいは委託加工は、労働力不足、および養殖ノリの製品化に必要な乾燥機がかなりな固定資本投資が必要であり、そうしたコストの節減にも対応したものであろう。これらの2経営の養殖ノリ共同経営は、調査時点（2017年）ですでに20年間行われている。漁期は11月から翌年の4月までであり、それぞれの経営の収入は、2,500万円程度となっており、経費を差し引いた漁業所得はほぼ一般的に考えてみても600万円〜750万円程度であろう。作業は協業で行われており、後継者の妻は早朝（時間は不明）から19時まで働いて月額20万円の給料制となっている。男子に関しては経費を差し引いた漁業所得の先の600万円〜750万円を2人で均等に分配するというシステムをとっている。もうひとつのノリ養殖経営は、乾燥機を所有しておらず別な業者に加工を委託している。

　このように大淀漁村の2000年以降の状況は、漁業生産力の縮小がしだいに顕在化しつつあるが、漁業就業者の高齢化、後継者不足、それと小型底引き漁業のような高コスト型から船外機付漁船の低コスト型などに対応した漁業種類、経営形態の選択が行われているのが今日の姿であると言える。

　最後に、漁業後継者のための大淀漁村の伊勢湾漁協大淀支所の対応に関して述べる。ノリ養殖経営に関しては、通常1経営体あたり最大11カ所の漁場が割り当てられる。漁業後継者が存在する場合は、通常の2倍を最大限としている。調査時点（2017年）では、後継者を確保した経営に対して10カ所程度多く割り当てられていた。採貝漁業においては、操業時間が3時間、漁獲量が60kgとなっているが、漁業後継者が存在する場合、通常の2倍、すなわち120kgが限度となっている。あとでも述べるが、大淀漁村の場合、次の今一色漁村と比較して漁協支所の占有漁場に余裕があり、そのことも20〜39才の若い漁業就業者が9人と他の漁村と比較しても相対的に多い理由のひとつとなっているのではないか。

(今一色漁村)

今一色漁村は、表12-14に見られるように経営体数が2003年の76経営から2018年の45経営へと4割が減少した。こうした漁村全体の縮小化の中で漁船漁業、養殖業の階層別経営体数の変化では、どのような経営が減少し、どのような経営が増加、あるいは現状を維持しているのであろう

表12-14　今一色漁村の漁船階層別漁業経営体

単位：経営体

	漁船非使用	船外機付き漁船	1トン未満	1-3トン	3-5トン	5-10トン	ノリ類養殖	計
2003年	1		29	7	4	3	32	76
2008年	1	36		4	3	2	25	71
2013年		38		2	1	2	17	60
2018年		34			1	1	9	45

出所：農水省「漁業センサス」各年次版

か。まず、特徴的な点では、船外機付き漁船階層が2018年で全体経営体数の約76％を占めており、小規模・零細な漁家経営が多いことがうかがわれる。また、この漁船階層は2008年が36経営、10年後の2018年が34経営であり、ほとんど変化がなかったと言っても過言ではない。2003年はこの経営階層が1トン未満階層の中に入っており、それがすべて船外機付き漁船と仮定しても29経営がそれに該当し、それとの比較では増加傾向を示している。そうした傾向とは逆に、ノリ養殖経営の場合、15年以前の2003年には32経営が存在したが、2018年には9経営となっており、約7割強となり大幅に減少した。こうして階層別経営体数の変化から今一色漁村は、全体として漁業生産力が先に見た大淀漁村と同様に、近年、急激な縮小傾向にあることがわかる。

漁業就業人数でも表12-15の年齢階層別就業者数を参照すれば明らかであるが、まず全体としては2003年の161人から2018年の75人へと大淀

表12-15　今一色漁村の年齢階層別就業者数（男女）

単位：人

	20-39才	40-59才	60-69才	70才-	計
2003年	10	81	45	25	161
2008年	3	54	41	36	134
2013年	3	29	29	34	95
2018年	2	14	22	37	75

出所：農水省「漁業センサス」各年次版

漁村の傾向と同様に約半減している。もっとも多く減少したのは、これも大淀漁村と同様に40〜59才の中堅年齢層である。しかし、減少率は今一色漁村の方が高く82.7％（70人減少）に及んでいる。さらに60才以上の高齢化率も今一色漁村の方が大淀漁村よりも高く、全体に占める60才以上の漁業就業者は、2003年が43.5％、2008年が57.5％、2013年が66.3％、そして2018年が78.7％となっている。ちなみに大淀漁村では、同年の60才以上の漁業就業者の比率は、2003年が42.6％、2008年が50.4％、2013年が47.8％、2018年が63.8％である。

　このように同じく高齢化が進行している大淀漁村と比較しても今一色漁村の高齢化のテンポはきわめて速いものがある。この要因の第一として考えられることは、ノリ養殖業が大淀漁村の場合、後継者を含めて一定のウェイトを占めているが、今一色漁村の場合は、前述したように7割が15年間に大幅に消滅したことである。ノリ養殖業は、他の漁業と比較して豊凶変動が少なく、コストがかかるが乾燥機の能率化によって量産化が可能であるという点、冬場の厳しい労働ではあるが家族総出の労働によって家族内分業も行うことが出来るという利点がある。すなわち家族労働力が有効に活用できるという点で他の漁業とは異なるということである。したがって、家族労働力の確保いかんが大きく経営の存続を左右することとなる。

　第二は、しかし、ノリ養殖は11月から翌年の4月頃の半年間の稼働であり、しかも前述したように乾燥機などに多大な投資が必要である。そしてノリ養殖作業の漁閑期の半年間、今一色漁村の場合、繋ぎの有力な漁業が存在していないということである。大淀漁村の場合は小型底引き網漁業などが存在していたが、今一色漁村の場合は、ノリ養殖の繋ぎの漁業種類が表12-16で見られるように採貝漁業であり、採貝方法はジョレンによる手掘りに近いものであり、漁も少なく不安定であることからすれば、若い後継者が採貝漁業により生計を建てることは極めて困難である。

　今一色漁村の場合は、「採貝のみ」、「採貝＋刺し網漁業」、そして「刺し網漁業のみ」の小規模な船外機付きの漁船での操業している経営が多く、「採貝のみ」では11経営体、「採貝＋刺し網漁業」では21経営体、「刺し網漁

業のみ」が4経営体となっている。こうした漁業種類の組み合わせは、体力もさほど必要ではなく、高齢者に適した漁業種類の組み合わせと言えるであろう。これらの漁業種類の組み合わせの平均年齢は、表12-16より計算すれば「採貝のみ」が74才、「採貝＋刺し網漁業」が72才、「刺し網漁業のみ」が71才となっている。したがって漁業就業者の高齢化に対応した、いわば「高齢者漁業」が成立しているということである。

表12-17は後継者の有無を示したものである。2003年が12経営に存在していたが、2018年にはわずか2経営体のみとなった。年齢階層による就業者数の表12-11を参照すれば20～39才の漁業就業者が2人となっており、この2人が後継者と該当するであろう。こうした数値にも今一色漁村

表12-16　今一色漁村の漁業と就業状況

漁業種類の組み合わせ	出漁日数				労働力	中心的働き手の年齢	経営形態
	採貝	ノリ養殖	刺し網	計			
ノリ養殖のみ		120		120	夫婦		
		120		120	夫婦	64	
ノリ養殖＋採貝＋採藻	8	120	8	136	夫婦＋後継者＋後継者の妻	38	共同経営
	20	120	4	144		64	共同経営
	2	120	1	123	夫婦	62	
	8	120	3	131	夫婦＋後継者＋後継者の妻	67	共同経営
	22	120	1	143	夫婦	66	
ノリ養殖＋採貝	10	120		130	夫婦	57	
	13	120		133	夫婦	62	
	17	120		137	夫婦	66	
	8	120		128	夫婦	56	
ノリ養殖＋刺し網		120	2	122	夫婦	56	
		120	1	121	夫婦＋後継者＋後継者の妻	60	
採貝のみ	98			98	夫婦	73	
	104			104	夫婦	74	
	97			97	夫婦	84	
	89			89	夫婦	82	
	139			139	夫婦	80	
	62			62	夫婦	84	
	118			118	夫婦	47	
	71			71	夫婦	67	
	91			91	夫婦	69	
	97			97	夫婦	69	
	164			164	夫婦	79	

	108		55	163	夫婦	71	
	48		192	240	夫婦	81	
	59		85	144	夫婦	81	
	96		23	119	夫婦	72	
	82		46	128	夫婦	82	
	66		58	124	夫婦	79	
	85		61	146	夫婦	81	
	111		120	231	父＋後継者	51	
	100		53	153	夫婦	75	
採貝＋刺し網	67		69	136	夫婦	70	
	51		42	93	夫婦	59	
	66		55	121	夫婦	48	
	96		39	135	夫婦	73	
	97		55	152	夫婦	81	
	78		48	126	夫婦	71	
	74		6	80	夫婦	82	
	13		92	105	夫婦	71	
	51		28	79	夫婦	83	
	108		54	162	夫婦	69	
	87		20	107	夫婦	73	
	128		28	156	夫婦	64	
刺し網のみ			202	202	夫婦	54	
			88	88	夫婦	78	
			124	124	夫婦	69	
			85	85	夫婦	82	

出所：2017年のヒアリング調査より

表12-17　後継者の有無

	有	無	計
2003年	12	63	75
2008年	8	62	70
2013年	3	57	60
2018年	2	42	44

出所：農水省「漁業センサス」各年次版

の高齢化と漁業生産力の縮小化がうかがえる。

次に後継者確保に関する漁協支所の対応を述べておこう。ノリ養殖経営体に関しては、伊勢湾漁協の今一色支所がノリ漁場を後継者が存在している場合、通常の11カ所の1.5倍の面積を利用することが出来るようにしている（このシステムは大淀支所と同様）。今一色漁村の漁場が過密であり、ノリ養殖後継者のための漁場が拡張できる余地が制限されている。こうしたことも今一色漁村のノリ養殖業を発展させるためにはネックとなっている。また、採貝漁業に関しては、大淀漁村と共通する1日の操業時間を3時間以内、漁獲量を60kgまでという制限を加えているが、漁業後継者が存在している経営体は今一色漁村の場合、1.5倍の漁獲量が許容されている。

2. 熊野灘漁村の養殖業[10]

　三重県の太平洋側に面する熊野灘（度会、南・北牟婁郡）地域の代表的な魚類養殖業はマダイ養殖業である。マダイ養殖業は、もともと真珠母貝養殖などからハマチ養殖へ、さらにマダイ養殖へと魚種転換を図ってきた経営が多い。表12-18は三重県のマダイ養殖経営体数の推移である。この表からわかるように「主として営んだ漁業（養殖業）」では、2003年から2018年の15年間に三重県全体としては287経営体から90経営体へ大きく減少したが、この減少は志摩・度会地域の減少が大きく響いてい

表12-18　三重県マダイ養殖経営体数の推移

単位：経営体

		主として営んだ経営体				営んだ経営体			
		2003年	2008年	2013年	2018年	2003年	2008年	2013年	2018年
	三重県	287	187	115	90	318	194	121	96
志摩・度会	鳥羽市	6	4	1	1	7	4	1	1
	南伊勢町	156	111	65	47	172	114	69	48
	大紀町	13	10	5	5	16	12	5	5
熊野灘	紀北町	50	27	21	17	55	29	23	20
	尾鷲市	51	29	21	18	57	29	21	20
	熊野市	11	6	2	2	11	6	2	2

出所：農水省「漁業センサス」より作成

ることがわかる。この間、鳥羽市、南伊勢町（2003年当時は南勢町、南島町）、大紀町（同様に紀勢町、大宮町、大内山村）の志摩・度会地域は、「主として営んだ経営体」が2003年→2008年→2013年→2018年の各年で175→125→71→53経営体、「営んだ経営体」は同様に195→130→75→54経営体とこちらも大幅な減少となっている。鳥羽市を除く志摩・度会地域の2013年の1経営体あたりの平均放養尾数（2年魚、3年魚、4年魚）を試算してみると、約3万1,000尾となっており、かなり小規模である[11]。また、農水省の「漁業・養殖業生産統計年報」によって表12-19の主要マダイ養殖県の1経営体あたりの収穫量を見ても三重県は他の6県と比較してもその小規模性が明らかである。

　こうしたことから三重県養魚協議会の2018年度調査によれば、魚類養殖

表 12-19　三重県マダイ養殖経営体数の推移

	県全体 (2013年)		1経営体平均 収獲量（トン）		
	収獲量（トン）	経営体数	1994年	2006年	2013年
三重県	4,380	121	19	28	36
高知県	5,247	102	35	34	51
愛媛県	31,747	234	60	117	136
熊本県	7,784	61	46	98	128
長崎県	2,424	88	26	31	28
和歌山県	1,257	12	78	84	105
香川県	819	15	21	116	55

出所：農水省「漁業・養殖業生産統計年報」より作成

　従事者の平均年齢が 65 才程度となっており、高齢化も進んでおり、後継者の確保されていない 1 世代型のマダイ養殖経営が多い。近年の消費不況下の養殖マダイの価格の低下と餌料費の上昇というシェーレ（＝鋏状格差）の拡大の下で他県と比較しても三重県の平均養殖規模の小ささが際立っており、その小規模性ゆえにマダイ養殖家族経営は他県産地との競争の中できわめて厳しい状況にあると言えよう。

　しかしながら新しい傾向も見られるようになった。確かに一方では、この間のマダイ養殖経営体数と従事者数の減少が著しく進行したが、他方では、後継者を確保し、企業化したマダイ養殖業者も数経営、出現するようになったことである。企業的経営では、南伊勢町阿曽浦地区の有限会社 U 水産（雇用従業員数 5 人）があり、年間出荷尾数は約 20 万尾（2013 年時点）となっている。また、南伊勢町迫間浦の株式会社 N 水産（雇用従業員数 7 名）は、毎年 10 万尾を出荷する経営である。その他にも数社存在する。熊野灘地域では紀北町の有限会社 S 水産－雇用従業員数 10 名－があり、売上高 230 百万円《2012 年 12 月》、放養尾数 15 万尾となっている[12]。こうした経営は、いずれも三重県内において、一応、企業的経営であるが、愛媛県の規模と比較すれば、かなり小規模である。家族労働力が中心であり、それにプラス雇用者というパターンであり、企業的経営というよりも小企業的経営と言った方が正確であろう。基本的には家族労働力が中心であったり、迫間浦の N 水産のように兄弟 3 人の血縁的共同経営となっていたり、基本的には家族経営の上層に位置する。

(1) 度会郡大紀町錦地区のマダイ養殖業

　大紀町錦地区は、かつてはまき網漁業が中心であったが、経営が不振に陥り、1990年代に80年代から兼営で行われていたハマチ養殖業から転換したマダイ養殖業が地域の中心となった。90年代には、マダイ経営体が多数、存在したが、その後、減少傾向をたどってきた（まき網漁業が中心であった時期のことに関しては、第XI章の「度会郡錦地区中型まき網漁業の事例」に詳しく述べた）。2000年代に入ってからは、表12-14を参照すれば明らかなように2003年、2008年、2013年、そして2018年の各漁業センサスでは、この10年間でマダイ養殖経営体数が「主として営んだ経営体」で13→10→5→5経営体と大きく減少していることがわかる。大紀町の中心である錦地区だけで見ても2006年12月調査時点で20経営、2012年が10経営、そして2017年が3経営となっている。ブリ養殖経営も同様に2012年に8経営であったが、2017年では3経営となった。2017年の1経営は2012年の3つの経営が共同経営となり、業者数では6業者となる。魚類養殖（マダイとブリ）経営体では2009年には13経営存在していたが、2017年現在では6経営となり、半数以下となった。このように年々、マダイ養殖業からの撤退する経営が増加しつつあるのが錦地区の現状である。この中で後継者を確保しているのは2経営体のみであり、他の経営は後継者がいない。したがって魚類養殖業者の平均年齢も年々上昇し、2017年には平均で62歳となっている。その中で近年、周辺の小規模なマダイ養殖業者と「伊勢まだい生産者部会」を設立し、三重県漁連を通じて"伊勢まだい"のブランドでの販売を行っている。そのリーダーであるN氏は、錦地区の後継者の一人である。N経営の中心を担っているN氏は32歳で経営を父親から引き継ぎ、調査時点の2018年3月には49歳となっており、17年間の養殖経営の蓄積を持っている。なお経営組織は個人経営である。

　N経営の歴史に関して述べておこう。N氏の父親は地元のまき網漁船の乗組員であったが、退職後、大型定置網漁業を営んだ後に、1970年頃に三重県南部の沿岸漁村地帯で当時、盛んに行われていたハマチ養殖業を行うようになった。しかし、全国的な魚価と歩留まり率の低下というハマチ養殖経営

不振のあおりを受け、1989年頃には、現在のN氏の養殖経営につながるマダイの養殖に転換した。当時は2kgサイズの養殖マダイを関東方面向けニーズにマッチするように2年半の期間を通じてコマーシャルサイズに仕上がるという状況であった。こうした2年半という養殖期間は、経営上においてへい死などのかなりなリスクを伴うことは自明の理であるが、年間10万尾を出荷できるようになっていた。錦地区の漁場は、三重県の他の養殖漁村と比較して海水温も高く、直接、外洋の太平洋に面しており、魚類養殖には適地であった。しかし、外洋に面しているということは、そのようなプラスの面だけではなく、台風、津波被害などを受けやすく、また内湾の水深が15m、外側の養殖施設を敷設してある。太平洋の水深が25mと浅く、こうした点でのリスクは高いというマイナスの面もある。したがって台風襲来時の生簀の退避などの突発的な作業を含めて養殖作業・管理の在り方が問われるのである。

　17年前（2000年頃）にN氏は、大学を卒業後、東京築地の卸売会社に勤めたが、三重県の地元に帰郷し父親からマダイ養殖経営を継いだ。マダイ養殖は父親が行っていた頃から手伝ったりしながら「仕事を見ており」、養殖の作業そのものはそれ程、大きな困難さを伴うものではなかったが、しかし当初、稚魚導入からコマーシャルサイズになるまでの養殖期間が2年半という長期間に渡り資本の回転が遅く、餌料費などのランニング・コストが嵩み、初期投資もかなり必要とされたことから、その点での躊躇があったとN氏は述べている。しかし「伊勢まだい」を養殖するようになり、サイズも2kgから1.5kgに変化した。サイズの小型化により、養殖期間も2年半かかっていたが、2年で1.5kgのコマーシャルサイズとなり、それだけコストの大部分を占める餌料コストを下げることが可能となった。近年、餌料費が上昇し、経営コストをプッシュしている大きな要因となっていることは周知のとおりである。こうしたことから養殖期間の短縮は、第一に餌料費などのランニング・コストを節約し、第二には資本の回転を速め、資金繰りをよくするという二重のプラスの効果がある。

　以上のようなマダイ養殖と同時にマハタ養殖、シマアジ養殖を加えて養殖

の管理作業は家族および親戚を含めた5人の労働力でフル稼働となっている。父親から継いだ当初は、マダイ養殖を中心とした生簀が20台前後であったが、2018年時点で25台となっている。養殖マダイを小割生簀20台で10万尾放養し、その他にもマハタが3台、シマアジが2台で養殖している。したがって全部で小割生簀は25台を所有しており、1台につき1万尾を養殖している。すべてが錦地区の漁場を利用し、養殖施設20台以上の増設はない。

　しかし、マハタ養殖は歩留まりが悪く、通常7割程度であるが、疾病その他の原因で0という場合も起き、かなり経営リスクは高い。またシマアジ養殖の歩留まりは70～80％である。放養期間はマダイが2年、マハタは3年、そしてシマアジが2年となっている。これらの魚種は、シマアジ養殖が放養尾数1万5,000尾、マハタは同様に7,500尾である。主力のマダイ養殖は、当年魚が10万尾、2年魚は10万尾、3年魚は4万尾となっている。当年魚は300～400ｇ、2年魚は1.1kg、3年魚は1.8kgとなっている。出荷は3年魚の1.5kgのサイズからである。こうした養殖マダイ以外の魚種を取り入れた理由は、これらの魚種をうまく組み合わせれば資本の回転が速くなるためであるという。また、導入のもう一つの理由は、マハタもシマアジも、これらの魚種はマーケットは小さいが、価格的にも養殖マダイよりも高く、高級魚としての地位を維持しているためである。

　最近は餌料価格が上昇傾向にあり、これがコスト・プッシュの要因にもなっている。コストに関しては、養殖マダイ1尾のうちに占めるパーセントは餌料費が6～7割、種苗費が1～2割、人件費が1割、資材費1割となっている。この場合の人件費は家族労働に対して支払われている家族労賃である。家族労賃は「生活ができる程度」であるという。すなわち家族労働力の再生産＝生活費を賄える水準という意味である。「伊勢まだい」以外の養殖マダイの販売に関しては、産地仲買業者を通じて2kgサイズのものを販売しており、活魚が100％となっている。

　このようにN経営以外にもマダイ養殖経営が、マダイ養殖以外に他の魚類養殖を行う経営（複数魚種兼営経営）が存在しているが、それを把握でき

る数値はないが、表12-20に見られる「その他の魚類養殖経営体」の中の「営んだ経営体」から「主として営んだ経営体」を差し引けば、兼営で従として「営んだ経営体」数から推測できる（その場合、主たる養殖魚種がマダイとは必ずしも限らないが、ほとんどの経営体がマダイ養殖であるので、このような推測が可能であろう）。ただし「その他の魚類養殖経営体」とは、「ぎんざけ養殖」、「ぶり類養殖」、「まだい養殖」、「ひらめ養殖」、「とらふぐ養殖」、「くろまぐろ養殖」を除く養殖である。三重県全体で見ると2003年が65経営体、2008年が34経営体、2013年が28経営体、2018年が38経営体となっており、2003年がもっとも多いがその年を除くと変動があるが、2018年がもっとも多い経営体数となっている。このようにN経営のように主として営んでいるマダイ養殖のリスクの分散のために他の魚類養殖を営むマダイ養殖経営も存在している。

　しかしながら、こうしたマダイ以外の複数の魚種を養殖するには、いくつかの乗り越えなければならない関門が存在することも事実である。その第一は、資本もかかり、労働力の人数の確保と年間作業の配分が必須となり、経営に関する熟練を要すること。第二は、マダイ以外の養殖魚に関し、技術的な問題としてマダイに比べて疾病にかかる率も高く、歩留まりがあまり良くないことである。N経営の事例でもそのことが言われていることによっても明らかであろう。第三は、高級魚である新養殖魚種のマーケットが狭く、販

表12-20　三重県その他魚類養殖経営体数の推移

単位：経営体

		主として営んだ経営体				営んだ経営体			
		2003年	2008年	2013年	2018年	2003年	2008年	2013年	2018年
	三重県	27	15	13	7	92	49	41	45
志摩・度会	明和町			1					
	鳥羽市	2				8	3	1	
	志摩市							2	
	南伊勢町	13	10	10	5	43	24	21	18
	大紀町	8				12	1		5
熊野灘	紀北町	3	1		1	17	6	12	10
	尾鷲市	1	2	2	1	11	13	3	10
	熊野市			2			1	2	2

出所：農水省「漁業センサス」より作成

路の確保と選択が難しいことである。その他にも魚種によっては、様々なクリアーしなければならない技術的、あるいは経営上の問題があると思われる。

このように兼営による複数魚種経営は、こうした課題があるために小経営が多い三重県の魚類養殖業者にとって、複数の魚種を養殖することが困難である。表12-20に見られるように2003年当初、「営んだ経営体」として三重県全体として92経営が着業したが、その5年後の2008年には、49経営へと大きく減少していることでも明らかであろう。

(2) 旧尾鷲漁協地区
2004年調査時点の状況

旧尾鷲漁協地区（以下尾鷲地区と称す）の調査時点（2004年）の海面養殖業の経営体数は、25経営であった。表12-21は尾鷲地区の海面養殖業の経営概要である。この表を参照すれば明らかなように第一に、親子・兄弟による協業経営が多く、廃業した経営（番号15、22）を除くと実質的には14経営体となる。第二には、漁家番号5、6、7の養殖業者は、事実上、畜養を行っているだけであり、稚魚からの一貫養殖ではなく、1年魚以上のマダイを購入し、短期間の畜養によって出荷販売を行っているだけである。この畜養業者を除くと12経営体となる。このように1991年以降の厳しい経済環境の下で親子（5経営

表12-21 尾鷲地区マダイ養殖経営の概要

漁家番号	生簀台数	年齢	経営形態
No 1	8	61	親子
No 2	2	32	
No 3	7	70	親子
No 4	2	41	
No 5	4	78	畜養
No 6	4	58	親子、畜養
No 7	2	32	
No 8	7	72	
No 9	9	56	
No 10	9	71	
No 11	2	52	親子
No 12	7	75	
No 13	13	50	13が雇用主
No 14	7	65	14が雇用者
No 15	8	65	1999年廃業
No 16	8	68	
No 17	8	65	兄弟
No 18	8	61	
No 19	9	66	
No 20	7	54	
No 21	10	51	
No 22	4	74	2001年廃業
No 23	13	71	親子
No 24	2	33	

出所：2004年調査より

体)、兄弟 (1 経営体) などの血縁関係による共同、協業経営、または漁家番号 13、14 の例に見られるように雇用主と雇用者関係にあるもの (1 経営体) など両方の施設の統合によって養殖小割台数を増加させるなどの小割台数の増加と労働力確保の経営対応をおこなっている。また、前述したように回転期間の短い畜養に切り替え、生産期間 (畜養期間) の短縮と回転を速めることによる資本の節約と収益性の向上をはかっている。

しかしながらそれ以外の漁家番号 8、10、19 のように、65 才以上の高年齢層によって単身経営が行われている場合、今後、後継者の確保が出来なければ廃業の可能性が出てくる。このように尾鷲地区のマダイ養殖経営は、血縁的、あるいは雇用者を雇い入れ、共同化・協業化をはかりつつ残存する経営と後継者を確保できないで廃業する単身経営との両極分解が進行しつつあると言えよう。

2004 年以降の動向

尾鷲漁協は、現在、合併し伊勢外湾漁協尾鷲事業所となっている。2004 年以降の元尾鷲漁協の魚類養殖業の動向に関して補足しておく。2004 年調査時点から 5 年後の 2009 年の魚類養殖経営は、実質 21 経営体 (調査では 24 経営体となっているが実際、権利だけを持っているだけの経営体が 3 ある) から 16 経営体となり、さらに 2012 年には 11 経営体、2017 年には 10 経営体と大きく減少している。2022 年現在では、わずか 5 経営体と半減した。この 5 経営体の経営形態は、個人が 3 経営体、会社が 2 経営となっている。会社の 2 経営体は以前、産地問屋として尾鷲産養殖魚を扱っていた商業資本であり、流通業者から生産者も兼ねる業者となったものである。

こうした流通企業の参入と残存個人の 3 経営体のうち 2 経営体は、後継者を確保し、親子 2 名体制で養殖経営を行っており、残りの 1 経営体は単身養殖である。これら 2 経営体のいずれも雇用者を 1 名存在しており、最低 2 名で養殖作業を行っている。すべての養殖経営体がマダイ養殖を主とし、その他に若干、シマアジとマハタを養殖している。このように現在残存している経営体は、雇用 1 名を導入し、親子によるものか、あるいは資本力を持っ

た外部流通企業のいずれかとなっている。

第3節　三重県内の漁業団体の合併・吸収の進行

　2000年代に入ってから三重県内の各漁協の合併が劇的に進行する。これは、1998（平成10）年に施行された漁業協同組合合併促進法に基づいて三重県漁連を中心として2008（平成20）年に県1漁協を目指して経営が悪化しつつある漁協を合併するという方針に基づいて推進してきたものである。表12-22が合併の経過である。この表をみても明らかなようにまずは、各ブロックに合併を進め、さらに残りの漁協の吸収合併を推進してきた。2023年現在では、伊勢湾部の北から伊曽島漁協、赤須賀漁協、四日市市漁協、鈴鹿市漁協、白塚漁協、松阪漁協、伊勢湾漁協、鳥羽地域の鳥羽磯部漁協、熊野灘（度会郡、南北牟婁郡）の三重外湾漁協、熊野漁協、紀南漁協の11

表12-22　三重県内沿海地区漁協の合併、及び吸収合併（2000年以降）

年月日	組合名	合併・吸収の漁協名
2000年 6月 1日	くまの灘漁業協同組合設立	南伊勢町（旧南勢町、旧南島町）の16漁協参加
2001年 4月 1日	熊野漁業協同組合設立	熊野市内の全6漁協参加
2002年 6月 1日	松阪漁業協同組合設立	松阪市（旧三雲町、松阪市）内の全4漁協参加
2002年 7月 1日	志摩の国漁業協同組合設立	志摩市（旧浜島町、旧大王町、旧志摩町、旧阿児町）内の18漁協参加
2002年10月 1日	鳥羽磯部漁業協同組合設立	鳥羽市及び志摩市（旧磯部町）内の全22漁協参加
2003年 5月 1日	三重県真珠養殖漁業協同組合設立	6真珠養殖漁協の参加（業種別組合）
2006年 4月 1日	伊勢湾漁業協同組合設立	伊勢市及び明和町内の全5漁協参加
2010年 2月 1日	三重外湾漁業協同組合設立	志摩市、南伊勢町、大紀町、紀北町及び尾鷲市内の12漁協参加
2011年 7月 1日	尾鷲漁業協同組合設立	尾鷲市内の3漁協参加
2012年 1月 4日	海野漁業協同組合設立	紀北町内の2漁協参加
2014年 8月 1日	立神真珠養殖漁業協同組合	間崎真珠養殖漁業協同組合を吸収合併（業種別組合）
2016年 5月 2日	三重外湾漁業協同組合	古和浦漁業協同組合を吸収合併
2017年 7月 3日	白塚漁業協同組合	河芸町漁業協同組合を吸収合併
2018年 9月 3日	三重外湾漁業協同組合	3漁業協同組合（海野、尾鷲、大曽根）を吸収合併
2022年 4月 1日	松阪漁業協同組合	香良洲漁業協同組合を吸収合併

出所：三重県農林水産部水産振興課HPより

漁協である。とくに三重外湾漁協は、2018年現在の組合員数で8,241人（正組合員2,382人、准組合員数5,859人）を抱える国内最大規模の漁協となった。

　2000年代に入ってから、このように漁協合併が急速に進んだ背景としては、漁業就業者数が大きく減少したこと、およびそれに伴い漁協の経済事業が不振に陥ったことがあげられるであろう。もうひとつは、経済事業の拡大と効率化である。小規模漁協では困難であった経済事業、例えば、産地市場を集中させ、より価格形成力を持った市場機能が発揮できるように効率化をはかったことである。要するに各事業を機能的に結びつけ、経営としての集積利益をはかり、効率化し、コストダウンを目的としたものと言えよう。

　しかしながら課題としては、これまでの漁村の村落共同体を基盤として形成されてきた漁協の機能を統合化された場合に、当該地域の地先海面の漁場の保全を含めた管理の問題、漁業権の行使と調整など、さまざまな課題を解決するための地域の合意形成の場であった漁協の民主的な運営などの問題を、これまでの単位漁協が支所となることにより、どのように解決をはかるかということが残されているように思う。

　以上のような地区漁協の合併、吸収合併の他に、2021（令和3）年4月1日から三重県信用漁業協同組合連合会は、東日本信用漁業協同組合連合会に統合され、三重県内には三重支店、伊勢鳥羽支店、尾鷲支店の3ヵ所の支店が置かれた。この東日本信用漁業協同組合連合会は、青森県、岩手県、茨城県、千葉県、東京都、新潟県、石川県、福井県、静岡県、愛知県などを合わせたきわめて広域的な組織体制となった。これまでも三重県の各漁協の信用部門を県信漁連へ譲渡し、県下三重県信漁連へ統合したが、さらに信用部門の他県にまたがる大規模な広域的統合となった。経済事業でいえば、地区単位漁協の信用部門は、販売部門に次ぐ重要な収益部門であったが、近年の都市銀行をはじめとして地方銀行も合併・統合の大波の中で信用事業を維持していくためにはやむえないものと言えよう。

[1]）例えば、1974年の『漁業白書』（水産庁）において、次のような記述があることによっても第一次石油危機に対する漁業部門の影響が軽微であっ

たことがうかがわれる。「(昭和)48年は、沿岸漁業では、漁場環境の悪化のなかで概して生産量が伸び悩んだものの、価格の上昇によって生産金額はかなりな伸びをみせ、また、中小漁業でもかつお、いわし類、さんま等の生産量の伸びと価格の上昇によって生産金額が増加し、48年秋からの燃油、漁網綱価格の高騰等生産コストの上昇にもかかわらず年間でみると経営として近年にない好収益をあげた」(pp12-13)。

2) 沿岸小規模漁船漁業経営の階層区分に関しては、一応、基本的な生産手段である漁船規模で総トン数10トン未満を最上層としていた。この階層は、雇用労働力が主体の企業的性格が希薄であり、家族労働力主体の小生産的経営として規定していたが、近年、省人化が進み、家族経営も10から20トン経営階層までもその中に含まれるようになった。しかし本稿では、過去の数値との連続上、5～10トン経営層を上限とした。

3) 拙稿「沿岸漁船漁業の存立構造－1970年代以降－」(漁業経済学会編『漁業経済研究』第35巻第1号　1990年10月)参照のこと。この論文では、3-5トン層を含めた沿岸漁船漁業経営体にしぼり、1970年代から1980年代後半までを分析し、これらの階層の経営対応を明らかにしている。

4) 2004年以前は家族経営、企業経営の区別はない。

5) 2008(平成20)年のペルー魚粉の国別輸出量は、中国が819,729トン、次いでドイツが189,065トン、そして日本が第3位の149,132トンとなっており、中国の約6分の1強に過ぎない。

6) 雇用問題に関しては、1999年に「労働者派遣法」の改正に伴う非正規雇用者の激増である。この法改正により、これまでの専門職に限定されていた非正規雇用の枠を取り払い、製造業を含む原則としてすべての業務に適応された。15歳から35歳の就業年齢人口の4割強を占める派遣社員と呼ばれる非正規雇用者が激増し、また、失業率も上昇し、雇用情勢が悪化した。

7) 吉川　洋著『転換期の日本経済』岩波書店　1999年　pp41-49参照。ここでは、92年の消費の落ち込みを資産評価の低下が大きく影響している、いわゆる「逆資産効果」であったが、97年の大きな落ち込みはそれでは

説明できないとする。

8) 拙稿「養殖経営の現状と課題」（日本水産学会監修『ブリの資源培養と養殖業の展望』 恒星社厚生閣刊 2006.3 pp116-125）において、1991年以降、ブリ養殖産地は、第Ⅲ期に入ったとし、この第Ⅲ期の大きな特徴を「新たな産地編成替えと養殖ブリ類経営の本格的な階層分解＝産地変動の進行」(p123)と規定している。1991年から2000（平成12）年までの活発な固定資本投資の増大は、この時期、規模拡大が積極的に行われたことを裏付けている。

9) 佐藤里咲『都市型漁村における経営継承の一考察－三重県桑名市赤須賀地区を対象として－』三重大学生物資源学部の2017年度卒業論文

10) この箇所は、2020年11月28日発行の拙著『岐路に立つ魚類養殖業と小規模家族経営』（北斗書房）による。

11) 三重県漁連資料の各市町村の2011年の養殖マダイの放養尾数（2年魚、3年魚、4年魚）の合計を2013年の漁業センサスによる「営んだ経営体数」の数値で除したものである。

12) ヒアリングと帝国データバンク企業情報による。

むすび －三重県漁業の歴史的概観－

　日本資本主義と全国的な漁業の展開は、近世から明治の近代、現代に至るまで三重県全体の漁業と各漁村の歴史的構造に対して深く関連しており、その構造に規定性を与えてきた。そのような視点から簡単に近世から現代にいたるまでのおよそ200年の長期間にわたる三重県漁業と地域に関して述べてきたが、最後に俯瞰的にまとめておく。

漁業・漁村の確立期－近世から近代へ－

　三重県の漁業は、歴史的に見た場合、現代に至るまで大きく漁業の構造が異なる3つの地域からなる。近世から近代＝明治にかけては、(1) 半農半漁型漁村が多く、地曳網等が盛んであった伊勢湾周辺地域、(2) あま漁業、カツオ漁業、そして真珠養殖が行われてきた鳥羽・志摩地域、(3) カツオ・マグロ漁業、ボラ楯網などが盛んに行われていた熊野灘沿岸地域である。これら3つの地域は、近世には和歌山の幕府親藩の紀州藩、伊勢神宮、鳥羽藩、桑名藩、津藩など様々な藩による別々な統治が行われていた。それぞれの藩による漁業と漁民支配のあり方も異なっていた。当時の漁業生産の大規模なものは"地下網"と称する村落共同体的なものであり、伊勢湾のイワシ地曳網、鳥羽・志摩、および熊野灘で広く行われていたボラ楯網などがあった。こうした村落共同体的漁業は、とくに鳥羽・志摩、熊野灘地域の漁村民の就労機会であり、そこからの収入は、まず、藩の雑税として藩に収められ、残りの一部は村の共同財産となり、それは村人の厚生的役割を担い、さらにその残りは、各漁夫に平等分配された。こうして前浜総有的漁場が漁村民にとって生活を支えるきわめて重要な意味を有していた。

　明治に入ってからは、版籍奉還により、こうした幕藩体制の下での漁場と漁民支配は無くなったが、基本的に江戸時代からの漁業技術、漁法をそのま

ま引き継いでおり、漁民の生活も農業の他、漁業外の様々なものとの兼業が多く、あるいは周年、大規模な漁業の雇用による、わずかな収入で生活を維持するものが大半であった。明治政府は、これまでの藩による漁場支配を廃止し、1875（明治8）年の太政官布告195号による海面官有・海面借区制の布告＝海面国有化宣言を行ったが、これが旧来の漁場の領域をめぐる慣行的な秩序を揺るがし、漁場紛争を一挙に激化させた。これは江戸時代からの既得権益を重視する漁村・漁民と新たに漁業を行おうとする漁村・漁民との間での激しい紛争を引き起こした。とくに三重県は、前述したように江戸時代に各漁村が異なる藩に属しており、複雑な漁場利用関係となっていたことがその原因にもなっていた。こうした漁業紛争の激化に対して明治政府は、翌年、「旧慣尊重」の方針を打ち出し、漁場の領域をめぐる紛争はしだいに収束に向かった。しかし、1901（明治34）年の明治漁業法の制定後においても漁場紛争は県内各地で再燃した。

　明治に入ってからの新たな漁業紛争として風力を利用した能率的な打瀬網漁業と他の沿岸漁民との紛争がある。これは、打瀬網による漁業資源をめぐる紛争であり、前浜の漁村の総有的漁場をめぐる領域紛争とは異なり、競合する漁業資源の漁獲をめぐるものである。このような能率漁業による水産資源問題は、明治後期から始まり、大正後期から昭和の始めにかけての沿岸漁船の動力化によってさらに深刻化する。これは、明治以降の漁業の近代化の中での伝統的な漁業技術に依存する地曳網などの沿岸漁業者と近代的な漁具などと漁船装備を備えた沖合漁業者との漁業資源をめぐる紛争であった。

　こうした漁業生産力の飛躍的拡大は、明治初期の沿岸漁村民同士の封建遺制としての漁場紛争とは異なった沖合漁業者と沿岸漁民との、あるいは県境を越える沖合漁業者同士の水産資源をめぐる新たな漁業生産力段階の紛争を激化させることとなった。こうした事態を受け、当時の政府は、「朝鮮通漁」等、海外への漁業出漁の推進によって解決を図ろうとした。そしてさらに1905（明治38）年に制定した「遠洋漁業奨励法」の改正によって5トン以上の動力船も遠洋漁業が可能となり、沿岸から沖合へ、さらに遠洋へと操業域の拡大を図った。明治後期からは、北牟婁郡長島町のように江戸時代からの沿岸

来遊漁業資源を漁獲する人力に依存した伝統的なカツオ漁法からカツオ漁場を追って沖合数マイルまで航行が可能な発動機付きの新たな漁業技術の導入によるカツオ漁船漁業経営層（＝マニュファクチュア的漁業層）も出現した。こうした沖合、あるいは日本近海（＝当時の遠洋海域）への遠隔漁場での操業が可能な漁船の動力化の波が漁村にも押し寄せ、次の大正期には漁業生産力の技術的な飛躍的発展がもたらされた。このような漁業生産力の発展に伴い、前浜漁場を操業域とする小規模沿岸漁村から、しだいに沖合・遠洋漁業の水揚げ作業、市場施設などを備えた北牟婁郡尾鷲町のような漁港基地化が進行した。このような志摩海域、熊野灘のカツオ一本釣り漁業、その後のマグロはえ縄漁業など沖合漁業への生産力の伸長がみられるようになった。それに伴い、熊野灘漁村では、カツオ漁船などに乗組員として漁労作業に専業的に従事する労働力人口も増加した。その他にも、熊野灘では、沿岸漁業である江戸時代の地下網の伝統である村張り的なブリ大敷網漁業も盛んに行われた。

　伊勢湾北部、南部では、沿岸漁業においても多人数を要する大地曳網漁業の免許数も増加したが、他方沿岸漁村での零細漁民の半農半漁的・自給的な採藻・採貝漁業からノリ、カキなどの商業的海面養殖業の着業がしだいにみられるようになった。さらに志摩方面では、真珠養殖法も明治の後期に発明され、半円真珠養殖が御木本幸吉によって実用化され、本格的な真珠養殖が開始された。半円真珠から真円真珠も技術改良が進み、その後、御木本真珠店は欧米市場への輸出企業として発展した。志摩方面の多数の漁村の前浜漁場が御木本真珠の漁場となり、零細な漁家、あるいは農家の世帯員が御木本真珠店に雇われた。

　明治後期から大正前期にかけての、この時期は、日本資本主義の確立期であり、漁村への商品経済の浸透に伴う資本－賃労働関係の形成、すなわち漁民層の分化・分解が進行した。三重県においても漁業の成長に伴い漁村の人口数は大きく膨張する。当時の三重県漁業の構造は、基本的には半農半漁層、雑業層、および小規模・零細な漁民の多数の着業を基盤とした量的な膨張であった。本格的な漁業構造の変化は、次の1920年代の大正後期から1930（昭

和5）年「昭和恐慌」までの昭和初頭にかけての時期に見られるようになる。

このような漁業への着業者数の増大という漁業生産力の量的膨張に大きな刺激となったのは、明治中期に漁村への商品経済の浸透とともに水産物商品の移送のための鉄道網の発展によるものである。輸送体制の整備は、1895（明治28）年の東海道線、四日市－名古屋間の開通、1898（明治31）年の関西鉄道の開通などに見られるように相次いで建設された。輸送体制の整備に伴って東京、大阪などの都市部への人口集中も進み、しだいに大都市を中心に水産物市場の拡大も進展した。このように大正期は、1923（大正12）年の関東大震災の甚大な被害にもかかわらず都市需要と輸送体制の整備によって国内市場が拡大し、三重県漁業の次の大きな飛躍への前段階の時期であった。

漁業の近代化と漁民層の分化・分解

大正末期から昭和初期の1920年代は、1918（大正7）年の第一次世界大戦の終結による「反動恐慌」が1920年に起きたが、年内に終息し、その後から1930（昭和5）年の昭和恐慌までの期間の実質賃金の上昇、都市化に伴う国内市場の拡大などの条件によって漁業生産力の飛躍的な拡大と漁業構造の本格的な資本主義化が進展した。とくに沿岸漁船漁業における動力化もこの時期に急速に進行する。伊勢湾では、アグリ網漁業、サワラ流網などに3～4トンの小規模な漁船にも小型発動機が導入された。この時期の県内漁船全体における動力化率を見ると、1926（昭和2）年時点の伊勢湾では、三重郡の動力化率が16.1％、河芸郡では31.0％、四日市市では21.2％となっている。度会郡では8.3％、志摩郡では10.3％、熊野灘では北牟婁郡が14.2％、南牟婁郡が14.9％となっている（前掲表6-2）。重要な点は、沖合漁業だけでなく、小規模沿岸漁船における発動機の導入が急激に進んだことである。

漁業のこうした漁船の動力化の進行は、生産手段たる漁船の大型化、麻から綿糸への漁網、および漁具等、漁業生産力の飛躍的拡大に大きく貢献した。こうした漁業技術の革新による生産力の向上は、生産手段市場、水産物商品

市場、金融市場などを通じた資本主義的商品経済へ漁業部門が、一層、包摂されたことを裏付けている。こうした漁業生産力の拡大は、漁村内部における社会的経済的変化を引き起こした。それは、なによりも資本主義経済の一層の浸透により、漁業者間の競争を激化させ、それに伴い漁民層の分化・分解が一層進展し、生産力格差と資本－賃労働関係の成立をもたらすこととなったことである（＝漁業における資本主義的生産関係の成立）。そうした中で伝統的村落共同体的平等性が次第に弛緩するようになり、漁業労働力ともなる半失業的零細漁民層が大量に創出された。こうした現象は漁業部門だけでなく、伊勢湾北部などの綿糸・生糸などの繊維工業、食品工業も集積が進み、このような製造業部門への女性を含めた漁家世帯員の労働力商品化も進行し、漁業外労働市場への包摂も進んだ。

こうした膨大な潜在的な労働予備軍＝相対的過剰人口の形成は、1920年代の漁村のみならず農村でも同じような現象が生じていたが、漁業部門における雇用においては、労働過程の次のような特殊性が漁業労働力の雇用形態にも季節的雇用という性格を規定づけた。第一には、漁業資源の特殊性から漁労活動に季節性が存在すること、第二には、季節性の外に「マニュファクチュア的漁業」資本の側の資本蓄積の脆弱性の問題があり、周年雇用の確保と維持が困難であったこと、第三に、漁業種類ごとの漁労作業の熟練が要求され、熟練労働力の確保が必要不可欠であったことである。こうしたことから伊勢湾の揚繰網漁夫として雇われるための県内漁村からの出稼ぎ、熊野灘の度会郡、北・南牟婁郡におけるカツオ漁業、マグロ延縄漁業、サンマ漁業が盛んな漁村では、志摩方面、周辺漁村からの熟練漁夫層の入稼ぎが盛んに行われていた。第Ⅵ章第3節では、こうした出稼ぎを第一形態の「出稼ぎ型」労働力として規定した。

こうした他に漁家婦女子による出稼ぎ労働力がある。これを出稼ぎ型労働力の第二形態とした。これは、伊勢湾北部の北勢地方、名古屋周辺などへ繊維工場・食品工場などへの女工、奉公人としての、いわば漁家の"家計補充"的賃稼ぎの労働力である。伊勢湾、志摩方面ではかなり多くの人数が出稼ぎを行っている。志摩では、国内の採貝・採藻漁業に従事する海女の出稼ぎも

かなりある。そして、最後に韓国併合後の朝鮮半島、北米、オーストラリアなど海外への出稼ぎである。これを出稼ぎの第三形態とした。朝鮮半島へは伊勢湾からは打瀬網漁夫、ボラ敷網・地曳網の漁夫として、北米英領カナダへはサケ漁業漁夫、志摩では朝鮮半島へ多数の海女の出稼ぎ、オーストラリアの木曜島へは黒蝶貝の採取などの海外出稼ぎがある。こうした漁業出稼ぎは、国内における熟練労働力と同様に海外への熟練労働機会への就労が多かった。

　このように1920年代は、本格的な日本資本主義の確立、および漁業部門内の動力化による生産力の競争の激化により漁民層の分化・分解が進行し、三重県の各漁村にも相対的過剰人口の滞留が層厚く見られようになった。こうした労働力を基盤として、一方では、県内の小資本的漁業層とも言うべきマニュファクチュア的漁業経営にとっての漁夫の熟練労働力が確保されたのである。また、他方では、前述した第二、第三のタイプの「出稼ぎ型」労働力が形成され、漁業外産業への賃労働、あるいは海外漁業への出稼ぎ漁夫（漁婦）として従事した。

「昭和恐慌」から戦時体制へ

　1930年からの世界恐慌の一環として始まった「昭和恐慌」によって日本資本主義は、1920年代の相対的安定期から一変し、深刻な経済的危機に陥った。魚価の低迷による三重県漁村の漁民生活の窮乏も深刻化し、さらに失業者も増加した。これは三重県のみならず全国的状況であったが、こうした状況に対して、当時の農林省は農山漁村経済更生計画方針を樹立し、各種の漁村振興・匡救事業を行うことによって漁村の失業対策の土木事業と、志摩で始まったように三重県でも軍国主義的な戦時的雰囲気が強まる中、精神的動員体制の確立を図るものもあった。

　1937年、中国北京郊外盧溝橋での日中両軍の武力衝突に始まり、その後、日中全面戦争へと発展し、さらに1941年の日本軍の真珠湾攻撃に始まる太平洋戦争へと突入する。このような戦時体制下の三重県漁業は、統制下におかれ、漁業資材、とくに燃油の不足が深刻となった。また、戦争が長引くに

つれ、兵員として戦地に多くの漁家の子弟が送られ、漁業経営は若い漁業の働き手を失い、厳しい状況に追い込まれた。漁船は輸送船として軍に徴用され、潜水艦攻撃によって撃沈された漁船も多くあった。太平洋戦争の末期なると四日市市、津市などもアメリカ軍の空襲にさらされ、尾鷲においても中京方面への爆撃機の通り道であったことから爆弾が投下されるなどの被害も発生した。こうした戦争被害に加えて1944年12月に発生した東南海地震とそれによる大津波は、多大な被害を三重県の漁業と漁村にもたらした。

戦後復興から確立へ

　戦後は1949年の民主化政策の一環としての戦後漁業法の制定を基点として敗戦からの復興を迎える。三重県漁業は、他の産業がほとんど米軍の空襲等で壊滅的な打撃を被ったことから、漁業は手取り早い就労機会であり、また農業と並んで食糧源確保のための重要な産業であった。こうしたことから三重県漁村は、戦後復員による膨れ上がった過剰な人口を抱え、全国的状況と同様、"過剰人口のプール"と化していた。1947（昭和22）年の漁家戸数、漁業従事者数は、1935（昭和10）年〜45（昭和20）年の平均の前者で約1.5倍、後者で1.3倍に膨れ上がっていた。とくに漁家戸数で志摩郡、北牟婁郡の両者共に約1.9倍、南牟婁郡の約2倍強の膨張が注目に値する。これらの地域では、戦前から小規模・零細な漁家が多く、専業的漁夫も多かった。これに比べ伊勢湾では、ほとんど変化なく、逆に約0.9％とわずかに減少した。これは、半農半漁村が多かったこと、北勢地域では激しい空襲にさらされたにもかかわらず残存した工場もあり、そうした漁業外の中京方面を含んだ雇用先に吸収されたことが要因であろう。

　漁業においても漁船・漁網などの漁業資材の不足、漁業用石油などの不足もあったが、各漁村の多就労型の漁業がこのような失業、あるいは半失業状態の労働力を吸収した。こうした中で1949年に戦後漁業法が制定され、一連の民主化政策の一環として漁業の民主的改革が行われた。戦前の封建的な寄生地主的な網元、船元は排除され、実際に広く漁業を営む漁業者に漁場が解放された。しかし、こうした漁業新制度の制定に伴い三重県下の定置漁業

権、真珠の漁場をめぐっての漁村間の区画漁業権の争い、共同漁業権をめぐる漁場争いなどが起こった。こうした漁場紛争も新設された海区漁業調整委員会によって調停が行われた。さらに、1951（昭和26）年には、当時の漁業資源の乱獲、とくに小型底曳網漁業による乱獲が激しさを増す中でGHQは小型底曳網漁業に対する5ポイント計画による中小漁船の減船整理を発表した。この計画によって、とくに三重県でも伊勢湾における小型底曳網漁船にたいする大幅な減船措置が行われた。

　一方、大型漁船による遠洋漁業は、戦後、しばらくは「マッカーサー・ライン」と呼ばれる占領下の日本近海に漁区が制限されていたが、1951（昭和26）年のサンフランシスコ講和条約の締結によって占領下から解放され、日本の主権の一応の回復によって全面的に「マッカーサー・ライン」が撤廃された。これを機に県内において熊野灘の度会、南・北牟婁郡における戦前からの有力漁業であったカツオ・マグロ漁業などの遠洋漁業が成長し始める。しかし、こうした遠洋漁業の急速な立ち直りは、南太平洋ビキニ環礁における水爆実験による放射能を含んだ"死の灰"を浴びた第五福竜丸事件、および三重県では、カツオ漁船の遭難者47名という第十一東丸事件など痛ましい犠牲も伴っていたことを忘れるわけにはいかない。同じく熊野灘ではブリ定置網、伊勢湾におけるバッチ網漁業、小型底曳網漁業などの沖合漁船漁業、また、海面養殖業も伊勢湾ではノリ養殖業、志摩・度会郡では真珠養殖業が急速に復興を遂げ、発展の兆しが見え始めた。

　戦中に統制組織である漁業会へと編成された漁業組合も戦後漁業法制定の1年前の1948（昭和23）年の水産業協同組合法の制定によって「加入・脱退の自由」を含む協同組合原則に基づく近代的協同組合として再組織された。しかし、反面、経済的基盤の脆弱な小規模漁業協同組合が乱立したため経済事業を行うことが困難であり、整理統合が発足当初から必要不可欠のものとなった。

　さらに忘れてならないことは、戦後直後の1951（昭和26）年に、すでに四日市市における工場立地に伴う廃棄物汚染が深刻な公害問題を引き起こしていたことである。四日市漁業協同組合の組合長が四日市市議会議長宛に陳

情書を提出している。もう一つは、1959（昭和34）年に突如として襲った伊勢湾台風による被害である。伊勢湾を中心に多数の人命が失われ、漁業に与えた被害も多大なものであった。さらに翌年の1960（昭和35）年にもチリ地震による津波によって志摩・度会方面の真珠養殖施設を中心に甚大な被害を被った。

　この時期、三重県漁業は、戦後の未曽有の困難を抱えた再出発であったが、漁業者、漁業協同組合、行政の側が一丸となった復興にかけた心血を注いだ努力によって奇跡的な立ち直りを示した。

高度経済成長下の三重県漁業・養殖業

　1960年代に入ると日本経済の高度成長が本格的に始まり、農山漁村からの新規学卒者を中心とした若年労働力の工業集積した都市部への流出と大都市への人口集中が始まった。また、高度経済成長は、漁業部門にとって「消費者物価指数の伸び率を超える魚価上昇」（廣吉勝治）という有利な国内市場条件に支えられ、漁業生産力の伸長に大きく寄与した。また、同時に1960年頃からの一連の生産性の低い農林漁業を始めとした構造改善政策の一環として「沿岸漁業構造改善事業」によって沿岸漁村の労働力の流動化をさらに促進し、製造業をはじめとする工業部門へ吸収させ、残存した漁家経営層の専業化による都市勤労者世帯との所得格差の均衡を図るという政策がとられた。こうした構造政策によって、1960年代前半の動力漁船3〜5トン経営階層の肥大化・専業化という当時の漁民層分解の動向を踏まえ、政府は、この経営階層を政策的対象として企業的漁家層への転換を図ろうとした。

　1963年に公表された三重県農林漁業基本対策審議会の答申は、当時の現状認識として3つの地域（伊勢湾、志摩・度会、熊野灘）に共通する沿岸漁業の構造問題として（1）経営規模の零細性、（2）生産性の低さ、（3）臨海工業地帯の発展に伴う漁場条件の悪化をとりあげていた。

　全国的に1960年代以前の「失業人口のプール」と呼ばれた漁村は、過剰就業下の絶対的貧困問題は急速に解消しつつあったが、その後も都市住民と農山漁村の農漁民との所得格差が広がりつつあった。こうした状況下で、若

年労働力の都会への流出の勢いは、ますますドライブがかかった。とくに学卒若年層の都市への流出の継続は、やがて深刻な漁業の担い手不足問題として浮かび上がるようになる。下層漁家群の後継者を欠いた"脱漁家"が、1973年の高度経済成長が終焉を迎えた以降も、全国的にも三重県においても継続することとなる。

　三重県の漁業経営の階層別変化を若干の数値で示しておこう。10トン未満の沿岸漁船漁業の経営体数では、1960（昭和35）年と高度経済成長が終焉したとされる第一次オイルショックの年である1973（昭和48）年との比較では、無動力船階層の89.7％の減少、1トン未満階層は19.6％の減少（ただし、この階層は63年以降に数値が記載されており、63年基準）、1～3トン階層は52.5％の減少、3～5トン階層は62.1％の増加、5～10トン階層は1.8％の増加となっている。確かに全国的傾向と同様に「中核的漁民層」と呼ばれた3～5トン階層の増加が著しい。

　その他にも10トン以上階層の沖合・遠洋漁業経営体数は、10～30トン階層では150.8％の増加、30～100トン階層は9.8％減少、100～200トン階層は91.4％の減少、200トン以上層では、100％の増加となっている。その他には、大型定置網階層が11.8％の減少、小型定置網階層が18.3％の減少、地曳網階層が60.5％の減少となっている（表9-4参照）。

　このように、とくに経営体数でウェイトの高い沿岸漁船漁業の階層の中での無動力船階層、1～3トン階層の大幅な減少と比較して3～5トン階層の大幅な増加が特徴的である。こうした漁船漁業階層は、沿岸共同漁業権漁場での様々な高級魚＝高価格魚を漁獲対象とした経営層であり、高度経済成長下の国内消費市場の拡大の中で経営の規模拡大による上向化を遂げつつあったものと言えよう。

　また、高度経済成長の後半から沿岸漁村では、全国的動向として、疲弊する漁村に本格的に導入され、"沿岸漁業の救世主"とまでに言われた海面養殖業が漁村に広まり、"出稼ぎが村の産業"とまで言われていた地帯でも導入、定着するようになったことに注目する必要がある。三重県では、伊勢湾漁村でノリ養殖経営体数が同年次比較（1973年/1960年）で113.4％増加、

それに対して志摩・度会・熊野灘漁村では真珠・真珠母貝養殖（戦前から）→ハマチ養殖へと転換が進み、真珠養殖業が54.8％の減少、真珠母貝養殖が96.3％の極端な減少、カキ養殖業は57.1％の増加、これらに対してほとんどがハマチ養殖と考えられる「その他養殖業」は、1経営体から865経営体と著増している。このように三重県は、真珠・真珠母貝養殖経営体数の大きな減少と裏腹に、ハマチ養殖業が大部分である「その他養殖業」が大きく経営体数を増加させた。ハマチ養殖経営体数の著増は、無動力船階層、1トン未満漁船階層、1～3トン漁船漁業階層からと、それと真珠・真珠母貝養殖階層からの転換がその内容である。伊勢湾のノリ養殖経営体数の増加は、政府の「減反政策」の結果による半農半漁経営からの参入であり、ハマチ養殖経営体数の増加は、漁船漁業下層（無動力船、1～3トン階層）、真珠・真珠母貝養殖からの転換によるものである。こうして下層の零細経営が漁業部門から退出し、残存経営層の漁船漁業からハマチ養殖業などへの転換も含め、全体として、より小生産的家族経営としての性格が強まったと言えよう。そのような意味では、「構造改善事業」が沿岸漁船漁業層の目標とした、さらにその上の小企業的経営層の創出という段階には至らず、家族経営への純化というレベルに留まったというべきであろう。しかし、これも魚価の上昇と家族労働力の流出に対応した性格の強いものであって答申が目指した本格的な生産性の向上というところまでつながらなかったと言うべきものである。

　さらに、三重県マグロはえ縄漁業の専業化と漁場の遠洋化に関して述べておく必要がある。三重県は熊野灘方面の度会郡、南・北牟婁郡のカツオ漁業を表作とし、マグロ漁業を裏作とした、かつてからの伝統的な漁業方式での兼業船がこの時期に減少し、カツオ・マグロ兼業経営からマグロ延縄専業経営化と大型化が進展した。そのために漁場の遠洋化がさらに進行し、太平洋、インド洋全域、そして大西洋までも操業海域が拡大した。しかし、こうした漁船の大型化、操業海域の遠洋化は、絶えざる釣獲率の低下を引き起こし、それがさらにマグロを追って遠洋化が進むという悪循環に陥った。それは当然のことながらコスト増大に伴う採算性の悪化を招来したのである。

　最後に、高度経済成長期の三重県漁業の存続をめぐって大きな問題となっ

ていたのは、三重県農林漁業基本対策審議会の答申でも触れていたが、伊勢湾北勢地域の四日市市の石油化学コンビナート化に伴う異臭魚問題、伊勢湾南勢地域では、松阪市の日本鋼管津造船所誘致問題、一志郡香良洲町地先への日本石油精製所の進出計画、熊野灘地域では、芦浜原発誘致問題、尾鷲市の火力発電所建設問題など工業開発に伴う環境問題が立て続けに発生したことである。高度経済成長は、三重県でも沿海部の重化学工業の集積による公害問題が頻繁に起きた。三重県漁連を中心に、こうした漁場環境問題悪化に対する漁業者の反対運動が積極的に展開された。

1960年代の高度経済成長は、石炭から石油への「エネルギー革命」を土台に石油化学、産業機械、家電などの製造業などの独占資本の強蓄積を進め、太平洋側臨海工業地帯の形成、沿海漁村の都市化、漁業・漁村からの若年労働力を吸収し、同時に賃金の実質的上昇によって国内消費市場が拡大し、水産物の価値実現に大きな貢献をもたらした。しかし、その反面、漁家の"脱漁家"の進行＝後継者不足の深刻化、漁場の埋立てと汚染被害の拡大が大きな社会問題となった。三重県の漁業は、まさにこうした問題を典型的に被った地域であったと言えよう。

オイルショック・200カイリ問題と三重県漁業・養殖業

1973（昭和48）年の秋から翌年、1979（昭和54）年の2度にわたるオイルショックの発生は、それ以降、日本経済の高度成長路線に大きな転換を強いた。日本漁業にとっては、1977年にさらなる大きな転機が訪れた。それは、米ソの相次ぐ200カイリ宣言であった。これ以降、1982年に採択され、1994年11月に発効した国連海洋法条約締結を待つまでもなく、国際的な海洋秩序となり、日本の遠洋漁業は大幅な縮小と撤退を余儀なくされた。

こうした状況は、魚価の上昇を招来させ、とくに沿岸漁船漁業にとって、沿岸漁船漁業は、中小漁業とは対象魚種も異なり、少量多種多様な高価格魚を漁獲対象としており、その点での価格上昇の恩恵に授かるところが多かったことも否めない。この時期に沿岸漁船漁業では、固定資本投資＝設備投資、新船建造意欲が高まった[1]。

こうした魚価の上昇の背景には、1973（昭和 48）年の第一次オイルショックの翌年もその影響が深刻であったが、その年の賃金上昇がきわめて高かったために、消費者の購買意欲は高く、国内消費市場は堅調であったことである。また、沖合・遠洋漁業の中小資本漁業も魚価上昇により、その面では有利な国内消費市場が存在したが、しかし、沿岸漁業とは裏腹に、中小漁業経営である遠洋・沖合漁業は、"油漬け漁業"と呼ばれ、第一次、第二次のオイルショックの中で燃油をはじめとするコスト上昇により、きわめて深刻な経営危機に直面していた。とくに三重県では、1979（昭和 54）年の第二次オイルショックの中小漁業経営に与えた影響が深刻であった。

三重県の遠洋漁業の中でもカツオ・マグロ漁業は、高度経済成長期に、すでにマグロ専業船の大型化・遠洋化によるコスト増大による経営危機が顕在化し、漁船の規模を縮小し、あるいは撤退する船主も現れたが、さらに1979（昭和 54）年以降、大きく減船が続いた。三重県のカツオ釣り漁船で見ると、1977（昭和 52）年には、遠洋カツオ釣り漁船が 68 隻であったのが、1980（昭和 55）年には 47 隻、1983 年（昭和 58）年には 36 隻となった。

こうした遠洋漁業経営に対して、沖合漁船漁業ではどうであったか。伊勢湾海域を漁場とするバッチ網漁業に関して述べておかなければならない。伊勢湾のバッチ網漁業は、戦後直後から愛知県側との操業協定が結ばれ、お互いの操業協定区域内の漁場での漁業が行われており、きわめて多数のバッチ網漁業の参入が行われ、伊勢湾での有望な沖合漁業であったが、この時期には操業隻数も減少し、1973（昭和 48）年には 46 隻となった。1952（昭和 27）年時点での操業件数は 105 件（表 8-11）であったから、ほぼ 1 件＝ 1 隻であったことを考慮すると半分以下に減少したことになる。

その中心となっていた北勢地域の漁村が石油化学コンビナートの形成による大工場地帯化、および愛知県などの大都市圏他産業への若年労働力の流出によってバッチ網漁船の乗組員不足が深刻となった。しかし、この時期には、依然として四日市市の周辺漁村である礒津地区が集団操業型のバッチ網漁業の中心地となっており、操業隻数を維持していた。その要因は、簡単に言えば、共同経営・集団操業・利益の平等分配方式、そして漁業者自身による省

人化のための技術革新が行われたことである。そしてさらに愛知県と三重県のバッチ網漁業者同士の間で操業協定を締結した。これにより、伊勢湾に生活史を持つイカナゴは漁獲規制、イワシ類に関しては休漁を含む操業規制による価格安定化を行うようになった。こうして沖合漁業であるバッチ網漁業は、礒津地区の若手の乗組員不足への対応、「資源管理型漁業」と言われた水産資源・魚価への対応が行われるようになった。

　伊勢湾のノリ養殖業は、生産枚数は1970年代－80年代に多少のジグザグはあるが、ほぼ3万トン前後を維持していた。しかし、ノリ養殖経営体数は、1970年の6,857経営から79年には3,973経営へと約42.1％の大きな減少となる。したがってノリ生産量の一定の維持は、残存1経営体あたりの生産枚数が飛躍的に増加したためである。伊勢湾の中心の南勢地方では、半農半漁型養殖ノリ経営が高能率化・高生産性をはかるための乾燥機などの設備投資に要する費用が多大なものとなったため、ノリ養殖業からの撤退が相次いだ。その結果、残存したそうした設備投資に耐えることが可能なノリ養殖経営による生産性が飛躍的に高まった。

　熊野灘方面の度会・南・北牟婁郡では、高度経済成長期に飛躍的にハマチ（＝ブリ）養殖業が成長し、1978年には経営体数が過去最高の808経営体となり、これは全国一であった。しかし、当時、三重県の養殖ハマチの主要な市場は、3kgサイズの刺身向け養殖ハマチの需要がある関西方面であったが、1979（昭和54）年に関西市場での供給が過剰となり、価格の暴落が起きた。これを機に三重県ハマチ養殖業は、5-6kgサイズの切り身向け養殖ブリの市場としての関東方面への仕向け市場の拡大とサイズの転換を図らねばならなかった。こうしたことから県内での幼魚養殖と5kgのブリ成魚養殖との産地間の分業により出荷体制を確立したが、もともと海水温が低く、12月を中心とする出荷の最盛期には5kgサイズにまで成長させることに難しさがあった。こうしたことから、鹿児島県などの1経営の持つ養殖施設規模も大きく、海水温も高く、成長が早い大産地の出現による供給力の飛躍的増大がなされ、それに伴い価格も低下傾向をたどってきた。他の主要なブリ類養殖県（愛媛県、鹿児島県、香川県、長崎県、高知県）と比較して1経営体

あたりの養殖面積が三重県の場合、小規模な経営の養殖業者が多く、主要なハマチ（ブリ類）養殖県の中では、施設規模がもっとも小さく、自ずと養殖生産力に限界が存在した。とくに養殖漁場の狭さは、いきおい漁場生産力を超える過密養殖となり、水深の浅い海底に残餌、排せつ糞が堆積し、自家汚染による様々な魚病の発生によって養殖ブリのへい死が頻発した。こうして三重県の魚類養殖業の代表と言われたブリ養殖業も生産力の限界が見え始めた。三重県のブリ養殖における魚病の頻発による歩留まり率の悪化、および魚価の低下に直面した養殖経営の中には、当時、魚価においても高価格であり、魚病にも強い新たな養殖対象魚種であるマダイへと養殖魚種の転換させる養殖業者も増加しつつあった。

　以上のように、この時期の三重県漁業・養殖業においては、全体としての生産力の縮小が特徴的となった。漁船漁業は、1980年代に入ると魚価上昇が鈍化し始め、過剰投資が顕在化してきた。また、中小漁業経営は、海洋法問題による遠洋漁業の他国200カイリ内の操業に規制がかかり、さらに入漁料の上昇、燃油をはじめとする漁業資材のコスト高、乗組員不足などの三重、四重の重圧により、急速にこの漁業からの撤退、漁船規模の縮小が相次ぐようになった。

　海面養殖業もノリ養殖経営体数の70年代における大幅な減少、ブリ類養殖業における過密養殖が原因とされる漁場生産力の劣化と魚価の低下、そして伊勢湾から熊野灘に至る海域での赤潮が毎年のように発生するようになった。三重県の養殖業は、その存続にとっての本格的な厳しい時代に入ったと言えよう。

「平成不況」下の三重県漁業・養殖業

　ドル高によるアメリカ合衆国の輸出力の低下、貿易収支の赤字解消のための各国の為替レートの安定化をめざした1985年の先進5か国財務相・中央銀行総裁会議（G5）によるプラザ合意以降、急速な円高が高進した。また、日銀による公定歩合は引き下げられ、銀行金利の引き下げと金融緩和は、土地資産、株式資産の上昇を招き、企業は低金利による市中銀行からの借入に

も助けられ、実体経済の活発化を導く設備投資よりも資産価値を高めるような投機的ビヘイビアを選択した。こうして遊休化した法人企業の資本は、土地投機、株式投機へとこれまでにない勢いで流れ込み、株価、地価は異常ともいえる上昇をもたらした。一方、一般の国民の側においても円高による海外への旅行ブーム、消費生活の"グルメブーム"と呼ばれた高級化志向をもたらした。しかし、1989年からの日銀の公定歩合の引き締め、1990年からの土地取引に対する総量規制によってまず、土地価格が急落し、さらに1991年に株価も最高値を付け、その後、急激な低落傾向を示すようになった。"バブル経済の崩壊"である。こうして日本国内は長期にわたる不況下に置かれることになる。

　国内消費市場も"バブル経済の崩壊"によって勤労者の実質収入も可処分所得の増加率も、ともに対前年度比で1989（平成元）年以降、下がり続けた。この1991（平成3）年から2002（平成12）年の長期にわたる不況期を「平成不況」と呼んでおり、年間1世帯あたりの水産物消費支出も大きく下がる傾向を示し、円高の下での安価な水産物の輸入も増加し、それが国内水産物価格を押し下げる結果をもたらした。

　こうした日本経済の"バブル経済の崩壊"後の「平成不況」が続く中で、この間の国内漁業は、大きな縮小に迫られる。なかでも最大の経営体数を占める沿岸漁業が1983（昭和53）年から1998（平成10）年の約3割弱の大幅な経営体数の減少、中小漁業経営体数は同年比較で同じく約3割の減少となった。このように漁業経営体総数は、15年間で1983年との比較で約7割まで低下した。漁業就業者数は、沿岸漁業の自営の場合、1983（昭和58）年が290,445人から1998（平成10）年の196,914人へ約67.8％、沖合・遠洋漁業就業者の雇われの場合、同年比較で92,644人→34,747人へ約37.5％へと激減する。こうして経営体数、漁業就業者の両方においても、この間の大きな減少傾向にあることがわかる。1997年、中小沖合漁業に関しては、200カイリ内の主要7魚種を対象としたTAC法が施行され、漁獲量の総量規制が行われるようになった。また、三重県においては、各沿岸漁村での自主管理である資源管理型漁業が、この時期から盛んに強調されるよ

うになった。

　海面養殖業は、1999年に持続的養殖生産確保法が施行され、漁場の管理と新たな疾病の発生に関して厳しい規制が行われた。しかし、養殖漁場に対する浄化能力を超えた過密養殖の傾向は続いた。その理由は、これまでの価格上昇が停滞色を強める中、1経営あたりの生産量の増加が顕著となったからである。養殖コストの増加圧力は、価格の停滞を生産性の拡大で吸収して行こうとする生産対応である。養殖経営の規模拡大は、新たな養殖施設などへの追加投資を必要とし、多くの養殖水産物は、成魚の販売までの資本の回転が1年以上の期間を必要とした。こうしたことから海面養殖業部面での漁民層の分化・分解＝経営格差の拡大と下層の退出が一層激しくなった。また、西日本一帯に普及したブリ養殖業は、大産地である鹿児島県などにおいても生育期間が速く、シメたあとの肉質の変化が遅い同じブリ類のカンパチへと魚種転換をはかる産地が生まれつつあった。こうしたブリ養殖からの他の養殖魚類への転換は、三重県などにおいては、マダイ養殖へと転換したのである。

　三重県漁業に関して述べよう。三重県も全国的傾向と同様に沿岸漁船経営体数（大型定置網漁業を除く）においては、1983（昭和53）年が4,622経営体から1998（平成10）年には、約94.0％の4,344経営体となった。したがって三重県の沿岸漁船階層の減少率6.0％は、全国ほどの減少率ではないことが特徴的である。三重県で減少率が大きかった沿岸漁船階層は1〜3トン階層の1,802経営体から1,345経営体への25.4％の減少率であり、続いて3〜5トン階層の698経営体から13.0％減の607経営体である。その他は、5〜10トン階層が82経営体の増加（20.8％増加率）、漁船非使用＋無動力船階層が704経営体から17.6％減の580経営体となっている。

　このように三重県内における10トン未満の沿岸漁船階層は、この時期、全国と比較し大きな減少を示していなかったと言えるのではないだろうか。しかし、沖合・遠洋中小漁業、とりわけ30〜50トン階層の約35.3％の減少率（34経営体→22経営体へ）、50〜100トン階層の約54.1％の減少率（85経営体→39経営体へ）、100トン以上階層の約31.1％の減少率（45経営

体→31経営体へ）というように、三重県は沖合・遠洋中小漁業の減少率が大きかった。

　漁業就業者数（男子）も漁業センサスの統計値で1988（昭和63）年が13,661人であったが、10年後の1998（平成10）年には、9,782人となり、約71.6％と減少した。こうした漁業就業者数の減少の中で特徴的なことは、とくに65歳以上の年齢階層のウェイトがもっとも高く、1988年には約11.5％であったのに対して1998年には約32.9％と3倍となったことである。それに対して30歳未満のウェイトは、1988年が約9.5％であったが、1998年には4.1％となり、この7年間に高齢化と若手後継者不足の急激な進行が起きたことが読み取れる。

　海面養殖業に関しては、伊勢湾沿岸のノリ養殖は1991年から98年の経営体数で見ると、1,781経営から1,028経営へと約57.7％となった。引き続く大幅な減少傾向にある。真珠養殖は、1,167経営から958経営へ約82.1％、ブリ養殖は137経営から54経営へ39.4％、そしてブリ養殖から転換が行われたマダイ養殖は646経営から475経営へと早くも26.5％減少し、対1991年比較で73.5％となった。このように、これらの海面養殖業の経営体数も減少傾向にあるが、ただ、カキ養殖経営体だけは348経営から415経営へと増加している。海面養殖業の中で、とくに熊野灘を中心としてブリに代わる新たな養殖魚種として80年代に注目を浴びたマダイ養殖も価格の低下傾向と餌料費の上昇のシェーレの拡大により、小企業的経営から家族経営へと後退的転進を図る養殖業者も出現するようになった。

　三重県全体の沖合・遠洋漁業の動向に関しては、熊野灘方面の遠洋漁業である遠洋マグロ延縄漁業は、1991（平成3）年が21漁労体から1998（平成10）年には2漁労体減少し、19漁労体となった。遠洋カツオ一本釣り漁業は、同年比較で20→14漁労体と6漁労体が消滅した。しかし、沖合漁業である近海カツオ一本釣り漁業、近海マグロ延縄漁業は、同じ数の漁労体が稼働している。また、家族労働力就労型の小型底曳網漁業は、逆に増加の傾向にある。中小漁業経営の中でも、とくに多就労型のまき網漁業などは、度会郡の錦地区の実態調査によれば、労働力不足の結果、2艘引きから1艘

引きに転換し、規模を縮小するか、別な漁業種類、家族経営の養殖業へ転換している。ちなみに三重県の漁業雇われの動向を1991（平成3）年の統計値（農水省「漁業動態統計年報」）で見ると3,450人であったが、1998（平成10）年の漁業センサス数値では、2,520人となっており、約27％の減少率であり、かなり大きな減少率となっている。三重県の場合、中小漁業の乗組員と言っても完全な他人雇用者ではなく、親戚・家族などの血縁、あるいは地縁的なつながりが強く、他地域からの他人労働力を導入でないことが大きな特徴である。したがって、この面では減少しつつあるとはいえ、雇用労働力不足を一定程度、緩和しているものと考えられる。

　三重県漁業・養殖業は、この時期、沖合・遠洋漁業の縮小、海面養殖業の転換魚種であったマダイ養殖業の経営の悪化に伴う生産縮小など、これまで三重県の漁村を経済的に支えてきた主たる漁業、養殖業の縮小が継続し、次の2008（平成20）年以降の構造的危機の顕在化と再編が必然化する。また、同時に沿岸漁村においては、海面利用のレジャー的利用・観光を含む多面的機能の発揮が叫ばれ、漁協を主体とした漁村の環境保全と漁村の地域管理が国民的課題として要請されるようになった。

構造的危機＝漁業経営の再生産の困難性と新たな方向

　2008（平成20）年に発生したリーマン・ショックと第三次オイルショックは、国内漁業にとって、これまでの危機以上に深刻な状況をもたらした。"バブル経済崩壊"後の1991（平成3）年から10年にわたる「平成不況」と呼ばれる局面に移行したが、2002（平成14）年から2007（平成19）年の期間は1.8％ながら長期の緩やかな景気の回復基調にあったとされる（いざなみ景気）。しかし、2008（平成20）年に発生したリーマン・ショックは、これまでの景気の落ち込み以上の大きな落ち込みであるGDPマイナス6.2％という激しいものであった。これはOECD先進諸国の中でも日本がもっとも大きな落ち込みであった。

　さらに国内の勤労者の平均賃金は、1997年以降、落ち込んだまま停滞を続け、さらに雇用における若い世代を中心とした非正規雇用の4割にも達

する増加は、賃金水準を押し下げる効果をもたらしている。このような雇用状況の中で当然、消費需要も切り詰められ、世帯内における副食である水産物消費は低下を続けている。こうしてリーマン・ショック以降の景気の落ち込みは、これまでの低成長下で消費の低下と"価格破壊""百均"と呼ばれた小売業の出現に見られたように消費者の低価格志向を一層、強めている。

　加えて漁業においては、同年に突然の第三次オイルショックが起き、漁業生産に不可欠な燃油の高騰に見舞われたのである。こうした"ダブルショック"は、日本漁業に大きな影を落とし、これまでの低成長下の安定均衡をなんとか維持しようとしてきた漁業経営の対応を無に帰しかねない鋭い危機であったといって良い。第三次オイルショックは、翌年の2009（平成21）年に石油投機が終息し、一応、収まったが、世界的な"カネ余り現象"の中で再び投機が起きないという保証はない。

　こうした2008（平成20）年の"ダブルショック"を転機として従来からの魚価安、若い世代の"魚離れ"によって国内の水産物市場の縮小と燃油、餌料費の上昇は、国内漁業・養殖業生産の存続にとって大きな危機をもたらしているが、今日、漁業地域ごとの漁業・養殖業の再編成の中で地域の特色を生かした独自な取り組みの新たな対応を選択するケースも見られるようになった。

　三重県においても近年の経営体数の減少の中で、とくに2008年以降の減少率は大きいことが特徴である。沿岸漁船漁業（大型定置、小型定置を含む）においては、2008年の3,340経営体から約38.8％の減少の2,044経営体となった。また、中小漁業層（総トン数10トン〜1,000トン未満）は264経営体から約47.0％の大幅な減少の140経営体、そして大規模漁業層（1,000トン以上）は、3経営体から2経営体へとどの階層を見ても減少傾向にあることがわかる。とくに沖合・遠洋漁業を担ってきた中小漁業層の減少がとりわけ大きい。海面養殖経営体も三重県の中心的位置を占めてきた魚類養殖業の中でもマダイ養殖経営体は、2008年の187経営体から51.9％減の90経営体へ、90年代に経営体数の増加傾向にあったカキ養殖経営体数も2008年の230経営体から2018年には25.7％減の171経営体となり、

ノリ養殖は 2008 年の 517 経営体から 27.3％減の 376 経営体、最後に真珠養殖は 2008 年が 469 経営体から 2018 の 238 経営体へ 49.3％減となっている。このようにどの漁業・養殖業の経営階層においても 2008 年のリーマン・ショック以降の厳しい国内経済情勢によって、これまでにもない規模で大きな経営体数の減少が引き起こされている。

　三重県漁業の構造的危機＝漁業経営の再生産の困難による縮小に伴い、協同組合組織である漁協の再編成も進んでいる。三重県下の漁協の 1 県 1 漁協への統合が進行しつつある。このような漁協の再編成は、一方では、漁協が協同組合としての市場事業を始めとする諸事業の継続を図るためのものであり、現下の社会的経済的状況の厳しさからやむえないものと言える。しかし、もう一方では「くまの灘漁協（現　伊勢外湾漁協くまの灘支所）」の事例のように介護福祉事業、あるいは「志摩の国漁協（現　志摩支所）」が行っていた介護用品の貸出事業などのように現在は 2 つの支所を拠点として地域の深刻な過疎化、高齢化の問題に応えるべき事業として漁協の事業が行われている。こうして地域の疲弊が進む中での協同組合としての新たな役割も果たされつつある[2]。

　三重県漁業・養殖業の、こうした厳しい状況の中で第XII章の地域の事例で述べたように、各漁村地域において今日、それぞれ独自な対応が行われている。伊勢湾桑名市の赤須賀漁協地区の都市近郊の労働市場に包摂された地理的条件を生かし、地区漁業者世帯員は賃労働と漁業との合理的選択をしながら赤須賀に居住しつつ漁業集落として世代を超えて存続してゆこうとする漁協と漁業者の取り組み、大淀地区の 20 年間にもわたるノリ養殖経営の共同化、委託加工経営、後継者を確保した経営は貝桁網の小型底曳網漁業とノリ養殖との年齢別・性別分業という家族世帯内の労働力の分担による経営対応、熊野灘地区のマダイ養殖業の小企業的な規模拡大と錦地区の若い中核的養殖業者が中心となった"伊勢まだい"ブランド化の協業体制など、ともかくも地域で見れば様々な漁村での主体的対応として注目すべき取り組みが見られるようになったのも 2000 年に入ってからの新たな特徴と言えよう。

　今後、三重県の漁業・養殖業は、このような地域の特色を基盤とした対応がどのようにして生き残るかが問われていると言っても過言ではない。

[1] 拙稿「沿岸漁船漁業の存立構造 -1970年代以降-」(漁業経済学会編集『漁業経済研究』第35巻第1号　1990年10月)に次のように指摘した。「沿岸漁船漁業経営は、1973年秋のオイルショック、1977年の海洋法問題の発生等を契機として、著しい魚価上昇に遭遇し、これによる漁船の大型化、漁船機関の高馬力化など大型の固定資本投下の旺盛な展開を行ってきた。固定資本の経営負担を魚価上昇によって吸収して行くという経営の選択を行ったのである。そのような"大型投資ブーム"の中で下位階層から3-5トン、5-10トン階層へと、上位階層への漁船の大型化傾向が表れてきた。とくに、5-10トン階層は、そうした生産力規模拡大の先頭に立ち、経営体数の顕著な増加を示した。このような漁船規模の大型化＝上向化運動は、1978年頃を転機とした魚価低迷以降、しだいに下火になる」(p 20)。

[2] 三重外湾漁業協同組合 - Wikipedia より

あとがき

　本書を終えるにあたって、近世から現代に至るまでの長期にわたる三重県の漁業を日本資本主義の展開との関連で述べるということは、現状分析を主な研究対象としてきた私の能力の限界をはるかに超えた、きわめて困難なことであった。本書がどこまでその課題に応えたかは、はなはだ自信がない、というのが偽らざる気持である。

　こうした著書を出そうしたきっかけは、かつて三重県漁業協同組合連合会と三重県信用漁業協同組合連合会の５０周年記念誌『三重県漁業五十年誌』（2000（平成12）年）に私自身が書いた「三重県漁業の変遷」、および『三重県史　通史編　近現代 1, 2（上、下）』（2015（平成27）年3月31日発行、2019（平成31）年3月31日発行）の発刊、その後、愛知県西尾市の市史の漁業の部を担当する機会に恵まれ、その作業に携わってからもう一度、三重県の漁業の歴史に関して経済史的なアプローチからさらに掘り下げて考察してみたいという願望が強くなってきたからである（したがって本書の一部は、前述の私の著述からのものが含まれている）。西尾市史の漁業の時代的変遷を追っているうちに三重県漁業と共通する側面と異なる独自な側面があり、再度、地域という場から漁業という産業の成り立ちと今日に至るプロセスを総体として明らかにする必要性を感じたからである。とくに近代の漁業の歴史は、日本資本主義体制の確立・変遷との関係性が強く投影されている。すなわち鳥瞰的なマクロの視点から地域のミクロの動きを見ることである。さらに地域のミクロの視点から全体マクロの視点では隠れた動きを抉り出す必要がある。こうした作業を経て初めて地域漁業の歴史の全体像を明らかにできると考えている。

　しかし、これは個人の研究としては、至難の業であった。正直言って、どこまでその作業が成功したかは私自身、確認できないが、地域の漁業を考える際の何かのきっかけ、あるいはたたき台となればという思いである。

最後に本書を出版するにあたって、これまで三重県の漁村、漁業者へのヒアリングなどの調査にご協力いただいた三重県漁連の職員の方々、そして多くの三重県内の漁協の組合長、および職員の方々、漁業者のみなさん、三重県庁県史編纂室の方々、私が所属していた三重大学生物資源学部の研究室の常清秀教授、および大学院生、学生のみなさんに対して心からお礼を申し上げます。また、私の大学院時代の諸先生方、とりわけ指導教員の恩師であった湯澤誠教授からは、経済学、経済史等の基礎的な学問領域を教えていただきました。漁業経済学会の諸先生方からは、私の学会報告に関して様々な有益なコメントをいただきました。そして大学院時代の友人との議論も今は懐かしい思い出です。

　こうしたご協力がなければ、私の拙い本書が世に出ることはなかったと思います。本当に最後になりましたが、出版事情が厳しい中にあって無理な私のわがままをお引き受けていただきました北斗書房の山本義樹社長に心からお礼を申し上げます。

2024 年 9 月 16 日

著者

著者略歴
長谷川健二（はせがわ　けんじ）

1948 年生まれ
1979 年 3 月　北海道大学大学院農学研究科農業経済学専攻
　　　　　　　（博士課程）単位取得退学
1982 年 12 月　農学博士（北海道大学）
1985 年 9 月　三重大学水産学部助教授
1991 年 4 月　三重大学生物資源学部教授
2010 年 4 月　福井県立大学海洋生物資源学部教授
2016 年 4 月　福井県立大学名誉教授

日本資本主義と地域漁業
－三重県漁業の歴史に見る－

2024 年 10 月 29 日　初版発行

　　　　　著　者　　長谷川健二
　　　　　発行者　　山本　義樹
　　　　　発行所　　北斗書房
　　　　　　　　　　〒 261-0011
　　　　　　　　　　千葉県千葉市美浜区真砂 4-3-3-811
　　　　　　　　　　TEL & FAX　043-375-0313
　　　　　　　　　　URL http://www.gyokyo.co.jp

印刷・製本　　モリモト印刷
カバーデザイン　エヌケイクルー
ISBN　978-4-89290-072-3 C3063

本書の内容の一部又は全部を無断で複写複製（コピー）することは、法律で定められた場合を除き、著者及び出版社の権利障害となりますので、コピーの必要のある場合は、予め当社宛許諾を求めてください。

『岐路に立つ魚類養殖業と小規模家族経営』
―マダイ養殖業の市場構造と産地養殖経営動態の実証的分析―

はじめに

序　章　第1節　課題／第2節　分析視角と方法／第3節　従来の魚類養殖業の経済・経営研究の整理／第4節　序章のまとめ

第1章　養殖マダイの市場構造
第1節　市場拡大と現段階／第2節　養殖マダイの価格問題／第3節　卸売市場と価格形成／第4節　末端消費とスーパー流通／第5節　第1章のまとめ

第2章　大手中間流通業者の競争構造と流通の組織化
第1節　大手中間流通業者間の競争構造／第2節　大手中間流通業者と流通の組織化／第3節　その他の中間流通業者の経営対応／第4節　第2章のまとめ

第3章　"むら"と漁業協同組合に関する理論的諸問題
第1節　"むら"と漁業協同組合／第2節　魚類養殖業と法制度／第3節　漁村地域の再生と漁業協同組合の機能／第4節　第3章のまとめ

第4章　魚類養殖業とマダイ養殖業
第1節　概観／第2節　魚類養殖業の階層構造とマダイ養殖業

第5章　マダイ養殖業の展開と産地構造
第1節　生産・供給構造／第2節　養殖漁村の危機と小規模家族経営／第3節　マダイ養殖産地の構造

第6章　総括と展望あとがき

定価 4,000 円 + 税
ISBN978-4-89290-056-6
■A5判　並製　■432頁
2020年11月28日発行

有限会社　北斗書房　〒261-0011　千葉市美浜区真砂4-3-3-811
TEL & FAX　043-375-0313